高等院校计算机教育系列教材

# 大学计算机基础案例教程

杜小丹 主 编

鄢 涛 李 倩 副主编

清華大学出版社

北 京

## 内 容 简 介

本书是高等学校计算机公共基础课教材，是作者在总结多年教学经验的基础上，专门针对计算机初学者编写的入门书籍。本书主要内容包括计算机基础知识、计算机系统的组成、计算机网络与 Internet 应用基础、Windows 7 的使用、Word 2016 文字编辑、Excel 2016 电子表格、PowerPoint 2016 电子演示文稿、实验操作及操作提示等。

本书内容丰富，语言通俗，叙述深入浅出。在注重介绍基础知识的同时，也注重培养读者的计算机应用能力，同时涵盖全国计算机等级考试一级计算机基础及 MS Office 应用考试大纲(2021 年版)的全部内容。本书提供了一套与教材完全配套的基础部分的多媒体教学课件，提供了自主研发的无纸化考试系统，考试系统既可以按章节用于平时练习，也可以用于课程结业考试，还可以用于计算机等级考试考前训练，考试系统的习题涵盖计算机等级考试所要求的理论及上机内容。本书读者可免费获得这些教学辅助资源。

本书可作为高等院校本科学生计算机基础课程的教材或计算机初学者的自学读物，也可作为面向全国计算机等级考试一级计算机基础及 MS Office 应用考试的培训或自学用书。



**图书在版编目(CIP)数据**

大学计算机基础案例教程/杜小丹主编. —北京：清华大学出版社，2022.8
高等院校计算机教育系列教材
ISBN 978-7-302-60247-7

Ⅰ. ①大… Ⅱ. ①杜… Ⅲ. ①电子计算机—高等学校—教材 Ⅳ. ①TP3

中国版本图书馆 CIP 数据核字(2022)第 035959 号

**责任编辑：** 石 伟
**封面设计：** 杨玉兰
**责任校对：** 李玉茹
**责任印制：** 刘海龙
**出版发行：** 清华大学出版社
**网 址：** http://www.tup.com.cn, http://www.wqbook.com
**地 址：** 北京清华大学学研大厦 A 座　　**邮 编：** 100084
**社 总 机：** 010-83470000　　**邮 购：** 010-62786544
**投稿与读者服务：** 010-62776969, c-service@tup.tsinghua.edu.cn
**质量反馈：** 010-62772015, zhiliang@tup.tsinghua.edu.cn
**课件下载：** http://www.tup.com.cn, 010-62791865
**印 装 者：** 三河市铭诚印务有限公司
**经 销：** 全国新华书店
**开 本：** 185mm×260mm　　**印 张：** 21.75　　**字 数：** 529 千字
**版 次：** 2022 年 8 月第 1 版　　**印 次：** 2022 年 8 月第 1 次印刷
**定 价：** 65.00 元

---

产品编号：094654-01

# 前　言

计算机技术是信息技术的一个重要组成部分，当前，掌握计算机基础知识已成为对各类人才的最基本要求。“大学计算机基础”作为普通高等学校非计算机专业学生的一门必修课程，以培养学生计算机技能、信息化素养、计算思维能力为目标，是学习后续课程的基础。

随着我国中、小学信息技术教育的日益普及和推广，大学生学习计算机知识的起点也越来越高，大学计算机基础课程的教学不再是零起点，很多学生在中学阶段已经系统地学习了计算机基础知识，并具备相当的操作和应用能力。因此，新一代大学生对大学计算机基础课程的教学提出了更新、更高、更具体的要求。

本书作者在总结多年教学实践经验的基础上，根据高等学校非计算机专业计算机基础课程教学大纲的要求，并结合全国计算机等级考试一级计算机基础及 MS Office 应用考试大纲的要求编写了这本计算机基础教育的入门教材。本书较为全面地介绍了计算机基础知识，计算机系统的组成，计算机网络与 Internet 应用基础，Windows 7 的使用，Word 2016 文字编辑，Excel 2016 电子表格，PowerPoint 2016 电子演示文稿，实验操作及操作提示等内容。

本书提供了一套与教材完全配套的基础部分的多媒体教学课件，提供了自主研发的无纸化考试系统，考试系统既可以按章节用于平时练习，也可以用于课程结业考试，还可以用于计算机等级考试考前训练，考试系统的习题涵盖计算机等级考试所要求的理论及上机内容。本书读者可免费获得这些教学辅助资源。

本书具有以下特色。

1．易用性。在叙述上力求深入浅出、通俗易懂，使教师好教，学生易学。

2．先进性。将计算机基础的教学作为一种文化教育贯穿于书中，在编写上反映了当前高等学校计算机基础教学较先进的教学理念，突出计算机应用能力的培养。

3．基础性。立足于当前计算机设备的普遍情况，力求把广泛应用的各种软件的基础知识点介绍清楚。

4．实用性。对现有的知识和技术进行提炼，不仅把实际应用中的规范操作介绍清楚，而且把实际应用中的操作技巧尽量提供给读者。

本书由杜小丹担任主编，鄢涛、李倩担任副主编，杨晓兰、王惟洁、杨文、胡科参与编写，全书由杜小丹统稿。

由于作者水平有限，书中疏漏和不当之处在所难免，敬请广大读者和专家批评、指正，编写组全体成员深表谢意。

编　者

# 目　录

# 第 1 章
# 计算机基础知识

## 学习目标

本章介绍计算机基础知识，使读者对计算机的特点、应用、计算机中信息的表示、多媒体技术的概念与应用等内容有一个概括的了解，为后续内容的学习打下基础。

## 学习方法

本章重在让初学者对计算机及其工作原理有一个宏观认识，读者应多从理论联系实际的角度出发，掌握一些基本知识，如计算机的应用、计算机的发展等；同时从拓展知识面的角度出发，通过查询相关资料，了解一些基础理论，如工作原理、信息的存储等；此外，作为计算机中重要的工作原理，读者应该掌握二进制及相关进制之间的转换，这部分知识应该在理解的基础上通过多做练习加以掌握。

## 学习指南

本章重点：1.1～1.4 节。本章难点：1.2～1.4 节。

## 学习导航

学习过程中，可以将下列问题作为学习线索。

(1) 什么是计算机？计算机有何工作特点？
(2) 计算机的发展经历了怎样的过程？发展趋势是什么？
(3) 计算机有哪些分类和应用？
(4) 计算机中信息是怎样表示的？什么是二进制？计算机中为什么用二进制表示信息？
(5) 常见的进制有哪些？不同数制间数据是如何转换的？
(6) 计算机中信息是如何编码的？
(7) 常见的多媒体文件类型有哪些？
(8) 什么是计算机病毒？有哪些分类？如何防治？

# 1.1 概　　述

第一台计算机诞生于 1946 年，至今已有 70 多年。随着科技的发展，计算机已经渗透到社会生活的各个领域，有力地推动了整个社会信息化的发展。在 21 世纪，掌握以计算机为核心的信息技术基础知识和应用能力，已成为信息时代对每个人的基本要求，也是现代大学生必备的基本素质。“千里之行，始于足下”，让我们共同携手，从这里迈开通向信息高速公路的第一步吧！

## 1.1.1 计算机的概念

从第一台计算机诞生到现在，计算机技术发生了翻天覆地的变化，尤其是近年来，计算机出现了超乎人们预想的奇迹般发展，微型计算机更是以排山倒海之势形成了当今科技发展的潮流。也许正是因为计算机技术日新月异，人们始终没有给它一个标准的定义，在综合了计算机原理和特点的基础上，我们认为，计算机是一种能存储程序，能自动地、连续地对各种数字化信息进行算术、逻辑运算的现代化电子设备。

通常所讲的计算机是电子式数字计算机的简称。现代计算机是一种按程序自动进行信息处理的通用工具。它的处理对象是信息，处理结果也是信息。在这一点上计算机与人脑有某些相似之处。随着电子技术与通信技术的不断发展，计算机的功能越来越完善、越来越智能化，在一定程度上已经取代了人脑的一部分工作，因此人们又亲切地称它为“电脑”。



## 1.1.2 计算机的特点

计算机是人类智慧的结晶，作为一种现代化的电子设备，计算机有着人类无可比拟的计算、存储等能力。计算机的工作特点主要表现在以下几个方面。

### 1. 运算速度快

运算速度快是计算机显著的特点之一。

计算机诞生的最初目的就是解决复杂的数值计算问题，因此运算速度快是计算机最主要的特点。尽管第一台计算机的运算速度仅为 5000 次/秒，但这种速度在当时足以令人叹为观止了。发展到现在，计算机的运算速度已达每秒几十亿次到几千亿次。目前，超级计算机的运算速度已经达到每秒亿亿次。

计算机能以极快的速度进行算术运算和逻辑判断，现在高性能计算机每秒能进行 10 亿次加减运算。由于计算机运算速度快，许多过去无法处理的问题得以及时解决。例如天气预报，要迅速分析大量的气象数据资料才能做出及时的预报。若手工计算需十天半个月才能做出预报，这样就失去了预报的意义。而用计算机只需十几分钟就可完成一个地区数天的天气预报。

目前，常用微型计算机的运算速度单位为每秒百万次指令(Million Instructions Per Second，MIPS)。而运算速度很大程度上取决于微机的主频(处理器的时钟频率)，微机的主频通常在 2GHz 以上。

### 2. 计算精度高

计算机有着人脑和其他计算工具无法比拟的计算精度。在通常的数学用表中，数值的结果只能达到 4 位。如果要达到 8 位或 16 位，用手工计算就要花费很多时间，而且很容易出错。但是对于计算机来说，快速、准确地计算精度达十几位、几十位甚至几百位的有效数字并不是一件难事，这样的计算精度能满足一般实际问题的需要。

**小知识**

1949 年，瑞特威斯纳(Reitwiesner)用世界上第一台电子数字积分计算机(Electronic Numerical Integrater And Computer，ENIAC)把圆周率 π 值计算到小数点后第 2037 位，打破了著名数学家商克斯(W. Shanks)花了 15 年时间于 1873 年创下的小数点后第 707 位的纪录。

2010 年 1 月，法国人法布里斯·贝拉(Fabrice Bellard)使用一台普通的台式计算机完成了冲击由超级计算机保持的圆周率运算纪录的壮举，他使用台式计算机将圆周率计算到了小数点后 2.7 万亿位，超过了由目前世界排名第 47 位的 T2K Open 超级计算机于 2009 年 8 月创造的小数点后 2.5 万亿位的纪录。这次计算出来的圆周率数据占去了 1 137GB 的硬盘容量(注：$1G=2^{30}$)，用了 103 天的时间。

### 3. 通用性强

不同的应用领域，解决问题的方法不尽相同，但事实上解决各种问题的基本操作是相近的。计算机可以把任何复杂的信息处理问题分解为大量的基本算术和逻辑操作的组合来完成，所以计算机可处理大量复杂的数学问题和逻辑问题。计算机不仅可以对数值数据进行处理，还可以对非数值数据(如文字、图形、图像、声音等)进行处理。由此可见，计算机不仅针对特定计算问题，而且适合各种通用计算问题的求解。

计算机通常都支持面向用户(面向对象)的高级语言(C++、C#、Java 等)。这些高级语言使得程序员(甚至普通计算机学习者)不必了解计算机内部的复杂结构和原理，也不需要了解复杂的机器语言，便能够设计和编写复杂的计算机程序。

#### 4. 超强的“记忆”力

超强的“记忆”力是计算机区别于其他计算工具的本质特点之一。

计算机的存储系统具有存储和“记忆”大量信息的能力，能存储输入的程序和数据，并保留计算结果。现代的计算机存储容量极大，一台计算机能轻而易举地将一个中等规模的图书馆的全部图书资料信息存储起来，而且不会“忘却”。人用大脑存储信息，随着脑细胞的老化，记忆能力会逐渐衰退，记忆的东西会逐渐遗忘。相比之下，计算机的记忆能力是超强的。

描述计算机存储能力的参数是存储容量。常用的存储容量单位有字节(B)、千字节(KB，1KB=$2^{10}$B)、兆字节(MB，1MB=$2^{20}$B)等，现在使用的硬盘存储器的存储单位为吉字节(GB，1GB=$2^{30}$B)，磁盘阵列的存储单位为太字节(TB，1TB=$2^{40}$B)。

#### 5. 逻辑判断能力

逻辑判断能力是计算机智能化的重要标志之一。

人是有思维能力的，思维能力本质上是一种逻辑判断能力，也可以说是因果关系分析能力。计算机借助逻辑运算，可以进行逻辑判断，并根据判断的结果自动地确定下一步该做什么，从而解决各种不同的问题，具有很强的通用性。

1976 年，美国伊利诺伊大学(University of Illinois，UI)的两位数学家 A. 阿皮尔(K. Apple)和 W. 海肯(W. Haken)用大型电子计算机进行了两百亿次的逻辑判断，经过 1 200 个机时的计算，解决了 100 多年来未能解决的著名难题——四色猜想(对无论多么复杂的地图分区域着色时，为使相邻区域颜色不同，最多只需 4 种颜色就够了)。

#### 6. 自动化程度高

计算机是一种自动化电子装置，在工作过程中无须人工干预，能自动执行存放在存储器中的程序。程序是人经过仔细规划事先设计好的，一旦设计好并输入计算机后，向计算机发出命令，计算机便成为人的替身，不知疲倦地工作起来。利用计算机的这个特点，我们可以让计算机完成那些枯燥乏味、令人厌烦的重复性劳动，也可以让计算机控制机器深入人类躯体难以胜任的、有毒有害的、危险的场所作业。

自动化程度的高低是衡量一个企业先进与否的重要指标之一。计算机在自动化控制中扮演着重要的角色，它可以控制各流程精确、高效地工作，从而大大减轻劳动强度。

计算机具有的各种显著特点，使它广泛地应用于国防、农业、商业、银行、交通运输、文化教育和服务等行业和领域中。特别是多媒体技术的推广，使得计算机走进了千家万户，逐步成为人们日常生活中不可缺少的助手和朋友。



### 1.1.3 计算机的发展

现代计算机孕育于英国，诞生于美国，遍布全世界。

人类在其漫长的文明史上，为了提高计算速度，不断发明和改进各种计算工具。从简单到复杂、从初级到高级都相继出现。例如珠算算盘、计算尺、机械计算机、电动计算机等。而电子计算机的出现，则是计算技术的革命。

在计算机的发展史中，最杰出的代表人物是英国的艾兰·图灵(Alan Mathison Turing，1912—1954年)和美籍匈牙利人冯·诺依曼(John von Neumann，1903—1957年)。

### 1. 艾兰·图灵

艾兰·图灵是计算机逻辑的奠基者，他在计算机科学方面的贡献主要有两个。

① 建立了图灵机(Turing Machine，TM)的理论模型，奠定了可计算理论的基础。

② 提出了定义机器智能的图灵测试(Turing Test)，奠定了“人工智能”的理论基础。

为了纪念图灵的理论成就，美国计算机协会(Association for Computing Machinery，ACM)于1966年设立“图灵奖”，每年颁发给计算机科学领域的领先研究人员，号称计算机业界和学术界的“诺贝尔奖”。

**小知识**

“图灵奖”是计算机界的最高奖项，类似于科学界的“诺贝尔奖”。鼠标的发明者道格拉斯·恩格尔巴特获得了此奖项。

### 2. 冯·诺依曼

在ENIAC计算机研制的同时，美籍匈牙利数学家冯·诺依曼于1945年推出了一台新计算机EDVAC的设计方案，他通过一篇著名的论文概括了数字计算机的设计思想，被后人称为冯·诺依曼思想(或称冯·诺依曼体系)。这是计算机发展史中的一个里程碑。70多年来，虽然计算机系统从性能指标、运算速度、工作方式、应用领域等方面都发生了巨大变化，但基本结构没有变，都遵循冯·诺依曼思想。

冯·诺依曼思想的要点如下。

① 采用二进制形式表示数据和指令。

② 采用存储程序工作方式。

③ 规定计算机的硬件系统由运算器、存储器、控制器、输入装置和输出装置等五大部件组成，并规定了这五部分的基本功能。

存储程序方式指计算机采取事先编制程序、存储程序、自动连续执行程序的工作方式，这是计算机工作的基本原理。存储程序方式的设计原则：指令和数据一起存储，这个概念被誉为“计算机发展史上的一个里程碑”。它标志着电子计算机时代的真正开始，指导着以后的计算机设计。

冯·诺依曼和查尔斯·巴贝奇(Charles Babbage)是世界公认的计算机之父。其中，巴贝奇是英国剑桥大学的教授，他于1834年设计的“分析机”是现代通用计算机的雏形。

### 3. 第一台计算机诞生

世界上公认的第一台计算机于1946年诞生于美国宾夕法尼亚大学，取名为“ENIAC”。ENIAC是个庞然大物，它共用了18000多个电子管，重达30吨，占地170平方米(见图1.1)。然而这样的规模并不与它的功能成正比，它存在两个缺点：一是没有存储器(没有存储能力)；二是用布线接板进行控制(只能在机外用线路连接的方法编排程序)。ENIAC仅能进行相对复杂的数据计算(使用的是十进制)，运算速度也仅为5000次/

秒，与今天的计算机相比的确有天壤之别。尽管如此，ENIAC 作为计算机大家族的鼻祖，它的诞生却有着划时代的意义，它开启了人类科学技术的先河，使信息处理技术进入一个崭新的时代，是计算机发展史上的里程碑。

图 1.1　第一台计算机 ENIAC

ENIAC 是为当时美国陆军进行新式火炮实验所涉及的复杂的弹道数据计算而研制的，投资约 140 万美元(现在一台计算机的价值仅不到 1000 美元)。它与其他机械式工具的重要区别是首次使用电子元件进行运算。

人类研制的第一台具有内部存储功能的计算机：电子离散变量自动计算机——埃德瓦克(Electronic Discrete Variable Automatic Computer，EDVAC)。

真正实现了存储程序式的第一台计算机：电子延迟存储自动计算机——埃德沙克(Electronic Delay Storage Automatic Calculator，EDSAC)。

### 4．计算机的发展历程

自 ENIAC 诞生的 70 多年来，计算机技术随着人类文明的进步不断地发展和创新。人们根据计算机使用的元器件的不同，将它的发展大致分为以下 4 个时代。

1) 第一代：电子管计算机时代(1946—1957 年)

电子管计算机时代的计算机的主要特点是以电子管作为基本元件；程序设计使用机器语言或汇编语言；主要用于军事和科学计算；运算速度每秒几千次至几万次，为计算机技术的发展奠定了基础。

2) 第二代：晶体管计算机时代(1958—1964 年)

晶体管计算机时代的计算机主要采用晶体管作为基本元件；外存储器已使用了磁带和磁盘；程序设计采用高级语言(如 FORTRAN、COBOL 等)；在软件方面还出现了操作系统。与第一代计算机相比，第二代计算机运算速度有所增加(每秒可达几百万条指令)、内存容量增大、体积减小、成本降低、可靠性增强，除了用于科学计算之外，还能进行数据处理，在工业控制方面开始崭露头角。

3) 第三代：集成电路计算机时代(1965—1970 年)

集成电路计算机时代的计算机采用集成电路(IC)作为基本元件。集成电路是指在面积极小的单晶硅片上集成上百个电子元件组成的逻辑电路。这种技术的运用使得计算机体积变小、成本降低，运算速度和可靠性有更大的提高(速度可达每秒几百万次)，拥有日臻完善的操作系统。这时计算机设计思想已逐步走向标准化、模块化和系列化，体积更小，寿命更长，能耗和价格进一步降低，而速度和可靠性进一步提高，应用范围更加广泛。

4) 第四代：大规模集成电路与超大规模集成电路计算机时代(1971 年至今)

自 1971 年起，计算机开始采用大规模集成电路(LSID)与超大规模集成电路(VLSID)作为逻辑元器件，在硅晶片上可以集成成千上万个电子元件，高集成度的半导体存储器替代了以往使用的磁芯存储器。这时计算机的运算速度可高达每秒百万次(MIPS)甚至上亿次，操作系统不断完善，应用软件层出不穷，实现了计算机的自动化、智能化，极大地方便了用户。

综上所述，计算机的发展历程及各代计算机的基本特征可概括如表 1.1 所示。

表 1.1　计算机的发展历程及各代计算机的基本特征

| 发展年代 | 主要元器件 | 运算速度/(次/秒) | 程序设计语言 | 操作系统 | 应用领域 |
|---|---|---|---|---|---|
| 第一代<br>1946—1957 年 | 电子管 | 几千至几万 | 机器语言、汇编语言 | 手工操作 | 科学计算、工程计算 |
| 第二代<br>1958—1964 年 | 晶体管 | 几十万 | 汇编语言、高级语言 | 批处理、管理系统 | 数据处理、工业控制 |
| 第三代<br>1965—1970 年 | 集成电路 | 几十万至几百万 | 汇编语言、高级语言(ALGOL60、FORTRAN、COBOL 等) | 操作系统(OS) | 事务处理，辅助设计，文字、图形处理 |
| 第四代<br>1971 年至今 | 大、超大规模集成电路 | 几百万至上亿 | 汇编语言、过程语言、面向对象设计语言等 | 分布式 OS、网络 OS 等 | 社会各个领域 |

我们当前使用的计算机是第四代计算机。它功能强大，广泛应用于各行各业。然而与人的大脑思维相比，它就显得被动、笨拙。因此，人们尝试着发明一种能模拟人大脑思维的计算机——人工智能计算机，也称为第五代计算机。

20 世纪 80 年代初，日本、欧美等国家提出了第五代计算机的概念，并着手进行研究。第五代计算机是把信息采集、存储、处理、通信同人工智能结合在一起的智能计算机系统，其特征是智能化。它能进行数值计算或处理一般的信息，主要是能面向知识处理，具有形式化推理、联想、学习和解释的能力，能够帮助人们进行判断、决策、开拓未知领域和获得新的知识，人—机之间可以直接通过自然语言(声音、文字)或图形图像交换信息。第五代计算机又称新一代计算机。严格来说，只有第五代计算机才具有“脑”的特征，才能被称为“电脑”。人工智能计算机发展至今，取得了一些成果。比如，1997 年 IBM 公司的“深蓝”计算机战胜世界顶级国际象棋大师卡斯帕罗夫；2016 年谷歌(Google)公司的阿尔法围棋(AlphaGo)与世界高水平围棋选手李世石进行“人机大战”，最终阿尔法

围棋以总比分 4 比 1 战胜李世石；2017 年在中国嘉兴乌镇进行的另一场“人机大战”，阿尔法围棋以总比分 3 比 0 战胜世界排名第一的中国棋手柯洁。

**5. 计算机的发展趋势**

随着计算机技术的不断更新，计算机的发展表现为巨型化、微型化、多媒体化、网络化、智能化五种趋势。

1) 巨型化

巨型化指发展高速、大存储容量和强功能的超大型计算机。这既是尖端科学(如天文、气象、宇航、核反应等)的需要，也是探索新兴科学(如基因工程、生物工程等)的有力工具。

2) 微型化

因为大规模和超大规模集成电路的出现，计算机体积迅速缩小。微型计算机已可渗透到诸如仪表、家用电器、导弹弹头等应用中，“掌上电脑”便是其代表之一。

3) 多媒体化

信息化社会的生活、学习、工作是丰富多彩的。多媒体技术的实质就是将字符、文字、声音、图形、图像等信息融为一体，让人们利用计算机以更接近自然的方式交换信息。多媒体化是计算机普及和家庭化的重要前提。

4) 网络化

随着科学技术的进一步发展，网络技术已不再是陌生的名词，大到国际互联网，小到几台计算机组成的局域网，人们足不出户便能漫游世界，“地球村”正在成为现实。

5) 智能化

智能化是建立在现代化的科学基础之上、综合性很强的边缘学科。它是让计算机来模拟人的感觉、行为、思维过程，使计算机具备“视觉”、“听觉”、“语言”、“行为”、“思维”、逻辑推理、学习、证明等能力，形成智能型、超智能型的计算机。智能化研究包括模式识别、物性分析、自然语言的生成和理解、定理的自动证明、自动程序设计、专家系统、学习系统、智能机器人等。

**小知识**

人工智能的研究使计算机突破了“计算”这一初级含义，从本质上提升了计算机的能力，可以越来越多地代替或超越人类某些方面的脑力劳动。

## 1.1.4 计算机的分类

随着计算机技术的发展和应用的推广，尤其是微处理器(Mobile Central Processing Unit，MCPU)的发展，计算机的类型越来越多样化。

按用途和使用范围，可以分为通用计算机和专用计算机。通用计算机的特点是通用性强，具有很强的综合处理能力，适用于各种领域问题的处理；专用计算机的功能相对单一，配有解决特定问题的软件、硬件，但能够高速、可靠地解决特定问题。

根据美国电气和电子工程师协会(Institute of Electrical and Electronics Engineers，IEEE)

提出的标准，按计算的规模和性能将计算机划分为以下六类。

### 1. 巨型机

巨型机(Supercomputer)也称超级计算机，指那些功能强大、价格昂贵、运算速度在每秒亿次以上的计算机，目前多用于战略武器(如核武器和反导弹武器)的设计、空间技术、石油勘探、中长期大范围天气预报及数值模拟等领域。

2021 年 11 月 16 日，全球超级计算机 500 强榜单(TOP500)公布，日本计算科学研究中心于当年 3 月起正式运行的超级计算机“富岳”在运算速度等四项性能排名上位居世界第一。日媒称，这也是“富岳”连续四期获得“四冠”殊荣，该成绩在全球尚属首次。在榜单中，来自美国的超算“顶点”和“山脊”分列第二位和第三位，来自中国的超算“神威•太湖之光”，列第四位。

中国在超级计算机方面发展迅速，跃升到国际先进水平国家之列。中国是第一个以发展中国家的身份制造超级计算机的国家，在 1983 年就研制出第一台超级计算机“银河一号”，使中国成为继美国、日本之后第三个能独立设计和研制超级计算机的国家。中国以国产微处理器为基础制造出本国第一台超级计算机名为“神威蓝光”，在 2019 年 11 月 TOP500 组织发布的最新一期世界超级计算机 500 强榜单中，中国占据了 227 个。

### 2. 小巨型机

小巨型机(Minisupercomputer)是小型超级计算机，或称桌上型超级计算机，其功能略低于巨型机，适于石油、地矿勘测、航天航空、科研、数学及技术工程等领域。

### 3. 大型机

大型机(Mainframe)或称大型计算机，包括国内常说的大、中型机，其运算速度可达 30 亿次/秒，具有很强的数据处理和管理能力，主要用于大银行、大公司、规模较大的高等院校和科研院所。

### 4. 小型机

小型机(Minicomputer 或 Minis)结构简单，可靠性高，成本较低，对广大中、小用户具有更大吸引力。

### 5. 工作站

工作站(Workstation)是介于小型机与个人计算机(Personal Computer，PC)之间的一种高档微机，运算速度比微机快。工作站主要用于图形图像处理和计算机辅助设计，实际上是一台性能更高的微型机。

**说明**

此处“工作站”与网络中的“工作站”并不是同一概念，网络中的“工作站”常用于泛指联网用户的节点，尤其是相对于“服务器”而言，其常常只是一般的 PC。

6. 个人计算机

个人计算机也称微型计算机或 PC，是 20 世纪 70 年代出现的新型机种，具有极高的性价比，是目前应用最为广泛的机型。例如，通常所说的 486、586、奔腾(Pentium)、酷睿(Core)系列等都属于个人计算机，它们的运算速度可达每秒百万次以上。个人计算机与其他机型不同的特点：巨、大、中、小型机的中央处理器(Central Processing Unit，CPU)具有分时处理的能力，都是一个主机带有若干个终端或外设；而个人计算机往往由单个终端组成。

### 1.1.5 计算机的应用

计算机的应用已渗透到人类社会的各个领域，从航天飞行到海洋开发，从产品设计到生产过程控制，从天气预报到地质勘探，从疾病诊疗到生物工程，从自动售票到情报检索，等等，计算机都扮演了重要的角色。计算机就像一台“万能”的问题解答机器，任何问题，只要能够精确地进行公式化，都可以放到计算机上加以解决。因而各行各业的人都可以利用计算机解决各自的问题。这主要表现在以下几个方面。

1. 科学计算和工程计算

计算机作为一个计算工具，科学计算是它最早的应用领域。在科学研究和工程技术中，经常会遇到各种复杂的数学问题需要求解，采用数学方法并利用计算机作为工具进行求解是解决这类问题的主要途径。这种计算也称为数值计算，其特点是计算量大，而逻辑关系相对简单。例如，火箭运行轨迹、天气预报、高能物理及地质勘探等许多高尖端科技都离不开计算机的计算。

2. 事务数据处理

事务数据处理也称为非数值计算，是目前计算机应用最广泛的领域。数据处理指利用计算机对所获取的信息进行记录、整理、加工、存储和传输等，其特点是数据量大，运算过程较为复杂(尤其是处理多媒体数据)，但计算方法较简单。

目前，计算机应用最广泛的领域就是事务数据管理，包括管理信息系统(Management Information System，MIS)和办公自动化(Office Automation，OA)等。现代的计算机，80%的时间从事于这样或那样的非数值数据处理。

办公自动化是一门综合性的技术，其目的在于建立一个以先进的计算机和通信技术为基础的高效人机信息处理系统，使办公人员充分利用各种形式的信息资源，全面提高管理、决策和事务处理的效率。

办公自动化系统一般可分为事务型、管理型和决策型三个系统。事务型 OA 系统主要供业务人员和秘书处理日常的办公事务。管理型 OA 系统又称管理信息系统，是一个以计算机为基础，对企事业单位实行全面管理(包括各项专业管理)的信息处理系统。决策型 OA 系统是在事务处理和信息管理的基础上增加了决策辅助功能。

3. 实时控制

实时控制，亦称过程控制。在工业生产中，用计算机及时采集检测数据，按最佳值迅

速对控制对象进行自动控制或自动调节，即为实时控制。

利用计算机进行过程控制，不仅极大提高了控制的自动化水平，而且极大提高了控制的及时性和准确性，从而能改善劳动条件，提高质量，节约能源，降低成本。实时控制系统是一种实时处理系统，对计算机的响应时间有较高的要求。

实时控制是生产自动化(Production Automation，PA)的重要技术内容和手段，其特点是需要具有对输入数据及时做出反应(响应)的能力，交互能力强。

实时处理系统指计算机对输入的信息以足够快的速度进行处理，并在一定的时间内作出某种反应或进行某种控制。目前，在实时控制系统中广泛采用集散系统，即把控制功能分散给若干台微机实现，而操作管理则高度集中在一台高性能计算机上进行。计算机控制的对象可以是机床、生产线和车间，甚至是整个工厂。用于生产控制的系统一般是实时系统，并且会对计算机的可靠性、封闭性、抗干扰性等指标提出较高要求。

### 4. 计算机辅助

计算机辅助设计(Computer Aided Design，CAD)：利用计算机帮助人们进行工程设计，以提高设计工作的自动化程度。CAD在机械、建筑、服装和电路等的设计中已有广泛的应用。

计算机辅助制造(Computer Aided Manufacturing，CAM)：利用计算机进行生产设备的管理、控制和操作。CAM能提高产品质量、降低成本，有利于改善工作条件。

计算机辅助教育(Computer Based Education，CBE)：包括计算机辅助教学(Computer Aided Instruction，CAI)和计算机管理教学(Computer Managed Instruction，CMI)两部分。

计算机辅助测试(Computer Aided Test，CAT)：利用计算机完成大量复杂的测试工作。

计算机集成制造系统(Computer Integrated Manufacturing System，CIMS)：以计算机为中心的现代化信息技术应用于企业管理与产品开发制造的新一代制造系统，是CAD、CAM、CAPP、CAE、CAQ、PDMS、管理与决策、网络与数据库及质量保证系统等子系统的技术集成。

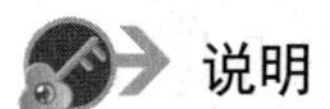

**说明**

CAPP——Computer Aided Process Planning，计算机辅助规划。
CAE——Computer Aided Engineering，计算机辅助工程。
CAQ——Computer Aided Quality，计算机辅助质量管理。
PDMS——Product Data Management System，产品数据管理系统。

### 5. 人工智能

人们把计算机模拟人的脑力活动的过程称为人工智能(Artificial Intelligence，AI)。它使计算机能应用在需要认识、感知、学习、理解及其他类似有认识和思维能力的任务中，是计算机科学的一个重要应用领域。

人工智能是利用计算机来模拟人的思维过程，并利用计算机程序来实现这些过程。智能机器人、专家系统、智能识别、远程医疗诊断等都是人工智能的应用成果。它为计算机的应用开辟了一个最有吸引力的领域，给新一代计算机的发展提供了广阔的空间。

### 6．网络应用

网络应用(Networking Application)起源于20世纪60年代末期，利用计算机网络，可以实现信息、软硬件资源和数据共享。计算机网络使地球变得越来越小，使人与人之间的关系变得越来越密切。

### 7．计算机模拟

计算机模拟(Computer Simulation)是用计算机程序代替实物模型来做试验，既广泛用于工业部门，也适用于社会科学领域。

20世纪80年代还出现了“虚拟现实”(Virtual Reality，VR)技术，它是利用计算机生成一种模拟环境，通过多种传感设备使用户“投入”该环境，实现用户与环境“直接”进行交互的目的。这种模拟环境是用计算机构成的具有表面色彩的立体图形，它既可以是某一特定现实世界的真实写照，也可以是纯粹构想的虚拟世界。

目前，虚拟现实获得了迅速的发展和广泛的应用，出现了虚拟工厂、虚拟人体、虚拟演播室、虚拟主持人等许许多多虚拟的东西。因此，未来是一个虚拟现实的世界。

## 1.1.6　未来的新型计算机

人类的追求是无止境的，一刻也没有停止研究更好、更快、功能更强的计算机。但是，现在的计算机都被称为冯·诺依曼型计算机，即遵循冯·诺依曼思想，受到“冯·诺依曼瓶颈”束缚。为了使运算速度不再受限于“冯·诺依曼瓶颈”，正在研制的最新一代计算机将采用光器件作为主要元件，称为光子计算机；或者采用生物器件作为主要元件，称为生物计算机；或者是实现量子计算的量子计算机。

### 1．光子计算机

光子计算机是利用光作为载体进行信息处理的计算机，又叫“光脑”。“光脑”靠激光束进入由反射镜和透镜组成的阵列对信息进行处理。与传统的硅芯片计算机相比，光子计算机有下列优点：超高的运算速度、强大的并行处理能力、大存储量、非常强的抗干扰能力、与人脑相似的容错性等。据推测，未来光子计算机的运算速度可能比今天的超级计算机的运算速度还快1000～10000倍。

目前，光子计算机的许多关键技术(如光存储技术、光存储器、光电子集成电路等)已取得重大突破。预计未来一二十年内，这种新型计算机可取得突破性进展。

### 2．生物计算机

生物计算机在20世纪80年代中期开始研制，其最大特点是采用生物芯片，由生物工程技术产生的蛋白质构成。在这种芯片中，信息以波的形式传播，其运算速度比当今最新一代计算机快10万倍，并拥有巨大的存储能力。由于蛋白质分子能够自我组合，再生新的微型电路，因此生物计算机具有生物体的一些特点，如能发挥生物本身的调节机能自动修复芯片的故障、能模仿人脑的思考机制等。

目前，在生物计算机研究领域已经有了新的进展，在不久的将来就能制造分子元件，

即通过分子级的物理化学作用对信息进行检测、处理、传输和存储。另外，超微技术领域也取得了某些突破，制造出了微型机器人。另外，德鲁·恩迪发明了可以像晶体管一样工作的 DNA 系统。

**3. 量子计算机**

量子计算机是指利用量子力学的独特行为(如叠加、纠缠和量子干扰)并将其应用于运算的计算机，这种多现实态是量子力学的标志。21 世纪初，人类在研制量子计算机的道路上取得了新的突破。

与传统的电子计算机相比，量子计算机的优点是速度快、存储量大、搜索功能强、安全性高等。

光子、生物、量子甚至超导是实现高性能计算的新途径，在 21 世纪，这些新技术可能产生一场新的计算机技术革命，但是这些新技术的成熟还需要一个过程。而电子计算机仍有强大的生命力。在近半个世纪内，其他计算机技术还不大可能完全取代电子计算机。我们不应强调研制纯粹的超导、光学、生物和量子计算机，而应发挥它们各自的长处，在优势互补、系统集成上多下功夫。事实上，我们还将看到这样的趋势：通过信息科技、物质科技、生命科技乃至社会人文科学的交叉与融合，分子设计、材料设计、虚拟试验、生物信息、数字地球、数字宇宙和数字生态等新的科学技术分支将得到发展，并呈现巨大的创新潜力。

# 1.2　计算机中信息的表示

## 1.2.1　信息和数据

信息和数据是计算机领域中两个重要的概念。

信息(Information)：人们对客观世界直接进行描述，是可以在人与人之间传递的一些知识，它是观念性的，与载荷信息的物理实体无关。

数据(Data)：人们看到的形象和听到的事实，是信息的具体表现形式，是各式各样的物理符号及组合，它反映了信息的内容。数据是信息的量化。

图 1.2 所示为信息和数据的不同表示方式。

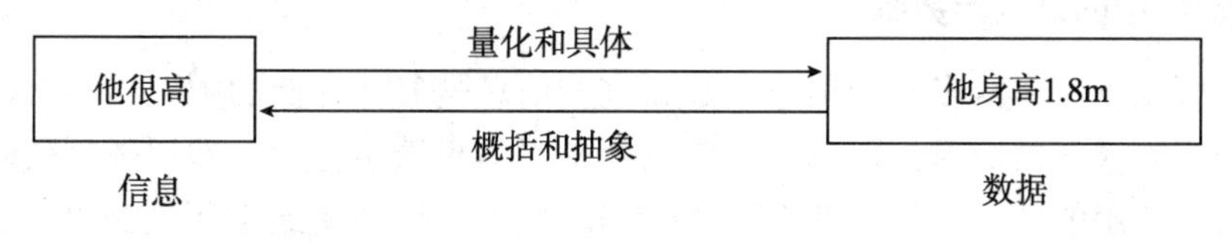


图 1.2　信息和数据

随着科学技术的不断发展，计算机所处理的信息早已不再局限于数字和字符了，当前的多媒体计算机所处理的对象更是十分广泛，除了数字和字符外，还包括图形、图像、声音等多媒体数据。如此纷繁复杂的信息在计算机中是如何表示的呢？要回答这个问题，我们应该先了解进位计数制的概念。

## 1.2.2 进位计数制

进位计数制(Number System，简称数制、进位制)是数的一种表示方法，它用一组固定的数字(数码符号)、一套统一的规则，按进位的方式来表示数值。

在日常生活中我们广泛使用十进制，计算机内部则以二进制作为数字表示的基础。在二进制基础上，计算机也可采用八进制(二–八缩写)、十六进制(二–十六缩写)、BCD 码(Binary Code Decimal，即二–十进制)表示数字。

### 1. 进位计数制中的权和基数

十进制和二进制都是用若干数位的组合来表示一个数，这就涉及两个基本概念，即各数位的权和进位计数制的基数。它们是构成某种进位计数制的两个基本要素。

下面以十进制数 242.5 为例，解释权与基数的概念。

1) 权

同一个数码在不同数位所代表的数值是不同的。如在该数中，同是数码“2”，个位的“2”表示 $2\times10^0$，而百位的 2 则表示 $2\times10^2$。这种与数位有关的编码方法叫作权编码，每个数码所表示的数值等于该数码乘以一个与所在数位有关的常数，这个常数就是该位的权。对于十进制数，从小数点往左，整数部分的权依次为 $10^0$、$10^1$、$10^2$、…；从小数点往右，小数部分的权依次为 $10^{-1}$、$10^{-2}$、$10^{-3}$、…

2) 基数

每个数位只允许选用有限的几个数码，因此该位所能表示的最大值等于允许选用的最大数码值乘以相应的权，超过这个值就要向高位进位。这种进位制中所允许选用的数码个数，即最大数码值加“1”，就是该计数制的基数。例如，在十进制数中，各数位允许选用的数码为 0～9，共 10 个，最大数码值为 9，逢 10 进位，所以基数为 10。

不难看出，相邻两位权值之比等于基数。可以用两种形式描述一个数。

(1) 采用有序数码组合。如 242.5，这是我们常用的数字书写形式。

(2) 将数字展开成多项式。这种形式虽不直观，但表明了各数位之间的变化规律，可由此寻找各种进位计数制之间的转换规律，如 $242.5=2\times10^2+4\times10^1+2\times10^0+5\times10^{-1}$。

### 2. 计算机中的进位计数制

计算机可以表现丰富多彩的信息，那么这些信息是怎样存储的呢？事实上，计算机内部的信息表示方式非常简单，概括为一句话就是“信息数字化”，即用数字代码来表示各种信息。而且所用的数码也仅有两个：“0”和“1”，这便是通常所说的“二进制”。所有信息在计算机中均以二进制表示，即都转换成“0”和“1”代码。

## 1.2.3 计算机中采用二进制的原因

人们习惯于十进制数，而计算机内部采用的是二进制计数，这是为什么呢？

实际上这与计算机的组成和原理是密切相关的。前面已经提到计算机的状态是很简单

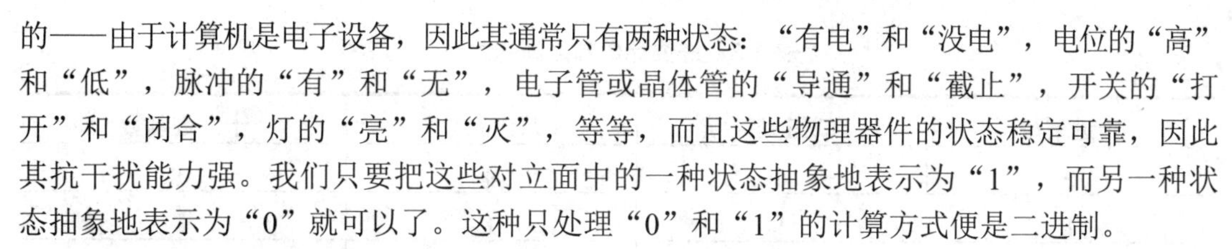

的——由于计算机是电子设备，因此其通常只有两种状态：“有电”和“没电”，电位的“高”和“低”，脉冲的“有”和“无”，电子管或晶体管的“导通”和“截止”，开关的“打开”和“闭合”，灯的“亮”和“灭”，等等，而且这些物理器件的状态稳定可靠，因此其抗干扰能力强。我们只要把这些对立面中的一种状态抽象地表示为“1”，而另一种状态抽象地表示为“0”就可以了。这种只处理“0”和“1”的计算方式便是二进制。

采用二进制有以下几个好处。

- 可行性：只需两种状态，物理上易于实现。
- 可靠性：抗干扰能力强，不易出错，可靠性高。
- 简易性：二进制的运算法则非常简单(加法、乘法法则都只有三个)，可使运算和控制机构大大简化。
- 通用性：能用逻辑代数等数字逻辑技术处理，使处理功能逻辑化。

## 1.3　数制及数制间的相互转换

计算机中广泛采用二进制，但在一些特定的场合也采用其他进位计数制。例如，与用户进行交流时多采用十进制，在指令地址中广泛采用十六进制，等等。

### 1.3.1　计算机中常见的进位计数制

计算机中几种常见的进位计数制的表示如表 1.2 所示。

表 1.2　计算机中几种常见的进位计数制的表示

| 进位计数制 | 规　则 | 基　数 | 数　符 | 权 | 表　示 |
|---|---|---|---|---|---|
| 二进制 | 逢 2 进 1 | 2 | 0，1 | $2^n$ | B |
| 八进制 | 逢 8 进 1 | 8 | 0，1，…，7 | $8^n$ | O |
| 十进制 | 逢 10 进 1 | 10 | 0，1，…，9 | $10^n$ | D |
| 十六进制 | 逢 16 进 1 | 16 | 0，1，…，9<br>A，B，C，D，E，F | $16^n$ | H |

由表 1.2 可以看出任意进位计数制的特征如下(设基数为 $R$，即是 $R$ 进制数)。

(1) 基数为 $R$，有 $R$ 个计数符号(或称数码)，即 0 到 $R-1$。

(2) $R^n$ 是该进位计数制的权($R$ 为基数，$n$ 表示数码的位置，小数点左侧从 0 开始索引)。

(3) 进位规则是“逢 $R$ 进 1，借 1 当 $R$”。

(4) 任何一个 $R$ 进制数 $S$ 可表示成按权展开的多项式(其中，$a_i$、$b_j$ 可以是 0 到 $R-1$ 中的任一数码)：

$$S = \underbrace{a_n \times R^n + a_{n-1} \times R^{n-1} + \cdots + a_1 \times R^1 + a_0 \times R^0}_{\text{整数部分}} + \underbrace{b_{-1} \times R^{-1} + b_{-2} \times R^{-2} + \cdots + b_{-m} \times R^{-m}}_{\text{小数部分}}$$

以上进位计数制之间的关系如表 1.3 所示。

表 1.3　进位计数制之间的关系

| 十进制数 | 二进制数 | 八进制数 | 十六进制数 |
|---|---|---|---|
| 0 | 0 | 0 | 0 |
| 1 | 1 | 1 | 1 |
| 2 | 10 | 2 | 2 |
| 3 | 11 | 3 | 3 |
| 4 | 100 | 4 | 4 |
| 5 | 101 | 5 | 5 |
| 6 | 110 | 6 | 6 |
| 7 | 111 | 7 | 7 |
| 8 | 1000 | 10 | 8 |
| 9 | 1001 | 11 | 9 |
| 10 | 1010 | 12 | A |
| 11 | 1011 | 13 | B |
| 12 | 1100 | 14 | C |
| 13 | 1101 | 15 | D |
| 14 | 1110 | 16 | E |
| 15 | 1111 | 17 | F |
| 16 | 10000 | 20 | 10 |

## 1.3.2　二进制数的算术运算规则

二进制数的算术运算规则与人们常用的十进制数相同，只是它仅涉及“0”和“1”两个数码，且其进位规则是“逢 2 进 1，借 1 作 2”，如表 1.4 所示。

表 1.4　二进制数的算术运算规则

| 四则运算 | 运算规则 | | | | 例　子 |
|---|---|---|---|---|---|
| 加法 | 0+0=0 | 0+1=1 | 1+0=1 | 1+1=0(有进位) | 1001 + 1011 = 10100 |
| 减法 | 0–0=0 | 0–1=1(有借位) | 1–0=1 | 1–1=0 | 10100 – 1001 = 1011 |
| 乘法 | 0×0=0 | 0×1=0 | 1×0=0 | 1×1=1 | 1011 × 101 = 110111 |
| 除法 | 0÷1=0 | 1÷1=1 | (0 不能作为除数) | | 110111 ÷ 1011 = 101 |

## 1.3.3　各种进制间的转换

### 1．*R* 进制数转换为十进制数——按权相加法

*R* 进制数转换为十进制数只需要将 *R* 进制数的各位数码乘以各自的权值，然后累加求

和即可。

形如 $a_n\ a_{n-1}\cdots a_1\ a_0\ a_{-1}\ a_{-2}\cdots a_{-(m-1)}\ a_{-m}$ 的 $R$ 进制数所表示的十进制数的值：

$$S=a_n\times R^n+a_{n-1}\times R^{n-1}+\cdots+a_1\times R^1+a_0\times R^0+a_{-1}\times R^{-1}+a_{-2}\times R^{-2}+\cdots+a_{-m}\times R^{-m}$$

用公式表示为

$$S=\sum_{i=-m}^{n}a_i\times R^i$$

例如，将二进制数 110101.101 转换为十进制数：

$$(110101.101)_B=1\times 2^5+1\times 2^4+1\times 2^2+1\times 2^0+1\times 2^{-1}+1\times 2^{-3}=(53.625)_D$$

例如，将八进制数 376 转换为十进制数：

$$(376)_O=3\times 8^2+7\times 8^1+6\times 8^0=(254)_D$$

例如，将十六进制数 C35 转换为十进制数：

$$(C35)_H=12\times 16^2+3\times 16^1+5\times 16^0=(3125)_D$$

**2．十进制数转换为 *R* 进制数——除基取余法(整数部分)、乘基取整法(小数部分)**

十进制数转换为 $R$ 进制数时，可将十进制数分成整数和小数两部分分别转换，然后组合起来即可。

整数部分转换成 $R$ 进制：采用“除基取余法”，即将十进制数不断除以基数 $R$，并于每一步取余，直到商为 0 为止，余数从右往左排列(即首次取得的余数为最低位，排在最右)。

小数部分转换成 $R$ 进制：采用“乘基取整法”，即将十进制数不断乘以基数 $R$，并于每一步取整数部分，直到小数部分为 0 或达到所求的精度为止(小数部分可能永远也不会得到 0)；所得的整数在小数点后自左往右排列，根据要求取到有效精度。

例如，将$(107.385)_D$转换为二进制数(要求保留到小数点后 4 位)：

整数部分转换

| 除以基数 2 | 取余数 |
|---|---|
| 2 \| 107 | |
| 2 \| 53 | ……… 1(整数部分最低位) |
| 2 \| 26 | ……… 1 |
| 2 \| 13 | ……… 0 |
| 2 \| 6 | ……… 1 |
| 2 \| 3 | ……… 0 |
| 2 \| 1 | ……… 1 |
| 0 | ……… 1(整数部分最高位) |

小数部分转换

| 乘以基数 2 | 取整数部分 |
|---|---|
| 0.385 | |
| × 2 | |
| 0.770 | ……… 0(小数部分最高位) |
| × 2 | |
| 1.540 | ……… 1 |
| × 2 | |
| 1.080 | ……… 1 |
| × 2 | |
| 0.160 | ……… 0(小数部分最低位) |

转换结果为

$$(107.385)_D=(1101011.0110)_B$$

例如，将$(107.385)_D$ 转换为八进制数(要求保留到小数点后 3 位)：

```
        整数部分转换                              小数部分转换
         除以基数 8                     取余数      乘以基数 8    取整数部分
8 | 107                                 0.385
8 |  13      ………3(整数部分最低位)      ×    8
 8 |  1      ………5                       3.080   ………  3(小数部分最高位)
      0      ………1(整数部分最高位)      ×    8
                                        0.640   ………  0
                                        ×    8
                                        5.120   ………  5(小数部分最低位)
```

转换结果为

$$(107.385)_D = (153.305)_O$$

例如，将$(107.385)_D$ 转换为十六进制数(要求保留到小数点后 3 位)：

```
        整数部分转换                              小数部分转换
         除以基数 16                    取余数      乘以基数 16   取整数部分
16 | 107                                0.385
 16 |  6     ………B(整数部分最低位)      ×   16
       0     ………6(整数部分最高位)      6.160   ………  6(小数部分最高位)
                                        ×   16
                                        2.560   ………  2
                                        ×   16
                                        8.960   ………  8(小数部分最低位)
```

转换结果为

$$(107.385)_D = (6B.628)_H$$

**说明**

由于“除基取余法”和“乘基取整法”的每一步操作都重复执行除以(或乘以)基数 $R$ 的运算，操作简单统一，因此便于编程实现。

### 3. 二进制与十进制相互转换的简便运算——减权定位法

通过前文介绍的按权相加法我们知道：$R$ 进制数的每一位数码乘以该数码所在位的权值，再求总和，即得该 $R$ 进制数所对应的十进制数的值。具体到二进制数，数码只有 0 和 1，凡是数码 0 所对应的位不用计算(为 0)，而数码 1 所对应数位的值为 $1 \times R^{n-1}$，即 $R^{n-1}$，也就等于该位的权值，所以乘法也不必再做。由此可见，只需要将二进制中数码 1 所对应的权值进行累加，即可得到十进制数。

反之，将一个十进制数转换为二进制数时，只需要依照二进制权值序列，依次从十进制数中减去最大的权值，相应位取 1，未减的对应数位取 0 即可。因此，这种方法又称“减权定位法”。

用减权定位法进行转换需要对二进制的权有清楚的认识。

例如，$(1101011.101)_2=(107.625)_{10}$，如表 1.5 所示。

不难看出，这种转换方式直观、易于验算，而且同样适合将十进制转换为二进制。因此，在手工方式进行十进制和二进制相互转换的时候，建议采用这种方法。

表 1.5　二进制的权

| 数位(索引) | … | 7 | 6 | 5 | 4 | 3 | 2 | 1 | 0 | . | −1 | −2 | −3 | … |
|---|---|---|---|---|---|---|---|---|---|---|---|---|---|---|
| 权 | … | $2^7$ | $2^6$ | $2^5$ | $2^4$ | $2^3$ | $2^2$ | $2^1$ | $2^0$ | . | $2^{-1}$ | $2^{-2}$ | $2^{-3}$ | … |
| 权值 | … | 128 | 64 | 32 | 16 | 8 | 4 | 2 | 1 | . | 0.5 | 0.25 | 0.125 | … |
| 二进制数 | | | 1 | 1 | 0 | 1 | 0 | 1 | 1 | . | 1 | 0 | 1 | |
| 取值的位 | | | √ | √ | | √ | | √ | √ | . | √ | | √ | |
| 十进制数 | 64 + 32 + 8 + 2 + 1 + 0.5 + 0.125 = 107.625 | | | | | | | | | | | | | |

### 4．二进制与八进制之间的转换

八进制的基数是 8，且有关系 $2^3$=8，所以 3 位二进制数构成一位八进制数，二者对应关系如表 1.6 所示。

表 1.6　二进制数与八进制数的对应关系

| 二进制数 | 000 | 001 | 010 | 011 | 100 | 101 | 110 | 111 |
|---|---|---|---|---|---|---|---|---|
| 八进制数 | 0 | 1 | 2 | 3 | 4 | 5 | 6 | 7 |

1) 二进制转八进制

将二进制数转换成八进制数时，以小数点为中心分别向左右两边分组，每 3 位为一组，两头不满 3 位加“0”补足，每一组以其对应的八进制数代替，再按原来的顺序排列即为等值的八进制数。

例如，$(11001101.1011)_B$ 转换为八进制：

$$(\underline{0\,1\,1}\quad \underline{0\,0\,1}\quad \underline{1\,0\,1}\,.\,\underline{1\,0\,1}\quad \underline{1\,0\,0})_B=(315.54)_O$$

$$3\qquad 1\qquad 5\ .\ 5\qquad 4$$

2) 八进制转二进制

将八进制数转换成二进制数时，只需要将每 1 位八进制数码转换为它所对应的 3 位二进制数即可(最后将两头的 0 去掉)。

例如，$(253.16)_O$ 转换为二进制：

$$(2\qquad 5\qquad 3\quad .\quad 1\qquad 6)_O=(10\ 101\ 011\,.\,001\ 11)_B$$

$$\underline{0\,1\,0}\quad \underline{1\,0\,1}\quad \underline{0\,1\,1}\,.\,\underline{0\,0\,1}\quad \underline{1\,1\,0}$$

### 5．二进制与十六进制之间的转换

十六进制的基数是 16，且有关系 $2^4$=16，所以 4 位二进制数构成一位十六进制数，二者对应关系如表 1.7 所示。

表 1.7　二进制数与十六进制数的对应关系

| 二进制数 | 0000 | 0001 | 0010 | 0011 | 0100 | 0101 | 0110 | 0111 | 1000 | 1001 | 1010 | 1011 | 1100 | 1101 | 1110 | 1111 |
|---|---|---|---|---|---|---|---|---|---|---|---|---|---|---|---|---|
| 十六进制数 | 0 | 1 | 2 | 3 | 4 | 5 | 6 | 7 | 8 | 9 | A | B | C | D | E | F |

1) 二进制转十六进制

将二进制数转换成十六进制数时，以小数点为中心分别向左右两边分组，每 4 位为一组，两头不满 4 位加“0”补足，每一组以其对应的十六进制数代替，再按原来的顺序排列即为等值的十六进制数。

例如，$(10110101101.101101)_B$ 转换为十六进制：

$$(\underline{0101}\quad\underline{1010}\quad\underline{1101}\quad.\quad\underline{1011}\quad\underline{0100})_B=(5AD.B4)_H$$

$$5\qquad A\qquad D\quad .\quad B\qquad 4$$

2) 十六进制转二进制

将十六进制数转换成二进制数时，只需要将每 1 位十六进制数码转换为它所对应的 4 位二进制数即可(最后将两头的 0 去掉)。

例如，$(5D8.F4)_H$ 转换为二进制：

$$(5\qquad D\qquad 8\quad .\quad F\qquad 4)_H=(101\ 1101\ 1000\ .\ 1111\ 01)_B$$

$$\underline{0101}\quad\underline{1101}\quad\underline{1000}\quad .\quad\underline{1111}\quad\underline{0100}$$

上面介绍了几种进制间的基本转换方法，在进行手工转换时，为了便于掌握，建议以二进制为中心进行各种进制的转换。其关系如图 1.3 所示。

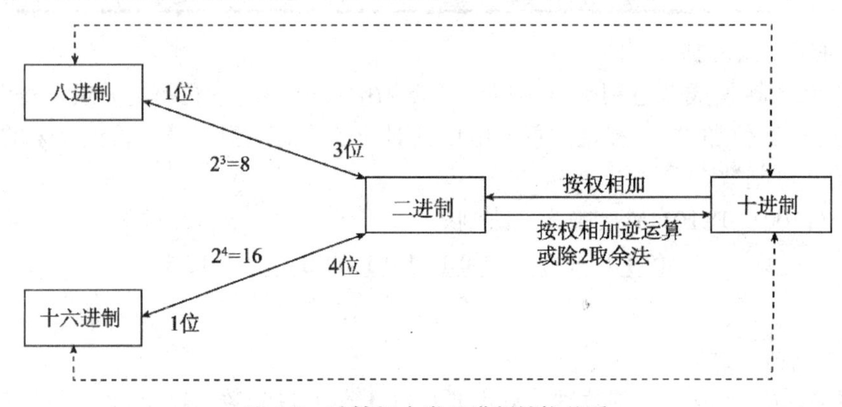


图 1.3 计算机中常见进制转换关系

从图 1.3 可知，只要掌握了二进制与十进制、二进制与八进制、二进制与十六进制之间的转换关系，即可以解决常见的进制转换问题。

例如，要求将$(352.3)_O$和$(2A3.C)_H$转换为十进制，为了方法的统一，可以先将它们转换成二进制，再将二进制转换为十进制即可。

$$(352.3)_O=(11101010.011)_B=(234.375)_D$$
$$(2A3.C)_H=(1010100011.11)_B=(675.75)_D$$

在计算机中，所有信息均用二进制表示(只有 0 和 1 两种形式)，所以数值的正号(+)或负号(–)也只能用二进制表示，并且规定：0 表示正，1 表示负，称为数符。

# 1.4　计算机中信息的存储

## 1.4.1　基本概念

### 1. 位(b)

位即 bit，binary digit 的缩写，也称“比特”，简写为小写字母 b。b 是计算机中最小的信息单位，是由 0 和 1 来表示的一个二进制数位。

### 2. 字节(B)

字节即 Byte，简写为大写字母 B。B 是计算机中存储空间的基本计量单位，每个字节由 8 个二进制位构成，即 1 B=8 b，如图 1.4 所示。

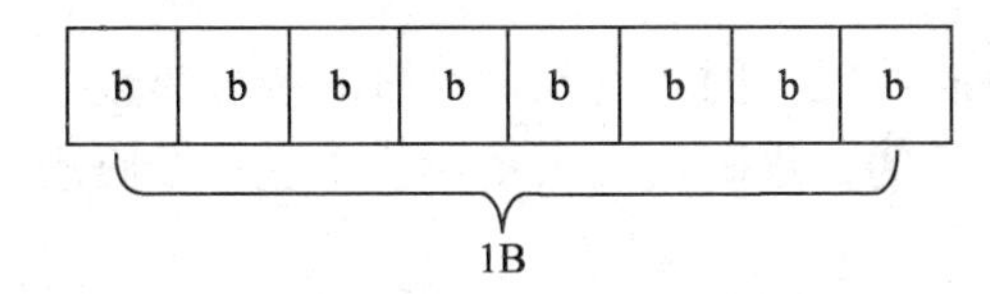


图 1.4　“位”与“字节”的关系

计算机中常用的存储单位还有 KB、MB、GB 等，如表 1.8 所示。

表 1.8　计算机中常用的存储单位

| 存储单位 | 字节(B) | 千字节(KB) | 兆字节(MB) | 千兆字节(GB) |
|---|---|---|---|---|
| 名称 | Byte | KiloByte | MegaByte | GigaByte |
| 大小 | 1 B = 8 b | 1 KB = $2^{10}$ B = 1024 B | 1 MB = $2^{10}$ KB = 1024 KB | 1 GB = $2^{10}$ MB = 1024 MB |

### 3. 字(word)

字记为 word 或小写字母 w，是位的组合，是信息交换、加工、存储的基本单元(独立的信息单位)。一个字由一字节或若干字节构成(通常取字节的整数倍)，它可以代表数据代码、字符代码、操作码和地址码的组合。

### 4. 字长(word length)

中央处理器在单位时间内(同一时间)能一次处理的二进制数据的位数(能直接参与运算寄存器所含的二进制数据的位数)叫“字长”。一般情况下，基本字长越长，位数就越多，内存可配置的容量就越大，运算速度就越快，计算精度也越高，处理能力也越强。

字长的大小是机器设计时就决定了的，是衡量计算机性能的重要指标之一。目前，PC 的字长正由 32 位向 64 位过渡。

## 1.4.2　信息存储的基本形式

内码：各种数据信息在计算机内部的编码表示。内码是由二进制的“0”和“1”构成的数字编码。

外码：各种数据信息在计算机外部的输入表示。外码即人们常见的各种字符的编码。

冯·诺依曼体系指出，计算机采用存储程序工作方式处理数据和信息。而这些程序、数据和信息都存储在计算机的记忆装置——存储器中。它们在存储器中都用二进制“0”或“1”的组合来表示。存储器一般被划分成许多单元——存储单元，一个存储单元可存放若干二进制的位，这便是计算机中最小的信息单位；8 个二进制的位构成一个字节，它被作为衡量存储空间大小的基本计量单位；一个存储器所能容纳的字节总数，即存储器的容量；存储单元按一定顺序编号，每个存储单元对应一个编号，称为单元地址。单元地址在计算机中也用二进制编码表示。单元地址编码号是唯一固定不变的，而存储在该单元中的内容则是可以改变的。

## 1.4.3　西文字符的编码

由于计算机采用二进制编码，因此进入计算机的字母、数字、符号等字符都必须采用二进制编码表示。所有字符的二进制代码表示形式由字符编码规则规定，并且制定了国际标准。

国际上使用的字符信息表示系统有多种。而目前较广泛采用的是美国标准信息交换代码，即通常所说的 ASCII(American Standard Code for Information Interchange)码，它是现在国际范围内通用的西文字符编码。

标准的 ASCII 码用一个字节(1B)即 8 位二进制数(8b)表示一个字符。其中，最高位是校验位，恒置为 0，在表示字符时实际只用低 7 位进行编码组合。该 7 位编码可表示 128 个字符($2^7$=128)，包括 10 个阿拉伯数字、52 个英文大写和小写字母、32 个标点符号和运算符、34 个控制字符。

标准 ASCII 编码结构如图 1.5 所示。

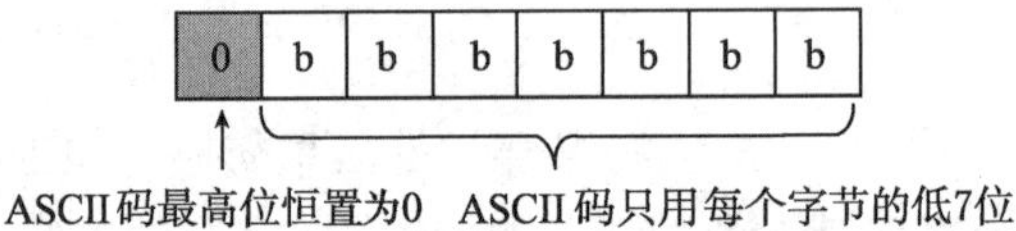


图 1.5　标准 ASCII 码编码结构示意

ASCII 码表如表 1.9 所示。

表 1.9　标准 7 位 ASCII 码表

| 低　位 | 高　位 | | | | | | | |
|---|---|---|---|---|---|---|---|---|
| | 000 | 001 | 010 | 011 | 100 | 101 | 110 | 111 |
| 0000 | NUL | DLE | SP | 0 | @ | P | 、 | p |
| 0001 | SOH | DC1 | ! | 1 | A | Q | a | q |
| 0010 | STX | DC2 | ” | 2 | B | R | b | r |
| 0011 | ETX | DC3 | # | 3 | C | S | c | s |
| 0100 | EOT | DC4 | ¥ | 4 | D | T | d | t |

续表

| 低　位 | 高　位 | | | | | | | |
|---|---|---|---|---|---|---|---|---|
| | 000 | 001 | 010 | 011 | 100 | 101 | 110 | 111 |
| 0101 | ENQ | NAK | % | 5 | E | U | e | u |
| 0110 | ACK | SYN | & | 6 | F | V | f | v |
| 0111 | BEL | ETB | ‘ | 7 | G | W | g | w |
| 1000 | BS | CAN | ( | 8 | H | X | h | x |
| 1001 | HT | EM | ) | 9 | I | Y | i | y |
| 1010 | LF | SUB | * | : | J | Z | j | z |
| 1011 | VT | ESC | + | ; | K | [ | k | { |
| 1100 | FF | FS | , | < | L | \ | l | \| |
| 1101 | CR | GS | – | = | M | ] | m | } |
| 1110 | SO | RS | 。 | > | N | ^ | n | ～ |
| 1111 | SI | US | / | ? | O | - | o | DEL |

注：表中特殊符号的意义如下。

NUL—空白；SOH—标题开始；STX—正文开始；ETX—正文结束；EOT—传输结束；ENQ—请求；ACK—收到通知；BEL—响铃；BS—退格；HT—水平制表符；LF—换页键；VT—垂直制表符；FF—换页键；CR—回车键；SO—不用切换；SI—启用切换；DLE—数据链路转义；DC1—设备控制 1；DC2—设备控制 2；DC3—设备控制 3；DC4—设备控制 4；NAK—拒绝接收；SYN—同步空闲；ETB—传输块结束；CAN—取消；EM—介质中断；SUB—替补；ESC—溢出；FS—文件分隔符；GS—分组符；RS—记录分隔符；US—单元分隔符；SP—空格；DEL—删除。

由表 1.9 可以看出，数字 0～9、字母 a～z、A～Z 均是按顺序排列，且小写字母比对应大写字母十进制码值大 32。有些特殊字符的 ASCII 码值读者应该记住。

(1) 数字“0”的 ASCII 码为 0110000，对应十进制值为 48；则“9”的编码值为 57。

(2) 字母“A”的 ASCII 码为 1000001，对应十进制值为 65；则“Z”的编码值为 90。

(3) 字母“a”的 ASCII 码为 1100001，对应十进制值为 97；则“z”的编码值为 122。

(4) 回车符“CR”的 ASCII 码为 0001101，对应十进制值为 13。

(5) 换行符“LF”的 ASCII 码为 0001010，对应十进制值为 10。

字符通过输入设备(如键盘)转换为用 ASCII 码表示的字符数据，送入计算机，或由输出设备把要输出的 ASCII 码转换为字符打印或显示出来。

### 小知识

ASCII 码有 7 位和 8 位两种。7 位 ASCII 码又称标准 ASCII 码(或基本 ASCII 码)，如前文所述。通常是在未作特别说明的情况下的 ASCII 码，均指标准 ASCII 码。8 位 ASCII 码又称扩展 ASCII 码。它采用一个字节(1B)的全部 8 位表示信息，因此可以表示 256($2^8$=256)个字符。

## 1.4.4 汉字的编码

我国的通用文字是汉字。为了让计算机处理汉字，必须将汉字转化成二进制代码，即对汉字进行统一的编码，给每个汉字一个唯一的编码。

### 1. 国标码

国标码(GB 码)即中华人民共和国国家标准信息交换汉字编码，1980 年中国国家标准总局颁布了《信息交换用汉字编码字符集——基本集》，国家标准号为：GB 2312—80。

与西文编码不同的是，汉字的数量很大，用一个字节无法区分它们，因为一个字节由 8 位二进制数组成，最多可表示 256 个字符，但这远远不足以表示常用的汉字(常用汉字约 6000 个)。所以考虑采用两个字节对汉字进行编码，采用两个字节最多可以表示 65536 个汉字(两个字节共 16 位，$2^{16}=65536$)，这已经大大超过了常用的汉字数量。为了和标准的 ASCII 码兼容，一般仅使用每个字节的低 7 位，这样可以表示的汉字总数为 16384($2^7\times2^7$=16384)个，这对于常用的汉字来讲已经足够了。

国标码用两个字节 ASCII 码联合起来表示一个汉字或中文标点符号，每个字节最高位恒置为 0。

国标码中收录了 6763 个常用汉字(其中一级汉字 3755 个，二级汉字 3008 个)和 682 个中文符号，共 7445 个字符。

国标码规定，全部汉字与图形符号组成一个 94×94 的矩阵。矩阵中每一行称为一个“区”，每一列称为一个“位”。这样就形成了 94 个区(区号 01～94)、每个区 94 个位(位号 01～94)的汉字字符集。一个汉字的区号与位号简单地组合在一起就构成了该汉字的“区位码”。其中，高两位是区号，低两位是位号。因此，区位码与汉字或图形字符之间是一一对应的。

表 1.10 所示为汉字国标编码表(部分)。

区号和位号各加 32 就构成了国标码，这是为了与 ASCII 码兼容，每个字节值大于 32(0～32 为非图形字符码值)。

例如，“啊”位于 16 区 01 位，区位码为 1601；而“啊”的国标码是“0110000010000l”，其对应的十进制数为“4833”。注意，48 恰好是区号 16 加 32，33 恰好是位号 01 加 32。

### 2. 汉字的机内码

汉字的机内码是汉字在设备或信息处理系统内部最基本的表达形式，即在计算机内部存储、处理、传输汉字时使用的代码。

一个国标码占两个字节，每个字节最高位恒置为 0，这虽然使汉字与英文字符能够完全兼容(每个字节最高位都为 0)，但是当英文与汉字混合存储时，还是会发生冲突或混淆不清，所以实际上总是把汉字的国标码每一个字节的最高位恒置为 1，再作为汉字的计算机内编码使用。由此可知，汉字的机内码每个字节的 ASCII 码值都大于 128，而每个西文字符的 ASCII 码值均小于 128。

表 1.10　汉字国标编码表(部分)

| 第一字节 | | | | | | | 第二字节 | | | | | | | | |
|---|---|---|---|---|---|---|---|---|---|---|---|---|---|---|---|
| | | | | | | | $b_6$ | 0 | 0 | 0 | 0 | 0 | 0 | 0 | 0 |
| | | | | | | | $b_5$ | 1 | 1 | 1 | 1 | 1 | 1 | 1 | 1 |
| | | | | | | | $b_4$ | 0 | 0 | 0 | 0 | 0 | 0 | 0 | 0 |
| | | | | | | | $b_3$ | 0 | 0 | 0 | 0 | 0 | 0 | 0 | 1 |
| | | | | | | | $b_2$ | 0 | 0 | 0 | 1 | 1 | 1 | 1 | 0 |
| | | | | | | | $b_1$ | 0 | 1 | 1 | 0 | 0 | 1 | 1 | 0 |
| | | | | | | | $b_0$ | 1 | 0 | 1 | 0 | 1 | 0 | 1 | 0 |
| $b_6$ | $b_5$ | $b_4$ | $b_3$ | $b_2$ | $b_1$ | $b_0$ | 区 \ 位 | 01 | 02 | 03 | 04 | 05 | 06 | 07 | 08 |
| … | … | … | … | … | … | … | … | … | … | … | … | … | … | … | … |
| 0 | 1 | 0 | 0 | 0 | 1 | 1 | 03 | ! | “ | # | $ | % | & | ‘ | ( |
| … | … | … | … | … | … | … | … | … | … | … | … | … | … | … | … |
| 0 | 1 | 1 | 0 | 0 | 0 | 0 | 16 | 啊 | 阿 | 埃 | 挨 | 哎 | 唉 | 哀 | 皑 |
| 0 | 1 | 1 | 0 | 0 | 0 | 1 | 17 | 薄 | 雹 | 保 | 堡 | 饱 | 宝 | 抱 | 报 |
| 0 | 1 | 1 | 0 | 0 | 1 | 0 | 18 | 病 | 并 | 玻 | 菠 | 播 | 拨 | 钵 | 波 |

汉字机内码结构如图 1.6 所示。

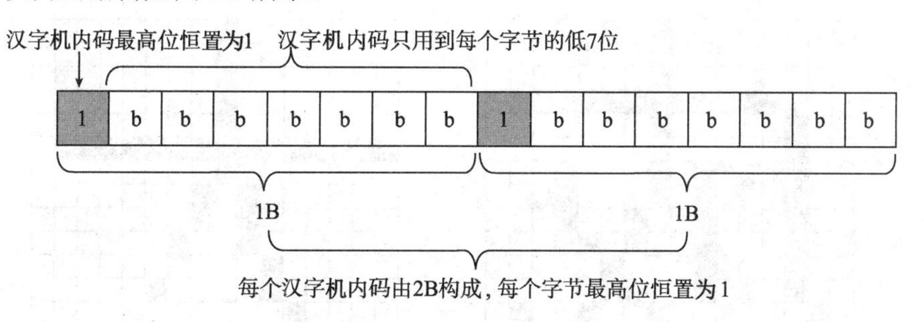


图 1.6　汉字机内码结构示意

汉字机内码应该是统一的，但实际上汉字系统并不相同，要统一出标准化的汉字机内码，还需要长时间的努力，所以目前不同系统使用的汉字机内码有可能不同。例如，除了 GB 码外，还有 BIG5 码(港台地区使用)和 GBK 码(汉字扩展内码规范)等，这也就是我们浏览一些港台地区中文网站时网页上可能会出现乱码的原因。

### 3. 汉字的外码

汉字的外码是针对不同的汉字输入法而言的。通过键盘按某种输入法进行汉字输入时，人与计算机进行信息交换所用的编码称为“汉字外码”。对于同一个汉字而言，输入法不同，其外码也是不同的。

例如汉字“啊”，在区位码输入法中的外码是“1601”(区号是 16，位号是 01)，国标码是“4833”，机内码是“10110000 10100001”，在拼音输入法中的外码是“a”，而在五笔字型输入法中的外码是“kbsk”。

实际上，用户汉字输入的过程就是外码向内码转换的过程，如图 1.7 所示。

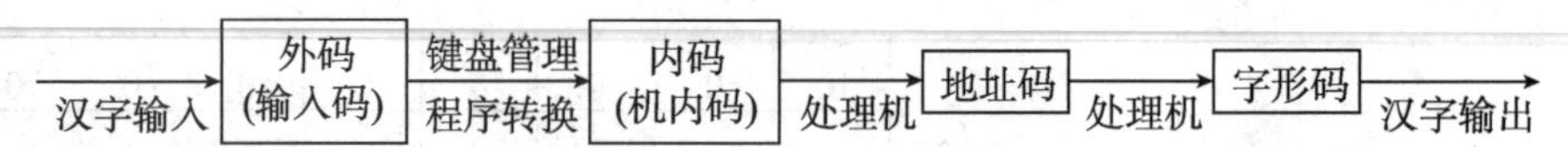


图 1.7　汉字信息处理模型

4．汉字的字形码和字库

1) 汉字字形码

汉字的内码是用数字代码来表示汉字，但是为了在输出时让人们看到汉字，就必须输出汉字的字形。

汉字字形码又称汉字字模、汉字存储码，是指存放在字库中的汉字字形，用于汉字在屏幕上显示或通过打印机输出。汉字字形码通常有两种：点阵和矢量。

用点阵方式表示字形是汉字系统中较为普遍的一种方式。汉字字形码就是这个汉字字形点阵的代码。

一般来说，字模的点数越多，汉字字形的质量越好，字体越清晰美观，当然所占的存储空间也越大。

图 1.8 所示为 16×16 点阵的“成”“大”字，如用 1 表示黑点，用 0 表示白点，则黑白信息就可以用二进制数来表示。每个点用二进制的 1 b 表示，则一个 16×16 点阵的汉字字模需要用 256 b 即 32 B 表示(32 B=256 b)。

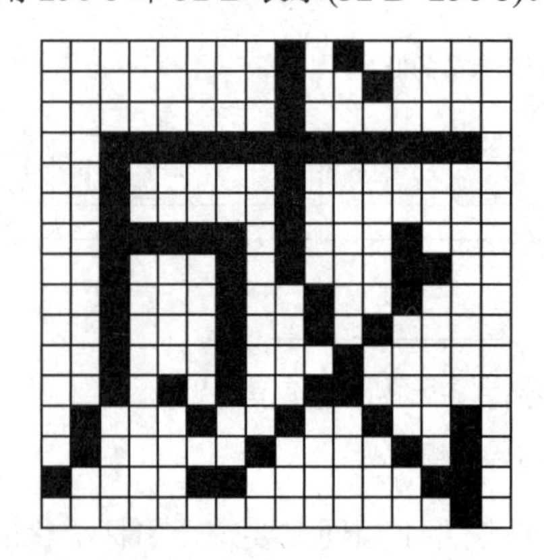
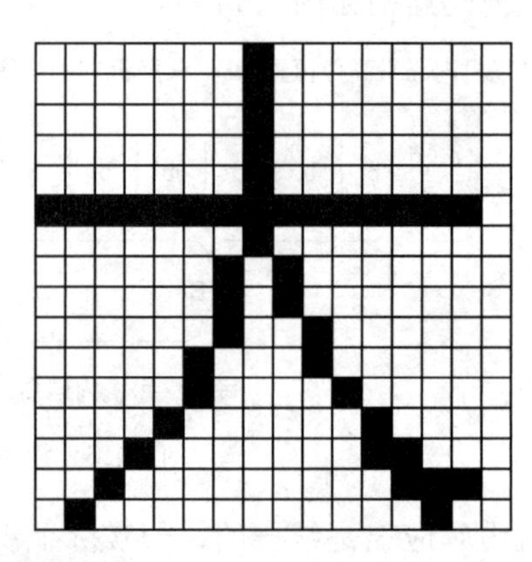

图 1.8　汉字点阵示意

矢量表示方式存储的是描述汉字字形的轮廓特征，即把汉字字形数字化，用某种数学模型来表示，由软件实现汉字字形信息的压缩存储和还原显示或输出。这种字库的特点是所需存储容量远远小于点阵字库，而且在汉字放大、缩小时不会出现锯齿状或缺笔断画等缺陷，提高了汉字的输出质量。图 1.9 所示为“成”字的两种表示方式。

2) 汉字字库

一个汉字的字形点阵信息叫作该字的字形(也称“字模”)。计算机汉字系统中所有存放在存储器中的常用汉字和符号的集合就是汉字的字形库(简称“字库”)。

字库容量的大小取决于字模点阵的大小。表 1.11 为汉字点阵大小与存储容量的关系。

(a) 点阵字形式

(b) 矢量字形式

图 1.9　“成”字的两种表示方式

表 1.11　汉字点阵大小与存储容量的关系

| 类　型 | 点阵大小 | 单个汉字存储容量 | 字库容量(包含两级汉字) |
|---|---|---|---|
| 简易型 | 16×16 | 32 B | 256 KB |
| 普及型 | 24×24 | 72 B | 576 KB |
| 提高型 | 32×32 | 128 B | 1 MB |
| | 48×48 | 288 B | 2.25 MB |
| 精密型 | 64×64 | 512 B | 4 MB |
| | 128×128 | 2048 B | 16 MB |

从表 1.11 中可以看出，随着点阵的增大，所需的存储容量也很快变大，其字形的质量也越好，但成本也越高。在目前的汉字信息处理系统中，屏幕显示一般采用 16×16 点阵，打印输出时采用 24×24 点阵，在质量要求较高时，可以采用更高的点阵。

## 1.5　多媒体技术的概念与应用

在计算机行业里，媒体(Medium)有两种含义：一是指传播信息的载体，如语言、文字、图像、视频、音频等；二是指存储信息的载体，如 ROM、RAM、磁带、磁盘、光盘、U 盘等已经不常见了。

多媒体技术中的媒体主要指前者，就是利用计算机把文字、图形、影像、动画、声音及视频等媒体信息数位化，并将其整合在一定的交互式界面上，使计算机具有交互展示不同媒体形态的能力。它极大地改变了人们获取信息的方法，符合人们在信息时代的阅读方式。

多媒体技术的发展改变了计算机的使用领域，使计算机由办公室、实验室的专用品变成了信息社会的普通工具，广泛应用于工业生产管理、学校教育、公共信息咨询、商业广告、军事指挥与训练，甚至家庭生活与娱乐等领域。

### 1.5.1　多媒体技术的概念

多媒体(Multimedia)是由两种以上的单一媒体融合而成的信息综合表现形式，是多种媒

体综合、处理和利用的结果。具体表现在多种媒体表现、多种感官作用、多种设备支持、多学科交叉及多领域应用等。多媒体的实质是将不同表现形式的媒体信息数字化并集成，通过逻辑链接形成有机整体，同时实现交互控制。

多媒体技术(Multimedia Technology)指通过计算机对文字(Text)、数据(Data)、图形(Graphics)、图像(Image)、动画(Animation)、声音(Audio)、视频(Video)等多种媒体信息进行综合处理和管理，使用户可以通过多种感官与计算机进行实时信息交互的技术，又称计算机多媒体技术。其实质是将自然形式存在的媒体信息数字化，然后利用计算机对这些数字信息进行加工，以一种最友好的方式提供给使用者使用。

多媒体技术具有集成性、实时性、交互性、多样性和数字化等五个基本特征。这五个基本特征也是多媒体技术要解决的五个基本问题。

#### 1. 集成性

集成性主要表现在多种信息媒体的集成和处理这些媒体的软硬件技术的集成，即能够对信息进行多通道统一获取、存储、组织与合成。

#### 2. 实时性

实时性指当用户给出操作命令时，相应的多媒体信息能够得到实时控制或实时处理。

#### 3. 交互性

交互性指向用户提供更加有效的控制和使用信息的手段，在媒体综合处理上也可做到随心所欲，它可以形成人与机器、人与人及机器间的互动，形成互相交流的操作环境及身临其境的场景，人们根据需要对其进行控制。人机相互交流是多媒体最大的特点。

#### 4. 多样性

多样性指媒体种类及其处理技术的多样化。

#### 5. 数字化

数字化指处理多媒体信息的关键设备是计算机，所以要求不同媒体形式的信息都要进行数字化，以便计算机进行处理，并且这些数据编码具有不同的压缩算法和标准。

### 1.5.2 多媒体计算机系统

多媒体计算机系统指能把视、听和计算机交互式控制结合起来，对音频信号、视频信号的获取、生成、存储、处理、回收和传输综合数字化所组成的一个完整的计算机系统。通常所说的多媒体计算机指具有多媒体处理功能的个人计算机(Multimedia Personal Computer，MPC)。MPC 与一般的个人计算机并无太大的差别，只不过是多了一些软硬件配置而已，与传统的计算机系统一样，一个多媒体计算机系统一般由多媒体计算机硬件(包括计算机硬件、声像等多种媒体的输入输出设备和装置)和多媒体计算机软件(包括多媒体操作系统、图形用户接口及支持多媒体数据开发的应用工具软件等)两大系统组成。

### 1. 多媒体计算机硬件系统

多媒体计算机硬件系统除了需要较高配置的计算机主机外，还包括表示、捕获、存储、传递和处理多媒体信息所需要的硬件设备。

(1) 多媒体外部设备。其功能又可分为人机交互设备，如键盘、鼠标、触摸屏、绘图板、光笔及手写输入设备等；存储设备，如磁盘、光盘等；视频、音频输入设备，如摄像机、录像机、扫描仪、数码相机、数码摄像机和话筒等；视频、音频播放设备，如音响、电视机和大屏幕投影仪等。

(2) 多媒体接口卡。多媒体接口卡是根据多媒体系统获取、编辑音频或视频的需要而插接在计算机上的接口卡。常用的接口卡有声卡、视频卡等。

声卡也叫音频卡，是 MPC 的必要部件，它是计算机进行声音处理的适配器，用于处理音频信息。它可以将话筒、唱机(包括激光唱机)、录音机、电子乐器等输入的声音信息进行模/数转换、压缩处理，也可以将经过计算机处理的数字化声音信号通过还原(解压缩)、模/数转换后用扬声器播放或记录下来。

视频卡是一种统称，有视频捕捉卡、视频显示卡(VGA 卡)、视频转换卡(如 TV Coder)及动态视频压缩和视频解压缩卡等。它们完成的功能主要包括图形图像的采集、压缩、显示、转换和输出等。

多媒体计算机硬件系统如图 1.10 所示。

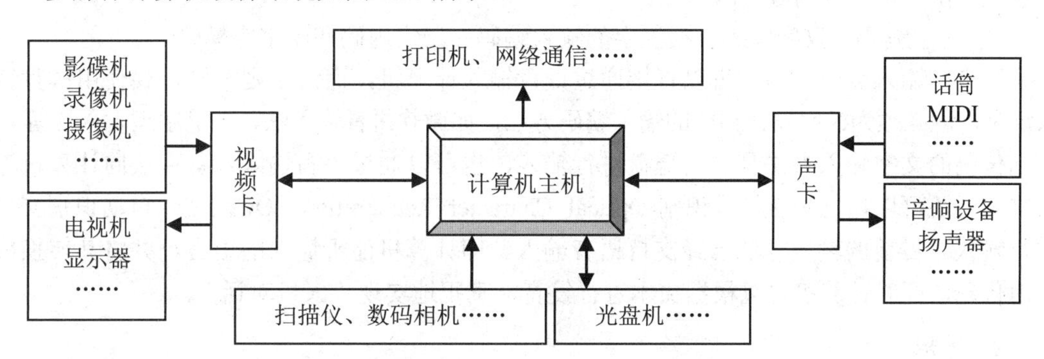


图 1.10 多媒体计算机硬件系统

### 2. 多媒体计算机软件系统

多媒体计算机软件系统主要分为系统软件和应用软件。

(1) 系统软件。多媒体计算机的系统软件有以下几种。

多媒体驱动软件。多媒体驱动软件是最底层硬件的软件支撑环境，直接与计算机硬件相关，完成设备初始化、基于硬件的压缩/解压缩、图像快速变换及功能调用等。

驱动器接口程序。驱动器接口程序是高层软件与驱动程序之间的接口软件。

多媒体操作系统。其可实现多媒体环境下实时多任务调度，保证音频、视频同步控制及信息处理的实时性，提供多媒体信息的各种基本操作和管理，具有对设备的相对独立性和可操作性。各种多媒体软件要运行于多媒体操作系统(如 Windows)上，所以操作系统是多媒体软件的核心。

多媒体素材制作软件。其是为多媒体应用程序进行数据准备的程序，主要指多媒体数

据采集软件，其可作为开发环境的工具库供设计者调用。

多媒体创作工具、开发环境。其主要用于编辑生成特定领域的多媒体应用软件，是在多媒体操作系统上进行开发的软件工具。

(2) 多媒体应用软件。多媒体应用软件是在多媒体创作平台上设计开发的面向特定应用领域的软件系统。

### 1.5.3　常见的多媒体文件格式

多媒体信息包括文字、图形、图像、声音、影视、动画等多种不同的形式，不同类型的媒体由于内容和格式不同，相应的内容管理和处理方法也不同，存储量的差别也很大。

#### 1. 文字

文字是人们在现实世界中进行通信交流的主要形式，也是人与计算机之间进行信息交换的主要媒体。在计算机中，文字用二进制的编码表示，即使用不同的二进制编码来代表不同的文字。常用的文字包括西文与汉字。

(1) 西文字符编码。在计算机中，西文采用 ASCII 码表示。ASCII 码包括大小写英文字母、标点符号、阿拉伯数字、数学符号、控制字符等共 128 个字符，一个 ASCII 码占一个字节，由 7 位二进制数编码组成。

(2) 汉字编码。汉字编码包括汉字的输入编码、汉字内码和汉字字模码。

汉字的输入编码。西文可以直接通过键盘输入计算机，而汉字则不同，要使用键盘输入汉字，就必须为汉字设计相应的输入编码方法，如微软拼音输入法、五笔字型输入法等。

传统的文字输入方法是利用键盘进行输入，也可以通过手写输入设备直接向计算机输入文字，还可以通过光学符号识别(Optical Character Recognition，OCR)技术自动识别文字进行输入。目前的输入方法已经支持语音输入，即计算机能听懂人的语言，并将其转换成机内代码，同时计算机可以根据文本进行发音，真正地实现“人机对话”。

#### 2. 图形

图形指由点、线、面及三维空间所表示的几何图。在几何学中，几何元素通常用矢量表示，所以图形也称矢量图形。矢量图形是以一组指令集合来表示的，这些指令用来描述构成一幅图所包含的直线、矩形、圆、圆弧、曲线等的形状、位置、颜色等各种属性和参数。

#### 3. 图像

图像是一个矩阵，其元素代表空间的一个点，称为像素(Pixel)，每个像素的颜色和亮度用二进制数来表示，这种图像也称位图。对于黑白图用 1 位值表示，对于灰度图常用 4 位(16 种灰度等级)或 8 位(256 种灰度等级)来表示某一个点的亮度，而彩色图像则有多种描述方法。位图图像适用于表现比较细致、层次和色彩比较丰富、包含大量细节的图像。

#### 4. 声音

声音是多媒体信息的一个重要组成部分，也是一种表达思想和情感的必不可少的媒

体。声音主要包括波形声音、语音和音乐三种类型。声音是一种振动波，波形声音是声音的最一般形态，它包含了所有的声音形式；语音是一种包含丰富的语言内涵的波形声音，人们对于语音，可以经过抽象提取其特定的成分，从而达到对其意义的理解，它是声音中的一种特殊媒体；音乐就是符号化了的声音，和语音相比，它的形式更为规范，如音乐中的乐谱就是乐曲的规范表达形式。

**5. 影视**

人类的眼睛具备一种“视觉停留”的生物现象，即在观察过物体之后，物体的映象将在眼睛的视网膜上保留短暂的时间。因此，如果以足够快的速度不断播放每次略微改变物体的位置和形状的一幅幅图像，眼睛将感觉到物体在连续运动。影视(Video)系统(如电影和电视)就是应用这一原理产生的动态图像。这一幅幅图像被称为帧(Frame)，它是构成影视信息的基本单元。

传统的广播电视系统采用的是模拟存储方式，要用计算机对影视进行处理，必须将模拟影视转换成数字影视。数字化影视系统是以数字化方式记录连续变化的图像信息的信息系统，并可在应用程序的控制下进行回放，甚至可以通过编辑操作加入特殊效果。

**6. 动画**

动画和影视类似，由一帧帧静止的画面按照一定的顺序排列而成，每一帧与相邻帧略有不同，当帧以一定的速度连续播放时，这些静止的画面会因视觉暂留特性形成连续的动态效果。

计算机动画和影视的主要差别类似图形与图像的区别，即帧画面的产生方式有所不同。计算机动画是用计算机表现真实对象和模拟对象随时间变化的行为和动作，是利用计算机图形技术绘制的连续画面，是计算机图形学一个重要的分支；而数字影视主要指模拟信号源(如电视、电影等)经过数字化后的图像和同步声音的混合体。多媒体应用有将计算机动画和数字影视混同的趋势。

**7. 超文本与超媒体**

超文本(Hypertext)可以简单地定义为收集、存储和浏览离散信息，以及建立和表示信息之间关系的技术。从概念上讲，一般把已组成网(Web)的信息称为超文本，而把对其进行管理使用的系统称为超文本系统。

超文本具有非线性的网状结构，这种结构可以按人脑的联想思维方式把相关信息块联系在一起，通过信息块中的“热字”“热区”等定义的链接来打开另一些相关的媒体信息，供用户浏览。

随着多媒体技术的发展，超文本中的媒体信息除了文字外，还可以是声音、图形、图像、影视等，从而引入了“超媒体”这一概念，超媒体由多媒体加超文本构成。“超文本”和“超媒体”这两个概念一般不严格区分，通常可看作同义词。

## 1.5.4　多媒体技术的应用

多媒体技术借助日益普及的高速信息网络，可实现计算机的全球联网和信息资源共

享，因此被广泛应用在咨询服务、影视娱乐、商业广告、图书、教育、通信、军事、金融、医疗、旅游、家用电器、人工智能、虚拟现实等行业和领域，并正潜移默化地改变着我们的生活方式。多媒体技术正朝着网络化、智能化、标准化、多领域融合和虚拟现实等几个方向发展。

1．网络化

多媒体技术与宽带网络通信等技术相互结合，使多媒体技术进入科研设计、企业管理、办公自动化、远程教育、远程医疗、检索咨询、文化娱乐、自动测控等领域，使多媒体计算机形成更完善的由计算机支撑的协同工作环境，消除了空间距离的障碍，也消除了时间距离的障碍，为人们提供更完善的信息服务。

交互的、动态的多媒体技术能够在网络环境创建更加生动逼真的二维与三维场景，人们还可以借助摄像机等设备，把办公室和娱乐工具集合在终端多媒体计算机上，可在世界任一角落与千里之外的同行在实时视频会议上进行市场讨论、产品设计，欣赏高质量的图像画面。

2．智能化

新一代用户界面(UI)与人工智能等网络化、人性化、个性化的多媒体软件的应用还可使不同国籍、不同文化背景和不同文化程度的人们通过“人机对话”消除隔阂，自由地沟通与了解。目前正在研究的图像识别、语音识别、全文检索、基于内容的处理等都是多媒体系统智能化的主要手段。

3．标准化

多媒体标准仍然是现在多媒体技术研究的重点。各种多媒体标准的研究有利于产品的规范化、产业化，使其应用更方便。多媒体技术涉及多个行业，而多媒体系统的集成对标准化提出了很高的要求。开展标准化研究是实现多媒体信息交流和大规模产业化的关键。

4．多领域融合

随着多媒体技术的发展，TV(television)与 PC 技术的竞争与融合越来越引人注目，传统的电视主要用在娱乐，而 PC 重在获取信息。随着电视技术的发展，电视浏览收看功能、交互式节目指南、电视上网等应运而生。而 PC 技术在媒体节目处理方面也有了很大的突破，视频、音频、流媒体功能加强，搜索引擎、网上看电视等技术相应出现。比较来看，收发 E-mail、聊天和视频会议终端功能是 PC 与电视技术的融合点，而数字机顶盒技术适应了 TV 与 PC 融合的发展趋势，延伸出“信息家电平台”的概念，使多媒体终端集家庭购物、家庭办公、家庭医疗、交互教学、交互游戏、视频邮件和视频点播等全方位应用于一身，代表了当今嵌入式多媒体终端的发展方向。

嵌入式多媒体系统可应用在人们生活与工作的各个方面，在工业控制和商业管理领域，如智能工控设备、POS/ATM 机、IC 卡等；在家庭领域，如数字机顶盒、数字式电视、WebTV、网络冰箱、网络空调等消费类电子产品。此外，嵌入式多媒体系统还在医疗类电子设备、多媒体手机、掌上电脑、车载导航器、娱乐、军事等领域有着巨大的应用前景。

### 5. 虚拟现实

多媒体交互技术的发展，使多媒体技术在模式识别、全息图像、自然语言理解(语音识别与合成)和新的传感技术(手写输入、数据手套、电子气味合成器)等基础上，利用人的多种感觉通道和动作通道(如语音、书写、表情、姿势、视线、动作和嗅觉等)，通过数据手套和跟踪手语信息，提取特定人的面部特征，合成面部动作和表情，以并行和非精确方式与计算机系统进行交互。这样可以提高人机交互的自然性和高效性，实现以三维的逼真输出为标志的虚拟现实。用户可以从自己的视点出发，对产生的虚拟世界进行交互式浏览。

# 1.6　计算机病毒及其防治

随着计算机的普及，几乎所有的计算机用户都已知道“计算机病毒”这一名词。最初，计算机病毒的传播介质主要是软盘、硬盘等可移动磁盘，传播途径和方式相对简单。但随着计算机、网络等新技术的发展，现在计算机病毒已经可以通过包括大容量移动磁盘、网络、Internet、电子邮件等多种方式传播，而且仅 Internet 的传播方式就包括网页浏览、QQ 聊天、FTP 下载、BBS 论坛等。

近年来，由于互联网的发展，出现了许多新一代的基于互联网传播的计算机病毒种类，如包含恶意 ActiveX Control 和 Java Applets 的网页，电子邮件计算机病毒，蠕虫、木马等黑客程序。

病毒造成的破坏日益严重，1999 年出现的 CIH 病毒在全球造成 70 万台计算机损坏，据估计造成的经济损失超过 10 亿美元；而 2000 年 5 月“I Love You”情书病毒给全球造成的经济损失高达 100 亿美元；2007 年“熊猫烧香”病毒更是一度在我国引起网络恐慌，仅在我国造成的损失就高达 76 亿元。

## 1.6.1　计算机病毒的概念

1994 年，国务院发布的《中华人民共和国计算机信息系统安全保护条例》(2011 年修订)第二十八条规定，计算机病毒是指编制或者在计算机程序中插入的破坏计算机功能或者毁坏数据，影响计算机使用，并能自我复制的一组计算机指令或者程序代码。

由此可见，计算机病毒是一种特殊的具有破坏性的计算机程序(软件)，它具有自我复制能力，可通过非授权人入侵而隐藏在可执行程序或数据文件中。当计算机运行时，源病毒能把自己精确地复制或者有修改地复制到其他程序体内，影响和破坏正常程序的执行和数据的正确性，严重的会导致系统崩溃和硬件毁坏。

## 1.6.2　计算机病毒的特征

计算机病毒一般具有破坏性、传染性、潜伏性、隐蔽性、激发性、不可预见性等特征。

### 1. 破坏性

病毒程序一旦侵入当前的程序体内，就会很快扩散到整个系统，凡是软件手段能触及

的地方，均可能受到计算机病毒的危害。其主要表现：破坏磁盘文件的内容、删除数据、修改文件、占用 CPU 时间和内存空间、干扰屏幕显示等，甚至中断一个大型计算机中心的正常工作或使一个计算机网络系统瘫痪，严重的会造成灾难性后果。

#### 2. 传染性

传染性是所有病毒程序都具有的本质特性。计算机病毒可以从一个程序传染到另一个程序，从一台计算机传染到另一台计算机，从一个计算机网络传染到另一个计算机网络，在各系统上传染、蔓延，同时使被传染的计算机程序、计算机、计算机网络成为计算机病毒的生存环境及新的传染源。

#### 3. 潜伏性

计算机病毒在传染计算机系统后，病毒的触发由发作条件来确定。在发作条件满足前，病毒可能在系统中没有表现症状，不影响系统的正常运行。

#### 4. 隐蔽性

计算机病毒的隐蔽性表现在两个方面：①传染的隐蔽性——大多数病毒在进行传染时速度极快，一般没有外部表现，不易被人发现；②存在的隐蔽性——病毒程序大多潜伏在正常的程序之中，在其发作或产生破坏作用之前，一般不易被察觉和发现，而一旦发作，往往已经给计算机系统造成了不同程度的破坏。

#### 5. 激发性

在一定的条件下，外界刺激可以使计算机病毒程序活跃起来。其激发的本质是一种条件控制，即根据病毒制作者的设定，使病毒体被激活并发起攻击。病毒被激发的条件可以与多种情况联系起来，如满足特定的时间或日期、期待特定用户识别符出现、特定文件的出现或使用、一个文件使用的次数超过设定数等。

#### 6. 不可预见性

从病毒检测方面来看，病毒相对于反病毒软件来讲永远是超前的，即总是先有病毒出现，才会有相应的反病毒软件(或功能)的产生。新一代的计算机病毒甚至连一些基本的特征都隐藏了，有的病毒利用文件中的空隙来存放自身代码，有的病毒则采用变形来逃避检查，这也成为新一代计算机病毒的基本特征。

此外，计算机病毒还具有针对性(针对特定的系统或程序)、变种性等特性。



### 1.6.3 计算机病毒的分类

计算机病毒的分类方法有许多种。因此，同一种病毒可能有多种不同的分法。

#### 1. 按照计算机病毒攻击的系统分类

(1) 攻击 DOS 系统的病毒(这类病毒出现最早、最多，变种也最多)。

(2) 攻击 Windows 系统的病毒。

(3) 攻击UNIX系统的病毒。
(4) 攻击OS/2系统的病毒。

### 2．按照计算机病毒的攻击机型分类

(1) 攻击微型计算机的病毒，这是世界上传染最为广泛的一种病毒。
(2) 攻击小型机的计算机病毒。
(3) 攻击工作站的计算机病毒。

### 3．按照计算机病毒的破坏情况分类

(1) 良性计算机病毒：其不包含立即对计算机系统产生直接破坏作用的代码。这类病毒为了表现其存在，只是不停地进行扩散，从一台计算机传染到另一台计算机，并不破坏计算机中的数据。但是其不仅消耗大量宝贵的磁盘存储空间，而且使整个计算机系统无法正常工作。因此，也不能轻视所谓良性病毒对计算机系统造成的损害。

(2) 恶性计算机病毒：在其代码中包含损伤和破坏计算机系统的操作，其在传染或发作时会对系统产生直接的破坏作用。

### 4．按照计算机病毒寄生方式和传染途径分类

计算机病毒按其寄生方式大致可分为引导型病毒和文件型病毒两类；再按其传染途径又可分为驻留内存型病毒和不驻留内存型病毒。

### 5．网络病毒

网络病毒是在网络上运行并传播、破坏网络系统的病毒。该病毒利用网络不断寻找有安全漏洞的计算机，一旦发现，就趁机侵入并寄生于其内存中，这种病毒的传播媒介不再是磁盘等移动式载体，而是网络通道，所以网络病毒的传染能力更强，破坏力更大。

新的网络病毒由原来主要攻击网络服务器向控制他人的计算机和造成受控计算机的泄密方向发展。例如，一些特洛伊木马病毒将自己驻留在内存中控制被感染的计算机，用户使用文件扫描方式无法发现它；它在向网络传播自身的同时还传送受控计算机上的文档和信息，盗取用户账号信息(如QQ号、游戏账号、银行账号等)，从而造成该计算机的泄密。

2006年、2007年，“震荡波”“冲击波”“求职信”“熊猫烧香”等网络病毒在我国泛滥，其中仅“熊猫烧香”造成的经济损失就达76亿元。2017年暴发的“比特币病毒”，是一种“蠕虫式”的勒索病毒，造成全球性互联网灾难，给广大电脑用户造成了巨大损失。中国部分Windows操作系统用户遭受感染，校园网用户首当其冲，受害最严重，大量实验室数据和毕业设计被锁定加密，部分大型企业的应用系统和数据库文件被加密后，无法正常工作，影响巨大。据统计至少150个国家、30万名用户遭到了勒索病毒攻击、感染，造成损失达80亿美元，影响到金融、能源、医疗等众多行业。

## 1.6.4　计算机病毒的防治概述

计算机病毒经常会以人们预料不到的方式入侵，已对计算机的应用和社会生活构成严

重威胁，因此必须认真做好计算机病毒的防治工作。总的来说，病毒的防治应从三方面入手：加强思想教育、严格组织管理和加强技术措施。下面着重介绍严格组织管理和加强技术措施。

### 1．计算机病毒的预防

生物病毒的传播通常有三个环节：传染源、传播途径和易感人群。要预防生物病毒的传播只要切断三个环节中的一个即可。计算机病毒的传播道理也相同，所以要预防计算机病毒的传播也可以从病毒源、传播途径、系统保护三方面着手，其中最主要的是切断传播途径。目前，病毒的主要传播途径是计算机网络和移动磁盘(如 U 盘、移动硬盘等)。为了防止病毒的传播，可以采取以下技术措施。

- 严禁在工作机器上玩游戏。有很多游戏为了防止复制，使用了一些加密手段，并带有病毒。
- 不使用来历不明的移动硬盘、U 盘或光盘；对交换的软件或数据文件，使用前必须先杀毒，确认无毒后方可使用。
- 有规律地定期备份计算机中的重要数据，如系统文件和重要的数据文件等。
- 对网络上的计算机用户，要遵守网络软件的使用规定，不能在网络上随意使用外来软件。
- 在浏览网页时不要随意安装插件，从网上下载的程序和文档应先杀毒再使用。
- 定期检查移动硬盘、硬盘和系统，以便及时发现和清除病毒。
- 使用计算机时开启病毒实时监控软件，并注意随时更新。

总之，要完全避免计算机病毒是非常困难的。但我们可以采取防范措施，将它的危害控制在尽可能小的范围。

### 2．计算机病毒的检测

计算机病毒给计算机用户造成的损失是无法弥补的，要有效地阻止病毒的危害，关键在于及早发现病毒，并将其清除。现在几乎所有的杀毒软件都具有在线监测病毒的功能，它们能够在计算机启动时自动加载实时监控程序(见图 1.11)，一旦发现病毒或可疑现象就能马上作出警告或者自动处理。

图 1.11　360 杀毒软件实时监控

### 3．计算机病毒的清除

阻止计算机病毒的扩散有两个方面：一方面是预防，另一方面需要经常检测和清除病毒。

一旦检测到计算机病毒，就应该立即想办法将病毒清除。目前的杀毒软件不仅具有实时监控功能，还具有病毒清除功能，所以能够满足多数计算机用户的安全需求。

常见的杀毒软件如下。

- 江民杀毒软件：北京江民新科技术有限公司开发。
- 金山毒霸：北京金山安全软件有限公司开发。
- 360 安全卫士：北京奇虎科技有限公司开发。

病毒的防治技术总是滞后于病毒的制作，因此，并不是所有病毒都能马上得以清除，如果是新型病毒，就需要手工清除。清除方法是先终止其进程(可通过 Windows 优化大师等工具)，然后删除可疑文件或相关注册信息。人工方式难度大，技术复杂，操作起来有一定难度，最好查找相关专杀工具进行清除。

杀毒软件都具有杀毒、防毒、实时监控、计算机安全、在线升级等功能，用户只要能不断地升级杀毒软件，并且为操作系统打上最新的补丁程序，再配合防火墙等防护软件，计算机的安全基本可以得到保证。

## 1.7　计算机与网络信息安全的概念及防控

如今，计算机已经成为现代人工作和生活的重要工具，对人类的行为和思考方式产生了重大影响，因此，计算机及其信息的安全显得尤为重要。计算机安全涉及范围很广，大到国家军事政治等机密安全，小到社会企业机密档案泄露、个人信息泄露等。

### 1.7.1　计算机安全的概念及内容

国际标准化组织将“计算机安全”定义为“为数据处理系统建立和采取的技术和管理的安全保护，保护计算机硬件、软件、数据不因偶然和恶意的原因而遭到破坏、更改、泄露”。我国公安部计算机管理监察司对计算机安全的定义是“计算机安全是指计算机资产安全，即计算机信息系统资源和信息资源不受自然和人为有害因素的威胁和危害”。

从这些定义中可看出，计算机安全不仅涉及技术和管理方面的问题，还涉及法学、犯罪学和心理学等方面的问题。计算机安全主要包括以下几个方面。

#### 1. 实体安全

实体安全指系统设备及相关设施运行正常。包括环境、建筑、设备、电磁辐射、数据介质安全及灾害报警等。

#### 2. 运行安全

运行安全指系统资源和信息资源使用合法。包括电源、空调、人事管理、机房管理、出入控制、数据与介质管理、运行管理等。

#### 3. 数据安全

数据安全指系统拥有和产生的数据或信息完整、有效，使用合法，不被破坏或泄露。包括输入/输出数据安全、进入识别、访问控制、加密、审计与追踪、备份与恢复等。

#### 4. 软件安全

软件安全指软件(网络软件、操作系统、资料)完整。包括软件开发流程、软件安全测试、软件的修改与复制等。

#### 5. 通信安全

通信安全指计算机通信和网络的安全。包括线路、传输、接口、终端与工作站、路由

器的安全。

## 1.7.2 信息安全的属性

计算机安全的核心体现是信息安全。在 ISO/IEC27002:2005 标准中，信息安全是保持信息的保密性、完整性和可用性；另外，也可以包括真实性、可核查性、不可否认性和可靠性。其中，保密性、完整性和可用性是信息安全最重要的 3 个属性，国际上称之为信息的 CIA 属性。

(1) 保密性(confidentiality)：确保信息在存储、使用、传输过程中不会泄露给非授权用户或实体。

(2) 完整性(integrity)：确保信息在存储、使用、传输过程中不会被非授权用户篡改，同时还要防止授权用户对系统及信息进行不恰当的篡改，保持信息内外表示的一致性。

(3) 可用性(availability)：确保授权用户或实体对信息及资源的正常使用不会被异常拒绝，允许其可靠而及时地访问信息及资源。

## 1.7.3 计算机安全防范的主要技术

### 1. 信息存储安全技术

1) 磁盘镜像技术

磁盘镜像的原理是系统产生的每个 I/O 操作都在两个磁盘(同一磁盘驱动控制器)上执行，而这两个磁盘看起来就像一个磁盘一样，采用了磁盘镜像技术，两个磁盘上存储的数据高度一致，因此实现了数据的动态冗余备份。

2) 磁盘双工技术

磁盘双工技术可同时在两块或两块以上的磁盘(不同磁盘驱动控制器)中保存数据。

磁盘双工技术与磁盘镜像技术的区别是：在磁盘镜像技术中，两块磁盘共用一个磁盘驱动控制器；而在磁盘双工技术中，需要使用两个磁盘驱动控制器分别驱动各自的硬盘，而且数据存储的速度快。

3) 双机热备份技术

双机热备份就是一台主机作为工作机，另一台主机作为备份机。

双机热备份技术的优势是当工作机出现异常时，备份机主动接管工作机的工作，从而保障信息系统能够不间断地运行；另外，还可以实现容灾，即将工作机和备份机异地放置。

4) 快照技术和数据克隆技术

快照技术是用来创建某个时间点的故障表述，构成某种形式的数据快照。其主要是能够进行在线数据恢复，还可以为存储用户提供另外一个数据访问通道，当原数据进行在线应用处理时，用户可以访问快照数据，利用快照进行测试等工作。

数据克隆是另一种提高数据可用性的方法。克隆技术与快照技术不同，快照只是抓取数据的表述，而克隆则是对整个卷的复制。因此克隆需要有一个完整的磁盘复制空间。

5) 海量存储技术

海量存储技术指海量文件的存储方法及存储系统，主要包括磁盘阵列技术与网络存储

技术。

6) 热点存储技术

目前，热点存储技术主要包括 P2P 存储、智能存储系统、存储服务质量、容灾存储、云存储等。

### 2. 信息安全防范技术

为保护网络资源免受威胁和攻击，计算机专家开发出一系列的安全技术。常见的安全技术有访问控制、数据加密、入侵检测和防火墙等。

1) 访问控制

访问控制指系统对用户身份及其所属的预先定义的策略组进行控制，是限制其使用数据资源能力的一种手段。目前，主要通过密码认证和认证加密的方式来实现访问控制。

密码认证方式的工作机制是用户将自己的用户名和密码提交给系统，系统核对无误后承认用户身份，允许用户访问所需资源；否则拒绝访问。

加密认证方式的工作机制是用户和系统都持有同一密钥 K，系统生成随机数 R 并发送给用户，用户接收到随机数 R，用密钥 K 加密，得到 X，然后回传给系统，系统接收 X，用密钥 K 解密得到 K′，再与随机数 R 比对，如果相同，则允许用户访问所需资源；否则拒绝访问。

2) 数据加密

数据加密技术是网络中最基本的安全技术，主要通过对网络中传输的信息进行数据加密来保障其安全性，这是一种主动安全防御策略，用很小的代价就可为信息提供相当大的安全保护。例如，互联网上的网络银行交易都是使用加密技术。

加密是一种对传输的数据限制访问权的技术。原始数据(明文)被加密设备(硬件或软件)和密钥加密产生经过编码的数据(密文)。将密文还原为明文的过程称为解密，它是加密的反向处理，但解密者必须利用相同类型的加密设备和对应的密钥对密文进行解密。

3) 入侵检测

入侵检测系统是一种对网络活动进行实时监测的专用系统，能依照一定的安全策略，通过软硬件，对网络系统的运行状况进行监视，尽可能发现各种攻击企图、攻击行为或攻击结果，保证网络系统资源的机密性、完整性和可用性。

4) 防火墙

防火墙又称为网络防火墙，指安置在不同网络(如可信任的企业内部网和不可信的公共网)或网络安全域之间的一系列部件的组合。它通过监测、限制和更改通过防火墙的数据流，尽可能地对网络外部屏蔽网络内部的信息、结构和运行状况，由此实现网络的安全保护，防止非法闯入。

类似于现实生活中的砖墙可以创建物理屏障，防火墙可以在 Internet 与计算机之间创建屏障。需要注意的是，防火墙并不等同于防病毒程序。为了全面保护计算机，用户可能需要同时使用防火墙和防病毒软件。

# 本章小结

计算机是一种能存储程序，能自动、连续地对各种数字化信息进行算术、逻辑运算的现代化电子设备。它具有运算速度快、计算精度高、通用性强、超强的“记忆”力、逻辑判断能力强、自动化程度高等特点。

在计算机的发展历程中，艾兰·图灵和冯·诺依曼做出了卓越的贡献。其中，艾兰·图灵奠定了可计算理论和人工智能理论的基础；冯·诺依曼思想影响至今。

冯·诺依曼思想的要点如下。

(1) 采用二进制形式表示数据和指令。

(2) 采用存储程序工作方式。

(3) 规定计算机的硬件系统由运算器、存储器、控制器、输入装置和输出装置等五大部件组成，并规定了这五部分的基本功能。

世界上公认的第一台计算机于 1946 年诞生于美国宾夕法尼亚大学，取名为“ENIAC”。它共用了 18000 多个电子管，重达 30 吨，占地 170 平方米。ENIAC 存在两个缺点：一是没有存储器(不能存储程序)；二是用布线接板进行控制(只能在机外用线路连接的方法编排程序)。它仅能进行相对复杂的数据计算(使用的是十进制)，运算速度也仅为 5000 次/秒。ENIAC 作为计算机大家族的鼻祖，是计算机发展史上的里程碑。

计算机的发展经历了四个时代，分别是电子管时代、晶体管时代、集成电路时代、大规模集成电路与超大规模集成电路时代。智能化是第五代计算机的特点。

计算机中所有信息均以二进制方式存储。常见的数制有二进制、八进制、十进制、十六进制等。这些进制间的转换是计算机信息存储、信息表示的理论基础。其虽然掌握起来有一定难度，但对于今后的学习(如字符编码、IP 地址、颜色的表示等)有直接的影响，更是计算机专业必须掌握的基础知识。

位(b)：也称“比特”，简写为小写字母 b。b 是计算机中最小的信息单位，是由 0 和 1 来表示的一个二进制数位。

字节(B)：简写为大写字母 B。B 是计算机中存储空间的基本计量单位，每个字节由 8 个二进制数位构成，即 1B=8b。

标准的 ASCII 码用一个字节(1 B)即 8 位二进制数(8 b)表示一个字符。其中最高位是校验位，恒置为 0，在表示字符时实际只用低 7 位进行编码组合。该 7 位编码可表示总共 128($2^7$=128)个字符，包括 10 个阿拉伯数字、52 个英文大写和小写字母、32 个标点符号和运算符、34 个控制字符。

汉字编码时采用两个字节来表示一个字，最多可以表示 65536 个汉字。实际只用每个字节的低 7 位，最高位恒置为 1(机内码)。

此外，本章还介绍了计算机的应用、发展趋势、多媒体技术的概念与应用、计算机病毒及其防治、计算机与网络信息安全的概念及防控等知识。初学者应该加以了解，为今后的学习奠定基础。

# 第 2 章
# 计算机系统的组成

## 学习目标

通过本章的学习，要求读者掌握计算机系统的概念，了解计算机工作过程及计算机系统的硬件系统和软件系统的基本知识，掌握微型计算机(微机)硬件的基本结构、主要性能指标及参数，了解微机常用的系统软件和应用软件。

## 学习方法

本章内容让读者了解计算机系统的组成，特别是微机系统的组成。读者在学习时最好有一台微机(能够打开机箱)进行配合。

## 学习指南

本章重点：2.2～2.5 节。本章难点：2.5 节。

## 学习导航

学习过程中，读者可以用下列问题作为学习线索。

(1) 计算机系统由什么组成？

(2) 计算机硬件系统包括哪几部分？

(3) 计算机指令系统主要包含的内容是什么？

(4) 什么是计算机软件系统、系统软件、应用软件？

(5) 微机的硬件组成包括哪几部分？

(6) 微机主要性能指标有哪些？

(7) 微机常用软件有哪些？

# 2.1 计算机系统的概念

一个完整的计算机系统由硬件系统和软件系统两大部分组成(见图 2.1)。

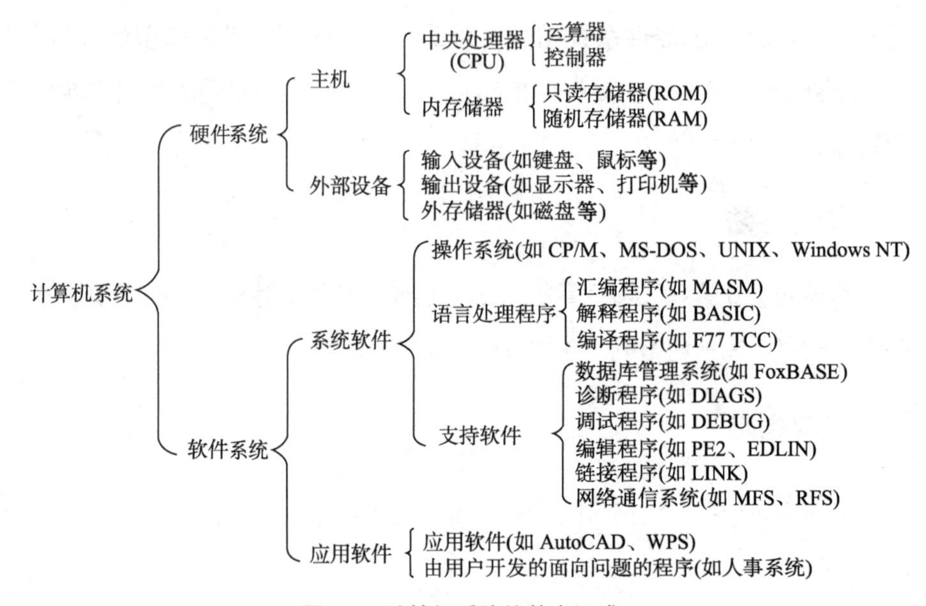


图 2.1　计算机系统的基本组成

计算机硬件系统：构成计算机的物理实体和物理装置的总称。

计算机软件系统：计算机运行所需要的各种程序和数据。

硬件看得见、摸得着，它是软件得以存储和运行的基础，软件通过硬件来展示其强大的功能。如果把 CD、VCD 机和 CD、VCD 碟片比作硬件，那么 CD、VCD 碟片上保存的音乐、影视内容就是软件。硬件是计算机的躯体，软件是计算机的灵魂，二者缺一不可。没有软件的支持，再好的硬件也毫无价值；没有硬件环境，软件再好也无用武之地。只有硬件和软件相互配合，计算机才能正常工作。只有硬件系统的计算机称为“裸机”，不能直接提供给用户使用。

一台计算机由多个电子器件组成，它在工厂的生产线上生产并组装。而软件由有关的

专家和技术人员编制，并存放在计算机的软盘、硬盘或光盘中。使用计算机时，实际上是通过计算机硬件运行各种各样的软件来达到我们操作的目的。

## 2.2　计算机硬件系统

计算机硬件系统指构成计算机的设备实体。不管计算机为何种机型，也不论它的外形、配置有多大差别，根据冯·诺依曼理论，计算机硬件系统都由五大部分组成：运算器、控制器、存储器、输入设备和输出设备。这五大部分通过系统总线完成指令所传达的操作。计算机系统工作时，输入设备将程序与数据存入存储器，控制器从存储器中逐条取出指令并加以解析，然后根据指令向其余部件发送控制命令，指挥各部件工作。数据在运算器中加工处理，处理后的结果通过输出设备输出。

### 2.2.1　运算器

运算器又称算术逻辑部件，是对信息进行加工和处理的部件。运算器的核心部件是加法器和若干寄存器，加法器用于运算，寄存器用于存储参加运算的各种数据和运算结果。运算器的主要任务是执行各种算术运算和逻辑运算。

- 算术运算是按照算术运算规则进行的运算，如加、减、乘、除及复合运算。
- 逻辑运算指非算术运算，如逻辑加、逻辑乘、逻辑取反及异或操作等。

运算器一次运算二进制数的最长位数称为字长，它是计算机的重要性能指标。

### 2.2.2　控制器

控制器是对输入的指令进行分析，并统一控制和指挥计算机各个部件完成一定任务的部件，是计算机的管理机构和指挥中心。控制器一般由指令寄存器、状态寄存器、指令译码器、时序电路和控制电路组成。在控制器的控制下，计算机能够自动、连续地按照人们编制好的程序实现一系列指定的操作，完成指定的任务。

控制器和运算器通常集成在一块芯片上，构成中央处理器(CPU)。中央处理器是计算机的核心部件，是计算机的心脏。计算机以 CPU 为中心，输入/输出设备与存储器之间的数据传输和处理都是通过 CPU 来控制执行的。微机的中央处理器又称微处理器。

### 2.2.3　存储器

存储器是计算机存储数据的部件，计算机中的全部信息，包括输入的原始信息、经过计算机初步加工后的中间信息和最后处理的结果信息都存储在存储器中。存储器一般包括两个部分：①包含在计算机主机中的内(主)存储器，简称“内存”；②包含在外设中的外(辅)存储器，简称“外存”(见图 2.2)。

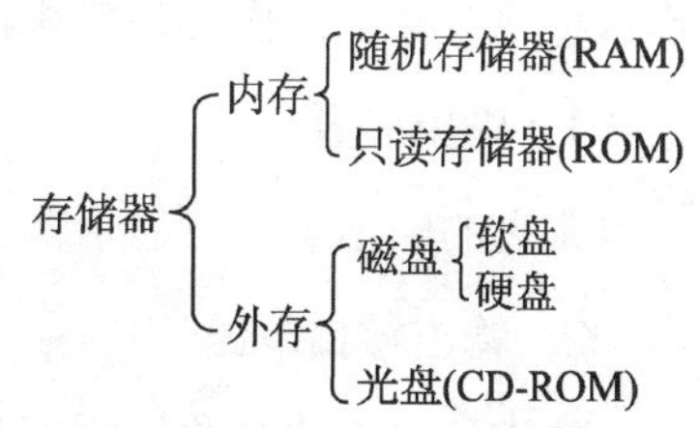


图 2.2　计算机存储器的组成

1．内存

内存有随机存储器(RAM)和只读存储器(ROM)两种。随机存储器中的数据能够读，也能写，但断电后数据自动清除，而只读存储器中的数据只能读，不能写，断电后数据不会消失。

通常所讲的内存是 RAM。内存与运算器、控制器及输入/输出设备直接联系，由半导体材料制成，容量虽小，但存取速度快，一般只存放那些亟须处理的数据或正在运行的程序。断电后，内存中的数据清除。

2．外存

外存通过内存与运算器、控制器及输入/输出设备联系。存取速度虽慢，但存储容量大，用来存放大量暂时不用的数据和程序。一旦要用时，就按指令的要求，将数据或程序事先调入内存，用完后再放回外存。常见的外存有硬盘、U 盘、光盘等。

## 2.2.4　输入设备

输入设备是用来接收用户输入原始数据和程序的部件。它将人们熟悉的信息形式变换成计算机能接收并识别的信息形式。输入的信息有数字、字母、文字、图形、图像、声音等多种形式，但输入计算机的只有一种形式，就是二进制数据。输入设备由输入装置和输入接口电路两部分组成。

1．输入装置

常见的输入装置有键盘、鼠标、扫描仪、光笔、摄像头、游戏杆、语音输入装置等。

2．输入接口电路

输入接口电路是连接输入装置与计算机接口的部件。它的主要作用有三个：①向主机传送数据，但输入设备大多是机电设备，传送数据的速度远远低于主机，因此需要接口电路作为数据缓冲；②转换数据格式。输入设备表示的信息格式与主机不同，需要用接口电路进行数据格式转换；③向主机报告设备运行的状态、传达主机的命令等。

## 2.2.5　输出设备

输出设备是用来输出计算机处理结果的部件。它将计算机处理后的二进制信息转换成人们或其他设备能接收和识别的形式，如字符、文字、图形、图像、声音等。输出设备与输入设备一样，由输出装置和输出接口电路两部分组成。

1．输出装置

常见的输出装置有显示器、打印机、绘图仪、音箱、影像输出系统等。

2．输出接口电路

输出接口电路是连接输出装置与计算机接口的部件。它的作用与输入接口电路类似。

通常，根据部件在主机箱内外位置的不同将硬件系统划分为主机和外部设备(外设)两大部分。在主机箱内的各部件(包括主机箱)统称为计算机主机(主要是 CPU 和内存)，而安装在主机箱外的各部件(输入/输出设备)则称为计算机外部设备，如图 2.3 所示。

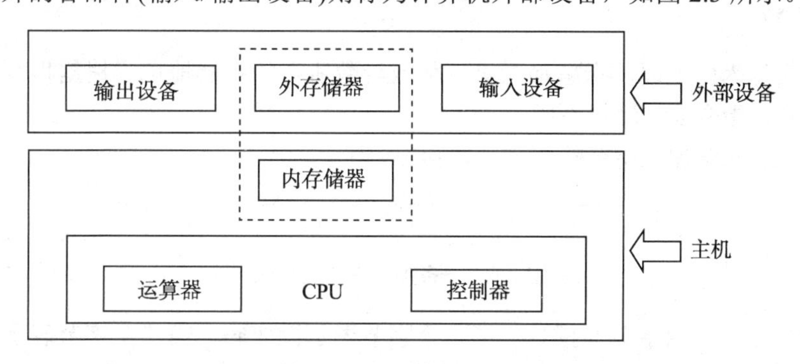


图 2.3　计算机基本硬件结构

## 2.3　计算机的工作过程

计算机是由电子线路构成的机器，靠指令来工作。计算机的工作过程就是指令的执行过程。

### 2.3.1　指令概述

#### 1．指令

指令是计算机能够识别并能执行的某种基本操作的命令。指令由一系列二进制代码构成，每条指令明确规定了计算机运行时必须完成的一次基本操作，即一条指令对应着一种基本操作。

#### 2．指令系统

指令系统是计算机所有指令的集合。指令系统是计算机的基本功能具体而集中的体现，不同类型的计算机有不同的指令系统。使用什么型号的计算机，就必须使用这种型号的计算机指令系统中所包含的指令，这样计算机才能识别与执行它们。

#### 3．程序

程序是为实现特定目标或解决特定问题而用计算机语言编写的命令序列的集合。通过在计算机上运行程序可以完成指定的任务。

### 2.3.2　指令的基本格式

每条指令必须包含足够的信息才能用来编写程序。一条完整的指令由两个部分组成：操作码和操作数，如图 2.4 所示。

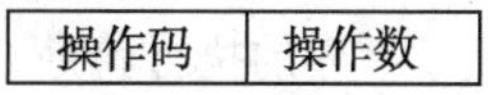

| 操作码 | 操作数 |
|---|---|

图 2.4　指令的基本格式

### 1. 操作码

操作码是指该指令要完成的操作，如加、减、乘、除等。

### 2. 操作数

操作数又称为地址码，指参加运算的数或者数所在的存储地址。根据指令中所需的操作的个数不同，指令的长度也不同。

例如，执行一条加法指令的格式，如图 2.5 所示。

| 0 0 0 0 0 1 0 0 | 0 0 0 0 0 1 0 1 |
|---|---|

图 2.5　一条加法指令的格式

加法指令是一条两字节的指令，第一个字节表示操作码，第二个字节表示操作数。该指令执行的操作是，把操作数 00000101(十进制 5)与累加器中原有的数相加，(00000100 代码表示加法操作)，并将结果仍存放在累加器中。

## 2.3.3　指令的分类

一个指令系统由许多条指令组成，这些指令能控制计算机完成各种工作。指令按其功能可以分为以下四类。

- 数据传送指令：用于寄存器之间数据传送。
- 数据处理指令：通过运算器对数据进行运算或处理。
- 程序控制指令：控制程序的流程。
- 状态管理指令：允许中断和屏蔽中断等。

## 2.3.4　指令的执行过程

通过指令执行过程，可以了解计算机的工作过程，从而对计算机硬件系统整体有一个基本的了解。指令的执行过程主要分为取指周期和执行周期。

在取指周期，存放在内存中的指令送往 CPU，如图 2.6 所示。

在执行周期，CPU 对指令进行译码，并发出控制信号指挥有关部件动作，如图 2.7 所示。

图 2.6　取指周期指令的执行　　图 2.7　执行周期指令的执行

## 2.3.5　程序的执行

程序的执行就是 CPU 不断地取指令、执行指令的过程。

## 2.3.6　计算机工作原理

操作者将表示计算步骤的程序和计算中需要的原始数据，通过输入设备送入计算机存储器。当计算开始时，在取指命令的作用下把程序指令逐条送入控制器。控制器向存储器和运算器发出取数和运算命令，经过运算器计算并把计算结果存放在存储器。在控制器取数和输出命令的作用下通过输出设备输出计算结果，如图 2.8 所示。

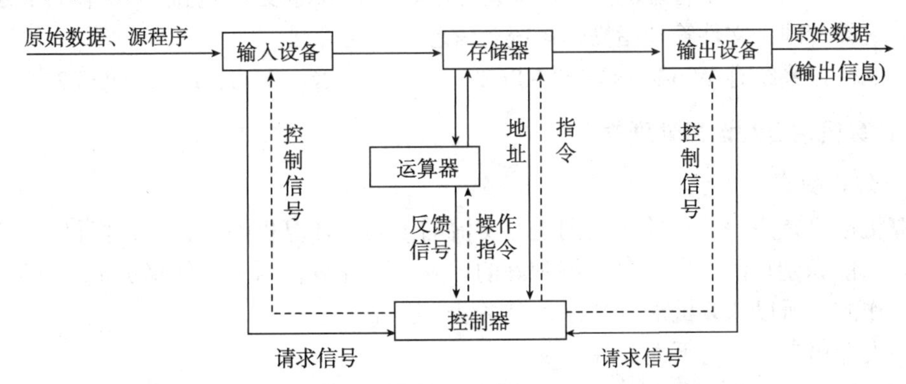


图 2.8　计算机工作原理示意图

# 2.4　计算机软件系统

软件指计算机系统中的程序、程序运行所需要的数据及与程序相关的文档资料的集合。根据控制层次的不同，软件又分为系统软件和应用软件两大类。

## 2.4.1　系统软件

系统软件指管理、监控和维护计算机软硬件资源的软件。用户购买计算机时，一般都要配备相应的系统软件。常见的系统软件有操作系统、计算机语言和语言处理程序、诊断程序、数据库管理系统等。

### 1. 操作系统

为了使计算机系统的所有资源(包括中央处理器、存储器、各种外部设备及各种软件)协调一致、有条不紊地工作，就必须有一个软件来进行统一管理和统一调度，这种软件称为操作系统。

操作系统用于管理计算机系统的全部硬件资源、软件资源及数据资源，使计算机系统所有资源最大限度地发挥作用，为用户提供方便、有效、友善的服务界面。

操作系统的五大管理功能如下。

- 处理机管理：把 CPU 时间合理、动态地分配给程序运行单位进程，使处理机得到充分利用。
- 作业管理：作业管理的主要任务是作业调度和作业控制。

小知识

作业是用户在一次计算过程中，要求计算机系统所做的工作总称。作业由程序、数据及有关的控制信息组成。

- 存储管理：存储管理主要指对内存的管理，负责对内存的分配和回收，以及内存的保护和扩充。
- 设备管理：设备管理的主要功能是分配、回收外部设备和控制外部设备的运行。
- 文件管理：文件管理指操作系统对信息资源的管理。

常用的操作系统有 Windows 2000/XP/ Vista/7、UNIX、DOS、Linux、OS/2 等。

### 2. 计算机语言和语言处理程序

1) 计算机语言

计算机语言是用户和计算机之间进行交流的工具。计算机不能识别人们日常使用的自然语言，只能识别按照一定的规则编制好的语言，即计算机语言。计算机是通过运行程序来进行工作的，所以计算机语言又称为程序设计语言。

程序设计语言可分为下面几种。

(1) 机器语言：第一代语言，用二进制代码编写，能够直接被机器识别的程序设计语言。例如：

```
11010100
00001001
00000101
…
```

优点：不需要翻译就能够被计算机识别，执行速度快。

缺点：不易书写和阅读，所以记忆和掌握起来很困难。

(2) 汇编语言：第二代语言，用能够反映指令功能的助记符来表示指令的程序设计语言，即符号化了的机器语言。例如：

```
MOV AL,06
SUB AL,02
…
```

优点：运算速度较快，比机器语言易于修改。

缺点：采用了大量助记符，故记忆和掌握起来比较困难。

(3) 高级语言：第三代语言，也称算法语言，用不依赖于机器的指令形式表达操作意图的程序设计语言。高级语言的表示更接近于人类的自然语言。例如：

```
main()
     {
      printf("hello!");
     }
```

特点：相对于机器语言和汇编语言，运行速度较慢，但容易被人们掌握。

常用的高级语言：BASIC、PASCAL、FORTRAN、C 语言等。

(4) 非过程语言：第四代语言，也称面向对象语言，使用这种语言，不必关心问题的解法和处理过程的描述。每个程序被设计成零件般的对象，许多小对象可以结合成大对象，对象和对象之间可以相互组合或交换信息。可重复利用的概念在面向对象程序中被具体实现。例如：

```
Private Sub Form_Load( )
  Caption="装入窗体"
  Picture=LoadPicture(App.Path+"\windows 墙纸.jpg")
Endsub
```

特点：比高级语言更容易编写程序，运行速度相对较慢。

常用的面向对象语言：Visual Basic、Visual C++、Java 等。

(5) 智能化语言：第五代语言，它具有第四代语言的基本特征，还具有一定的智能和许多新的功能。广泛应用于抽象问题求解、数据逻辑、公式处理、自然语言理解、专家系统和人工智能等领域。

2) 语言处理程序

除机器语言外，汇编语言和高级语言都不是二进制代码语言，不能直接被计算机识别和执行。语言处理程序就是用于将汇编语言和高级语言编写的程序翻译成二进制机器语言。

语言处理程序一般包括汇编程序、编译程序、链接程序和解释程序。

(1) 汇编程序：用于将汇编语言编写的程序翻译成机器语言，供计算机执行，如图 2.9 所示。

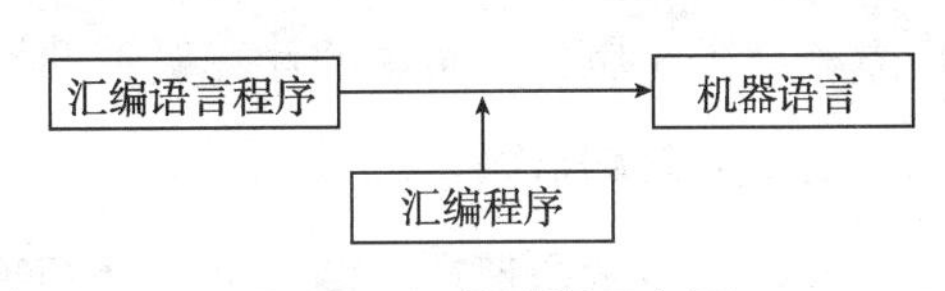


图 2.9　汇编过程示意图

(2) 编译程序：将高级语言编写的程序(也称“源程序”)翻译成机器语言。方法是将源程序全部翻译成目标程序，在翻译过程中，可以检查语法错误，如图 2.10 所示。

(3) 链接程序：又称组合编译程序。它可以把目标程序变成可执行程序。几个被分割编译的目标程序，通过链接程序可以组成一个可执行的程序，如图 2.10 所示。

(4) 解释程序：将源程序翻译成可执行程序，方法是对源程序语句逐个进行解释，边解释边执行，如图 2.11 所示。

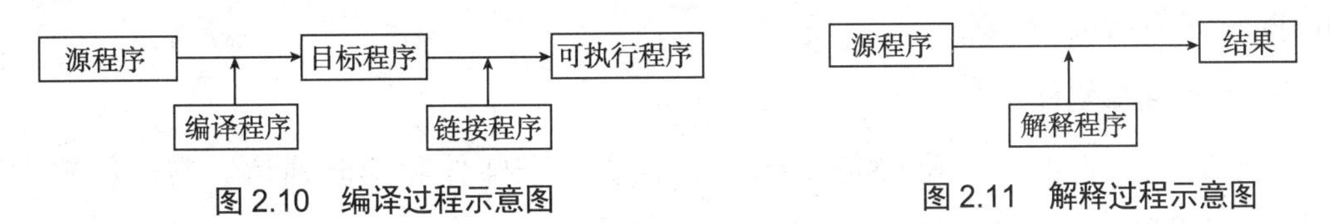


图 2.10　编译过程示意图

图 2.11　解释过程示意图

### 3. 诊断程序

诊断程序用于对计算机系统的硬件进行检测。其能对 CPU、内存、软硬盘驱动器、显示器、键盘及 I/O 接口的性能故障进行检测。

### 4. 数据库管理系统

数据库管理系统是 20 世纪 60 年代后期发展起来的。它是计算机科学中发展快速的领域之一。其主要是解决数据处理中的非数值问题。目前主要用于财务管理、图书资料管理、生产调度管理等各个管理领域。

## 2.4.2 应用软件

应用软件是在系统软件的基础上，为用户解决实际问题而开发的软件。在应用软件中，有些是通用的应用软件，有些是为某个行业、某种业务，甚至是某个部门研制的专用应用软件，因此这项工作又被称为“二次开发”。

应用软件包括办公自动化软件、辅助设计软件、多媒体制作软件、网页设计软件、网络通信软件、工具软件和实际应用软件等。

### 1. 办公自动化软件

办公自动化软件主要用于日常办公。其中包括文字处理软件、电子表格软件和演示文稿制作软件等。目前主要有微软公司开发的 Microsoft Office 系列软件和金山公司开发的 WPS Office 系列软件。

### 2. 辅助设计软件

计算机辅助设计指利用计算机及其图形设备帮助设计人员进行设计工作。计算机辅助设计广泛应用于机械、汽车、电子、建筑和服装行业，大幅度地提高了这些行业的工作效率和工作质量。常用的计算机辅助设计软件有 AutoCAD 和 Protel 等。

### 3. 多媒体制作软件

多媒体技术是把声、图、文、视频等媒体通过计算机集成在一起的技术。多媒体技术广泛应用于工业生产管理、学校教育、公共信息咨询、商业广告、军事指挥与训练，甚至家庭生活与娱乐等领域。常用的多媒体制作软件有 Photoshop、Authorware、3ds Max、ACDsee、HyperSnap、SnagIt 和 Flash 等。

### 4. 网页设计软件

网页设计指使用标识语言，通过一系列设计、建模和执行的过程将电子格式的信息通过互联网传输，最终以图形用户界面的形式被用户所浏览。常用的网页设计软件有 FrontPage 和 Dreamweaver。

### 5. 网络通信软件

网络通信软件的功能是浏览 WWW、收发电子邮件和即时通信。常用的软件有 Outlook、Foxmail 和 QQ 等。

### 6. 工具软件

计算机工具软件主要用于辅助用户管理数据、消除病毒和恢复损坏等。在计算机中常用的工具软件有文件压缩与解压缩软件(WinRAR 等)、杀毒软件(金山毒霸等)、翻译软件和多媒体播放软件。

### 7. 实际应用软件

实际应用软件是各行各业针对具体需求而开发的软件。如学籍管理系统、图书管理系

统、超市管理系统等。这些软件可以委托专业的软件公司开发，也可以使用单位自行开发。

### 2.4.3　计算机软件、硬件及用户之间的关系

对于大多数的计算机用户来说，使用计算机的目的是完成某项工作或是为了学习和娱乐。计算机软件、硬件及用户之间存在着一种层次关系，如图 2.12 所示。

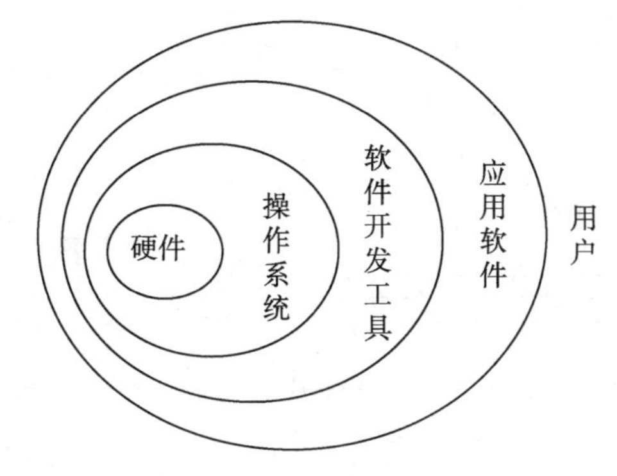


图 2.12　计算机软件、硬件及用户之间的层次关系

## 2.5　微型计算机的硬件组成

微型计算机简称微机，由微处理器、存储器、接口电路、输入/输出设备组成。微机的硬件系统采用总线结构，各个部件通过总线连接而成一个统一的整体。微机由于体积小、功耗低、结构简单、可靠性高、使用方便、性价比高等特点，得到广泛应用，其主要应用在科学计算、信息处理、工业控制、辅助设计、辅助制造和人工智能等方面。

根据微型计算机的体积和特点，可以将其分为台式计算机(Desktop Computer)、笔记本电脑(Notebook)、个人数字助理(Personal Digital Assistants，PDA)。本书主要介绍有关台式计算机的硬件组成。

从台式计算机的外观来看，它主要由主机、显示器、键盘、鼠标四个部件组成，如图 2.13 所示。

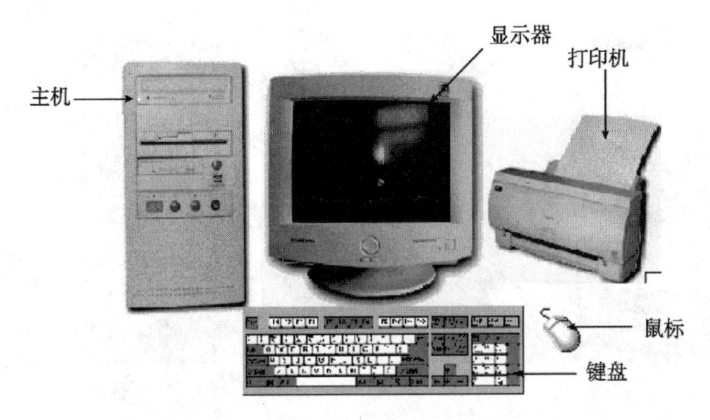


图 2.13　台式计算机硬件组成

微机由主机和外部设备构成，主机内部通常包括主板、外存储器(如硬盘、光驱等)、功能卡(如显卡、声卡等)及计算机主机电源；外部设备通常包括输入设备(如键盘、鼠标等)、输出设备(如显示器、打印机、音箱等)，如图 2.14 所示。

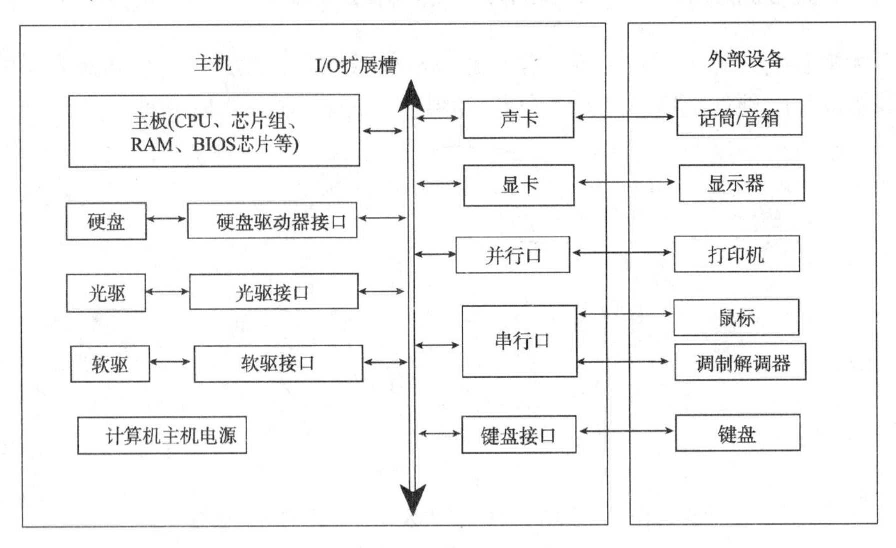


图 2.14　微机组成

现在，多媒体计算机(MPC)应用比较广泛。什么是多媒体计算机？多媒体指文本、声音、图形/图像、视频及动画等媒体形式的组合。多媒体计算机指能处理多种媒体的计算机。在硬件组成上，除了上述的基本组成部分之外，一般还应配备光驱、声卡、音箱等硬件设备。

## 2.5.1　主机

主机是一台微机的核心部件。台式计算机的主机放在主机箱中，主机箱从外观上可分为卧式和立式两种，两者没有本质的区别，只是内部各部件的安放位置不一样。立式机箱的特点是内部空间比较大，散热方便，有利于扩充设备，是目前常用的机箱。图 2.15 所示为立式主机箱。

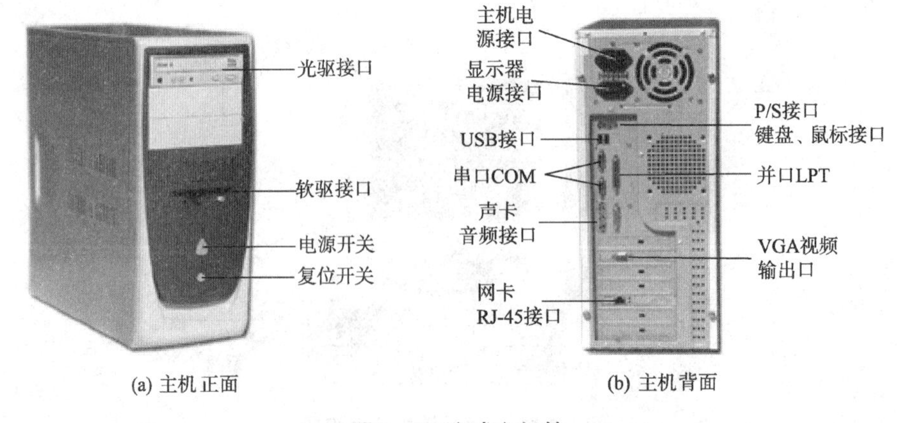


(a) 主机正面　　(b) 主机背面

图 2.15　立式主机箱

在主机箱的内部和外部有多种器件、开关及接口，如图 2.16 所示。

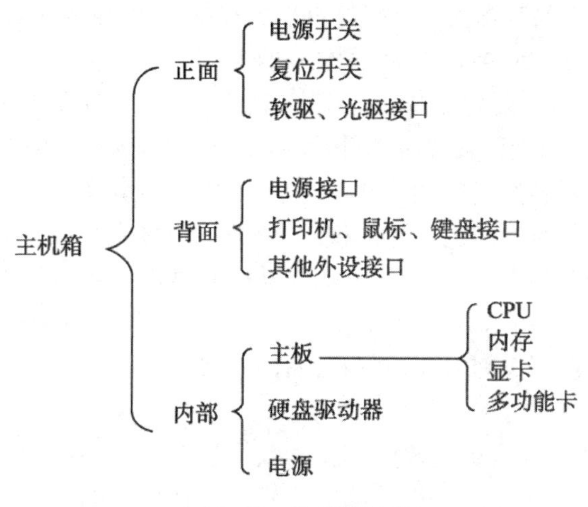


图 2.16　主机箱结构

### 1. 主板

主板(Mainboard)也叫系统板、母板、主机板，由玻璃纤维制成，它是安装在机箱内的一块多层印刷电路板，也是机箱中最大、最重要的一块电路板，计算机中的芯片(CPU)、显卡、声卡、网卡和内存等配件都通过插槽安装到主板上。软驱、硬盘、光驱等设备在主板上都有各自的接口。主板上还有一些重要的电路和元件，如 BIOS 芯片、I/O 控制芯片、键盘接口、面板控制开关接口、各种扩充插槽、直流电源的供电插座等(见图 2.17)。主板采用了开放式结构。主板上有 6～8 个扩展插槽，供 PC 外围设备的控制卡(适配器)插接。通过更换这些插卡，可以对微机的相应子系统进行局部升级，使厂家和用户在配置机型方面有更大的灵活性。主板在计算机中的作用相当于人体中的骨骼、神经和血管，计算机中的各个部分都通过它连接起来，它是保证计算机稳定工作的关键。

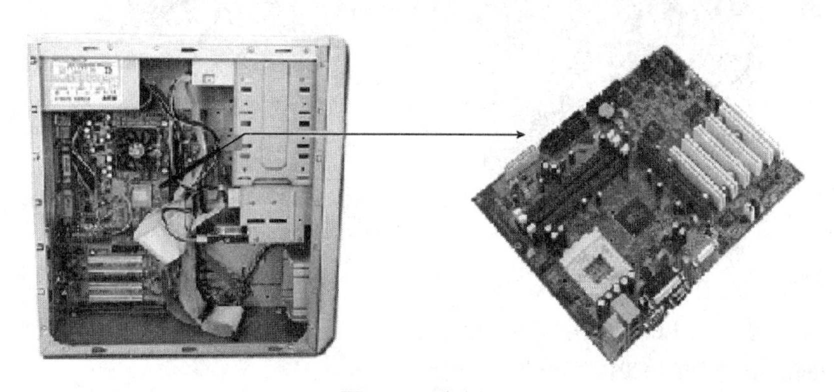

图 2.17　主板

主板主要由芯片部分、扩展槽部分和对外接口部分组成。

(1) 芯片部分：主要包括 BIOS 芯片(里面存有与该主板搭配的基本输入/输出系统程序。能够让主板识别各种硬件，还可以设置引导系统的设备、调整 CPU 外频等)和南北桥芯片(南桥芯片主要负责 IDE 设备的控制、I/O 接口电路的控制及高级能源管理等；北桥芯

片主要负责管理 CPU、控制内存、AGP 及 PCI 的数据流动等)。

(2) 扩展槽部分：主要包括内存插槽、PCI 扩展插槽(可插 Modem、声卡、网卡、多功能卡等设备)、PCI Express 或 AGP 扩展插槽(可插显卡)。

(3) 对外接口部分：主要包括硬盘接口、软驱接口、COM 接口(串行接口，分别为 COM1 和 COM2，用于连接串行鼠标和外置 Modem 等设备)、PS/2 接口(用于连接键盘和鼠标，一般情况下，鼠标的接口为绿色，键盘的接口为紫色，PS/2 接口的传输速率比 COM 接口稍快一些，是目前应用广泛的接口之一)、USB 接口(USB 接口是现在最为流行的接口，最大可以支持 127 个外设，并且可以独立供电，其应用非常广泛，如 U 盘、MP3、移动硬盘、键盘、鼠标器、扫描仪、数码相机、打印机和调制解调器等)、LPT 接口(并行接口，一般用来连接打印机或扫描仪)、MIDI 接口(可连接各种 MIDI 设备，如电子键盘等)。

主板是计算机最基本也是最重要的部件，其类型、档次和性能决定着整台计算机的类型、档次和性能。目前，市场上主板的品牌比较多，从质量的角度讲，最好选择著名厂商的主板。

### 2. 中央处理器

中央处理器(CPU)作为计算机系统的核心，自然成为各种配置的计算机的代名词，如 Pentium 4 等。实际上，CPU 是一块超大规模集成电路芯片，这个芯片中包含运算器、控制器和内部寄存器，它们通过 CPU 内部总线连接在一起。CPU 芯片通常插在主板的 CPU 插座上(见图 2.18)，负责对各种指令和数据进行分析和运算。它的性能直接反映了计算机的性能。

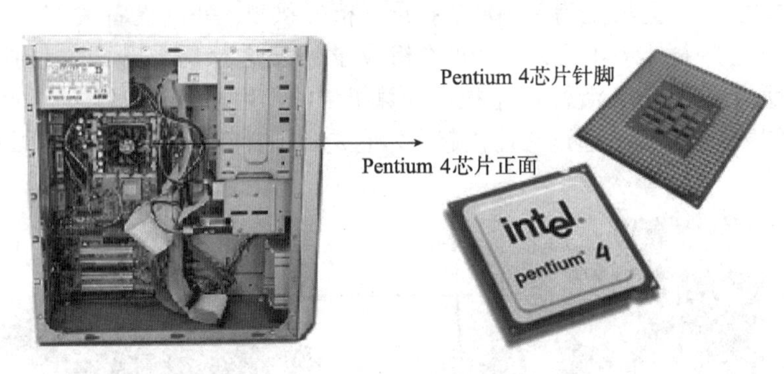


图 2.18　中央处理器

CPU 的性能决定了微机的档次。字长和主频是微机最主要的性能指标。

(1) 字长：表示 CPU 一次能并行处理的二进制位数。字长越长，计算机速度越快，精度越高。Pentium 系列的 CPU 字长为 32 位或 64 位。

(2) 主频：计算机 CPU 的时钟频率。理论上讲，主频越高，计算机的运算速度越快，但实际上由于各种 CPU 内部结构存在差异(如缓存、指令集)，因此并不是时钟频率相同，速度就相同。主频和实际运算速度虽然有关，但仅仅是 CPU 性能表现的一个方面，不代表 CPU 的整体性能。在 CPU 的型号上标明了 CPU 的主频，如一款 CPU 的型号是 Pentium 4 3.0GHz，其中，3.0GHz 指 CPU 的时钟频率。

CPU 除了以上两个指标之外，还有外频和倍频两个指标，这里不再叙述。

目前，在竞争激烈的 CPU 市场上主要有 Intel 和 AMD 两家公司。Intel 生产的 CPU 占有 80%以上的计算机市场份额，因此 Intel 生产的 CPU 成了事实上的 x86 CPU 技术规范和标准。个人计算机平台最新的酷睿 2 成为 CPU 的首选，下一代酷睿 i5、酷睿 i7 抢占先机，在性能上大幅领先其他厂商的产品。除了 Intel 公司外，最有挑战力的是 AMD 公司，最新的 AMD 速龙 II X2 和羿龙 II 具有很好的性价比，尤其采用了 3DNOW+技术并支持 SSE4.0 指令集，使其在 3D 上有很好的表现。今天的微型计算机以高速(高频率)、多核、低能耗为特征。

**小知识**

多核处理器是指单芯片多个处理器(Chip multiprocessors，CMP)。例如，双核处理器是在一个处理器的基板整合了两个功能、性能相同的处理器核心；四核处理器是将四个处理器核心整合到一个内核中。多核处理器架构不仅提高了处理器的性能，而且全面增加了处理器的功能。目前，多核心技术在应用上的优势有两个方面：为用户带来更强大的计算性能；满足用户的同时进行多任务处理和多任务计算环境的要求。

### 3. 内存储器

内存储器简称内存(见图 2.19)，是微机的记忆中心，它是与 CPU 进行沟通的桥梁。计算机中所有程序的运行都是在内存中进行的，因此内存的性能对计算机的影响非常大。内存与 CPU、主板一起被称为计算机系统的三大核心，扮演着举足轻重的角色，在很大程度上决定着整台计算机的性能。

图 2.19　内存

内存一般采用半导体存储单元。内存按作用的不同一般分为只读存储器(ROM)和随机存储器(RAM)。对于 386 以上的微机，还有高速缓冲存储器，简称高速缓存(Cache)。此外，还有 CMOS 存储器(Complementary Metal Oxide Semiconductor Memory，互补金属氧化物半导体内存)。

1) 只读存储器

只读存储器是一种只能读出不能写入的存储器。这里所说的不能写入只是相对的，是指通常条件下不能写入，但是用一些特殊的设备还是可以写入的。ROM 主要用于存放固定不变的信息，其内容是由厂家装入的。ROM 的最大特点是在断电后信息不会消失，因

此，常用 ROM 存放系统的引导程序 BIOS(基本输入/输出系统)、开机自检程序、系统参数等信息。目前，常用的 ROM 还有可擦除和可编程的 ROM(EPROM)、可电擦除和电改写的 ROM(EEPROM)和闪烁存储器(Flash Memory)等类型。

2) 随机存储器

随机存储器用于暂存程序和数据。特点是可进行读写。RAM 中的程序和数据可以从键盘输入，也可来自软盘、硬盘和光盘。RAM 中的信息断电后会消失，而且不能恢复，如果要保存信息，则要把信息存储在磁盘或其他介质上。根据制造原理不同，RAM 又分为 SRAM(静态 RAM)和 DRAM(动态 RAM)。SRAM 的特点是存取速度快，主要用于高速缓冲存储器。DRAM 较 SRAM 电路简单，价格也低，但速度较慢，主要用于大容量内存储器。微机内存一般采用 DRAM，就是通常说的内存。目前，市面上主流的单条内存容量有 1GB、2GB、4GB 及更高。

3) 高速缓存

高速缓存在逻辑上位于 CPU 和内存之间，是一个读写速度比内存更快的存储器。由于 CPU 的工作速度远远高于内存的工作速度，因此 CPU 从内存中读写数据时就存在瓶颈，高速缓存起着速度平滑的作用，其运算速度高于内存而低于 CPU。高速缓存由一组 SRAM 芯片和高速缓存存储器控制电路组成。高速缓存一般分为一级和二级。一级缓存容量很小，通常集成在 CPU 内核中，用于缓存代码和数据，它可以减少 CPU 访问二级高速缓存和主存的时间消耗。实际上，二级缓存才是 CPU 和主存之间的真正缓冲。二级缓存速度极快，价格也相当昂贵，用来存放那些被 CPU 频繁使用的数据，以便使 CPU 不必依赖速度较慢的内存。各产品的一级高速缓存存储容量相差不大，而二级高速缓存容量则是提高 CPU 性能的关键，是衡量 CPU 性能的重要指标。

高速缓存存放的是频繁被访问的数据。CPU 读写程序和数据时先访问高速缓存，如果高速缓存中没有再访问 RAM。增加高速缓存，只是提高 CPU 的读写速度，不会改变内存的容量。

4) CMOS 存储器

CMOS 存储器是一种只需要极少电量就能存放数据的芯片。由于耗能极低，CMOS 内存可以由集成到主板上的一个小电池供电，这种电池在计算机通电时还能自动充电。因为 CMOS 芯片可以持续获得电量，所以即使在关机后，它也能保存有关计算机系统配置的重要数据。

5) 三级存储结构

存储器是计算机的重要组成部分，按其用途可分为高速缓存、主存储器(Main Memory，主存)和辅助存储器(Auxiliary Memory，辅存)。典型的存储层次包括高速缓存、内存和外存三级(存储结构见图 2.20)。高速缓存用来存放最近频繁使用的程序和数据，作为内存中最活跃信息的副本，速度极高，但价格也很昂贵。内存是 CPU 能直接访问的存储器，一般具有随机访问、工作速度快等特点。外存是对主存容量的一种补充，其通常是磁性介质或光盘，能长期保存信息，并且当切断电源后，信息仍然存在。

### 4. 显卡

显卡(见图 2.21)也称显示适配器，是 CPU 与显示器通信的控制电路和接口。显卡的作

用是把主机要显示的字符、图形、图像经过显卡电路的转换，用显示器可以接受的形式显示出来。显卡必须与显示器相配，显示器和显卡的关系就像银幕和放映机的关系。

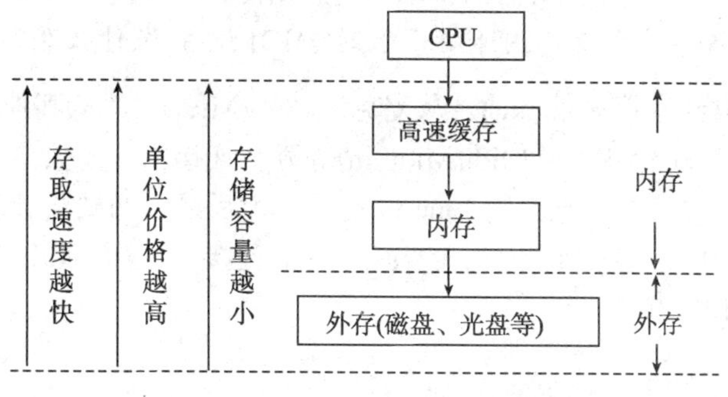


图 2.20　三级存储器系统

图 2.21　显卡

目前，台式机主要有两类显卡：独立显卡和集成显卡。独立显卡有自己的显示芯片和显存颗粒，不占 CPU 和内存，优点是数据处理不需要 CPU 来完成，3D 性能好。集成显卡是指芯片组集成显示芯片，使用这种芯片组的主板可以在不需要独立显卡的情况下实现普通显卡的功能，从而节约用户购买显卡的费用。集成显卡不带显存，使用系统的一部分内存作为显存，集成显卡的性能要低于独立显卡。但是，作为一般的计算机应用，集成显卡以其优良的兼容性和稳定性、适中的价格受到广大用户的欢迎。

目前，显卡的接口类型基本上都是 AGP 或 PCI-E 接口的，其中 PCI-E 接口已成为主流。

### 5．声卡

声卡是计算机中音频信号的接口电路，作为多媒体计算机的标准配置，已广泛用于语音合成、语言识别、网上电话、电视会议、教育和娱乐等领域。通过声卡可以录制、编辑和回放数字音频，以及进行 MIDI 音乐合成。声卡不仅可以将话筒、唱机、电子乐器等输入的声音信息进行数/模转换和压缩处理，而且可以把经过处理的数字化音频信号通过解压缩与数/模转换用扬声器或音箱播放出来。

说明

MIDI 是电子乐器和计算机之间的标准语言，MIDI 声音是一种由电子器件和设备合成的声音。MIDI 是一套指令约定，用于指示乐器(MIDI 设备)做什么及怎样做。

一般声卡有输出到音箱(Spk out)、从麦克风输入(Mic in)、从其他装置输入(Line in)、输出到其他装置(Line out)和输入 Midi(Midi in)等五个连接点。想要录制一般音响或收音机的声音时，可利用连接线插入声卡的 Line in 连接点，反之，想要将计算机的声音输出到一般音响时，也可以利用连接线连接声卡的 Line out 连接点。而 Midi 连接点可以用来连接 MIDI 键盘或其他 MIDI 乐器。

### 6. 网卡

网卡又称网络适配器。它是计算机网络中必不可少的基本设备，为计算机之间的数据通信提供物理连接。在多数情况下，网卡安装在计算机主板的扩展插槽上。外置的网卡可以用于 PC、MAC 及图形工作站等不同类型的计算机系统。内置的网卡通常用于笔记本电脑，还有一些直接集成安装在计算机的主板上，不需要另外安装。

网卡的主要功能有两个：①将计算机的数据通过网线发送到网络；②接收网络上传过来的数据，保存在计算机中。

随着网络技术的发展，网卡的种类也越来越多。家庭中可用到的网卡类型主要有 PCI 接口的有线网卡、PCI 接口的无线网卡、USB 接口的有线网卡、USB 接口的无线网卡。无线网卡中还有一种 PCMCIA 无线网卡，主要用于笔记本电脑。

### 7. 总线

在主板上可以看到贯穿整个印刷线路板的许多根极细的并排金属线束，这就是总线。如果把 CPU 比作计算机系统的“头脑”，那么总线就可以比作系统的“中枢神经”。总线是 CPU、内存和 I/O 接口之间相互交换信息的公共通路。用于传送地址的总线称为地址总线；用于传送数据的总线称为数据总线；用于传送控制信号的总线称为控制总线。

微处理器系统总线与 CPU、存储器和输入/输出设备等部件的连接，如图 2.22 所示。

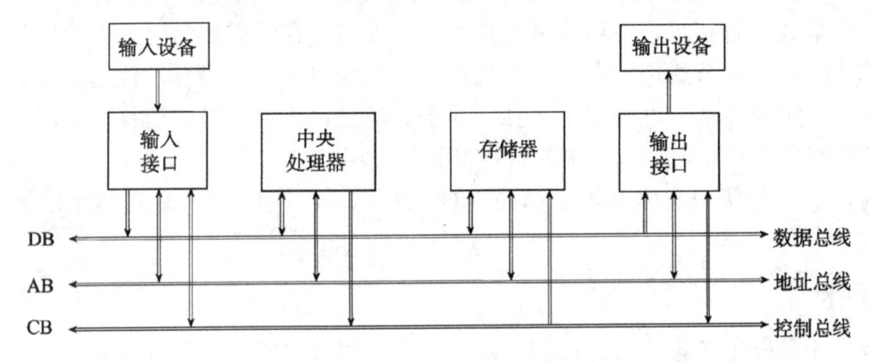


图 2.22　微处理器系统逻辑

总线又分为外部总线和内部总线。外部总线用于整个计算机系统，用来连接主板与计算机的各个部件；内部总线用于微处理器。采用总线结构，可以简化系统设计，减少信息传送的数量，便于实现系统积木化、标准化，使系统的运行、维护和扩充等工作更加灵活。

## 2.5.2　外部设备

计算机的外部设备包括外存储器、输入设备和输出设备。

- 外存储器：软盘存储器、硬盘存储器、光盘存储器、闪存等。
- 输入设备：键盘、鼠标、扫描仪、数字相机等。
- 输出设备：显示器、打印机、绘图仪等。

### 1. 外存储器

外存储器简称外存，它是计算机外部设备的一部分，用来存放当前不需要立即使用的信息。它既是输入设备，又是输出设备，是内存的后备和补充。它只能与内存交换信息，不能被计算机系统中的其他部件直接访问。计算机的外存储器主要包括硬盘存储器、光盘存储器、闪存等。

1) 硬盘存储器

硬盘存储器简称硬盘，是计算机中使用最广泛的外存，平时使用的操作系统、应用软件、图片等大型的文件都存储在硬盘中。

硬盘的盘片通常由金属、陶瓷或玻璃制成，现在盘片大都采用金属薄膜磁盘，上面涂有磁性材料。整个硬盘装置密封在一个金属容器内，这种结构把磁头与盘面的距离缩小到最小，从而增加了存储密度，加大了存储容量，并且可以避免外界的干扰。硬盘位于主机箱内，如图 2.23 所示。

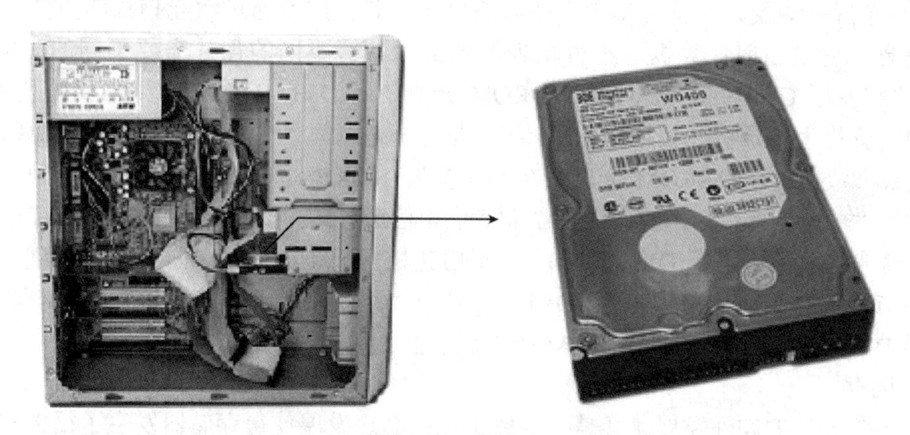

图 2.23　硬盘

目前，硬盘按内部盘片尺寸可以分为 3.5 英寸、2.5 英寸和 1.8 英寸。其中，3.5 英寸硬盘用于台式计算机，而 2.5 英寸和 1.8 英寸的硬盘则用在笔记本电脑或一些精密仪器中。硬盘的容量规格比较多，从几十吉字节到上千吉字节不等。

前文讲的硬盘指固定硬盘，优点是存储容量大、存取速度快、可靠性高，缺点是固定在主机箱内，不利于软件的交流。移动硬盘的出现弥补了这一缺点，是存储设备发展史上的又一次飞跃。移动硬盘具有固定硬盘的技术特征，而其盘片又类似软盘，可从驱动器中取出和更换。移动硬盘既可作为主盘单独使用，又可作为从盘与其他硬盘一起工作。常用的几种移动硬盘大小与 3.5 英寸软盘一样，厚度约为软盘的 3 倍，而容量已高达几百吉字

节。随着存储技术的不断成熟和价格的不断下降，移动硬盘已成为可移动、可读写存储设备的首选产品。

2) 光盘存储器

光盘存储器包括光盘和光盘驱动器(简称光驱)。光盘是存储介质，光驱是读写装置，光驱固定在机箱中，要读出和写入光盘数据，必须将光盘插入光驱中。

(1) 光盘。光盘又称压缩盘(Compact Disc，CD)，由于其存储容量大、存储成本低、易保存，因此在微机中得到了广泛的应用。光盘一般采用丙烯树脂做基片，表面涂上一层碲合金或其他介质的薄膜，通过激光在光盘上产生一系列的凹槽来记录信息。常见的光盘有以下几种。

- 只读光盘(Compact Disk Read Only Memory，CD-ROM)。CD-ROM 中的程序和数据预先由生产厂家写入，不能改变其内容。一张普通 CD-ROM 盘片的容量为 650MB。
- 数字通用光盘(Digital Video Disk Read Only Memory，DVD-ROM)。DVD-ROM 是目前的主导产品，其存储容量远远大于 CD-ROM，一张单面单层的 DVD-ROM 容量可达到 4.7GB，一张双面双层的 DVD-ROM 容量可高达 18GB。
- 可读写光盘(CD-Recordable，CD-R)。CD-R 中的数据可读取。CD-R 可用 CD-R 刻录机通过刻录软件向 CD-R 中一次性写入数据，写过的地方不能再写。
- 可擦写光盘(CD-ReWriteable，CD-RW)。CD-RW 可通过刻录机重复写入和改写，但价格较贵。

(2) 光盘驱动器。光驱是光盘驱动器的简称，其作用是通过激光扫描的方法从光盘中读取信息，它是当前计算机中不可缺少的外部设备。不同的盘片需要不同的光驱，CD-ROM 光盘使用 CD-ROM 光驱；DVD-ROM 光盘使用 DVD-ROM 光驱；CD-R 和 CD-RW 光盘的光驱称为刻录机。数据传输率(倍速)是光驱最基本的性能指标，表示光驱每秒所能读取的最大数据量。CD-ROM 光驱最初的速度是 150KB/s，即激光唱盘的标准速度，这个速度称为“单速”，以后迅速发展为 2 倍速、4 倍速、50 倍速甚至更高。DVD-ROM 光驱也是以倍速为单位，但是 DVD-ROM 的 1 倍速相当于 CD-ROM 的 9 倍速，现在 DVD-ROM 已达到 16 倍速以上。由于 DVD-ROM 的大容量、高速度及与 CD-ROM 相近的价格，DVD-ROM 已逐渐取代 CD-ROM 成为市场上的主流产品。

3) 闪存

近年来 PC 的硬件发展尤其是半导体工业的高速发展使得存储器发生了很大的变化，市场中出现了可以取代软盘软驱的新事物——闪存盘(简称闪存)，也称为优盘或 U 盘，如图 2.24 所示。

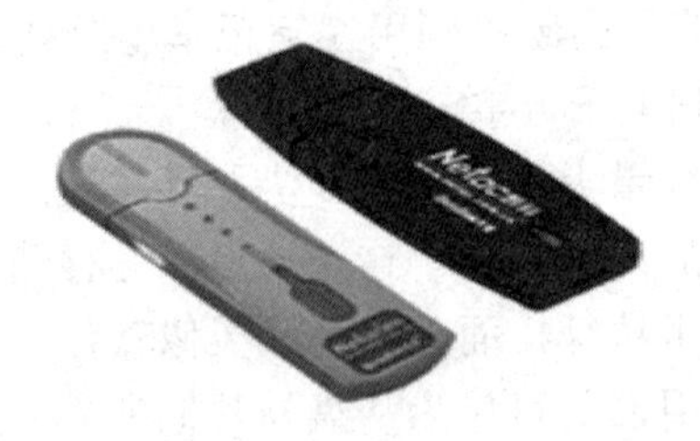

图 2.24 闪存

闪存是一种使用通用串行总线(Universal Serial Bus，USB)接口的，内置 Flash(快闪芯片，即静态存储器，断电后仍可保存数据)的外部存储设备。闪存的容量一般为 1 GB～16 GB，大小与一般的打火机差不多，重量也只有十几克。在安装 Windows 7/XP/2000 等系统的计算机上，无须安装驱动程序便可进行各项存储数据的操作，即使在断电的情况下也不会丢失数据，并且具有很强的抗震防潮特性，确保了数据的安全可靠。

在这个新崛起的市场里，朗科公司抢先一步，相继推出加密型、无驱动型、启动型三大系列 36 个型号的优盘，占了市场的先机，并率先提出了“用优盘取代软驱”的口号。此外，生产闪存的知名厂商还有爱国者、百事灵、纽曼和 TCL 等。

### 2. 输入设备

输入设备用于将需要计算机处理的各类信息，如数值、文字、声音、图像等输入计算机。

1) 键盘

键盘是用户向计算机输入数值、文字数据和控制计算机的工具。键盘上有一条电缆引出线，通过主机后面的键盘座与主机相连，标准键盘可分为字符区、功能键区、控制键区、数字小键盘和状态指示灯区，如图 2.25 所示。

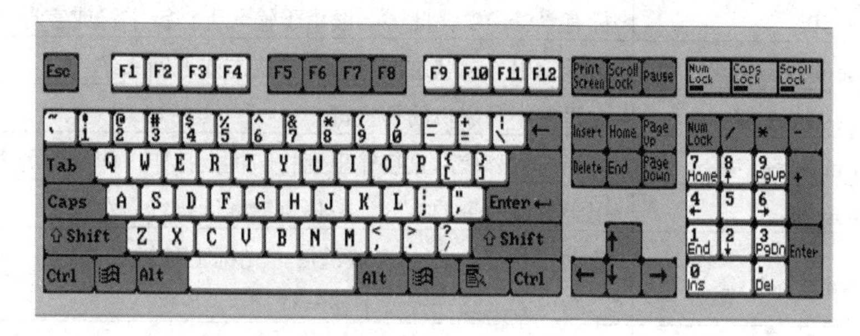


图 2.25　键盘

键盘的功能与分类如表 2.1 所示。

表 2.1　键盘的功能与分类

| 类　型 | 键　名 | 符号及功能 |
|---|---|---|
| 字符键 | 字母键 | 26 个英文字母(A～Z)，可输入 26 个大小写英文字母 |
| | 数字键 | 10 个数字(0～9)，每个数字键和一个特殊字符共用一个键 |
| | 回车键 | 键上标有“Enter”或“Return”，按下此键标志着命令或语句输入结束 |
| | 退格键 | 标有“←”或“Backspace”，使光标向左退回一个字符的位置，用于删除光标前一个位置上的字符 |
| | 空格键 | 位于键盘下方的一个长键，用于输入空格 |
| | 制表键 | 标有“Tab”。每按一次，光标向右移动一个制表位(制表位长度由软件定义) |

续表

| 类　型 | 键　名 | 符号及功能 |
| --- | --- | --- |
| 数字/编辑键 | 光标键 | 小键盘区的光标键具有两种功能，既能输入数字，又能移动光标，通过 NumLock 键来切换 |
| | 箭头键 | 光标上移或下移一行，左移或右移一个字符的位置 |
| | Home 键 | 将光标移到屏幕的左上角或本行首字符 |
| | End 键 | 将光标移到本行最后一个字符的右侧 |
| | PgUp 键和 PgDn 键 | 上移一屏和下移一屏 |
| | Ins 键 | 插入编辑方式的开关键，按一下处于插入状态，再按一下解除插入状态 |
| | Del 键 | 删除光标右边的字符 |
| 控制键 | Ctrl 键 | 此键必须和其他键配合使用才起作用。例如，按 Ctrl+C 快捷键完成复制操作 |
| | Alt 键 | 此键必须和其他键配合使用才起作用。例如，按 Alt+F4 快捷键关闭窗口 |
| | 换挡键 | 标有“Shift”。此键一般用于输入上挡键字符或字母大小写转换 |
| | Esc 键 | 用于退出当前状态或进入另一状态或返回系统 |
| | Caps Lock 键 | 大写或小写字母的切换键 |
| | Print Screen 键 | 将当前屏幕信息直接输出到打印机上打印，即所谓的屏幕硬拷贝 |
| | Pause 键 | 用于暂停命令的执行，按任意键继续执行命令 |
| | Scroll Lock 键 | 滚动锁定键，按一次该键后，光标上移键和光标下移键会将屏幕上的内容上移一行或下移一行 |
| 功能键 | F1～F12 键 | 其功能随操作系统或应用程序的不同而不同，如在 Windows 系统中按 F1 键表示进入系统帮助窗口 |

2) 鼠标

鼠标是普遍使用的一种输入设备，也是计算机显示系统纵横坐标定位的指示器。鼠标的使用是为了使计算机的操作更加简便快捷，可代替键盘烦琐的指令。根据结构不同，鼠标分为机械式鼠标和光电式鼠标两种，如图 2.26 所示。

(a) 机械式鼠标

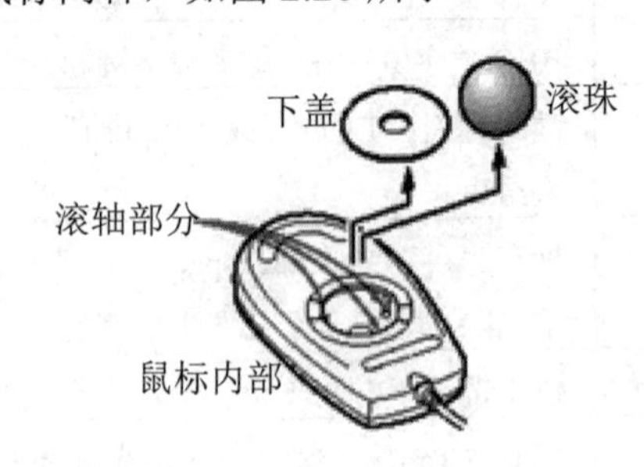


(b) 机械式鼠标结构图

(c) 光电式鼠标

图 2.26　鼠标

(1) 机械式鼠标。机械式鼠标底部有一个橡胶小滚珠，用手在平面上移动鼠标，滚珠便滚动，将其运动信号传给计算机，计算机便能计算出目前的位置。如果按下鼠标的按键，计算机能根据所按的键、按下次数及当前位置进行工作。

(2) 光电式鼠标。以一组发光体的传感器来获得鼠标移动的信息。这种鼠标定位精度较高，已成为主流产品。

3) 扫描仪

扫描仪是输入图像的主要设备，另外，也可应用于汉字识别技术。用户可以将自己需要的图片或文字通过扫描仪输入计算机并以文件的形式保存，这种文件可进行编辑、修改和打印。扫描仪是光电一体化产品，它的核心部件是扫描头，图像扫描仪自身携带的光源将光线照在欲输入的图稿上产生反射光，光学系统收集这些光线将其聚焦到扫描头上，由扫描头将光信号转化为电信号，然后转换成数字信号传送给计算机。

扫描仪分为手持式扫描仪、台式扫描仪与工程扫描仪。

- 手持式扫描仪体积小、重量轻、携带方便，扫描精度、扫描质量比较差，扫描图面有限。目前已基本淘汰。
- 台式扫描仪用途最广、功能最强、种类最多、销量最大，是扫描仪中的代表性产品，广泛应用在电子出版、印前处理、广告制作和办公自动化等领域。
- 工程扫描仪主要用于大幅面工程图纸的输入，在 CAD、工程图纸管理、测绘、勘探和地理信息系统等方面应用广泛。

扫描仪的主要技术指标有扫描遍数、分辨率、色彩数、扫描幅面和扫描速度。

4) 数码相机

数码相机也称“数字相机”，是一种能够进行拍摄，并通过内部处理把拍摄的景物转换为以数字格式存放图像的特殊相机。与普通相机不同，数码相机并不使用胶卷，而使用固定的或可拆卸的半导体存储器来保存获取的图像。数码相机可以直接连接到计算机、电视和打印机上。

数码相机是集成了图像信息转换、存储和传播等部件的光电一体化产品，是数字图像技术的核心。它的核心部件是光电耦合器。在拍摄时图像被聚焦到光电耦合器转变成电信号，再转变成数字信号，经压缩处理后输出。数码相机的主要技术指标有 CCD 像素数、分辨率、闪光灯、电源、镜头和焦距、数据处理速度等。

**小知识**

数码相机不是获得数字化图像的唯一方法，还可以通过普通相机拍照，用扫描仪扫描获得数字化图像，也可以用 Photo CD 设备将照片写入 CD 盘。

### 3. 输出设备

输出设备是将经过计算机处理的数值、字符和图形等信息从计算机输出的设备。

1) 显示器

显示器是计算机中最重要的输出设备，是用户与计算机沟通的桥梁。显示系统由显示器(见图 2.27)和显示卡(显卡)组成。显示卡将主机送来的电信号转换成视频信号(字符、图

形和图像)，控制显示器进行显示。显示器按原理大体可分为两大类：阴极射线管显示器(CRT)和液晶显示器(LCD)，一般台式计算机使用 CRT 比较多，笔记本电脑使用 LCD。下面简单介绍 CRT。

CRT 上有众多的荧光粉点(显示点)，每一点就是一个像素，显示器通过电子束从左到右、自上而下作水平和垂直扫描，电子束的撞击使荧光粉点发光，完成信息的显示。

显示器的底部通常配有电源开关、监视器亮度旋钮和对比度旋钮，有的监视器还配有调整屏幕高度和宽度的旋钮。

(a) 阴极射线管显示器

(b) 液晶显示器

图 2.27　显示器

显示器的主要技术指标如下。

- 尺寸：显像器对角线尺寸，从 14～21 英寸不等，目前流行的是 15 英寸和 17 英寸显示器。
- 分辨率：一定条件下屏幕上像素点的个数，即屏幕上有多条扫描线，每行有多少个点。分辨率越高，图像的显示质量越高，相同的显示区域能显示更多的内容。常用的分辨率为 640×480～1600×1200 像素。15 英寸的显示器最高能支持 1280×1024 像素的分辨率；17 英寸的显示器最高能支持 1600×1200 像素的分辨率。
- 点距：显示器上两个相邻像素点的距离，用毫米表示。点距越小，屏幕上的像素点排列得越紧密，显示效果越好，画面越细腻。常用的点距为 0.25～0.39mm，对 15 英寸的显示器，0.28 点距已足够，17 英寸的显示器需要更小的点距，如 0.25。
- 刷新频率：显示器连续刷新屏幕图像的速度。刷新速度越快，屏幕的闪烁感越小，刷新频率一般在 70Hz 以上，低于 70Hz 时，屏幕会有闪烁感。
- 扫描方式：显示器的扫描方式分隔行和逐行两种。隔行扫描指显示器在扫描图像时先扫一行然后隔一行再扫，扫描完整的一幅图像需要来回扫两次，采用这种方式的显示器看上去会有一定的闪烁感；采用逐行扫描方式的显示器扫描图像时依次扫描每一行，因此较少有闪烁感。

2) 打印机

打印机是计算机系统中主要的输出设备。通过打印机，可以简单地将文本、图形和计算结果直接输出。打印机大致可以分为三类，即针式打印机、喷墨打印机和激光打印机，如图 2.28 所示。

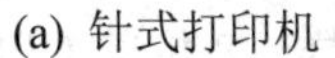
(a) 针式打印机

(b) 喷墨打印机

(c) 激光打印机

图2.28　打印机

(1) 针式打印机。针式打印机是通过撞针击打色带将文字和图形打印到纸上，特点是价格低廉，耗材便宜，缺点是噪声大，打印质量差。目前，普通的针式打印机已逐步被喷墨打印机和激光打印机所替代。但是由于针式打印机的成本低，而且可以多层套打、连续高速打印等特点，在一些特殊的行业，如银行、证券等还在广泛使用。

(2) 喷墨打印机。喷墨打印机用微小的喷嘴代替打印头，打印时在需要打印的位置从喷墨孔喷出墨汁到纸上，形成字符和图形。喷墨打印机的优点是体积小、重量轻、价格便宜、打印质量好、噪声小，既可以打印信封、信纸，又可打印各种胶片、照片纸和卷纸等；缺点是墨水较贵，打印较慢。目前，喷墨打印机是使用最普遍的打印机。

(3) 激光打印机。激光打印机是利用激光扫描把要打印的字符在硒鼓上形成静电潜像，然后转成磁信号，使碳粉吸附在纸上，经定影后输出。激光打印机的优点是打印精度高，噪声低，速度快；缺点是价格较贵，对纸张要求苛刻，耗材售价高。激光打印机以其良好的性能受到广大用户的欢迎，发展前景最为看好。

生产打印机的著名厂商主要有惠普、佳能、爱普生、利盟、方正及联想等。

3) 音箱

音箱是多媒体计算机中不可缺少的输出设备，用于将接收的信号转变成优美动听的声音。计算机的音频系统是由声卡和音箱两个部分组成的相辅相成的完整体系。音箱音质的出色与否直接关系到用户的听觉享受。

音箱的主要技术指标如下。

- 输出功率：功率越大的音箱，音质效果越好，当然价格越贵。
- 所用材料：箱体所用材料的厚度和质量与音箱的成本有直接关系，木质音箱坚固、箱体厚，其音质普遍高于塑料音箱。
- 频响：频响范围越宽，音箱性能越好，成本越高。
- 信噪比：信噪比越高，音箱性能越好，造价越高。

## 2.5.3　微机的主要性能指标

微机各个组成部分的类型不同，因此它们之间的性能存在着差异。通常人们以下面的指标来衡量一台微机的性能好坏：字长、主频、内存容量、外存磁盘容量、外部设备配置、软件配置等。

1．字长

字长是 CPU 在单位时间内(同一时间)能一次处理的二进制数位数。字长越长，容纳的位数越多，内存可配置的容量就越大，运算速度就越快，计算精度也越高，处理能力就越强。所以字长是计算机硬件的一项重要的技术指标。目前，微机的字长以 32 位和 64 位为主。

字节和字长的区别：在计算机内部用 8 位二进制位数表示 1 字节。字节的长度是固定的，而字长的长度是不固定的，对于不同的 CPU，字长的长度也不一样。8 位的 CPU 一次只能处理 1 字节，而 32 位的 CPU 一次就能处理 4 字节，同理，字长为 64 位的 CPU 一次可以处理 8 字节。

2．主频

主频指 CPU 的时钟频率，单位是 MHz(兆赫兹)。从理论上来说，主频越高，CPU 在一个时钟周期内所能完成的指令数就越多，CPU 的运算速度也就越快。但实际上由于各种 CPU 内部结构存在差异(如缓存、指令集)，因此并不是时钟频率相同，速度就相同。主频和实际运算速度虽然有关，但仅仅是 CPU 性能表现的一个方面。80486 微机的主频一般为 33 MHz～66 MHz，而 Pentium(奔腾)机系列主频为 60 MHz～3.6 GHz，人们通常把微机的类型与主频标注在一起。例如，P4/3.6 GHz，表示 CPU 芯片的类型为 Pentium Ⅳ，主频为 3.6 GHz。

3．内存容量

内存容量指随机存储器 RAM 存储容量的大小，它的单位是 MB(兆字节)。它决定了可运行程序的大小和程序运行的效率。内存越大，主机和外设交换数据所需的时间越少，因而运行速度越快。目前，微机内存一般都为 512 MB～4 GB，其中，1 GB 和 2 GB 内存是当前的主流配置。

4．外存容量

外存容量指整个计算机系统中外存储信息的能力，主要指软盘、硬盘、光盘的存储容量。其中，软盘容量一般为 1.44 MB，硬盘容量一般为 80 GB～750 GB，光盘容量一般为 650 MB～18 GB，闪存容量一般为 128 MB～16 GB。

5．外部设备配置

外部设备配置指计算机的硬盘、光盘、键盘、鼠标器、显示器、打印机等的配置情况和档次。配置的外部设备越多，档次越高，计算机的应用就越广泛、越方便，效果越好。

6．软件配置

软件配置一般独立于计算机，但系统的功能和性能在很大程度上受到软件的影响，丰富的软件系统是保证计算机系统得以实现其功能和提高性能的重要保证。例如，配置先进的操作系统、使用完善的数据库管理软件都将影响计算机系统的整体功能。

# 2.6　微型计算机常用软件简介

微型计算机常用软件分为系统软件和应用软件。

## 2.6.1　微机常用系统软件简介

微机常用的系统软件主要有操作系统、语言开发环境、数据库管理系统、系统工具软件、汉化工具等。

### 1．操作系统

1) 磁盘操作系统

磁盘操作系统(Disk Operating System，DOS)是微机上最常用的操作系统。DOS 是微软公司为 IBM 及其兼容机开发的单用户、单任务的操作系统，是微机上使用最广泛、最重要的操作系统。

DOS 自 1981 年问世以来，版本不断更新，从最初的 DOS 1.0 升级到最新的 DOS 8.0(Windows ME 系统)，纯 DOS 的最高版本为 DOS 6.22，这以后的新版本 DOS 都是由 Windows 系统所提供的，并不单独存在。虽然 DOS 作为个人计算机操作系统只是一个单用户操作系统，但由于其具有兼容性和开放性赢得了全球大量的用户，围绕它开发的应用程序数以万计，因此 DOS 成为微机上最重要的操作系统之一。DOS 向用户提供的界面是 DOS 命令，其操作的特点：使用者以键盘作为输入工具，通过在键盘上逐个字符地键入命令来操作计算机。这种命令形式的界面称为字符用户界面。

随着 DOS 版本的升级，功能的扩充，DOS 命令越来越复杂，许多用户感到学习和记忆这些命令很不方便，希望能有比较直观、形象、便于操作的新方法和新界面。正因为如此，微软公司推出的基于图形界面的 Windows 很快得到普及。从字符界面到图形界面，是计算机操作方式上的一次革命，其影响十分深远，现在推出的各种软件也普遍采用了图形用户界面。DOS 已逐步被 Windows 所取代。

(1) DOS 的主要功能：执行命令和程序；输入输出管理；磁盘与文件管理。

(2) DOS 的组成：由一个引导程序和三个功能模块组成。

- 引导程序(boot record)。引导程序存放在软盘的第 0 面、第 0 道、第 1 扇区(硬盘在 0 柱 0 面第 1 扇区)，每当 DOS 启动时其自动装入内存并检测当前盘上是否存在用于启动的系统文件，然后，由它负责把 DOS 的其余部分装入。引导程序是在磁盘初始化时由 FORMAT 命令写在磁盘上的。
- 命令处理程序(command.com)。该模块主要负责分析和解释用户键入的 DOS 命令和批处理命令，加载和运行程序，并显示系统提示，它是用户和 DOS 之间的直接界面，是 DOS 的最外层。
- 文件管理系统(MSDOS.sys)。该模块是 DOS 的核心，主要用于管理磁盘上的文件和提供其他服务，是计算机系统和用户之间的高层接口。它向用户提供一系列的功能调用命令和相应的各种子程序，完成对文件的各种操作。

- 输入输出系统(IO.sys)。该模块是 DOS 与微机主板上的基本输入输出系统 ROM BIOS 的接口，也是它的扩充，主要用于输入输出时驱动、管理和调度外部设备等。

(3) DOS 命令：用于调用 DOS 系统提供的各种功能。DOS 命令分为以下三种。

① 内部命令：包含在命令处理程序中，当 DOS 启动即装入内存，键入命令直接执行。常用的命令如下。

目录操作命令：

显示目录——DIR；建立子目录——MD；

删除子目录——RD；改变当前目录——CD。

文件操作命令：

显示文件内容——TYPE；重命名文件——REN；

复制文件——COPY；删除文件——DEL。

② 外部命令：以文件的形式存放在磁盘上，执行前从磁盘读入内存。常用的命令如下。

磁盘格式化——FORMAT；磁盘复制——DISKCOPY。

③ 批处理命令：将计算机要处理的一系列命令存放在一个文件中，计算机执行批处理命令时，就将这些命令按顺序执行。

2) Windows 操作系统

Windows 操作系统是美国微软公司为微机开发的多任务、多窗口的图形化操作系统。从 1990 年的 Windows 3.0 开始到现在的 Windows 10，其由于采用了图形化的用户界面，已逐步替代 DOS，成为目前微机上最主要的操作系统。

Windows 操作系统的特点：提供了图形化的用户界面，使得系统的操作直观、形象、简便；提高了系统的运行速度、运行的可靠性和易维护性；提供了 Internet 集成功能；支持即插即用，支持更多的硬件；提供了视听娱乐等多媒体功能。

3) UNIX 操作系统

UNIX 是一种多用户、多任务的操作系统，它是目前的三大主流操作系统之一。它可以应用于不同的计算机，如工作站、小型机、超级计算机等。它以其最初的简洁、易于移植等特点，很快受到关注，并迅速得到普及和发展，成为跨越从微型机到巨型机范围的唯一的一个操作系统。

UNIX 操作系统从 20 世纪 60 年代开始开发，最早由贝尔实验室设计完成，并公开其程序代码，由各界将程序转移到各种计算机硬件平台上。由于各种工作平台上 UNIX 操作系统以相同或相似的系统命令来管理计算机，因此管理、维护操作系统的工作更为容易，也减轻了计算机管理人员的负担，以及人员的培训成本。因此，这种开放式的操作系统架构逐渐被业界采用，而专属封闭式的操作系统的发展则逐渐减缓。

4) Linux 操作系统

Linux 操作系统是继 UNIX 系统之后，逐步被普遍应用的开放式操作系统。Linux 的外观与运作方式与 UNIX 类似，但其原始程序代码则完全不同。它的主要特点是多平台，适于多种 CPU；多处理器；支持多国键盘和自定义键盘；支持 TCP/IP 网络；等等。

Linux 操作系统是 1994 年推出的。随着 Linux 用户基础的不断扩大，性能的不断提高，功能的不断加强，各种平台版本的不断涌现，以及越来越多商业软件公司的加盟，

Linux 被许多公司和因特网服务提供商用于因特网网页服务器或电子邮件服务器，并已开始在很多领域中大显身手。

### 2. 语言开发环境

语言开发环境建立在语言处理程序上，用于帮助用户编写、修改、调试和运行程序。微机上常用的语言开发环境主要有以下几种。

(1) Basic 语言系列：Turbo Basic、Quick Basic、Visual Basic 等。

(2) C 语言系列：Turbo C/C++、Borland C/C++、Microsoft C/C++、Visual C/C++等。

### 3. 数据库管理系统

数据库管理系统主要用于解决数据处理方面的问题。常用的数据库管理系统主要有 SQL Server、Oracle、Sybase、Visual FoxPro、Microsoft Access 等。

### 4. 系统工具软件

系统工具软件用于辅助用户管理数据、消除病毒和恢复损坏等。

1) 文件压缩与解压缩软件

文件压缩与解压缩软件的主要作用是将比较长的文件进行压缩，存储于磁盘或光盘，在使用时进行解压缩。目前，使用比较广的压缩和解压缩软件是 WinZip 和 WinRAR。WinZip 具有操作简便、压缩运行速度快等显著特点，能与网络浏览器实现无缝连接，极大地方便了 Internet 用户进行网上软件的下载与解压。WinRAR 可以和 WinZip 相媲美，在某些情况下，它的压缩率比 WinZip 还大，WinRAR 的另一个特点是支持很多压缩格式，除了.rar 和.zip 格式的文件外，还可以为许多其他格式的文件压缩，同时，使用这个软件也可以创建自解压可执行文件。

2) 系统维护软件

系统维护软件主要用于维护系统正常、稳定地工作。这里主要介绍几个常用软件。

(1) Ghost：硬盘“克隆”工具。如今的操作系统所占空间越来越大，安装时间也越来越长。计算机一旦遭遇病毒或者是系统崩溃，就要重装系统，这是一件非常费心费力的事情。Ghost 是一款硬盘拷贝软件，它针对快速安装 Windows 等操作系统设计，对于具有相同配置的计算机组成的工作站的安装来说，是非常有用的，它能在短短的几分钟时间内恢复原有备份的系统，还电脑以本来面目。Ghost 自面世以来已成为 PC 用户不可缺少的工具软件。

(2) Windows 优化大师：Windows 优化大师适于 Windows 系列操作平台，能够为用户的系统提供全面有效、简便安全的优化、清理和维护手段，让用户的电脑系统始终保持在最佳状态。它主要的特点是深入系统底层，分析用户电脑，提供详细准确的硬件、软件信息，并根据检测结果向用户提供系统性能进一步提高的建议。同时还提供全面的系统优化选项、强大的清理功能、有效的系统维护模块等。

(3) 硬盘分区大师(Partition Magic)：其是当前最好的硬盘分区及多操作系统启动管理工具，是实现硬盘动态分区和无损分区的最佳选择。作为最专业的硬盘分区工具，它支持大容量硬盘，能在 FAT 和 FAT32 分区之间方便地实现转换，在不丢失资料的情况下切换

16 位和 32 位文件系统，拆分、删除、修改硬盘分区。此外，它还有一些很有用的工具，如驱动器任务管理、分区信息工具、启动魔术师、生成急救盘等。

超级兔子魔法设置(Magic Set)：其是一款功能强大的系统设置软件，具有自动运行、删除与反安装、输入法、开始菜单、电脑启动、网络、硬盘与光驱、多用户密码、显示效果、系统、桌面图标、控制面板等基于 Windows 98/2000 的常用设置，用它修改 Windows 系列操作系统易如反掌。

系统检测大师(SiSoft Sandra)：其是全方位的系统测试软件，可以测试计算机的系统，包括 CPU、主板、BIOS、内存等，而且还能管理电脑的软件配置。其中，SiSoft Sandra 2004 的最大特点是能够让用户了解电脑内部软、硬件的配置情况，对 CPU、硬盘、光驱、内存等部件进行基准测试，同时将测试结果与内置的其他顶级配置进行横向和纵向的比较，让用户全面掌握计算机的系统情况。

#### 5. 汉化工具

汉化工具可以帮助用户解决在计算机系统使用过程中遇到的因各种英文生词所带来的问题。本书介绍即时汉化专家和金山词霸。

1) 即时汉化专家

即时汉化专家是 Windows 的全屏动态自动翻译系统，可以动态翻译 Windows 屏幕上的各种软件运行时出现的英文信息，可对全屏幕实现鼠标即指即译，可在线翻译 Internet 浏览，等等，可读性强。

2) 金山词霸

金山词霸是一款电子词典软件，是一款会说话的三向词典软件，包含英汉、汉英、汉语三种词典，男女声各 4 万个英文单词发音及汉语单字发音。其具备键盘输入和屏幕抓词两种查询方式，可在用户词典中添加和删减词汇。

### 2.6.2 计算机常用应用软件简介

计算机在社会、生活各个领域应用广泛，因此计算机上的应用软件种类繁多，不断推陈出新。下面列举的是一部分普遍应用的软件。

#### 1. 办公自动化软件

办公自动化软件主要用于编排图文并茂的文档，设计电子表格，并进行数据分析和计算及制作演示文稿。其主要有微软公司开发的 Office 系列办公软件，如 Word、Excel 和 PowerPoint 等。

1) Word

Word 作为功能极为完善的文字处理软件，可以编排版面极为丰富多彩的文档、信函、报表、插图、小说、新闻稿件等，凡是用户能想象得到的文档类型，Word 都能完成。Word 不仅具有齐全的功能群组，而且提供了赏心悦目、生动活泼的操作环境。

2) Excel

Excel 是一款功能强大的电子表格软件，它可广泛应用于财务、行政、金融、经济、统计和审计等众多领域。它不仅具有十分齐全的功能群组，可以高效完成各种表格和图表

的设计，并进行复杂的数据计算与分析，而且易学易用，操作环境美观、方便。

3) PowerPoint

PowerPoint 是一款功能十分强大的演示文稿制作软件，它不仅具有制作幻灯片的强大功能，而且可以方便地将各种文档和图表集成到绚丽多彩的背景图案上，随意地链接和嵌入声音、动画等，自动生产完整的多媒体电子文稿。它以其友好的操作界面、生动活泼的效果、丰富的模板及智能的向导工具获得了广大用户的青睐。

4) 微信

微信(WeChat)是腾讯公司于 2011 年推出的一款为智能终端提供即时通信服务的免费应用程序。2021 年 7 月，在最新推出的 8.0.8 版本中，微信不仅可以同时登录手机、PC/Mac 设备，而且增加了平板设备的同时登录功能。微信提供公众平台、朋友圈、消息推送等功能，用户可以通过“摇一摇”、“搜索号码”、“附近的人”、扫二维码等方式添加好友和关注公众平台，同时微信将内容分享给好友以及将用户看到的精彩内容分享到微信朋友圈。目前，微信在全球拥有超过 12.6 亿用户。它集社交、通信、购物、旅游等功能于一体，尤其是电子支付的推出在中国发挥了重要作用。

5) QQ

QQ 是腾讯 QQ 的简称，是一款基于互联网的即时通信软件。腾讯 QQ 支持在线聊天、视频通话、点对点断点续传文件、共享文件、网络硬盘、自定义面板、QQ 邮箱等多种功能，并可与多种通信终端相连。此外，QQ 支持在线聊天、视频通话、语音通话、点对点断点续传文件、传送离线文件、共享文件、QQ 邮箱、网络收藏夹、发送贺卡等功能。QQ 不仅是简单的即时通信软件，它与全国多家寻呼台、移动通信公司合作，实现传统的无线寻呼网、GSM 移动电话的短消息互联，是国内最为流行、功能最强的即时通信(IM)软件。同时，QQ 还可以与移动通信终端、IP 电话网、无线寻呼等多种通信方式相连，使 QQ 不仅是单纯意义的网络虚拟呼机，而且是一种方便、实用、超高效的即时通信工具。

6) 腾讯会议

腾讯会议是腾讯云旗下的一款音视频会议软件，于 2019 年 12 月底上线。具有 300 人在线会议、全平台一键接入、音视频智能降噪、美颜、背景虚化、锁定会议、屏幕水印等功能。该软件提供实时共享屏幕、支持在线文档协作。此外，为助力全球各地抗疫，腾讯会议还紧急研发并上线了国际版应用。

### 2. 图形/图像处理和多媒体制作软件

图形/图像处理和多媒体制作软件主要用于图形、图像、声音、动画等的多媒体的制作。其主要有 Photoshop、Authorware、3ds Max、ACDsee、HyperSnap、SnagIt 等。

1) Photoshop

Photoshop 是目前最流行的图像处理软件，它以其强大的图像编辑、制作、处理功能和易用性、实用性，广泛用于美术设计、彩色印刷、排版、摄影等诸多领域。

2) 3ds Max

3ds Max 是一款功能十分强大的动画制作软件，其应用领域已遍及影视广告、建筑装潢、彩色印刷、教育娱乐、电影制作、电脑游戏、艺术创作、虚拟现实等各个方面，应用

前景极为广泛。

3) ACDsee

ACDsee 是 Windows 系统中最快、最好用的图片浏览器。它集两个工具的功能于一体：①作为全功能的图片观察器，它能快捷、高质量地显示图像；②作为图片浏览器，它又能高效地查找并组织图片。

4) 美图秀秀

美图秀秀是当下最流行的免费图片处理软件之一，美图秀秀拥有精选素材、特效、美容、拼图等功能，让用户可以随时随地记录、分享美图。据美图公司官网介绍，截至 2021 年 12 月，美图公司应用矩阵已在全球超过 24.4 亿台独立移动设备上激活，月活跃用户总数为 2.31 亿。除此之外，美图公司目前在海外已拥有了超过 10.46 亿的用户，在印度尼西亚、泰国、巴基斯坦、越南、美国、巴西、孟加拉、日本、菲律宾、韩国、马来西亚、伊朗、尼日利亚、墨西哥、缅甸、土耳其、俄罗斯、加拿大等 21 个国家各拥有超过 1000 万用户。

**3. 网络工具软件**

网络工具软件能帮助用户更好、更方便地使用 Internet。下面介绍几种常用的工具。

1) 迅雷

迅雷基于网格原理使用多资源超线程技术，能够将网络上存在的服务器和计算机资源进行有效的整合，构成独特的迅雷网络，各种数据文件通过迅雷网络能够以最快的速度进行传递。多资源超线程技术还具有互联网下载负载均衡功能，在不降低用户体验的前提下，对服务器资源进行均衡，这有效降低了服务器负载。

2) 百度网盘

百度网盘(原百度云)是百度推出的一项云存储服务，已覆盖主流 PC 和手机操作系统，包含 Web 版、Windows 版、Mac 版、Android 版、iPhone 版和 iPad 版。用户可以轻松地将自己的文件上传到网盘上，并可跨终端随时随地查看和分享。2020 年，百度网盘总用户数突破 7 亿。2021 年 12 月，百度网盘青春版在各大应用商店正式上线，为所有用户提供无差别下载、上传服务，并免费提供 10GB 储存空间。



## 本 章 小 结

完整的计算机系统包括硬件系统和软件系统。硬件就像“舞台”，软件则像“剧幕”，二者相辅相成，缺一不可。本章讲述了计算机系统的概念及基本组成，其主要内容如下。

- 计算机系统的概念、计算机硬件组成、计算机指令系统概念、计算机工作过程。
- 计算机软件系统，即系统软件和应用软件。
- 微机的硬件组成、主要性能指标和常用软件。

其中，计算机系统概念从整体上介绍了计算机系统的基本组成，以及计算机硬件和软件的关系；计算机硬件介绍了计算机硬件的五大组成部分及其功能；计算机工作过程从指

令系统入手，介绍了指令和程序的执行过程及计算机的工作过程；计算机软件系统主要介绍了操作系统、计算机语言及计算机语言的处理程序、数据库管理系统和工具软件等系统软件及应用软件的概念，同时说明了计算机软硬件和用户之间的关系；微型计算机的硬件组成和主要性能指标内容介绍了微机的各个组成部件和工作原理及相关的技术性能指标，这是本章的重点内容；微机常用的系统软件主要介绍了操作系统、语言开发环境、数据库管理系统、系统工具软件等。

本章是读者了解和使用计算机系统的基础，读者在学习时除了掌握相关理论知识外，还应结合计算机具体查看实物，了解其外观特点，掌握正确的使用方法。

# 第 3 章 计算机网络与 Internet 应用基础

## 学习目标

计算机网络是计算机应用中发展最快的领域之一，也是信息时代人与人之间交流、沟通和学习的重要手段。学习完本章后，读者应该掌握网络的基础知识和基础理论，能够使用浏览器在网上遨游，并熟练掌握搜索引擎的使用、新闻信息的浏览、电子邮件的收发、实时交流等，同时应该能够使用一些网络工具获取网络上的资源或者进行一些电子商务活动。

## 学习方法

本章理论与实际并重。理论部分主要涉及网络的定义、分类、拓扑结构、Internet 的产生与发展、Internet 的协议、地址等知识，读者可以联系实际加以学习和理解；操作部分主要涉及浏览器和其他网络工具的使用，其重点是掌握如何利用搜索引擎搜索资源。一旦掌握了搜索引擎的使用，用户就如同插上了腾飞的翅膀，可以在网络的海洋中遨游。因此新闻浏览、邮件收发、实时交流、上传下载等都很容易掌握，即使遇到一些困难，相信通过搜索引擎也能很快找到答案。

## 学习指南

本章重点是：3.1.2 小节、3.1.4 小节、3.2.3 小节、3.2.4 小节、3.3 节。本章难点是：3.1.4 小节、3.2.3 小节、3.2.4 小节。

## 学习导航

学习过程中，可以将下列问题作为学习线索。

(1) 什么是计算机网络？网络的拓扑结构有哪些？网络的分类有哪些？

(2) 计算机网络是如何产生与发展的？

(3) 什么是“协议”？计算机网络的协议与体系结构有哪些？

(4) 计算机网络互联的常用设备有哪些？各自的功能及特点是什么？

(5) 什么是 Internet？Internet 协议是什么？

(6) 什么是 IP 地址？什么是域名地址？什么是 URL 地址？它们有什么区别和联系？

(7) 怎样接入 Internet？

(8) 什么是万维网？什么是浏览器？

(9) 什么是搜索引擎？如何在 Internet 上进行搜索？

(10) 如何收发电子邮件？

(11) 如何进行网上交流及资源下载？

# 3.1 计算机网络概述

当我们还在为计算机的飞速发展惊叹不已的时候，“网络”“Internet”“Web”“电子商务”等一个个概念正以不可阻挡的豪迈气势向我们走来！

那么 Internet 是什么？上网能干什么？Internet 究竟能帮我们做什么呢？请跟随我们，一起揭开 Internet 的神秘面纱，成为网上冲浪的弄潮儿！

## 3.1.1 计算机网络的定义和功能

### 1. 计算机网络的定义

把几台计算机连接起来就是网络了吗？不！仅仅把几台计算机连接起来是不够的，还要遵循相同的网络协议并配置相应的网络管理软件。人们可以从不同的角度或根据不同网络的功能给计算机网络进行定义，通常的定义是：计算机网络是利用通信线路和通信设备，将处于不同地理位置、具有独立功能的多个计算机系统连接起来，并在功能完善的网络软件的控制下，实现信息交换和资源共享的计算机系统的集合。

但从用户的观点看，计算机网络就是一个更大的计算机系统，因为用户无须了解网络中计算机的多少和位置、网络上资源的分布及资源的调用情况，只需按照网络操作规程进行操作即可获得所需资源和进行必要的处理。

计算机网络的基本组成主要包含四个方面。

(1) 连接对象(元件)：计算机系统是网络的基本模块，是被连接的对象。

(2) 连接介质：通信线路和通信设备。

(3) 连接的控制机制：包括网络软件系统(如网络操作系统、网络协议、通信控制软件等)和网络应用软件(为某一个应用目的而开发的网络软件，如远程教学软件、电子图书

软件等)。

(4) 连接的方式与结构：网络的拓扑结构。

计算机网络是计算机技术与通信技术相结合的产物。计算机网络实际上就是计算机通信系统。

- 最简单的网络：两台计算机直接相连。
- 最复杂的网络：将全世界的计算机连接起来的网络(如 Internet)。

**2. 计算机网络的功能**

从网络的概念中不难看出，计算机网络最主要的功能是信息交换和资源共享。

1) 信息交换

信息交换功能是计算机网络最基本的功能，主要完成网络中各个节点之间的数据通信。服务器与客户机、终端与计算机、计算机与计算机之间能够进行通信，相互传递数据，从而方便地进行信息交换、收集和处理。

通过网络人们可以进行电子邮件传送、发布新闻公告、电子商务、远程教育等活动。

2) 资源共享

资源指网络中所有的软件、硬件和数据。共享指网络中的用户能够部分或全部使用资源。

通常网络上的各种输入/输出设备、大容量存储设备、高性能计算机等都是可以共享的硬件资源。例如网络服务器、办公室的打印机等。这样既提高了硬件的利用率，又减少了重复投入。

软件共享是网络用户对网络系统中的各种软件资源的共享。例如，服务器上的各种应用软件、工具软件、语言处理程序等，都可以让客户机下载并使用。

3) 扩大信息资源

信息也是一种资源，Internet 就是一个巨大的资源宝库，有着取之不尽，用之不竭的信息与数据。Internet 的每个用户都可以通过搜索工具检索网络数据库中的信息，也可以通过超链接、FTP 等访问网络信息资源。

4) 提高系统的可靠性

在计算机联网后，可以彼此互为备份。这样，当某台计算机出现故障时，它的任务就可由其他计算机代为完成。从而避免了单机状态下因某台计算机故障而导致系统瘫痪的情况，大大提高了系统的可靠性。

5) 易于分布式处理

分布式处理功能是把工作负荷均分到网内的各计算机上。通过计算机网络可对地理上分散的系统进行集中控制，对网络资源进行集中的分配和管理。这样既能均衡各计算机的负载，提高处理问题的实时性，又充分利用了网络资源，扩大了计算机的处理能力，增强了实用性。

## 3.1.2　计算机网络的拓扑结构

计算机网络的拓扑结构是计算机网络节点和通信链路所组成的几何形状。计算机网络有很多种拓扑结构，最常用的有总线型、星型、环型、树型、网状和混合型等几种网络拓扑结构。

1．总线型

在总线型网络拓扑结构中，有一条主干线，是信息传输的主要通道。入网计算机通过接口直接连在总线上，任何时刻只允许一个节点占用总线，而且只能由该节点发送信息，其余节点处于封锁发送状态，但允许接收。其特点是结构简单、易于扩展、费用低；但如果总线发生故障，则将影响整个网络，如图 3.1 所示。

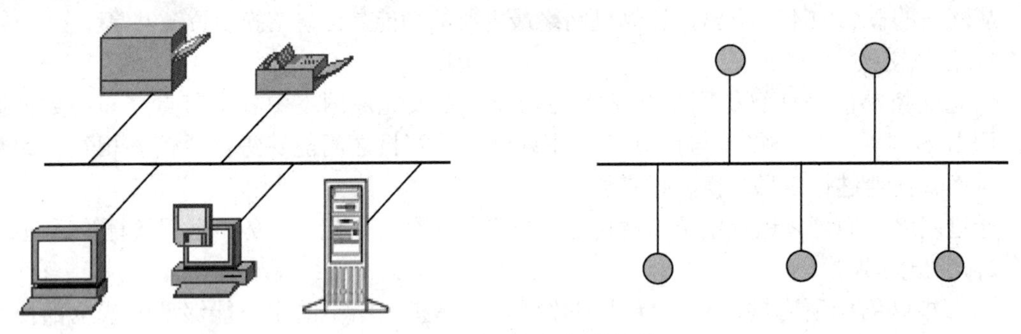

图 3.1　总线型网络拓扑结构

粗、细同轴电缆以太网是总线型结构的典型代表。这种结构已基本被淘汰。

2．星型

星型网络拓扑结构的每个节点都由一条点对点的链路与中心节点(交换机、集线器等)相连。任意两节点间的通信都要通过中心节点转发。其特点是结构简单，便于管理和维护，易扩充和升级，各节点间相对独立，稳定性较高；但中心节点负担较重，一旦出现故障，会导致整个网络瘫痪。星型网络拓扑结构如图 3.2 所示。

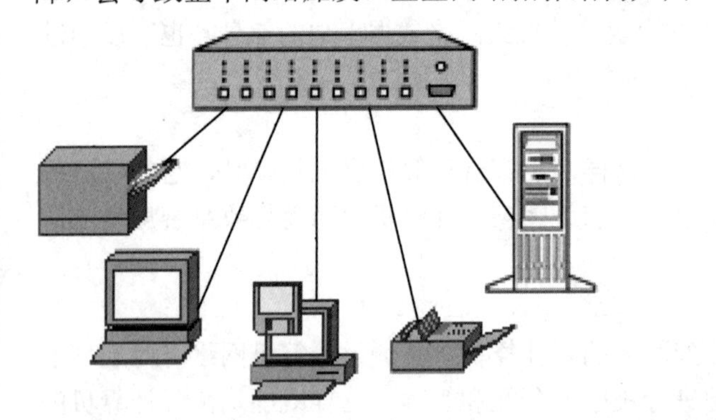

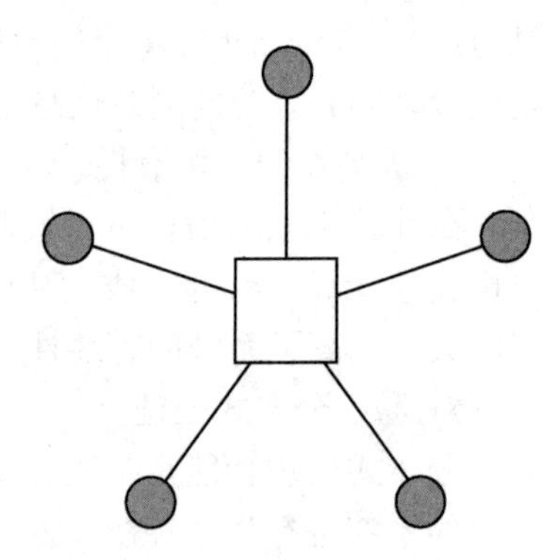

图 3.2　星型网络拓扑结构

星型网络是目前局域网中最常用的拓扑结构。

3．环型

环型网络拓扑结构是通过通信线路将入网计算机两两相连形成一个封闭的环，数据沿着一个方向传输，通过各节点存储转发，最后到达目的节点。这种结构很不稳定，任何一

个节点出现故障都可能影响整个网络，如图 3.3 所示。

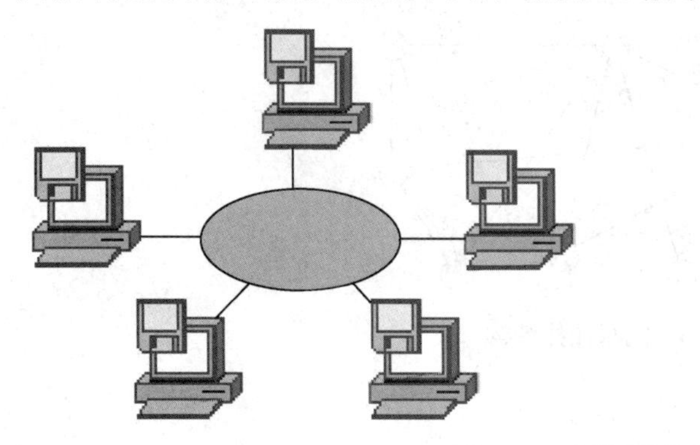

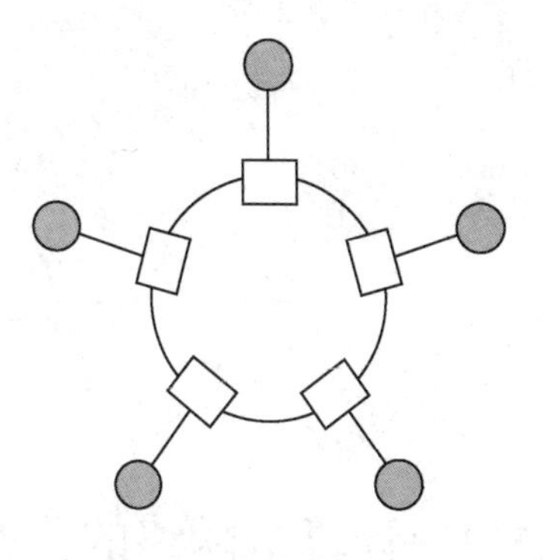

图 3.3　环型网络拓扑结构

环型网络拓扑结构已基本被淘汰。

4．树型

树型网络拓扑结构是从总线型和星型结构演变而来的。网络中的节点设备都连到一个中央设备(如集线器)上，但并不是所有的节点都直接连接到该中央设备，而是在该中央设备上级联出次级设备(如次级集线器)，其他节点与次级甚至更次级级联设备相连，从而构成一个倒置的树状结构。其特点是：易扩展，易于隔离故障，可靠性较高；但系统对各级联设备的依赖性大，尤其是中央设备，一旦根节点出现故障，将导致整个网络瘫痪。树型网络拓扑结构如图 3.4 所示。

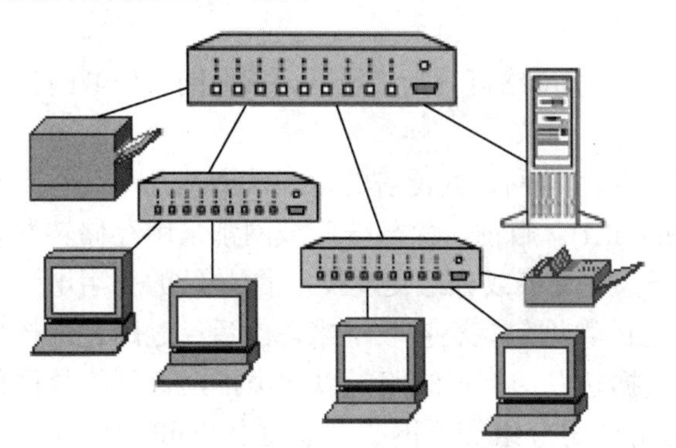

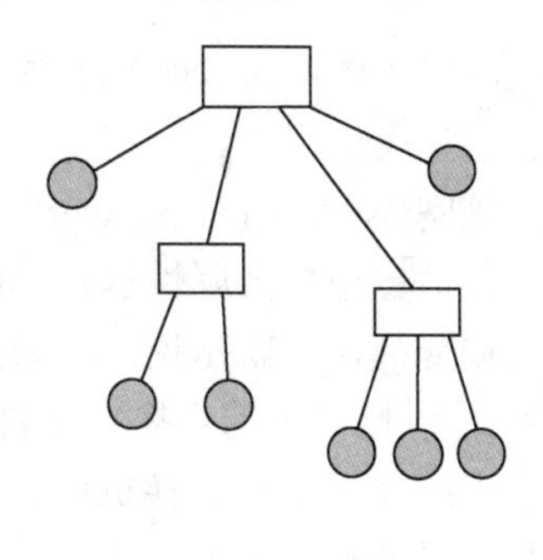

图 3.4　树型网络拓扑结构

树型网络拓扑结构在局域网中最常见。

5．网状拓扑结构与混合型拓扑结构

网状拓扑结构指将各网络节点与通信线路互联成不规则的形状，每个节点至少与其他两个节点相连。其特点是结构复杂，不易管理和维护；但可靠性高，可以选择路径，提高整体网络性能，适用于大型网络。网状拓扑结构如图 3.5 所示。

在一个较大的网络中，通常会根据需要综合利用以上各种拓扑结构，构成混合型网络。例如，办公室内可能是星型结构(节点连到集线器)，办公室与企业内的各个中央设备之间可能是星型或树型结构，而各个中央设备则可能连接到更为庞大的互联网上(网状拓扑结构)，从而形成复杂的网络拓扑结构。

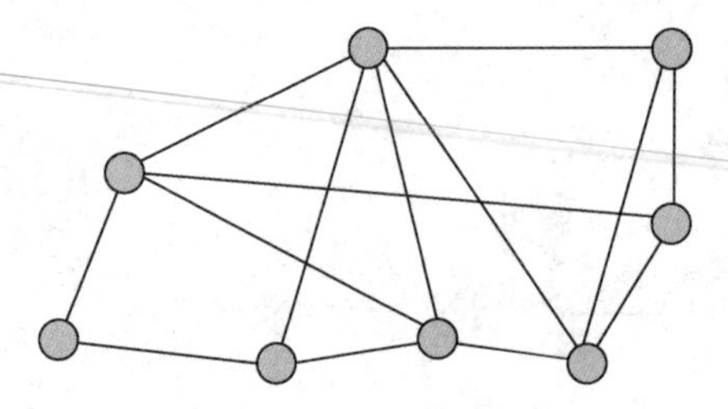

图 3.5　网状拓扑结构

### 3.1.3　计算机网络的分类

计算机网络有多种分类方法，可以按网络的传输介质、网络的使用目的及网络覆盖的地理范围等进行分类，而它们彼此之间又存在着内在的联系。

#### 1．按网络传输介质分类

按网络传输介质的不同，计算机网络可以分为无线网、有线网和光纤网等几种。

#### 2．按网络的使用目的分类

按网络的使用目的不同，计算机网络可以分为资源共享网、数据处理网和数据传输网等几种。

#### 3．按网络覆盖的地理范围分类

按网络所覆盖的地理范围进行分类，计算机网络可分为广域网、城域网、局域网三类。

1) 广域网

广域网(Wide Area Network，WAN)又称远程网，其覆盖的地理范围从几十公里到几千公里，目前已形成国际性远程网络(如 Internet)。目前，大部分广域网都采用存储转发方式进行数据交换，也就是说，广域网是基于报文交换或分组交换技术的(传统的公用电话交换网除外)。广域网中的交换机先将发送给它的数据包完整接收下来，然后经过路径选择找出一条输出线路，最后交换机将接收到的数据包发送到该线路，以此类推，直到将数据包发送到目的节点。广域的通信子网可以利用公用分组交换网、卫星通信网和无线分组交换网，它们可将分布在不同地区的计算机系统连接起来，达到资源共享的目的。

广域网的主要特点有如下几项。

- 覆盖的地理区域大，可以跨地区、省市、国家甚至全球。
- 广域网常常借用公用电信网连接。
- 传输速度比较低。
- 网络拓扑结构复杂。

2) 城域网

城域网(Metropolitan Area Network，MAN)即城市地区网，它是介于广域网与局域网之间的一种高速网络。其设计目标是满足几十公里范围内多个局域网互联的要求，以实现政府间、企业间大量的数据(包括语音、图形和视频等多种信息)传输的需要。

城域网的特点介于广域网与局域网之间。

3) 局域网

局域网(Local Area Network，LAN)大都是将地理位置相对集中(如实验室、一座大楼、企业内部、校园内)的各种计算机、终端与外部设备互联成网。近年来，局域网技术发展迅速，应用非常广泛。

局域网的主要特点有如下几项。

- 覆盖的地理区域小，通常在一个办公室、一层楼或企事业单位内部。
- 传输速度非常快，误码率低。
- 网络拓扑结构简单。

## 3.1.4 网络协议与网络体系结构

### 1. 网络协议

计算机网络最基本的功能是资源共享和信息交换。为了实现这些功能，网络中的各个实体(如计算机)之间就必须进行各种通信和对话。这种通信跟人与人之间的信息交流一样，必须具备一些条件，比如您给一位美国朋友写信。首先，必须使用一种对方也能看懂的语言；其次，还得知道对方的通信地址才能把信发出去。同样，不同的计算机之间要想成功地通信，它们必须具有同样的语言。交流什么、怎样交流及何时交流，都必须遵从某种互相都能接受的一些规则，这些规则的集合便称为协议。

协议是计算机网络中实体之间有关通信规则和标准约定的集合。

### 2. OSI 参考模型

由于标准化问题日益突出，国际标准化组织(International Standardization Organization，ISO)于 20 世纪 80 年代初提出构造网络体系结构的开放系统互联参考模型(Open System Interconnection Reference Model，OSIRM)及各种网络协议的建议。OSI 的最大特点是具有开放性。开放指任何不同的网络产品，只要遵循 OSI 标准，就可以和同样遵循这个标准的任何网络设备互联，从而实现通信。

OSI 参考模型是具有七个层次的框架，从下往上依次是物理层、数据链路层、网络层、传输层、会话层、表示层、应用层，如图 3.6 所示。

### 3. TCP/IP 参考模型

传输控制协议/互联网协议(Transmission Control Protocol/Internet Protocol，TCP/IP)是 Internet 互联网中最常用的数据包交换协议，是 Internet 的网际通用语言，其目的在于通过它实现网际各种异构网络或异种机间的互联通信。其中，TCP 是传输层控制协议，是一种“端到端”的连接协议，它能保证数据包的传输及正确的传输顺序；而 IP 是网际协议，通过网关实现从源网络到目的网络的寻径。

TCP/IP 参考模型与 OSI 参考模型的对应关系如图 3.7 所示。

总的来看，OSI 参考模型的抽象能力高，适合描述各种网络，它采取自上而下的设计方式，先定义了参考模型才逐步去定义各层的协议，但由于定义模型时对某些情况预计不

足，因此会产生协议和模型脱节的情况；TCP/IP 正好相反，它是先有了协议之后，人们为了对它进行研究分析，才制定了 TCP/IP 参考模型，当然这个模型与 TCP/IP 的各个协议吻合得很好，但不适合用于描述其他非 TCP/IP 网络。

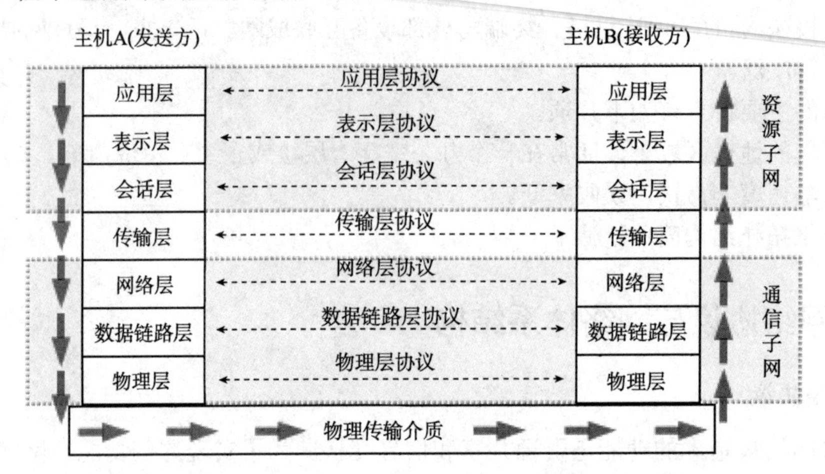


图 3.6　OSI 参考模型示意

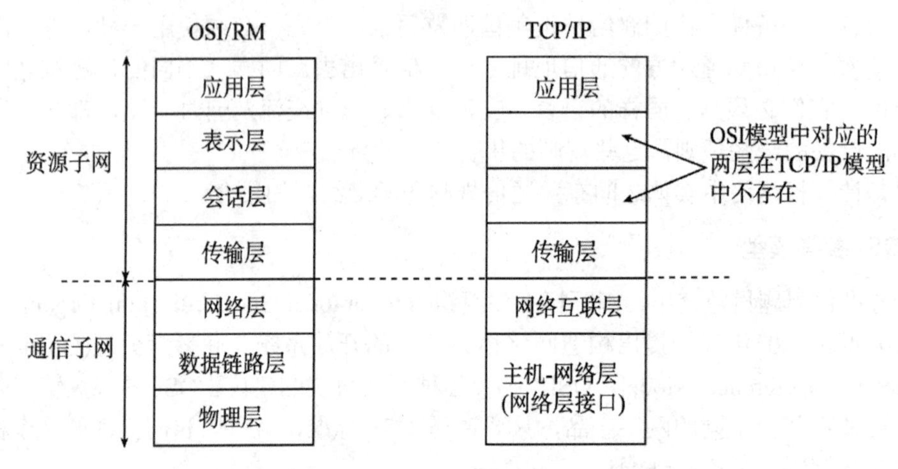


图 3.7　OSI 参考模型与 TCP/IP 的对应关系

常见的协议有以下几项。

- IPX/SPX 协议：Internetwork Packet Exchange/Sequences Packet Exchange，即网间分组交换/顺序包交换协议，是 Novell(诺威尔)公司的网络操作系统 NetWare 体系结构中重要的协议，专为局域网而研制。
- NetBEUI 协议：NetBIOS Extended User Interface，即 NetBIOS 扩展用户接口，通常用于小于 200 台计算机的部门级局域网的协议，不具备跨网段工作的能力。

## 3.1.5　网络硬件

计算机网络从物理结构角度看可由网络硬件和网络软件两大部分组成。其中网络硬件主要由计算机系统、网络传输媒体和网络互联设备组成。

### 1．计算机系统

网络中的计算机通常称为主机(Host)，在局域网中根据其网络提供的功能可分为两类：服务器和客户机。

1) 服务器

服务器是整个局域网络系统的核心，它为网络用户提供服务并管理整个网络。

2) 客户机

客户机又称为工作站。当一台独立的计算机连接到局域网时，这台计算机就成为局域网的一个客户机。

### 2．网络传输媒体

网络传输媒体也称传输介质，是网络连接设备的物理通路，常用的有双绞线、光缆等。目前，在小型局域网中使用最普遍的网络传输媒体是双绞线，而大型局域网的主干线路已使用光缆。

### 3．网络互联设备

计算机网络互联是利用网络互联设备及相应的技术措施和协议把两个以上的计算机网络连接起来，实现计算机网络之间的连接。其目的是使一个网络上的用户能够访问其他网络上的资源，以实现更大范围的资源共享和信息交换。

常用的网络互联设备有中继器、集线器、网桥、交换机、路由器和网关等。

1) 中继器

中继器(Repeater)是 OSI 参考模型中物理层的设备，用于连接拓扑结构相同的两个局域网或延伸一个局域网，起到放大和延长信号距离的作用，它没有纠错功能。通常情况下，中继器只有一个输入端口和一个输出端口。

经过中继器，能有效地延长网络的长度，但延长是有限的，中继器只能在规定的信号延迟范围内进行有效的工作。例如，以太网规定每一段电缆最大长度为 500m，最多可用 4 个中继器连接 5 段电缆，延长后的最大网络长度为 2500 m。

2) 集线器

集线器(Hub)是一种特殊的中继器，它有多个端口(如 8 口、16 口、24 口等型号)，用于连接双绞线或光纤介质的以太系统，是组成 10Base-T、100Base-T 或 10Base-F、100Base-F 以太网的核心设备。集线器在局域网中使用广泛。

3) 网桥

网桥(Bridge)是工作在 OSI 参考模型中数据链路层 MAC 子层上的网络互联设备。网桥最常见的用法是互联两个局域网。使用网桥连接起来的局域网从逻辑上是一个网络，也就是说，网桥可以将两个以上独立的物理网络连接在一起，构成一个单独的逻辑局域网。

网桥也执行中继功能，但它与中继器的不同之处是它能够解析收发的数据，并决定是否向网络的其他段转发。此外，网桥和中继器对相连局域网的要求不同。中继器要求相连同类网络(使用相同的 MAC 协议的局域网)，而网桥既可以连接同类网络，也可以连接不同类的网络，而且这些网络可以是不同的传输介质系统。使用远程网桥还能够实现局域网的远程连接。

4) 交换机

交换机(Switch)的前身是网桥，工作在 OSI 参考模型的数据链路层，是一种基于网卡的硬件地址(MAC)识别，能完成封装转发数据包功能的网络设备。

以往网桥使用软件来完成过滤、学习和转发过程任务，而交换机使用硬件来完成。交换机的速度比集线器快，这是由于集线器不知道目标地址在何处，发送数据到所有的端口。而 Switch 有一张路由表，如果知道目标地址在何处，就可以把数据发送到指定地点，如果它不知道就发送到所有的端口。这样可以降低整个网络的数据传输量，提高效率。

此外，利用交换机可以很方便地实现虚拟局域网(Virtual LAN，VLAN)。虚拟局域网是分布在不同物理局域网内的计算机逻辑上划分成的不同的工作群体，是用户和网络资源的逻辑组合。虚拟局域网可按需要将有关设备和资源非常方便地重新组合，因而很好地解决了局域网的布线问题。

交换机是目前最热门的网络设备，发展势头迅猛，逐渐取代了集线器和网桥。

5) 路由器

路由器(Router)是 OSI 参考模型网络层互联设备，主要用于局域网和广域网互联，连接多个网络或网段，它比网桥具有更强的互联功能。

路由指通过相互连接的网络把信息从源地点移动到目的地点的活动。

路由器的主要作用是连通不同的网络，并负责将数据分组从源主机经最佳路径传送到目的主机。它能对不同网络或网段之间的数据信息进行翻译，以使它们能够相互读懂对方的数据，从而构成一个更大的网络。为此，路由器必须具有两个最基本的功能：路径选择和数据转发。

一般来说，异种网络互联与多个子网互联都需要采用路由器来实现。现在的路由器都是可以转换各种现存协议的多协议路由器，是网络中很重要的设备之一。

6) 网关

网关(Gateway)又称协议转换器，它作用在 OSI 参考模型的第 4 层(传输层)以上，用于连接不同通信协议的结构或网络，是软件和硬件的结合产品，是最复杂的网络互联设备。

在 TCP/IP 协议中，网关实质上是一个网络通向其他网络的 IP 地址。网关可以设在服务器、微机或大型机上，也可以使用一台服务器充当网关。网络中常用的网关有数据库网关、电子邮件网关、局域网网关和 IP 电话网关等。

### 3.1.6 网络软件

在计算机网络系统中，除了各种网络硬件设备外，还必须有网络软件。网络软件主要由网络操作系统、网络协议软件和网络应用软件等组成。

#### 1. 网络操作系统

网络操作系统是网络软件中最主要的软件，用于实现不同主机之间的用户通信，以及全网硬件和软件资源的共享，并向用户提供统一的、方便的网络接口，便于用户使用网络。目前，网络操作系统有三大阵营：UNIX、NetWare 和 Windows。我国最广泛使用的是 Windows 网络操作系统。



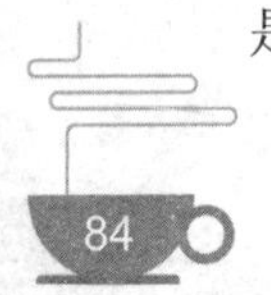

**2．网络协议软件**

网络协议是网络通信的数据传输规范，网络协议软件是用于实现网络协议功能的软件。目前，典型的网络协议软件有TCP/IP协议、IPX/SPX协议、IEEE 802标准协议系列等。其中，TCP/IP是当前异种网络互联应用最为广泛的网络协议软件。

**3．网络管理软件**

网络管理软件是用来对网络资源进行管理及对网络进行维护的软件，如性能管理、配置管理、故障管理、计费管理、安全管理、网络运行状态监视与统计等。

**4．网络通信软件**

网络通信软件是用于实现网络中各种设备之间通信的软件，它使用户能够在不必详细了解通信控制规程的情况下控制应用程序与多个站进行通信，并对大量的通信数据进行加工和管理。

**5．网络应用软件**

网络应用软件为网络用户提供服务，最重要的特征是它研究的重点不是网络中各个独立的计算机的功能，而是如何实现网络特有的功能。

# 3.2　Internet基础

当今社会是科技的时代、信息的时代，人们总是希望以最快捷的方式最大限度地获得信息和资源，于是，计算机网络迅速地发展壮大起来。而在目前全球性的计算机网络中，最成功和覆盖面最大、信息资源最丰富的便是Internet。

## 3.2.1　Internet的产生与发展

Internet即通常所说的“因特网”，也称“国际互联网”。它是目前世界上最大的计算机网络。它不仅把数量众多的计算机连接起来，而且还拥有极其丰富的信息资源。Internet能提供多样的、多领域的和多种形式的信息服务。它给科学、技术、文化、经济的发展带来了巨大的影响，被认为是未来全球信息高速公路的雏形。

1969年，由美国国防部的高级研究计划署(Advanced Research Project Agency，ARPA)资助，美国建立了一个名为ARPANET(阿帕网)的网络，这个网络把位于美国三个州的四台计算机主机连接起来。采用的是分组交换技术，这种技术能够保证：这四台主机之间的某一条通信线路因某种原因被切断以后，信息仍能够通过其他线路在各主机之间传递。这个阿帕网就是今天的Internet雏形，它的出现标志着以资源共享为目的的计算机网络的诞生。

1994年美国的Internet由商业机构全面接管，这使Internet从单纯的科研网络演变成一个世界性的商业网络，从而加速了Internet的普及和发展，世界各国纷纷加入Internet。各种商业活动也一步步地加入Internet，Internet几乎成为现代信息社会的代名词。

## 3.2.2 Internet 的主要功能

Internet 的主要功能和应用包括电子邮件、文件传输、远程终端访问、新闻组、万维网等。

### 1. 电子邮件

电子邮件也称电子函件，是 E-mail(Electronic Mail)的中文译名，俗称“伊妹儿”。它是一种基于网络的现代化通信手段。在 Internet 提供的服务中，E-mail 的使用最为广泛。

电子邮件使 Internet 用户有一个固定的通信地址，无论接收者在哪儿，只要通过 E-mail，一封信件可在几分钟甚至几秒内发送到对方的邮箱中，并且能够携带附件、多媒体等信息，给人们的交流带来了极大的便利。

### 2. 文件传输

如果说电子邮件是每个 Internet 用户最常用的方便而实用的通信工具，那么文件传输(File Transfer Protocol，FTP)扮演的就是运输大王的角色。它不辞辛劳地从遥远的 FTP 服务器，按用户的需要传输各种文件。遍布世界各地的 FTP 服务器存放着取之不尽，用之不竭的资源。通过 FTP，用户可以在各大公司的文件服务器上查询下载所需的资源。有了 FTP，世界上的公开文件服务器就都成了用户的“后备硬盘”。

### 3. 远程终端访问

TelNet(Telecommunication Network)，即远程终端访问。连接到 Internet 上的计算机数量是巨大的，但多数计算机是低档机器，资源方面有一定局限性，为了享用数量有限的、软硬件丰富的巨型、大型机资源，可以把本地微机登录到远程主机(巨型、大型机)上。那么，本地微机便成了主机的远程终端，便可应用远程主机上的各种资源了。

### 4. 新闻组

新闻组(News Group)是一个利用 Internet 提供“专题讨论”的服务，讨论所涉及的问题包罗万象，参与讨论的人可以是世界上任何一个接入 Internet 的用户。由于讨论场所根据不同的主题划分为极细致的讨论区域，因此形成了不同的“新闻讨论组”。用户可以通过这种方式广交朋友、请教问题、交流经验等。

### 5. 万维网

万维网(WWW)是 World Wide Web 的简称，也称“环球网”、3W、Web。它是 Internet 网上的一个基于超文本方式的信息检索、浏览工具，它的作用是使信息搜索变得快速、高效、直观，在相应的软件界面引导下，用户可以方便地查询分布在各地的信息，同样也可以把自己期望为公众提供的信息存入 WWW 的某个节点中，供他人查阅。由于多媒体技术的应用，WWW 内容可以包括图形、图像、声音等资源。

6．其他

Internet 上有聊天室，远隔千山万水的网友可以在网上实时聊天。如果不喜欢敲键盘，可以拿起麦克风，用 Internet 打长途；如果想看看远在天边的网友是什么样子，可以通过摄像头视频对话；通过 Internet 实时服务软件，还可以看电影、玩游戏、听音乐、远程教学……

Internet 技术在不断地向前发展，所提供的服务方式和内容也越来越丰富和多样化，它将对社会信息化的进程起到极大的推动作用。

## 3.2.3　Internet 中的协议

TCP/IP 协议是 Internet 中最基本、最重要的协议，详细介绍请参看 3.1.4 网络协议与网络体系结构。

## 3.2.4　IP 地址、域名地址及 DNS 服务

为了实现不同计算机之间的通信，除使用相同的通信协议 TCP/IP 之外，每台计算机还必须有一个不与其他计算机重复的地址，它相当于通信时每个计算机的身份证。Internet 的地址表示通常有两种方式：IP 地址和域名地址。

1．IP 地址

为了使接入 Internet 的众多主机在通信时能够相互识别，给 Internet 中的每一台主机都分配一个唯一地址，该地址称"IP 地址"，也称网际地址，这个地址类似于电话号码。

1) IP 地址的格式

TCP/IP 协议规定 Internet 上的地址长为 32 位，分为 4 字节。为了方便理解和记忆，IP 地址采用了十进制表示法，即将 4 字节的二进制数值分别转换成对应的十进制数值来表示，每个数可取 0～55 的值，各数之间用一个句点"."分开。

例如，11000000 10101000 00000000 00000001 表示为：192.168.0.1。

实际上，每个 IP 地址是由网络号和主机号两部分组成的。网络号表明主机所连接的网络(如果两个 IP 地址的网络号相同，则说明它们是同一个网络)；主机号标识该网络上特定的那台主机。

IP 地址可以通过图 3.8 所示的对话框查看和设置。

2) IP 地址的类型

Internet 根据网络规模的大小将 IP 地址分成五类，类型是由网络号的第一组数字来决定的。

由于地址数据中的全 0 或 1 有特殊用途(数字 0 表示该地址是本地宿主机，而数字 127 保留给内部回送函数)，不作为普通地址，因此在计算网络个数和网络中的主机数时均要排除这两个特殊地址。

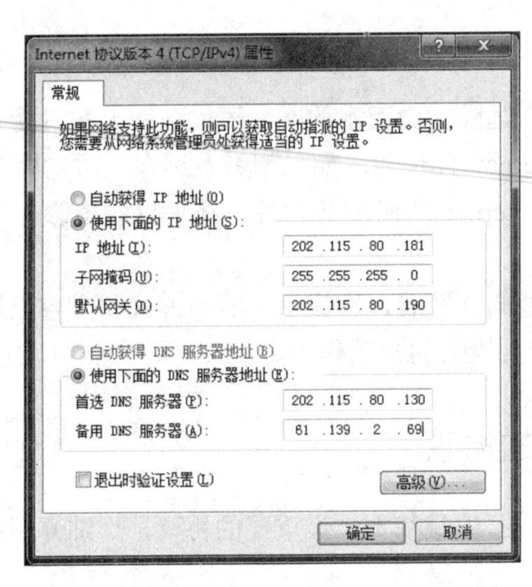


图 3.8 通过计算机的 TCP/IP 属性对话框查看和设置 IP 地址

(1) A 类地址：第一组地址数字范围为 1～126。

A 类地址中表示网络地址的有 8 位，最左边一位固定为 0，主机地址有 24 位。

所以 A 类地址有 $2^7-2$(126)个网络，第一组数字的有效范围是 1～126；每个 A 类地址可以拥有 $2^{24}-2$(16777214)台主机。

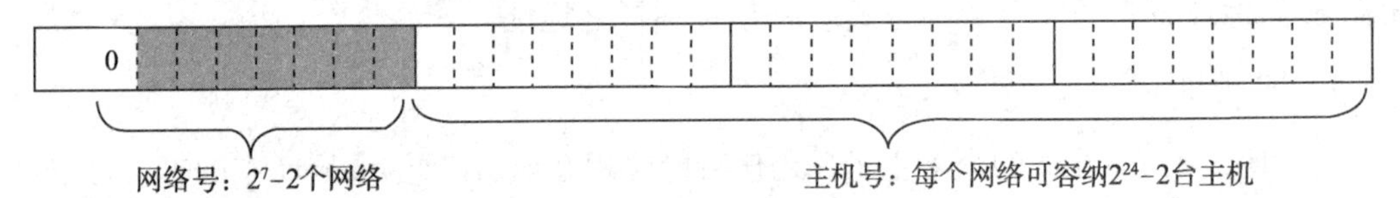


A 类地址的特点：主要用于拥有大量主机的网络，网络数少，而主机数多。

(2) B 类地址：第一组地址数字范围为 128～191。

B 类地址中表示网络地址的有 16 位，最左边两位固定为 10，主机地址有 16 位。

所以 B 类地址有 $2^{14}-2$(16382)个，第一组数字有效范围是 128～191；每个 B 类地址可以拥有 $2^{16}-2$(65534)台主机。

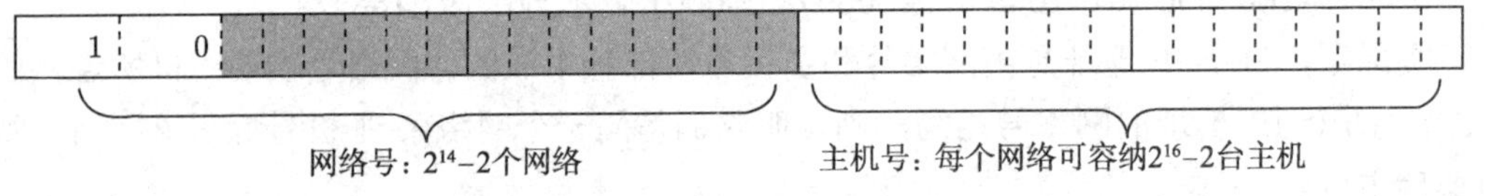


B 类地址的特点：主要用于中等规模的网络，网络数和主机数大致相同。

(3) C 类地址：第一组地址数字范围为 192～223。

C 类地址中表示网络地址的有 24 位，最左边三位固定为 110，主机地址有 8 位。

所以 C 类地址有 $2^{21}-2$(2097150)个，第一组数字有效范围是 192～223；每个 C 类地址可以拥有 254($2^8-2$)台主机。

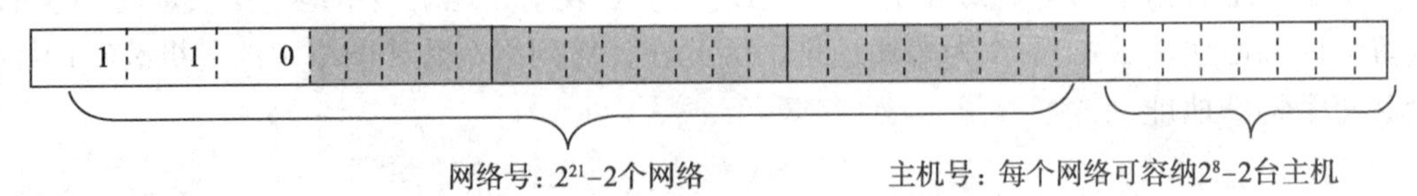

C 类地址的特点：主要用于小型局域网，网络数多，而主机数少。

(4) D 类地址：第一个字节以“1110”开始。

D 类 IP 地址第一个字节以“1110”开始，它是一个专门保留的地址，并不指向特定的网络。目前，这一类地址被用在多点广播(Multicast)中。多点广播地址用于一次寻址一组计算机，它标识共享同一协议的一组计算机。

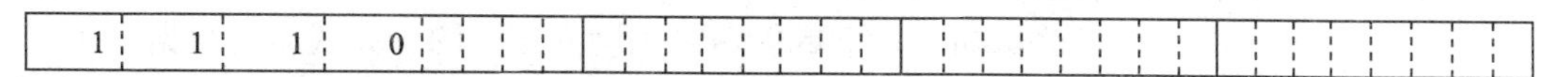


(5) E 类地址：一个实验地址，保留给将来使用。

### 小知识

根据 IP 地址第一个数字的范围可以判断其类型。例如，IP 地址为 61.139.2.69，它的第一组数字为 61，因此是 A 类地址；而 202.115.80.181 的第一组数字是 202，因而是 C 类地址。

3) 子网掩码

IP 地址包括网络号与主机号两个部分，由于每个网络都需要一个网络标识，因此网络数是有限的。在制订编码方案时会遇到网络数不够的问题。解决的办法是采用子网寻址技术，即将主机标识部分划出一定的位数作为本网的各个子网，剩余的主机标识作为相应子网的主机标识部分。划出多少位给子网，主要视实际需要而定。这样，IP 地址就划分为“网络—子网—主机”三部分。

为了进行子网划分，需要引入子网掩码的概念。子网掩码的表示方法与 IP 地址的相同，也是以 32 位表示，书写时用点分成四组，每组以相应十进制表示，此外。

- 凡是对应于 IP 地址的网络和子网标识的位，子网掩码中以“1”表示。
- 凡是对应于 IP 地址的主机标识的位，子网掩码中以“0”表示。

例如，子网掩码　11111111 11111111 11111111 00000000 表示为：255.255.255.0。

对于“192.168.0.1”的 IP 地址，如果子网掩码为“255.255.255.0”，则表明该网络的网络号为“192.168.0”，而主机号为“1”。

如果网络由几个子网组成，则子网掩码将与子网络的划分有关。

例如，校园网内有 C 类 IP 地址 202.115.91.1～202.115.91.254，默认子网掩码为 255.255.255.0(11111111 11111111 11111111 00000000)，如果不再划分子网，则表示一个网络能容纳 254 台主机。假如要将这些地址划分给四个实验室，让每个实验室都有自己独立的子网，并容纳 $2^6$(64)台主机，则可以将子网掩码的最后 8 位(二进制)的前两位留出作为子网划分，子网代码可以是 00、01、10、11，最后 6 位表示每个子网的主机，比较如下：

原子网掩码：　11111111 11111111 11111111 00000000

C 类网网络号　　C 类网主机号

划分后掩码：　11111111 11111111 11111111 11　000000

C 类网网络号　　子网　子网主机号

划分后，网络号变为原来网络号(24 位) + 子网号(2 位)，共 26 位，划分后的子网掩码为 255.255.255.192。

2．域名地址

IP 地址是以数字来代表主机的唯一地址，但比较难于记忆。为了使用和记忆方便，也为了便于网络地址的分层管理和分配，Internet 在 1985 年采用了域名管理系统(Domain Name System，DNS)，其主要思想是将每个 IP 地址以域名来代替，而域名通常是英文单词或单词缩写，具有一定的含义，便于记忆。

DNS 域名系统是一个以分级的、基于域的命名机制为核心的分布式命名数据库系统。它将整个 Internet 视为一个域名空间(Name Space)，该域名空间是由树状结构组织的分层域名组成的集合。

DNS 域名空间树的上面是一个无名的根(Root)，它只用来定位，并不包含任何信息。在根域名之下就是顶级域名，顶级域名一般分为组织机构上的和地理上的两类。顶级域名以下是二级域名，二级域名通常由 NIC 授权给其他单位或组织来管理。以此类推，可以有更低级的域名，域名级数通常不多于 5 个。最底层的叶子节点为计算机主机。

这样，DNS 域名空间下的任何一台计算机都可以用从叶子节点到根的节点标识，中间由“.”分隔：

叶子节点．三级域名．二级域名．顶级域名

域名地址是从右至左来表述其意义的，最右边的部分为顶级域名，最左边的则是主机名。

由于二级、三级域名常常与网络名、单位名有关，因此域名地址也可表示为

主机机器名．单位名．网络名．顶级域名

例如，在 computer.cdu.edu.cn 中，computer 是成都大学计算机学院(新华三 IT 学院)主机的机器名，cdu 代表成都大学，edu 代表中国教育科研网，cn 代表中国。顶级域名一般是网络机构或所在国家和地区的名称缩写，而主机名也可以表示主机的类型，如 WWW、FTP、MAIL 等。

以下是常见的组织机构的顶级域名。

.gov：政府机构； .com：商业机构；
.edu：教育机构； .net：网络中心；
.int：国际组织； .org：社会组织、专业协会；
.mil：军事部门。

小知识

国家和地区代码由 Internet 国际特别委员会制定，其中，国家顶级域名由 ISO3166 规定。例如，cn 代表中国，hk 代表中国香港地区，jp 代表日本，in 代表印度，uk 代表英国，fr 代表法国，等等。Internet 起源于美国，因此美国不用国家代码。

下面来看一个 IP 地址对应域名地址的例子，譬如，成都大学计算机学院(新华三 IT 学院)的 IP 地址是 202.115.80.142，对应域名地址为 computer.cdu.edu.cn。这个域名地址的信息存放在一个叫域名服务器的主机内，在上网的时候输入这两个地址是等效的，但显然域名地址更便于记忆，用户只需了解易于记忆的域名地址，其对应转换工作就留给了域名服务器，当 DNS 服务器接收到域名地址 computer.cdu.edu.cn 后，马上找出对应的 IP 地址

202.115.80.142，并通过此 IP 地址访问目的主机，这一过程称为“域名解析”，对用户是透明的，如图 3.9 所示。

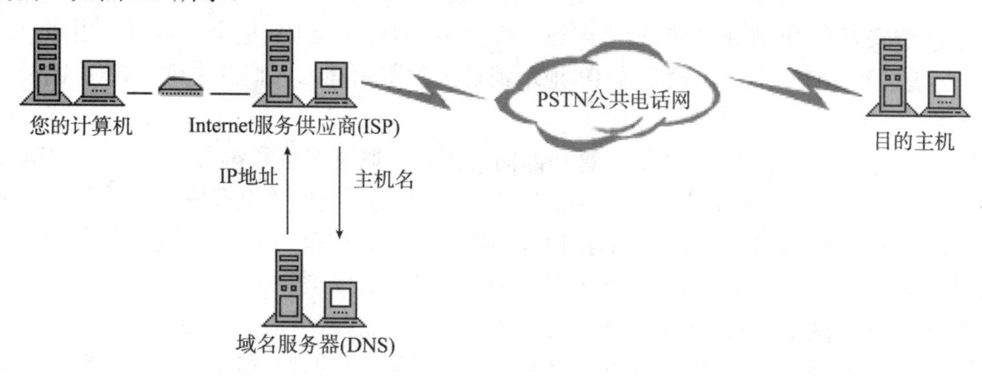


图 3.9 域名解析示意

### 3. 区别 IP 地址与网卡地址

在任何一个物理网络中，对其内部每台计算机进行寻址所使用的地址称为物理地址。物理地址通常固化在网卡的 ROM 中，所以有时也称网卡地址(MAC 地址)或硬件地址。每块网卡都有一个唯一的 MAC 地址，用 6 字节来表示，用户无法改变，这与 IP 地址是不一样的。

IP 地址是 Internet 协议使用的地址，是由 Internet 服务提供商(Internet Service Provider，ISP)动态分配给用户的地址，用 4 字节(32 位)表示。而物理地址却是每块网卡出厂时固化在网卡上的，用 6 字节(48 位)表示。

物理地址对应于实际的信息传输过程。而 IP 地址是一个逻辑意义上的地址，其目的就是屏蔽物理网络细节，使得 Internet 从逻辑上看起来是一个整体的网络。

在 Windows 10 中查询网络相关信息，可以在 Windows 系统的命令提示符下输入“ipconfig/all”，如图 3.10 所示。

```
C:\Users\yangx>ipconfig/all

Windows IP 配置

   主机名  . . . . . . . . . . . . . : DESKTOP-S1Q7TU0
   主 DNS 后缀 . . . . . . . . . . . :
   节点类型  . . . . . . . . . . . . : 混合
   IP 路由已启用 . . . . . . . . . . : 否
   WINS 代理已启用 . . . . . . . . . : 否

以太网适配器 以太网 2:

   媒体状态  . . . . . . . . . . . . : 媒体已断开连接
   连接特定的 DNS 后缀 . . . . . . . :
   描述. . . . . . . . . . . . . . . : Sangfor SSL VPN CS Support System VNIC
   物理地址. . . . . . . . . . . . . : 00-FF-24-15-EB-5F
   DHCP 已启用 . . . . . . . . . . . : 否
   自动配置已启用. . . . . . . . . . : 是

以太网适配器 以太网:

   连接特定的 DNS 后缀 . . . . . . . :
   描述. . . . . . . . . . . . . . . : Intel(R) Ethernet Connection (2) I219-LM
   物理地址. . . . . . . . . . . . . : 4C-CC-6A-56-C5-FB
   DHCP 已启用 . . . . . . . . . . . : 否
   自动配置已启用. . . . . . . . . . : 是
   IPv4 地址 . . . . . . . . . . . . : 202.115.82.178(首选)
   子网掩码  . . . . . . . . . . . . : 255.255.255.192
   默认网关. . . . . . . . . . . . . : 202.115.82.129
   DNS 服务器  . . . . . . . . . . . : 202.115.80.132
                                       202.115.80.133
```

图 3.10 在 Windows 10 中查询网络相关信息

### 4. IPv6 简介

任何与互联网相连的设备都要有自己的数字地址，这个地址就是 IP 地址。从理论上

说，未来接入互联网的任何硬件都需要一个属于自己的唯一 IP 地址。但事实上，现在做不到给每个设备一个唯一的 IP 地址。IP 地址数量取决于网络层协议位数，32 位的 IPv4(目前采用 4 字节来表示 IP 地址的方式)协议最高极限 IP 地址约有 43 亿个，目前使用率已超过 70%。随着各种 IPTV 和 5G 设备等 IP 地址消耗大户不断涌入人们的生活，IPv4 已经无法满足需要。

2011 年 2 月 3 日，全球 IP 地址管理部门“国际互联网名称和编号分配公司”(Internet Corporation for Assigned Names and Numbers，ICANN)下属的“互联网数字分配管理局”(Internet Assigned Numbers Authority，IANA)将全球最后剩余的 IP 地址进行了分配。这也标志着全球基于 IPv4 协议的 43 亿个 IP 地址资源全部分配完毕。

中国的 IPv4 地址主要通过几大网络运营商和中国互联网络信息中心根据运营商网络和业务的不同情况申请，有的地址可以支撑未来 5～6 年，有的则只能支撑 1～2 年。

从全球的角度看，此次分配后全球互联网通信协议将从 IPv4 向 IPv6 过渡。实际上，现在已经有少数 IPv6 地址在使用中。而且两者还会有相当长的一段时期处于共存状态。因为如果采用 IPv6 协议，则需要对现有的硬件设施及运行程序进行改动升级，这是一个相当复杂的过程，耗资也是巨大的。

IPv6 是目前解决这一供需矛盾的唯一手段。IPv6 将协议位数从 32 位猛增至 128 位，“这意味着将有可能为全球每一粒沙子都分配一个地址”。如果说 IPv4 实现的只是人机对话，那么 IPv6 则扩展到任意事物之间的对话，它不仅可以为人类服务，还将服务于众多硬件设备，如家用电器、传感器、远程照相机、汽车等，它将是无时不在、无处不在的深入社会每个角落的真正的宽带网，而且它所带来的经济效益将非常巨大。

2018 年中国互联网大会上，中国互联网协会理事长、中国工程院院士邬贺铨谈到 IPv6 在中国的发展时指出，中国是最需要 IP 地址的国家，目前，全球网络进入 IPv6 时代，这是全球网络信息技术加速创新变革、信息基础设施快速演进升级的历史机遇。中国要抓住这一难得的机遇，以创新应对挑战，加快推进 IPv6 规模化部署，构建高速率、广普及、全覆盖、智能化的下一代互联网。

**小知识**

IPv6 地址分配表“63 块/32”中的/32 是 IPv6 的地址表示方法，对应的地址数量是 $2^{(128-32)}=2^{96}$ 个；同样，/48 对应的地址数量是 $2^{(128-48)}=2^{80}$ 个。

### 3.2.5 Internet 的接入方式

Internet 的接入方式按接入带宽不同可以分为宽带上网和窄带上网；按连接方式不同可以分为有线上网和无线上网；按是否拨号可以分为专线上网和拨号上网；等等。

#### 1. 专线上网

专线上网服务指将局域网通过专用数据通信线路连接到 Internet 服务提供商(Internet Service Provider，ISP)，从而实现 Internet 接入。

专线不需要拨号，开机即可上网，专线分配的是固定的公网 IP 地址，而非动态的 IP

地址。专线的优势是稳定，主机都有自己的 IP 地址。这种接入方式的初始投资大，每月的通信线路费用根据不同的速率确定，相对于普通宽带来说要贵得多，但亦是唯一可以满足大信息量通信的方式。

专线上网最适合教育科研机构、政府机构及企事业单位中已建有局域网，并希望在 Internet 上建立站点、发布信息的用户。常见的数据专线有 DDN、帧中继等。

### 2. 拨号上网

拨号上网通过电话线，以拨号方式接入 Internet。通常采用的方法是点对点协议(Point-to-Point Protocol，PPP)拨号接入。

**小知识**

PPP 借助调制解调器(Modem)和 Internet 服务器联系，即 PPP 将用户的 Modem 及连接的电话线模拟成实际的网络线路，有了 PPP 协议，用户的计算机就能成为 Internet 中的一台主机。

拨号上网分为普通电话拨号和 ISDN 拨号两种方式。

1) 普通电话拨号上网

普通电话拨号方式需要一个 Modem 和一条电话线通过公用电话交换网(Public Switched Telephone Network，PSTN)上网。拨通后，电话线路将被占用，不能进行通话，直到断开 Internet 连接。拨号上网的网速是所有常见上网速度中最慢的(理论最大速度约为 6.2KB/s)，但由于它能覆盖电话线所通达的地方，硬件投入不大，上网费用不高，是最容易接入 Internet 的方式，因此是没有宽带上网条件的个人用户的首选。

2) ISDN 拨号上网

综合业务数字网(Integreted Services Digital Network，ISDN)俗称“一线通”。通过 ISDN 拨号方式上网，需要专用的 ISDN 终端设备(ISDN Modem)。通过该设备拨通 ISP 提供的号码，即可通过 ISP 实现上网。ISDN 配置简单，虽然像 Modem 一样利用电话线路，但可以在上网的同时打电话。终端较少的小型校园网，可选用 ISDN 接入 Internet。

### 3. 宽带上网

“宽带上网”并不是一种真正的接入网络的方式，而是表达接入速度的一个俗语。“宽带”只是一个模糊名词，实际上没有很严格的定义，一般是以能够实现视频点播的传输速率 512KB/s 为分界，将接入速率低于该速率的接入方式称为“窄带”，高于该速率的接入方式归类于“宽带”。

一般来说，除普通电话通过 Modem 拨号和 ISDN 拨号外，其他流行的接入方式都可称为宽带上网。目前，我国的社区宽带上网主要采用三种接入技术：ADSL 方式、光纤接入方式、有线电视宽带接入方式。

### 4. 无线上网

无线上网大体上可以分为无线局域网和无线广域网两种。

1) 无线局域网

无线局域网是基于 WAP、蓝牙、IEEE 802.11 等无线网络技术，以传统局域网为基础，通过无线 AP[①]和无线网卡来构建的无线上网方式。它在一定程度上扔掉了有线网络必须依赖的网线。这样一来，用户可以坐在家里、公司、校园的任何一个角落，使用台式计算机或笔记本电脑享受网络的乐趣，而不再受到网线的束缚。但由于覆盖范围的局限性，无线局域网的应用还只限于单位或行业用户。

2) 无线广域网

无线广域网是基于 GPRS、CDMA 等的无线网络技术，由于其借助了移动运营商的通信网络，因此其真正意义上实现了随时随地无线接入 Internet。只要开通了无线上网业务，用户在任何一个角落都可以通过笔记本电脑或手机上网。

**小知识**

目前，提供了无线上网业务的 ISP 有中国移动(GPRS)、中国联通(CDMA)等。

## 3.3 网 上 冲 浪

### 3.3.1 WWW 概述

WWW 是 World Wide Web 的缩写，简称 3W 或 Web，也称万维网。Web 不是传统意义上的物理网络，而是在超文本标记语言(Hypertext Markup Language，HTML)和超文本传输协议(Hypertext Transfer Protocol，HTTP)基础上形成的庞大信息网。

Web 由许许多多的 Web 站点构成。Web 站点是一组资源的集合，其上的信息资源一般位于 Internet 的某台(或多台)服务器上。Web 站点提供信息检索的基础是 Web 页(通常所说的“网页”)。

Web 页采用超文本的格式。它除了包含文本、图像、声音、视频等信息外，还含有指向其他 Web 页或页面本身某些特定位置的超链接。

- 超文本(Hypertext)是一种全局性的信息结构，它将文档中的不同部分通过关键字建立超链接(Hyperlink)，访问者单击超链接，就可以轻松地进入它所指向的网页，使信息得以用交互方式搜索。
- 主页(Homepage)是访问 Web 站点时，在不指明要访问哪个 Web 文件的情况下服务器发来的第一个网页(默认网页)。

### 3.3.2 浏览器的使用

目前，网络上有多种功能不同的浏览器，具有代表性的浏览器有 Microsoft Internet Explorer(IE)、火狐(Firefox)等。由于 Windows 操作系统最为普及，现在很多上网用户都用

① AP(Access Point)有三种类型：无线接入点、无线网桥和无线路由器。

IE 浏览器，除了它是微软自带的浏览器之外，其方便和稳定性也是大家使用这款浏览器的主要原因之一。

IE 是一种 32 位、多线程 Windows 应用程序，是网络用户畅游 Internet 的强有力工具之一。安装了 Windows 操作系统的机器上默认安装 IE，目前最新版本是 IE 11。

虽然浏览器有多种，但基本操作是相似的，此处以 IE 浏览器为例进行简单介绍。

### 1. IE 的操作界面

安装 IE 后，用户可以通过双击桌面上的 Internet Explorer 图标，或单击“开始→程序→Internet Explorer”命令，运行 IE 浏览器。

启动 IE 后，屏幕出现其主窗口(见图 3.11)。IE 主窗口组成如下。

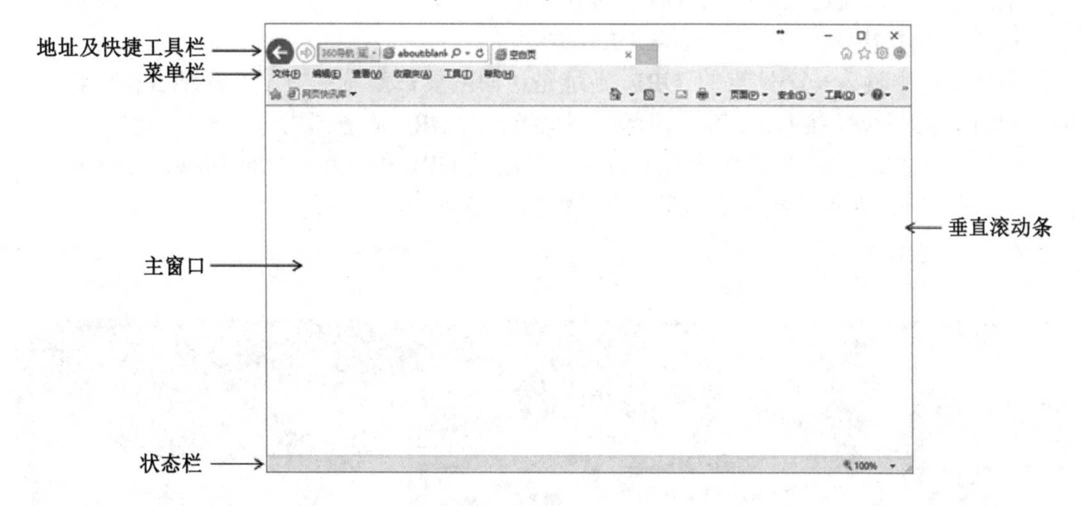


图 3.11　IE 主窗口

- 地址及快捷工具栏：可输入、编辑、查看网址，展示窗口标签，访问首页、收藏、进行页面设置等。
- 菜单栏：包括一系列的菜单，每个菜单都包括控制 IE 工作的命令。
- 主窗口：IE 屏幕的主要部分，用来显示文本、图形和其他网页内容。
- 状态栏：位于窗口底部，用于显示当前 WWW 网页的附加信息。当把鼠标指针移动到一个链接上时，状态栏中就会显示需要链接的目标；在文件传输期间，状态栏会用进度条直观地显示传输进度；状态栏还可以更改缩放级别。
- 垂直滚动条：可上下滑动主窗口。

**小知识**

IE 8 以前的版本是单窗口工作方式，即每打开一个 Web 页面，都要打开一次 IE 浏览器。这种情况下，如果开启的窗口比较多，就会占用较大的系统资源，窗口切换起来也非常麻烦，所以现在很多用户对多窗口浏览器比较青睐。多窗口浏览器指在一个浏览器中可以开启若干个 Web 子窗口，这种浏览器在开启多个窗口时比较节省系统资源，切换起来也非常方便，同时拥有更多、更好的其他特性。目前，IE 11、Firefox 等浏览器都采用多窗口方式。

从与IE浏览器的关系上看，浏览器主要分IE内核和非IE内核两类。

(1) IE内核：IE、GreenBrowser、Maxthon、The World(世界之窗)等。

(2) 非IE内核：Mozilla Firefox、腾讯TT、Opera等。

目前使用最多的浏览器大多是基于IE内核的。

### 2. 浏览网页

整个WWW网页中到处都是从Internet中的某一处到另一处的无序链接。任何WWW网页中都包含指向另一文件的链接。该文件可能存放于同一台计算机中，也可能在Internet上的其他计算机中。浏览器是检索WWW网页和追踪这些链接的工具。

用户通常可以通过几种方法查看WWW网页或文件。

1) 在地址栏中输入一个站点的URL地址

在地址栏中输入一个站点的URL地址是访问网页最基本的方法。在地址栏中输入和编辑URL，然后直接按Enter键，便可以浏览指定的URL服务器内容。

例如，要访问“成都大学”网站，可输入该网站URL的地址：https://www.cdu.edu.cn，然后按Enter键，即可看到成都大学主页，如图3.12所示。

图3.12　成都大学主页

**小知识**

输入URL地址时，如果是访问基础HTTP协议的Web页，那么前面的“http://”可以省略。

输入URL地址后，直接按Enter键即可访问相应网页。

2) 单击当前网页中的链接

不难看出，通过输入URL地址的方法一般只能访问网站的主页。因为再进一步的链接将使URL地址变得很长，而且可能会掺杂许多复杂的符号，所以不容易记住。这样就

只得通过网站主页中的各种链接一层层深入下去。

Internet 网页包含到其他 WWW 网页、文件或其他联机服务的链接。链接可能是一块文本中的一个单词或词组、一个图像，或者是一个包含不同 URL 链接的图像映射。当把鼠标指针移到一个链接上时，鼠标指针就会变成形状，同时目标链接站点的 URL 也将出现在 IE 浏览器的状态栏中。若此时单击鼠标，就会跳转到相应的网页中去。

### 小知识

大多数链接以蓝色文本出现。不过，一旦用户单击一个链接，它就会变为紫色(或另一种颜色，这一功能称为“热表”)。文本改变颜色的目的是便于用户返回原始网页时区分已经访问过的内容。

3) 从访问过的站点列表中选择一个 URL 地址

IE 的地址栏是一个下拉式列表框，用户访问过的网页的主页 URL 只要未清除，都将存放在该列表中。在用户输入一些网址的字符时，地址栏会给予智能提示，可能只输入几个字符，便可以从提示中选择到想要浏览的网页；另外，也可以单击地址栏右边的下拉箭头，展开列表框(见图 3.13)，选择相应的网址，其作用相当于直接输入 URL。

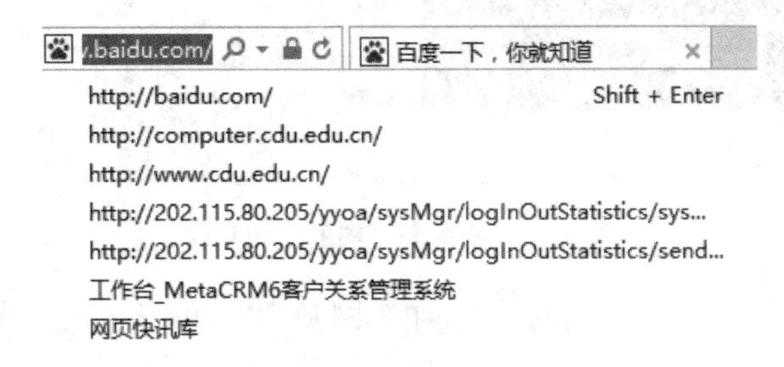


图 3.13　地址栏的智能提示和记忆功能

4) 使用地址及快捷工具栏中的和按钮，返回最近访问过的站点

当用户从一个网页链接到另一个网页后，IE 会在内存缓冲区中保存前面的网页。因此用户能够很容易地返回任何前面浏览过的网页。

IE 地址及快捷工具栏上有三个相关的按钮：“后退”、“前进”、“主页”。用户可以单击它们实现进退；或单击地址栏右边的下拉小箭头，得到访问过的网页的标题，选定想访问的网页名即可链接到相应页面。

### 小知识

如果充分利用这些功能，将大大节省重复打开网页的时间；如果确定不再浏览某网页，可以关闭它，否则将会打开越来越多的窗口。

由于在不断的链接中比较容易迷失，不少上网新手在上网时容易出现打开许多无用甚至重复窗口的现象，掌握以上功能后，可以避免这种情况。

5) 使用浏览器的历史记录

用户浏览的过程会以网页标题表的形式保存在历史记录表中，这样用户很容易就能找到那些曾经访问过的站点。单击 IE 11 工具栏上的“历史”按钮，主窗口的右边窗格内便会出现一个按日期(或其他方式)排序的访问过的站点列表，单击站点名即可打开相应网页，如图 3.14 所示。

图 3.14 使用浏览器的历史记录

如果不愿让别人知道自己的上网情况(如在网吧中)，可在上网结束时将这些历史记录删除。

6) 利用收藏夹

为了方便网上冲浪，用户可以把有价值的、经常要浏览的网页添加到收藏夹。将 Web 页添加到收藏夹的步骤：先打开要收藏的 Web 页，然后选择“收藏→添加到收藏夹”命令，打开“添加收藏”对话框，给收藏的 Web 页取一个名字，单击“添加”按钮，这样就将该 Web 页面添加到收藏夹了，如图 3.15 所示。

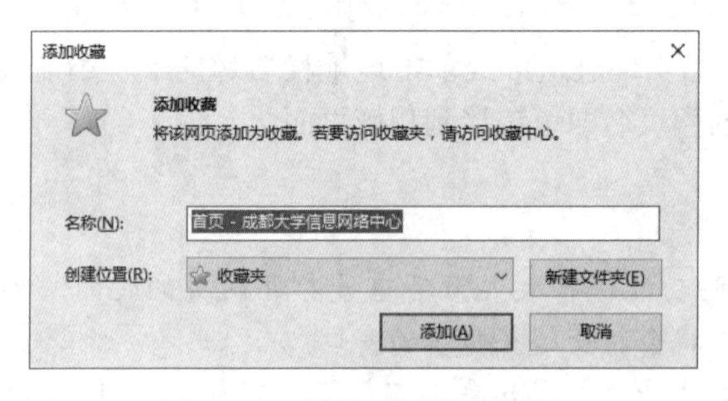

图 3.15 “添加收藏”对话框

需要浏览保存在收藏夹中的 Web 页时，只需在浏览器的工具栏上单击☆按钮，浏览器左侧就会显示“收藏夹”列表，单击列表中的链接即可快速打开网页。

7) 保存网页

浏览 Web 页时可以保存整个网页，也可以保存其中一部分文本、图形的内容。此外，还可以将网页上的图像作为计算机的墙纸显示在桌面上，或将网页打印出来。

要保存当前网页，可执行浏览器界面的“文件→另存为”命令，打开“保存网页”对话框，指定目标文件的存放位置、文件名和文件类型即可。

网页保存类型包括以下几种。

- 网页，全部(*.htm；*.html)：对整个网页进行保存，包括页面结构、图片、文件和链接点等信息(有些信息不能保存，如 Flash 动画等)，页面中的嵌入文件被保存在一个和网页同名的文件夹内。
- Web 档案，单一文件(*.htm)：仅保存可视信息(不保存链接点、窗体结构)和 htm 类型的电子邮件类文档。
- 网页，仅 HTML(*.htm；*.html)：保存网页信息，但不保存图像、声音或其他文件。
- 文本文件(*.txt)：仅将网页中的文本内容保存到纯文本文件。

## 3.3.3 收发电子邮件

电子邮件是 Internet 中使用得最为广泛的服务性程序。E-mail 是一个多功能的个人通信工具，除了写信、发信、看信、回信和转信外，还可以用来订阅电子杂志或者参与网络邮件用户组等。

E-mail 系统借助计算机网络来实现，它综合了电话和邮政信件的特点，具体表现在以下几方面。

- 方便性：既具有电话传递信息快速的优点，又具有信件可提供文字记录的优点，且不像电话存在找不到人的情况，能够快速准确地传递信息。
- 广域性：不受时间和地理位置的限制。
- 廉价性与快捷性：发一封 E-mail 的费用仅需几分钱或几角钱，用时也不过几分钟。

### 1. 电子邮件的地址

E-mail 信箱其实是在邮件服务器的硬盘上为用户开辟的一个专用存储空间。

E-mail 格式为：用户名@电子邮件服务器域名。

E-mail 含义为“在某电子邮件服务器上的某人”。

- 用户名：由英文、数字组成，不区分大小写，又叫注册名或邮箱账号，不一定是用户的真实姓名，但通常是一个便于记忆的字母及数字组合。
- @：其含义和读音与英文介词“at”相同，意思是“位于……”“在……地方”。
- 电子邮件服务器域名：即邮箱所在邮件服务器的域名(见图 3.16)。

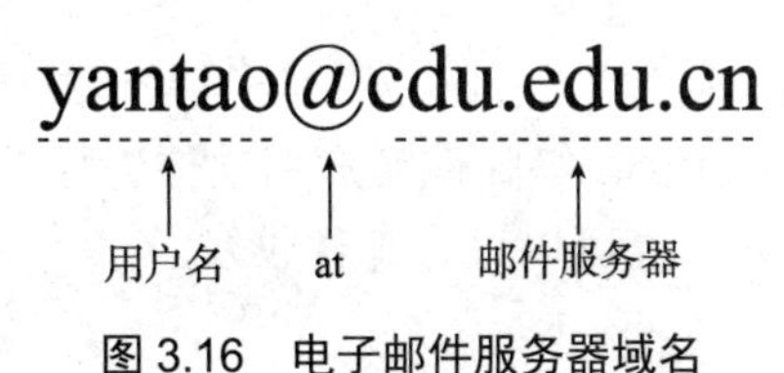


图 3.16 电子邮件服务器域名

### 2. 电子邮件的协议

Internet 中电子邮件系统的工作过程遵循客户机/服务器(Client/Server，C/S)模式，分为邮件服务器端和邮件客户端两部分。邮件服务器分为发送邮件服务器和接收邮件服务器。

电子邮件收发的基本过程：发件方写好邮件后，由发送邮件服务器发送，它依照邮件地址送到收信人的接收邮件服务器对应的电子邮箱中；收件方通过邮件客户端访问邮件服务器中的电子邮箱和其中的邮件，邮件服务器根据邮件客户端的请求对邮箱中的邮件进行相应的处理。电子邮件收发的基本过程，如图 3.17 所示。

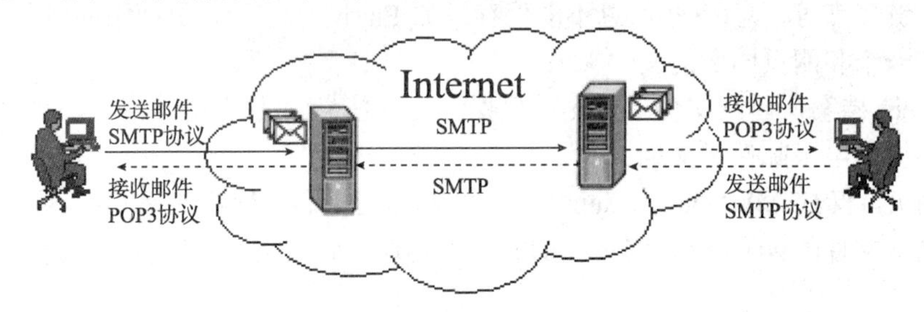


图 3.17　邮件收发的基本过程

邮件在 Internet 传输的整个过程需要通过两个协议完成：SMTP 协议和 POP3 协议。

1) 发送邮件：SMTP 协议

简单邮件传输协议(Simple Mail Transfer Protocol，SMTP)是发送邮件服务器所采用的协议。SMTP 协议属于 TCP/IP 协议族，它帮助每台计算机在发送或中转信件时找到下一个目的地。它是一组用于由源地址到目的地址传送邮件的规则，用来控制信件的中转方式。

2) 接收邮件：POP3 协议

邮局协议第 3 个版本(Post Office Protocol 3，POP3)是 Internet 电子邮件的第一个标准，是接收邮件服务器所采用的协议。

POP3 协议是一个规定怎样将个人计算机连接到 Internet 的邮件服务器上和下载电子邮件的电子协议。POP3 协议允许用户从服务器上把邮件存储到本地主机(自己的计算机)，同时删除保存在邮件服务器上的相同邮件，而 POP3 服务器则用来接收电子邮件。

也只有提供了 POP3 服务的信箱才能直接利用 E-mail 软件(如 Outlook、Foxmail 等)接收电子邮件。

### 3. 邮箱的类型

1) Web 页面信箱

这类信箱的特点是用户收发邮件必须登录该站点，站点不提供 SMTP 和 POP3 服务器协议，用户无法通过 Outlook、Foxmail 等邮件客户端软件取信。

2) POP3 信箱

这类邮箱与 ISP 提供的邮箱基本相同。用户可登录该站收发邮件，也可以根据站点提供的 SMTP 和 POP3 协议对 Outlook 等邮件客户端软件进行设置(通常可只对 POP3 服务器作特殊设置)，从而不登录该网站也可以进行邮件收发。

3) 转信邮箱

这类邮箱并非真正意义上的 E-mail 邮箱，它没有存储空间，仅仅是 E-mail 的中转

站，在中转站里设有转信指针，可将别人发到这个地址的信转发到真正的 E-mail 邮箱。它的优点是方便用户更改实际邮箱，具有邮件过滤功能。

#### 4. 电子邮件客户端软件

邮件的收发可以通过 Web 方式完成，如果邮箱是 POP3 邮箱，还可以通过邮件客户端软件完成。目前，最常用的电子邮件客户端程序是 Microsoft 公司的 Outlook Express 和国内开发的非商业软件 Foxmail。

Foxmail 实现了多用户、多账户、多 POP3 支持，具有自动拨号、设置邮件过滤功能、定时自动收发、阅读 HTML 格式邮件、远程管理邮箱、恢复误删除的邮件、地址簿管理等多种功能，使电子邮件的收发和管理变得非常方便，信件的内容也更加精彩，是非常优秀的邮件客户端应用软件。图 3.18 所示为 Foxmail 接收邮件主界面。

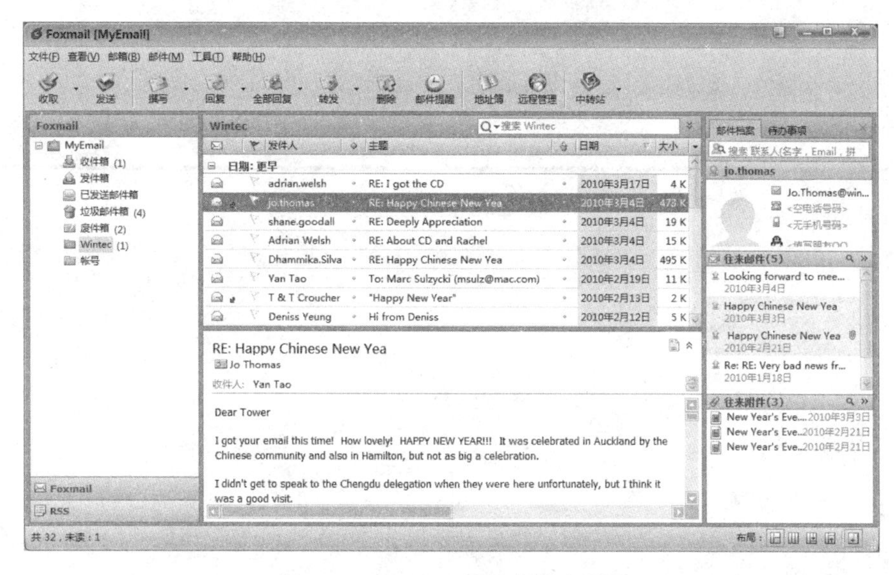


图 3.18　Foxmail 接收邮件主界面

不难看出，Foxmail、Outlook 等邮件客户端程序具有以下特点。

(1) 邮件服务器提供 POP3 服务。

(2) 方便离线撰写、查看邮件，并增强了邮件的安全性。

(3) 注册配置时相对较为复杂，需要从 ISP 或局域网管理员那里获得邮件账号信息、所使用的邮件服务器的类型(POP3、IMAP 或 HTTP)、账号名和密码、接收邮件服务器(POP3)的名称、发送邮件服务器的名称(SMTP)等。

普通用户(如在校学生、家庭用户)不一定有机会获得具有 POP3 功能的邮箱(如企业邮箱)，更多是使用一些网站提供的免费邮箱(如雅虎、网易 163 等)。因此，这里不再对 Foxmail、Outlook 等客户端软件作过多介绍，有兴趣的读者可以查阅其他相关资料。

1) 注册 E-mail

单击“注册网易邮箱”链接可进入电子邮箱登录界面(可直接在浏览器中输入网易主页网址 https://mail.163.com/，如图 3.19 所示，进入“163 网易免费邮”界面，然后单击“注册网易邮箱”按钮)，打开如图 3.20 所示的注册页面。

图 3.19　网易主页

图 3.20　网易免费邮箱登录/注册界面

如果已经申请了邮箱，那么在“用户名”和“密码”栏输入自己的邮箱登录信息，便可以进入自己的邮箱；如果还没有申请邮箱，可以按以下步骤操作。

① 单击“立即注册”超链接或“注册网易免费邮箱”按钮，开始注册。

② 注册的第一步是用户 ID 合法性验证，填写要申请的邮箱用户账号，如果申请的邮箱 ID 已经存在，系统会给出提示，要求重新申请；如果不存在，则继续表单的填写。按要求填写好一份表单(见图 3.21)后，单击“立即注册”按钮。

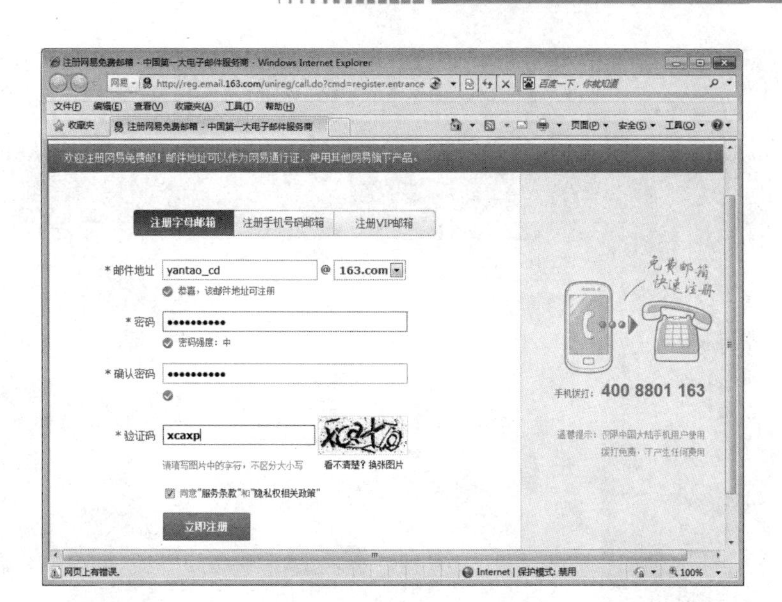


图 3.21　网易免费邮箱注册界面

## 小知识

邮件地址是邮箱的名字，一定要取一个有意义且便于记忆的名字(自己的中、英文名字或加适当数字组合等，如 yantao、yantao126、cduyantao 等)。此外，如果希望邮箱直接与自己的手机绑定，可以选择“注册手机号码邮箱”。

③ 提交之后，系统有个验证环节，根据提示输入相应的内容即可(见图 3.22)。

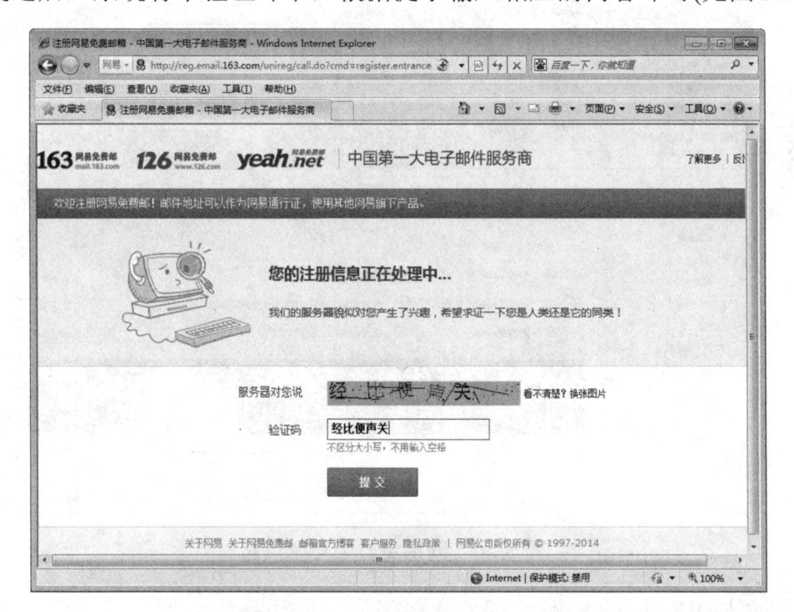


图 3.22　网易免费邮箱注册界面

④ 如果注册信息无误，并看到“注册成功”的信息，那么恭喜你，你已经在网易上拥有自己的免费邮箱了(见图 3.23)。一定要记住自己的邮箱名和密码。

图 3.23　申请网易免费邮箱成功

2) 收发 E-mail

申请邮箱之后，便可以尽情享受 E-mail 方便快捷的服务了。

打开免费邮箱登录界面，在邮箱账号、密码处输入自己邮箱的名字和密码，然后单击“登录”按钮便可以进入邮箱了(见图 3.24)。

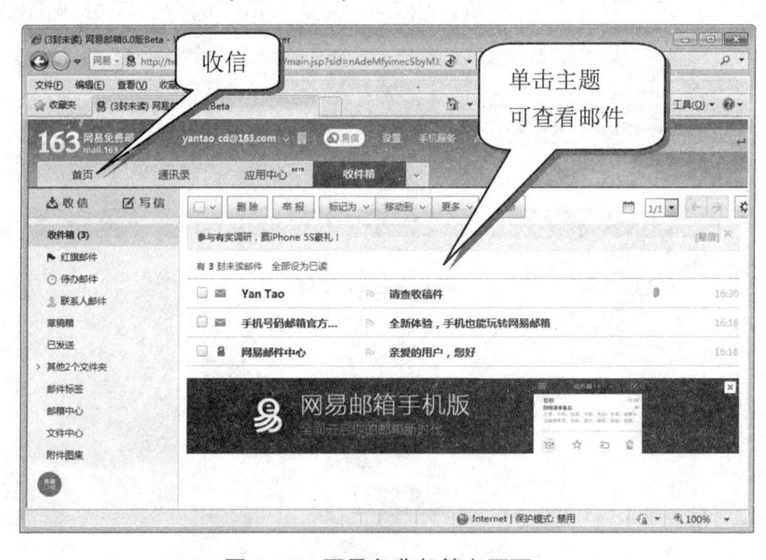


图 3.24　网易免费邮箱主页面

邮箱的界面与 Windows 资源管理器比较类似，左边是收邮件、发邮件、地址簿、草稿箱等用于管理的文件夹，单击相应项可以很方便地进行各种收、发邮件和其他设置。

例如，从图 3.24 中可知，邮箱中有 3 封新邮件，所以可以通过单击“收件箱”来查看邮件。

单击邮件的主题即可看到别人给你发的邮件(主题右侧有一个回形针状的图标，表明该邮件带有附件，获取附件的方式与下载文件类似)。

发邮件也不复杂，单击窗口上边的“写信”按钮便可进入写邮件页面。必须填收件人的 E-mail 完整地址，其他项目(如主题、附件、优先级等)可省略，也可简单填写(见图 3.25)。

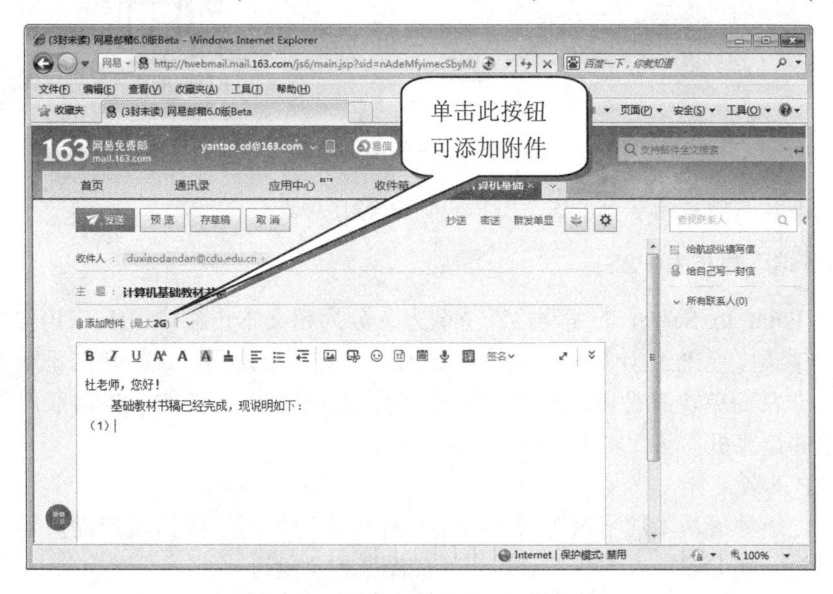


图 3.25　网易免费邮箱——写邮件

写好邮件后单击“发送”按钮，当“邮件已发送”的提示信息出现后，说明邮件已经顺利发出。几分钟(甚至几秒)后，你的朋友便可以收到你的邮件。

当然，邮箱中还有许多其他功能，通过使用和摸索，用户可以很快熟悉并掌握。另外，许多其他网站提供的免费邮箱的原理和用法基本相同，相信用户可以触类旁通。

**小知识**

如果主要收件人有几个(如发送邀请函等)，则可将他们的邮件地址罗列于“收件人”栏中，中间用西文状态下的“;”或“,”隔开。“抄送”“暗送”同理，只是发送的对象或主次有所区别。

电子邮件的附件——电子邮件在发送时所携带的独立的文件，就像通过邮局寄包裹一样。

发送附件是 E-mail 的一个重要功能，邮件携带的附件可以是任何类型的文件，这就给我们提供了一种通过网络传送(保存)文件的重要和方便的途径。

邮件携带的附件可以是任何格式的计算机文件。

附件在写信时才能加入，若要添加图片或超链接，邮件必须是 HTML 格式。

## 3.3.4　获取网上资源

网络上有着丰富的资源，当看到中意的程序、图片(像)、音乐等资源时，总是想拥有一份。这就需要将网络服务器上的数据资源复制一份到自己的客户机上，这样一个过程便是通常所说的下载(Download)；反之，将客户机上的信息传输到服务器上的过程叫上传(Upload)，如图 3.26 所示。

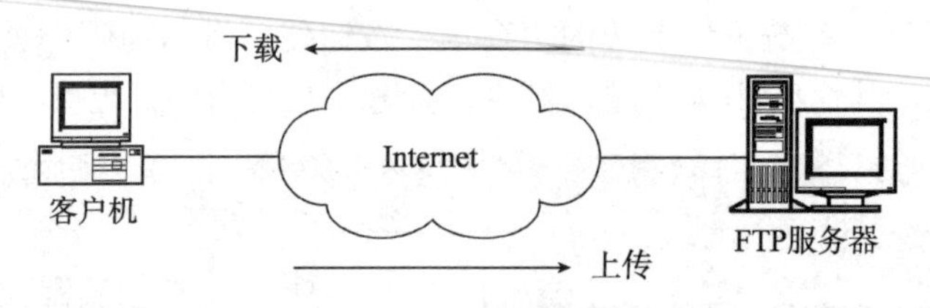


图 3.26　文件传输工作过程

目前，下载的技术通常有 P2S、P2P、P2SP 等几种。

### 1．服务端下载技术(P2S)

P2S 是 Point to Server 的缩写，其下载方式分为超文本传输协议(HTTP)与文件传输协议(FTP)两种类型，它们是计算机之间交换数据的方式，也是两种最经典的下载方式。该下载方式原理非常简单，就是用户通过两种规则(协议)和提供文件的服务器取得联系并将文件搬到自己的计算机，从而实现下载的功能。

1) HTTP 下载

HTTP 是一种最基本的下载方式，网站在提供资源的同时便给用户提供了下载功能，通常有“单击此处下载”“下载”等提示，如图 3.27 所示。

用户如果需要下载该资源，则只需根据提示单击按钮(或提示文字或图片)便可得到一个“文件下载”对话框，如图 3.28 所示。

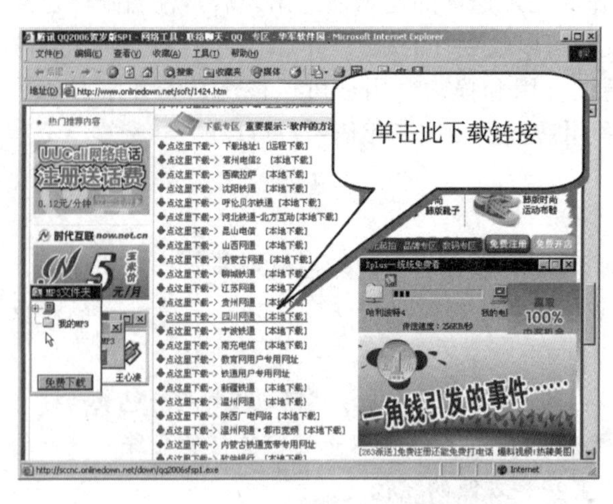


图 3.27　Web 方式下文件下载链接

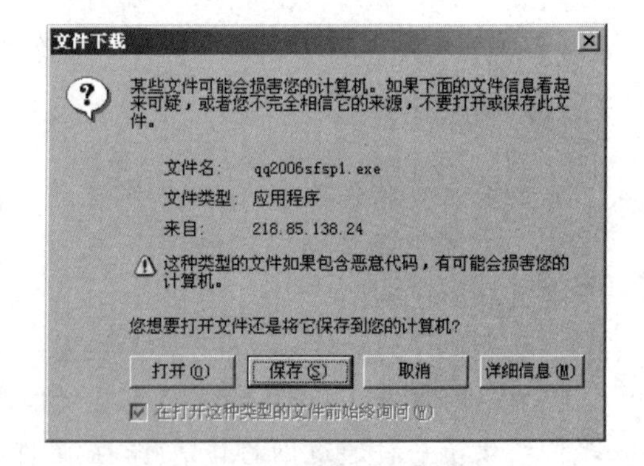


图 3.28　Web 方式下“文件下载”对话框

“文件下载”对话框的说明如下。

- 打开：不将该文件下载到本地计算机上(文件仍然在服务器上)，而是直接用相关联的程序打开该文件(如 DOC 类型文件调用 Word 程序打开，RAR 类型文件调用 WinRAR 程序打开等)或直接运行可执行文件。
- 保存：将该资源下载保存到本地计算机。

选择一种下载文件处理方式，再单击“确定”按钮便可以进行资源下载。如果单击

“保存”按钮，则出现“保存文件”对话框，选择相应的保存位置和文件名即可保存文件，此处不再赘述。

Web 方式下进行下载虽然比较方便，但是浏览器消耗资源较大，且不支持断点续传，如果下载较大的文件，那么一旦出现网络或操作系统故障，就会导致下载操作失败，前功尽弃，因此，最好使用专用的下载工具。

2) FTP 下载——网际快车(FlashGet)

为了提高下载的速度，并且在发生意外(如断线)之后能继续上次的工作(断点续传)，不少人使用过一些专门的下载工具，如网络蚂蚁、网际快车、迅雷(Thunder)等软件，这些下载工具软件的功能全面、实用，如断点续传、下载任务管理、定时下载、自动拨号、自动关机等功能，下载的速度也超过了 IE 浏览器的下载速度，因此受到用户的钟爱。

国产软件中的网络蚂蚁和网际快车是比较实用的两款下载软件。网络蚂蚁是最早使用的下载软件，而网际快车在功能和操作上都比前者略胜一筹，所以此处以网际快车为例进行讲解。

网际快车又名 JetCar，把一个文件分成几个部分并且从不同的站点同时下载(多点下载)，下载速度可以提高 100%～500%。网际快车可以创建不限数目的文件类别，每个文件类别指定单独的文件目录，不同的类别保存到不同的目录，其管理功能包括支持拖拽、添加描述、更名、查找，以及文件名重复时可自动重命名等，而且下载前后均可方便地管理文件。

网际快车的程序可到其主页(http://www.flashget.com)下载，目前已推出 FlashGet 2.0 版本。安装后主界面如图 3.29 所示。

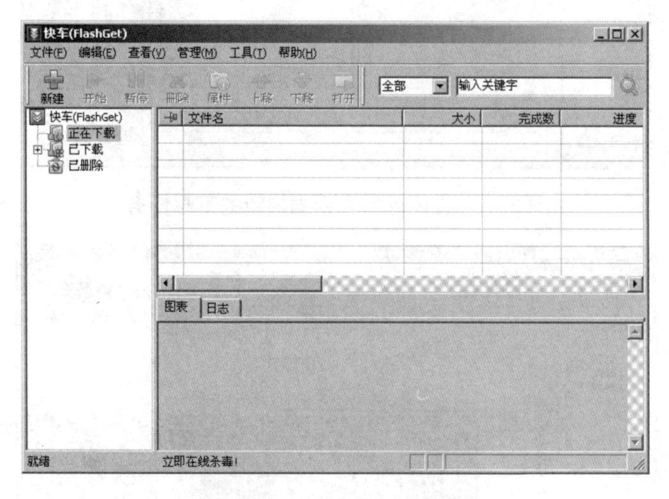


图 3.29　网际快车主界面

因为网际快车支持鼠标右键功能(其命令列在右击鼠标弹出的快捷菜单中)，所以最简单的用法是当搜索到要下载的资源时，右击它，在弹出的快捷菜单中选择“使用网际快车下载”命令，如图 3.30 所示。

在网际快车的“添加新的下载任务”对话框中设定好文件的保存目录和保存名称，如图 3.31 所示。然后单击“确定”按钮即可进行下载，如图 3.32 所示。

图 3.30　选择“使用网际快车下载”命令

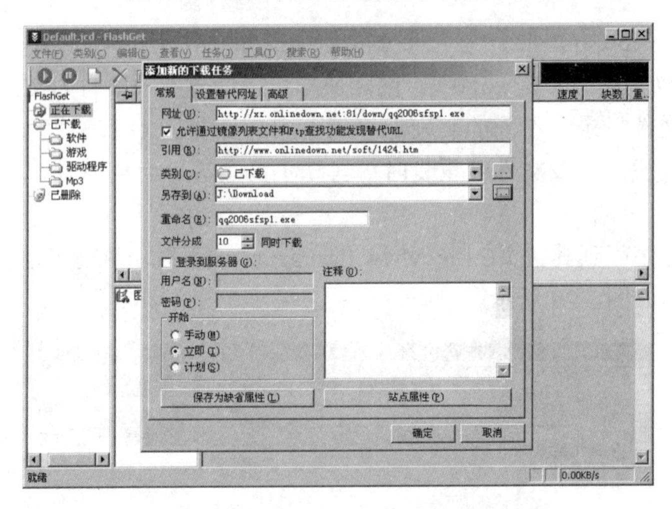


图 3.31　在网际快车中添加新的下载任务

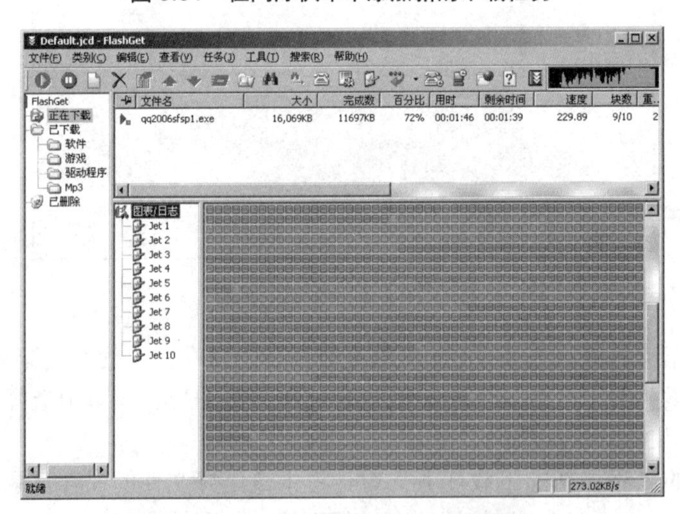


图 3.32　网际快车下载资源时的状态

### 2．点对点的下载技术(P2P)

P2P 是 Point to Point 的缩写，该种模式不需要服务器，而是在用户机与用户机之间进行传播，即每台用户机都是服务器，是讲究“人人平等”的下载模式，每台用户机在自己下载其他用户机上文件的同时，还具有被其他用户机下载的作用，所以使用该种下载方式的用户越多，其下载速度就会越快。

BT 是目前基于 P2P 技术最热门的下载方式之一，它的全称为“BitTorrent”，简称“BT”，中文全称为“比特流”。

BT 下载软件的方式很简便，在已安装该软件的前提下，只需在网上找到与所要下载文件相应的种子文件(*.torrrent)，单击后随着系统提示的步骤即可开始下载。

目前，电驴(VeryCD)下载是该技术的代表。

### 3．智能化网络下载技术(P2SP)

P2SP 是 Point to Server/Point 的缩写，该下载方式实际上是对 P2S 和 P2P 技术的进一步延伸和整合，通过多媒体检索数据库这个桥梁把原本孤立的服务器和其镜像资源与 P2P 资源整合到一起。这样下载速度更快，同时下载资源更丰富，下载稳定性更强。

目前，迅雷下载是 P2SP 下载技术的代表。

## 本 章 小 结

计算机网络是利用通信线路和通信设备，将处于不同地理位置，具有独立功能的多个计算机系统连接起来，并在功能完善的网络软件控制下，实现信息交换和资源共享的计算机系统的集合。

计算机网络是计算机技术与通信技术相结合的产物。计算机网络实际上就是计算机通信系统。

最简单的网络：两台计算机直接相连。

最复杂的网络：将全世界的计算机连接起来的网络(如 Internet)。

网络的主要功能是信息交换和资源共享，同时能够提高系统的可靠性，易于分布式处理。

网络的拓扑结构是计算机网络节点和通信链路所组成的几何形状。计算机网络有很多种拓扑结构，最常用的有总线型、星型、环型、树型、网状和混合型等。

计算机网络可以有多种分类方法，习惯按网络所覆盖的地理范围进行分类，分为广域网、城域网、局域网。

协议是计算机网络中实体之间有关通信规则和标准约定的集合。

OSI 参考模型是具有七个层次的框架，从下往上依次是物理层、数据链路层、网络层、传输层、会话层、表示层、应用层。

TCP/IP 协议是 Internet 中最基本、最重要的协议。

Internet 起源于 1969 年美国国防部高级研究计划署的一个名为 ARPANET 的网络(阿帕网)，1994 年美国的 Internet 由商业机构全面接管，从而成为一个世界性的商业网络。

Internet 的基本功能和应用包括电子邮件、文件传输、远程终端访问、新闻组、万维

网等。

IP 地址、域名地址是表示 Internet 上计算机和资源的地址。

- IP 地址：网络上主机的唯一地址，表示网络上的主机，如 202.115.80.140。
- 域名地址：为了便于记忆，给 IP 地址起的“别名”，表示网络上的主机，如 www. cdu. edu.cn。

目前，由于全世界 IPv4 地址逐渐枯竭，发展和推广 IPv6 技术已经成为当务之急。

浏览器是上网冲浪的重要工具；搜索引擎则是网罗无尽资源的百科全书。掌握如何利用搜索引擎搜索资源是计算机用户必备的重要技能。一旦掌握了搜索引擎的使用，用户就如同插上了腾飞的翅膀，可以在网络的海洋中遨游。因而新闻浏览、邮件收发、实时交流、上传下载等都是需要掌握的，同时，它们也是很容易掌握的，即使遇到一些困难，相信通过搜索引擎也能很快找到答案。

# 第 4 章 Windows 7 的使用

## 学习目标

通过本章的学习，读者可以了解 Windows 7 操作系统的主要功能，掌握 Windows 7 的基本操作，熟练掌握 Windows 7 的文件操作。

## 学习方法

本章内容重在 Windows 7 操作系统的实际操作能力。要求读者结合课堂讲授的知识，强化上机操作实训。

## 学习指南

本章重点：4.2 节、4.3 节。本章难点：4.2 节。

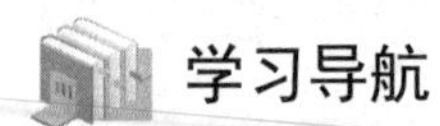

学习导航

学习过程中，读者可以将下列问题作为学习线索。

(1) Windows 7 概述的主要内容是什么？

(2) Windows 7 运行环境要求有哪些？

(3) 怎样安装、启动及关闭 Windows 7？

(4) Windows 7 的桌面、窗口、菜单和对话框等的功能和操作主要有哪些？

(5) Windows 7 文件概述主要讲述什么内容？

(6) Windows 7 文件的查找、移动、复制和删除等操作及磁盘操作的方法有哪些？

(7) 如何设置 Windows 7 控制面板、桌面等操作环境？

## 4.1 Windows 7 概述

Windows(也称视窗)是微机操作系统发展史上继 DOS 之后的一个新的里程碑。Windows 是一种图形界面的操作系统。与 DOS 相比，在人机界面、操作方式、程序管理及学习掌握等方面都有明显的特点，其主要优点如下。

- 无须记忆各种命令，鼠标是主要的输入设备。
- 具有处理多任务的功能。
- 提供了很多有用的工具和实用程序(字处理软件、绘图软件)。
- 在 Windows 的不同应用程序之间可以共享数据。
- Windows 能够最大限度地利用内存。
- Windows 能够兼容 DOS 应用程序。
- 在 Windows 下，应用程序可以使用多媒体设备(包括声音、图形和图像等)，并可将多媒体的信息增加到文件。

### 4.1.1 Windows 的发展

Windows 是微软(Microsoft)公司从 1983 年开始研制的，到现在为止 Windows 的版本经过了多次换代。

1985—1987 年推出 Windows 1.01～2.0 版，由于本身的缺陷及硬件等，并没有产生很大影响。

1990 年，Windows 的划时代产品 Windows 3.0 版隆重推出，在电脑界引起了巨大轰动，它与以前的任何版本都不同，开发出全新的、漂亮的用户窗口界面，提供了方便的操作手段。

1992 年，又一项激动人心的成果 Windows 3.1 出现了。它把桌面排版、网络应用、图像处理、绘图、音乐处理和多媒体技术集为一体，系统可靠性更高、更完善。其进一步巩固了 Windows 在微机操作系统方面的地位。

1993 年，Microsoft 又推出中文 Windows 3.2 以适应中国市场需求，并推出了具有良好

的工作性能和优秀的网络互联功能的 Windows NT。

1995 年，为了充分利用 32 位机的性能潜力，Windows 95 面市了，它不但界面更加友好，而且操作方便、支持系统网络功能，使学习更加方便容易。

1998 年，Windows 的功能更趋完善。新一代的 Windows 98 不但增加了许多用户功能，而且使微机与网络连接更加方便，更符合用户需求。

2000 年，Microsoft 公司推出了新一代操作系统 Windows 2000。Windows 2000 是在 Windows NT 的基础上开发的，集 Windows NT 和 Windows 98 的优点于一身，既有 Windows NT 的稳定、安全和强大的网络技术，又具有 Windows 98 的易用性和广泛的设备兼容性。Windows 2000 在稳定性、网络化、全局化和简单性等方面有重要的革新，代表了一种通用平台，可以运行在各种不同的设备上，帮助用户连接到 Internet 并获得 Internet 的强大威力。

2002 年，继 Windows 2000 后，Microsoft 公司又推出了 Windows XP，它具有全新的界面、强大的数字影音支持、可靠的安全保护机制，系统更加个性化，具有更好的兼容性，更容易管理和使用。其是一款非常优秀的 Windows 操作系统。

2003 年 4 月，Windows Server 2003 发布，其对活动目录、组策略操作和管理、磁盘管理等面向服务器的功能作了较大改进，对.NET 技术的完善支持进一步扩展了服务器的应用范围。

2005 年 7 月美国微软公司公布了 Windows Vista，它是继 Windows XP 和 Windows Server 2003 之后又一重要的操作系统，该系统带有许多新的特性和技术。Windows Vista 以其绚丽的用户界面、改进的安全系统、增强的家庭数字娱乐体验等给用户带来了全新的感受。

2009 年 10 月，微软公司一款新的视窗操作系统 Windows 7 问世。Windows 7 的设计主要围绕五个重点：针对笔记本电脑的特有设计；基于应用服务的设计；用户的个性化；视听娱乐的优化；用户易用性的新引擎。Windows 7 还具有下列优点：用户使用更加方便；启动的时间更快；搜索和使用信息更加简单；安全性进一步加强，并且为用户提供了更好的网络连接和更低的使用成本。

2012 年，微软公司推出 Windows 8，采用与 Windows Phone 8 相同的 NT 内核，被认为是微软反击主导平板电脑及智能手机操作系统市场的苹果 iOS 和 Google Android 的操作系统。该操作系统除了具备微软适于笔记本电脑和台式机平台的传统窗口系统显示方式外，还特别强化适于触控屏幕的平板电脑设计，使用了新的接口风格 Metro，新系统也加入可通过官方网上商店 Windows Store 购买软件等诸多新特性。

2015 年 7 月 29 日，Windows 10 正式版上线，它的出现颠覆了之前的 Windows 命名规则。Windows 10 涵盖传统 PC、平板电脑、二合一设备、手机等，支持广泛的设备类型。新一代操作系统倡导 One product family、One platform、One store 的新思路，打造全平台“统一”的操作系统。

2020 年 1 月 14 日起，微软停止对 Windows 7 系统提供所有支持，这意味着 Windows 7 时代告一段落。

## 4.1.2 Windows 7 的特点

Windows 7 的设计除主要围绕上述五个重点外，还有跳跃列表、系统故障快速修复等。这些新功能令 Windows 7 成为最易用的 Windows。相对于以往的 Windows 系统，Windows 7 无论在系统界面方面，还是在性能和可靠性等方面，都进行了颠覆性的改进。

### 1. 更加易用和简单

Windows 7 简化了许多设计，如快速最大化、窗口半屏显示、跳跃列表、系统故障快速修复等。Windows 7 也让搜索和使用信息更加简单，包括本地、网络和互联网搜索功能，直观的用户体验更加高级，还整合了自动化应用程序，提升了程序数据的透明性。

### 2. 更加简单和安全

Windows 7 让搜索和使用信息更加简单，包括本地、网络和互联网搜索功能，直观的用户体验更加高级，还整合了自动化应用程序，提升了程序数据的透明性。Windows 7 桌面和开始菜单更加简便。Windows 7 改进了系统的安全和功能合法性，还会把数据保护和管理扩展到外围设备。Windows 7 改进了基于角色的计算方案和用户账户管理，在数据保护和网络协作之间搭建沟通桥梁，同时也开启了企业级的数据保护和权限许可。

### 3. 更好的连接

Windows 7 进一步增强了移动工作能力，无论何时、何地、何种设备都能访问数据和应用程序，无线连接、管理和安全功能进一步扩展。性能、功能及移动硬件得到优化，拓展了多设备同步、管理和数据保护功能。Windows 7 还有灵活的计算基础设施，包括胖、瘦、网络中心模型。

### 4. 更低的成本

Windows 7 可以帮助企业优化它们的桌面基础设施，具有数据移植功能，并简化 PC 系统升级，具有完整的应用程序更新和补丁。Windows 7 改进了硬件和软件的虚拟化体验，扩展了帮助功能。

### 5. 更绚丽的界面和神奇的功能

Windows 7 界面绚丽多彩，有碰撞效果、水滴效果，还有丰富的桌面小工具。创新设计的任务栏、跳转列表、窗口智能绽放等功能，带给了用户全新的视觉感受和神奇的功能体验。

## 4.1.3 Windows 7 的运行环境和安装

### 1. Windows 7 的硬件要求

安装 Windows 7 需要微机的硬件达到一定的标准，否则无法运行安装程序。

Windows 7 的最低运行配置要求如下。

- CPU：1GHz 的单核处理器。
- 内存：1GB。
- 硬盘：20GB 以上可用空间。
- 显卡：有 WDDM 1.0 或更高版驱动的集成显卡，64MB 以上。
- 其他设备：有 DVD-R/RW 驱动器或者 U 盘等其他存储介质。如果需要可以用 U 盘安装 Windows 7，这需要制作 U 盘引导。

#### 2. Windows 7 的安装

Windows 7 的安装方法可以分为六种：光盘安装、模拟光驱、硬盘安装、U 盘安装、软件引导安装、VHD 安装。

1) 光盘安装

光盘安装法是最经典、兼容性最好、最简单易学的安装方法。可升级安装，也可全新安装(安装时可选择格式化旧系统分区)，不受旧系统限制，可灵活安装 32 位/64 位系统。

2) 模拟光驱

模拟光驱(或称虚拟光驱)安装法最简单，速度快，但限制较多，推荐用于多系统的安装。

3) 硬盘安装

硬盘安装法可分两种：简单硬盘安装法和经典硬盘安装法。简单硬盘安装法是把系统 ISO 文件解压到其他分区，运行解压目录下的 SETUP.EXE 文件，按相应步骤进行。经典硬盘安装法相对较麻烦，速度较快，可以实现干净安装，与简单硬盘安装法的不同之处在于它不会残留旧系统文件，但同样 32 位/64 位不同系统不能混装。

4) U 盘安装

U 盘安装法与光盘安装的优点相似，但不用刻盘。

5) 软件引导安装

软件引导安装需要外部软件进行引导，没有 32 位/64 位限制，可以单系统安装或多系统安装，也可以纯系统干净安装，安装过程简单。

6) VHD 安装

VHD 即 MS 的一种虚拟硬盘文件格式，Windows 7 已经从系统底层支持 VHD 格式，所以可以开机选择引导 VHD 中的操作系统。这产生了一种全新的系统安装方法。复制 VHD，导入 VHD，修改引导文件，即可进入 Windows 7 系统。

### 4.1.4　Windows 7 的启动和关闭

#### 1. Windows 7 的启动

启动 Windows 7 是使用该操作系统的第一步，在实际操作中与启动电脑的操作是一样的。

顺序打开外部设备电源开关和主机电源开关，当计算机进行硬件测试无误后，开始系统的引导。如果安装有多个操作系统，则会提示选择要启动的操作系统。进入登录界面，选择所需要的账户进入系统。启动完成，出现 Windows 7 桌面。

### 2. Windows 7 的关闭

在 Windows 7 中，用户可以选择多种退出操作系统的方法，下面进行简单的介绍。

1) 关机

在退出 Windows 7 之前，应先关闭所有正在运行的程序，保存所做的工作，单击“开始”按钮，选择“关机”，如图 4.1 所示。

2) 睡眠/休眠

Windows 7 提供了睡眠和休眠两种待机模式。“睡眠”是一种节能状态，当希望再次开始工作时，可使计算机快速恢复全功率工作(通常在几秒之内)。“休眠”是一种主要为笔记本电脑设计的电源节能状态。睡眠通常会将工作和设置保存在内存中并消耗少量的电量，而休眠则将打开的文档和程序保存到硬盘，然后关闭计算机。在进入睡眠或休眠后，当需要再次使用电脑时，只需单击鼠标左键或按回车键，电脑就会恢复到之前的工作状态。进入这两种模式的方法是单击“开始”按钮，单击“关机”按钮旁的小三角按钮，在其中选择相应命令，如图 4.1 所示。

3) 重新启动

重新启动计算机与关闭计算机几乎相同，唯一的区别就是重新启动会在关机后立即启动计算机。一般在用户安装新硬件或软件后系统会要求用户重新启动计算机。具体方法是单击“开始”按钮，单击“关机”按钮旁的小三角按钮，在其中选择相应命令，如图 4.1 所示。

### 3. Windows 7 的锁定

若用户暂时不使用计算机但又不希望别人对系统进行操作，则可以使用锁定计算机功能。具体方法是单击“开始”按钮，单击“关机”按钮旁的小三角按钮，在其中选择相应命令，如图 4.1 所示。

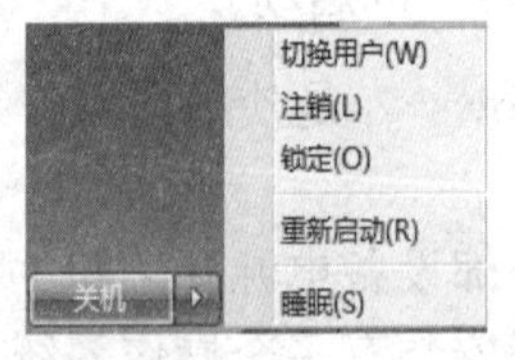


图 4.1 “关机”下拉菜单

#### 4. Windows 7 的注销

Windows 7 提供多个用户共同使用计算机操作系统的功能，每个用户可以拥有自己的工作环境，当用户需要退出系统时可采用“注销”命令退出用户环境。具体方法是单击“开始”按钮，单击“关机”按钮旁的小三角按钮，在其中选择相应命令。

#### 5. Windows 7 的切换用户

这种方式可以不注销当前用户，将系统转到“登录”界面，直接转换到另一个用户。具体方法是单击“开始”按钮，单击“关机”按钮旁的小三角按钮，在其中选择相应命令。

## 4.2　Windows 7 基础

Windows 7 基础包括 Windows 7 的常用操作和主要界面。

### 4.2.1　鼠标和键盘操作

用户在使用计算机时需要向计算机传达自己的意图，以使计算机完成特定的任务。鼠标和键盘就是操作计算机的重要工具。

#### 1. 鼠标操作

在 Windows 中，界面全是图形化的，使用鼠标就能完成大部分工作。鼠标操作基本上可分为指向、单击、双击、拖动和右击，如表 4.1 所示。

表 4.1　鼠标操作

| 操作名称 | 操作方法 | 作　用 |
|---|---|---|
| 指向 | 将鼠标指针移到某个对象上 | 是鼠标其他操作(单击、拖动等)的先行动作 |
| 单击 | 快速按下和释放鼠标左键 | 常用于选定一个具体项(如文件、菜单等) |
| 双击 | 快速连续两次按下和释放鼠标左键 | 常用于打开一个项目(如文件夹)或启动程序 |
| 拖动 | 按下鼠标左键，并移动鼠标 | 常用于移动或复制对象 |
| 右击 | 快速按下和释放鼠标右键 | 常用于打开一个快捷菜单 |

#### 2. 鼠标指针形状

鼠标在屏幕上不同的位置，其形状有所不同，不同的鼠标指针形状决定了用户所能进行的操作，常见的鼠标指针形状如表 4.2 所示。

#### 3. 键盘操作

键盘是微机中必不可少的输入设备。在 Windows 7 中，虽然绝大多数操作都使用鼠标完成，但在许多操作中仍然少不了键盘。其主要作用有：

- 输入文字。在 Windows 7 的许多对话框中都要求用户输入文字进行信息交流。
- 快捷键。快捷键可以快速执行常用操作。在很多菜单项右侧的括号里都有字母或字母组合键，它们作为快捷键可以快速执行常用的操作。另外，在 Windows 中，使用频率最高的是 Ctrl 键、Alt 键和 Shift 键。例如，按住 Ctrl 键再按 Esc 键，将打开“开始”菜单，简记为 Ctrl+Esc。

表 4.2　常见鼠标指针形状

| 形　状 | 指　向 | 动　作 |
|---|---|---|
| ↖ | 屏幕上任何位置 | 从屏幕上一处移到另一处 |
| ↕ | 窗口边缘的顶部或底部 | 按下鼠标键可向上或向下移动鼠标使窗口变高或变低 |
| ↔ | 窗口的左边缘或右边缘 | 按下鼠标键向左或向右移动鼠标使窗口变宽或变窄 |
| ⤡ ⤢ | 窗口的角落 | 按下鼠标键向某一方向移动鼠标同时改变窗口高度和宽度 |
| I | 接收正文的程序或矩形框 | 将指针放在准备输入字符的地方，利用键盘输入字符 |
| 👆 | Windows 帮助系统中具有隐含意义的字符或有超文本链接的对象 | 按下鼠标键，Windows 将显示出某些有关的隐含信息 |
| ⌛ | 无闲标记，表示 Windows 正在工作 | 此时除等待之外，不要进行任何操作 |

## 4.2.2　图标

图标是标识文字的小图像。在 Windows 的图形界面中，图标分别用来表示对象和快捷方式。对象图标用于表示磁盘、打印机、程序、文件和文件夹等。快捷方式图标用于指向某些应用程序。图标可以帮助用户直观便捷地选择所需的对象或要运行的程序。图标因标识对象的不同可分为文件夹图标、应用程序图标、文档图标、快捷方式图标和驱动器图标等。在 Windows 中，大部分图标都很形象，而且图标下还带有标识名，因此一般图标所代表的意义都很清楚，一些常用的典型图标如表 4.3 所示。

表 4.3　常用的典型图标

| 图　标 | 标　识 | 图　标 | 标　识 |
|---|---|---|---|
|  | 文件夹 |  | 软件安装程序 |
|  | 压缩文件 |  | HTML(超文本标记语言)文档 |
|  | 应用程序 |  | 其他文件 |
|  | 文档文件 |  | 硬盘驱动器 |
|  | 可执行文件 |  | 文本文档 |

一般对图标的操作：用鼠标单击，即选定；双击，则打开；拖动可移动位置。

为了加快计算机的操作过程，可以将文件或文件夹以快捷方式图标的形式发送到桌面。创建快捷方式的方法如下。

方法 1：右击要创建快捷方式的文件名，在快捷菜单中选择“发送到→桌面快捷方式”命令，即可在桌面上创建快捷图标。

方法 2：在桌面空白处右击，在弹出的快捷菜单中选择“新建→快捷方式”命令，在对话框中输入要创建快捷方式的文件名，然后再给出快捷方式名，这样在桌面上将生成快捷方式图标。

## 4.2.3　桌面

桌面也称工作桌面或工作台，是 Windows 7 的主界面，也是人机对话的主要接口。在桌面上放置一些图标(见图 4.2)，用户可根据自己的爱好选择桌面背景和图标。通过桌面，用户可以完成几乎所有的任务，如运行程序、操作文件、连接 Internet 等。

图 4.2　Windows 7 桌面

### 1. 桌面图标

桌面图标包括系统图标与快捷方式图标。其中，系统图标使用户可进行与系统相关的操作；快捷图标指应用程序的快捷启动方式，在图 4.2 中，凡是图标的左下角带有符号↗的都是快捷方式图标。快捷方式能让用户快速便捷地访问自己经常需要的文件，同时又不必把文件本身放置于桌面上。

### 2. “开始”菜单

鼠标单击屏幕左下角的“开始”按钮(或按 Ctrl+Esc 快捷键)将弹出一个菜单，即“开始”菜单。“开始”菜单是 Windows 7 一个非常重要的操作菜单，通过“开始”菜单，用户几乎可以完成任何任务。如启动程序、打开文档、搜索文件和其他资源及控制计算机等。一个典型的“开始”菜单，一般来说分为程序区、系统功能区和开/关机控制区等(见图 4.3)。

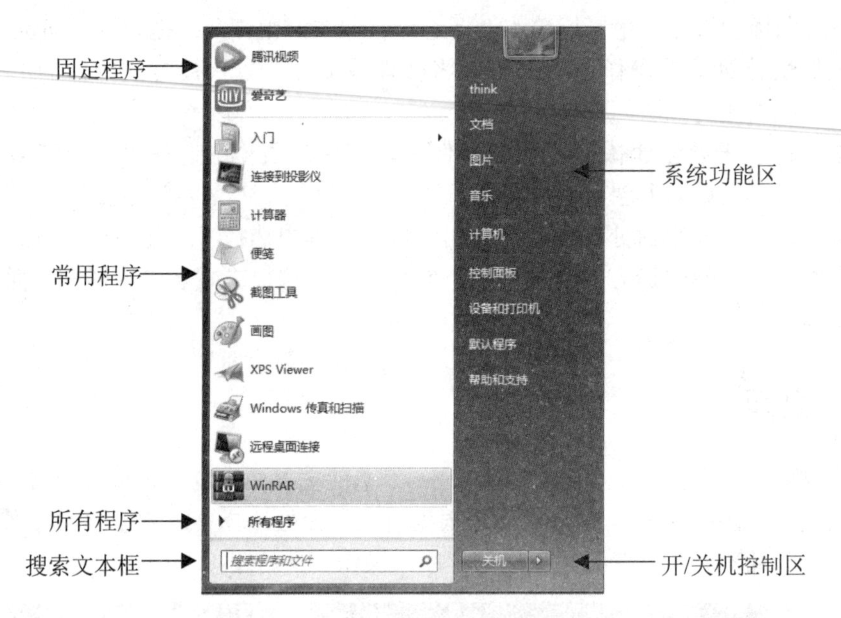


图 4.3　Windows 7“开始”菜单

1) 程序区

程序区主要由“固定程序”列表、“常用程序”列表和“所有程序”列表组成。

- “固定程序”列表：在默认状态下，此列是空白的。用户可以根据自己的情况添加新的程序。选定相应程序，右击，在弹出的快捷菜单中选择“附到「开始」菜单(U)”选项，就可在“固定程序”列表中添加新的程序，如图 4.4 所示。
- “常用程序”列表：此表中存放的是用户最近用过的一些程序，并按程序打开的先后顺序依次排列，在系统默认的情况下，最多可以显示 10 个图标。若要清除最近打开的程序，右击“开始”按钮或“任务栏”，在弹出的快捷菜单中选择“属性”命令，打开对话框，取消选中“隐私”选项组中的复选框，如图 4.5 所示。

图 4.4　选择“附到「开始」菜单”选项

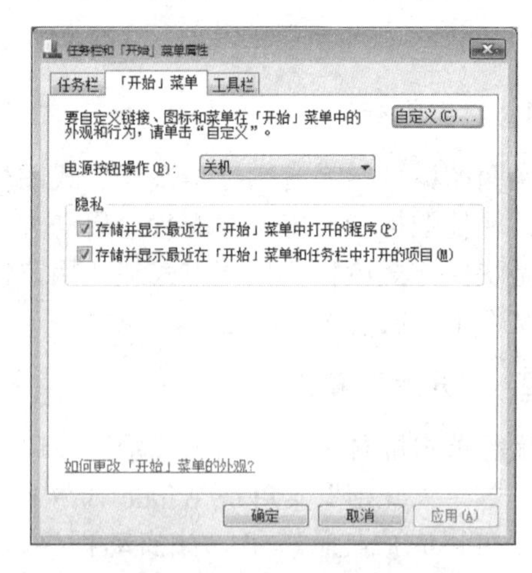


图 4.5　“任务栏和「开始」菜单属性”对话框

● “所有程序”列表：此列表中存放的是计算机中用户安装的所有应用程序。当用户选择“所有程序”后，系统将以树形文件夹结构呈现所有程序的快捷方式。无论程序列表中有多少快捷方式，都不会超出当前“开始”菜单的显示范围，如图 4.6 所示。除此之外，“开始”菜单中的常用程序列表还在一定程度上减少了用户访问“所有程序”列表的次数，降低了使用上的烦琐程度。

Windows 7 的“跳转列表”功能可以显示程序最近使用的项目。在“开始”菜单中也存在“跳转列表”。在“开始”菜单中，鼠标指向或单击一个程序旁边的箭头，就可以查看或访问最近使用的项目，如图 4.7 所示。

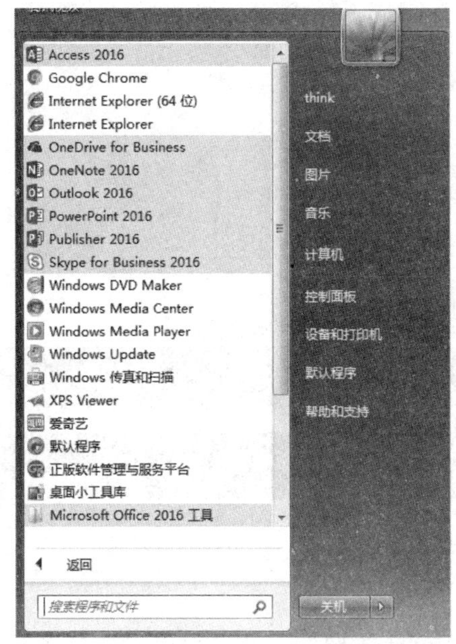

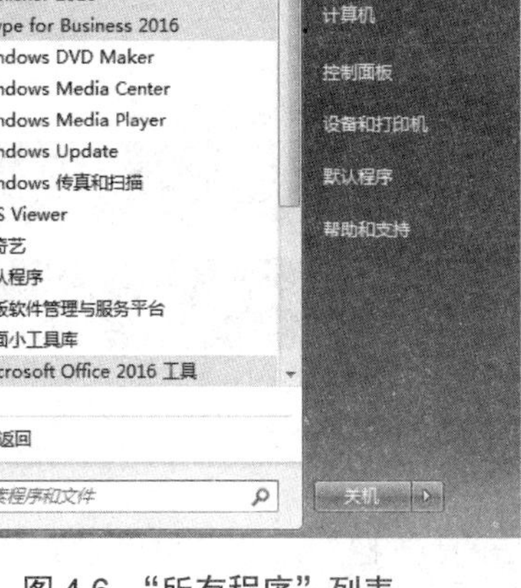

图 4.6　“所有程序”列表

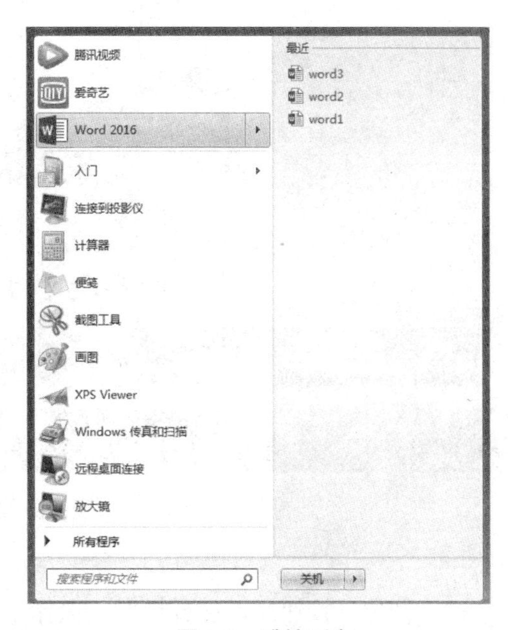


图 4.7　跳转列表

2) 快捷的搜索功能

Windows 7“开始”菜单左下角的“搜索程序和文件”文本框看起来虽然不起眼，却是一个很实用的程序。它让程序的使用变得更加简单，用户无须在“所有程序”列表中层层检索，就能很方便地找到要使用的程序。

3) 系统功能区

“开始”菜单右侧窗格主要显示的是常用系统文件夹部分、常用系统功能部分及控制面板和帮助部分等内容。用户可以对右侧窗格的内容进行自定义设置。右击“开始”按钮或“任务栏”，在弹出的快捷菜单中选择“属性”命令，打开对话框(见图 4.5)，单击“自定义”按钮，打开“自定义「开始」菜单”对话框，如图 4.8 所示。在对话框中根据需要选择右侧窗格中的项目状态。

### 3. 任务栏

任务栏是位于桌面最下方的一个水平长条。任务栏的左侧除了“开始”按钮外，还有快速启动工具栏及当前运行程序的任务栏按钮。任务栏右侧是通知区域，主要用于存放系

统时间、输入法、操作中心、系统音量及网络连接情况等内容。中间部分用于存放窗口及IE 浏览器等最小化的图标，如图 4.9 所示。

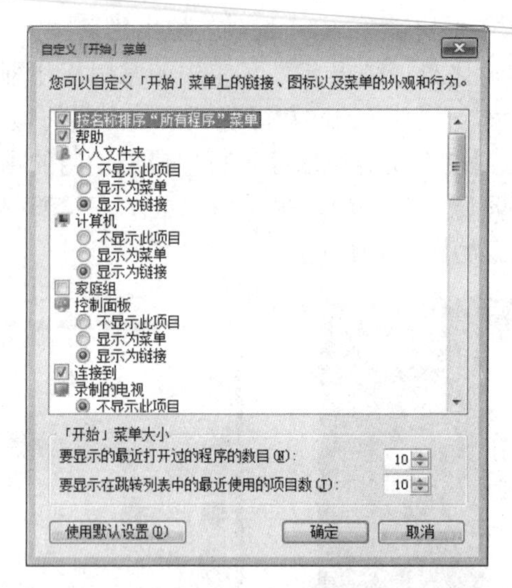

图 4.8　“自定义「开始」菜单”对话框

图 4.9　任务栏

1) 设置任务栏

右击“开始”按钮或“任务栏”，选择“属性→任务栏”命令，可以设置任务栏的外观，如“锁定任务栏”“自动隐藏任务栏”“使用小图标”和“屏幕上的任务栏位置”等。用户还可以通过其中的“自定义”按钮，对通知区域的内容进行设置，如图 4.10 所示。

2) 添加或取消快速启动栏项目

在 Windows 7 中，可以在任务栏中添加一个程序的快速启动按钮。打开“开始”菜单，右击相应程序，在弹出的快捷菜单中选择“锁定到任务栏”选项，如图 4.11 所示。如果要取消任务栏中的快速启动按钮，右击任务栏上的相应按钮，在弹出的快捷菜单中选择“将此程序从任务栏解锁”即可。

3) “跳转列表”功能

“跳转列表”可以帮助用户快速访问常用文档。借助不同程序的“跳转列表”可以将所有最近使用过的程序进行分类，方便了用户的操作，如图 4.12 所示。

4) “显示桌面”功能

在 Windows 7 中，当需要显示桌面时，可以单击任务栏最右侧的矩形按钮，此外也可按 Win+D 快捷键来实现这一功能。

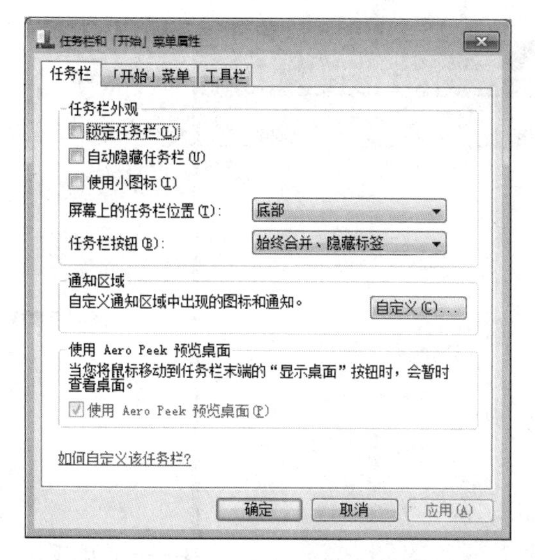


图 4.10 “任务栏和「开始」菜单属性”对话框

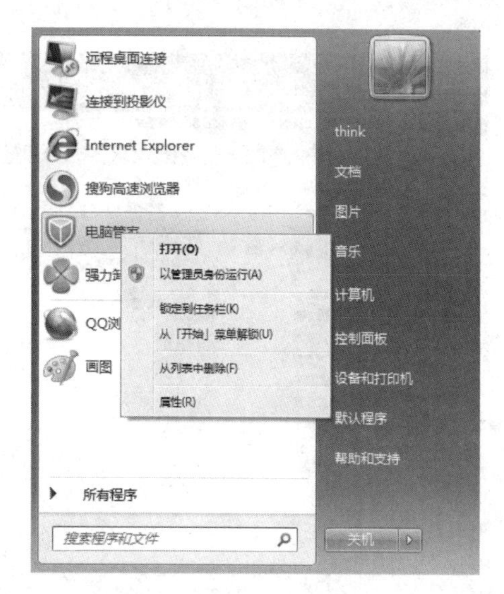


图 4.11 添加项目到任务栏

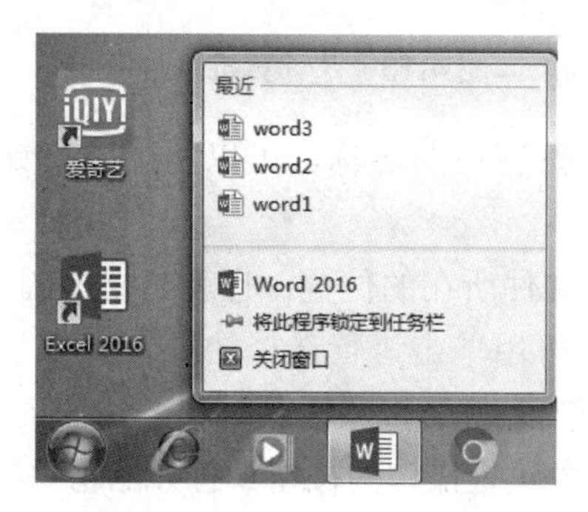


图 4.12 “跳转列表”功能

## 4.2.4 窗口

窗口是 Windows 最大的特点，Windows 是一个多窗口的系统，窗口操作是 Windows 最基本的操作。对于用户来讲，只有熟练掌握窗口的操作，才能学好用好 Windows。

### 1. 窗口的组成

窗口是指在桌面上的矩形工作区，是 Windows 的主要操作环境。窗口的屏幕背景是桌面，在桌面上可以有多个窗口，一个窗口代表一个应用程序，无论是文件、图片、声音，还是程序，一打开就同时打开一个窗口，关闭一个窗口就意味着关闭一个应用程序。在同时打开的窗口中，用户当前正在操作的一个窗口称活动窗口或当前窗口。

Windows 7 的窗口可概括为两类：系统窗口和程序窗口。系统窗口的组成大致包括标题栏、地址栏、菜单栏、搜索框、工具栏、导航窗格、内容显示窗格、详细信息窗格和窗口按钮；程序窗口则根据程序的不同，其组成结构有所差别。

下面通过对“计算机”窗口的介绍来认识 Windows 7 窗口的结构和组成。在桌面上双击“计算机”图标，即可打开“计算机”窗口，如图 4.13 所示。

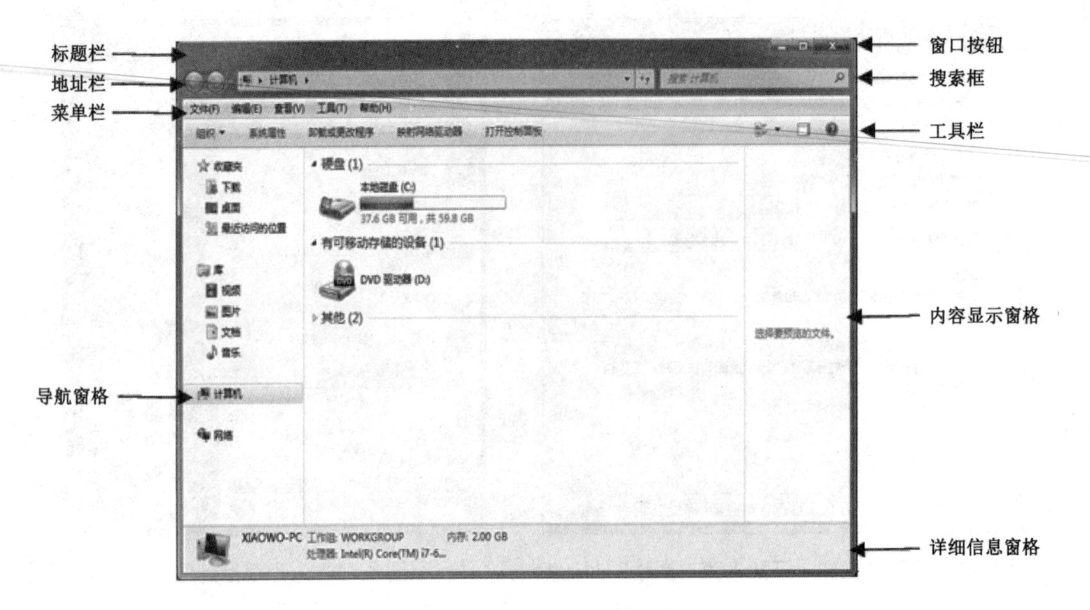


图 4.13 “计算机”窗口

(1) 标题栏。用于显示打开窗口的名称。可以用鼠标指针指向标题栏并拖动来实现移动窗口。

(2) 地址栏。显示窗口或文件所在的位置，也就是常说的“路径”。

(3) 菜单栏。包含程序中可用单击进行选择的项目。打开下拉菜单后，选择菜单项，单击即可执行相应的命令。按 Alt 键可以激活菜单栏。

(4) 工具栏。对窗口或对象进行操作的按钮。打开的窗口类型不同，按钮也有所不同。

(5) 搜索框。用于搜索相关的程序或文件。

(6) 导航窗格。显示当前文件夹中所包含的可展开的文件夹列表。

(7) 内容显示窗格。用于显示信息或供用户输入资料的区域。

(8) 详细信息窗格。用于显示程序或文件(夹)的详细信息。

(9) 窗口按钮。用于控制窗口的大小及内容的显示。主要有以下几项。

▣：最大化按钮，用于将窗口最大化，即扩大到整个屏幕。窗口最大化后，该按钮变为恢复按钮。

▭：最小化按钮，用于将窗口最小化，即缩小为一个图标，放在任务栏上。另外，按 Win+M 快捷键可以最小化所有窗口；按 Shift+Win+M 快捷键可以恢复所有最小化了的窗口。

⧉：恢复按钮，用于将最大化窗口恢复为普通窗口。窗口恢复为普通窗口后，该按钮变为最大化按钮。

☒：关闭按钮，用于关闭窗口，终止应用程序。

←：返回按钮，单击该按钮可以回到前一步操作的窗口。

→：前进按钮，单击该按钮可以回到操作过的下一步操作的窗口。

↻：刷新按钮，单击该按钮可以让窗口的内容刷新一次。

### 2. 窗口操作

1) 切换窗口

Windows 7 能一次打开多个窗口，每个窗口在任务栏上都有相应的按钮。同一时间只有一个窗口是活动的。在打开多个窗口后，可以按下列方法切换。

- 单击任务栏上的相应按钮。
- 直接单击要激活的窗口。如果该窗口被其他窗口完全遮盖，此方法无效。
- 按 Alt+Tab 快捷键切换。按 Alt+Tab 快捷键后，屏幕上会弹出一个小框，框中排列着桌面上各个窗口的图标。接下来每按一次 Tab 键，就会选择下一个窗口图标。当要激活的窗口图标带有边框时，释放 Alt 键就会激活相应的窗口。
- 按 Alt+Esc 快捷键在所有打开的窗口之间切换，这种方法不适合最小化后的窗口。

2) 移动窗口

移动窗口就是将窗口从一个位置移动到另一个位置，方法是将鼠标指针指向窗口标题栏，然后按住鼠标左键将窗口拖动到适当的位置释放鼠标。

3) 缩放窗口

使用“最大化”按钮或“最小化”按钮可以使窗口最大化或最小化；将鼠标指针指向窗口边框或四个角上时，指针将变成双向箭头，这时按下鼠标左键并拖动，可以改变窗口的大小。

4) 刷新窗口

在窗口菜单“查看”中或右击出现的快捷菜单中选择“刷新”命令或按 F5 键，都可以刷新当前窗口的信息。

5) 关闭窗口

窗口不再使用时，可通过以下方法之一将其关闭。

- 单击标题栏的“关闭”按钮☒。
- 双击标题栏的控制菜单图标。
- 单击标题栏的控制菜单图标，选择“关闭”命令。
- 单击“文件”菜单中的“关闭”命令(程序窗口为“退出”命令)。
- 按 Alt+F4 快捷键。

6) 窗口特色操作

在 Windows 7 中，有几个特色的窗口操作既有趣又方便。

- 窗口对对碰：拖动窗口向桌面的左侧一碰，窗口就立刻在左侧以半屏的方式显示，若要恢复原状，则向反方向拖动窗口。向右侧拖动同理。这种方式用于拷贝和校对工作很方便。
- 窗口向上碰：拖动窗口向桌面的顶端一碰，窗口就立刻最大化，拖离顶端即可还原窗口。这种方式用于查看详细信息时很方便。
- 窗口摇晃：在桌面上打开几个窗口的情况下，只要将需要保留的窗口拖住，轻轻晃动，其余的窗口立刻变为最小化，桌面恢复清爽。再晃一下，则消失的窗口又回到原来的位置。

## 4.2.5 菜单

菜单是提供应用程序操作的命令集合，Windows 将每一组相关的命令放在一个菜单项中，并且提供一个菜单名。

### 1. 下拉菜单

当用户单击菜单名后，窗口就会出现一个下拉菜单，列出一组有关命令以供用户选择，如图 4.14 所示。

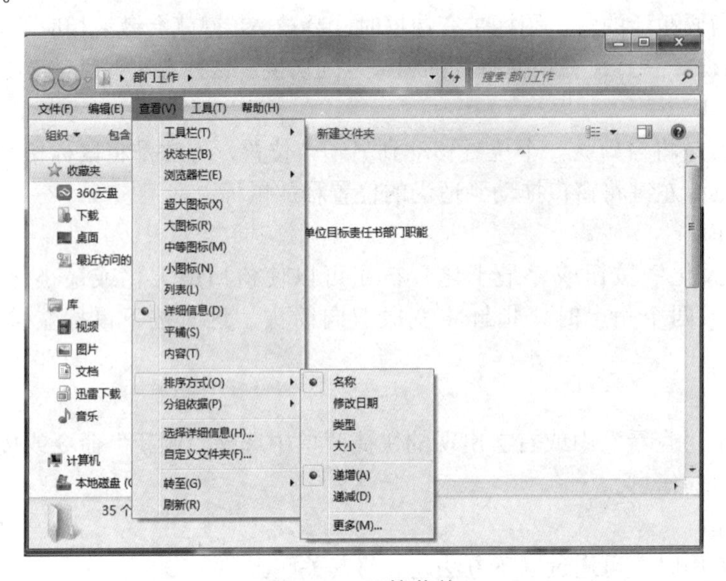


图 4.14　下拉菜单

### 2. 快捷菜单

移动鼠标指针到某个对象(如 Windows 的标题栏、图标、文件或选择的文本)，然后右击，将弹出一个快捷菜单，上面列出该对象适用的所有选项，对于不同的对象，所列出的快捷菜单项目有所不同，如图 4.15 所示。图 4.15(a)是桌面空白处的快捷菜单；图 4.15(b)是“计算机”桌面图标的快捷菜单；图 4.15(c)是应用程序桌面图标的快捷菜单。

Windows 7 的菜单中有一些统一规定，它们具有特别的含义，下面分别列出。

(1) 暗淡菜单项。当菜单的命令显示灰色的时候，表示该菜单项在当前环境下不能使用，称为无效菜单项。只有在用户做了某些准备后，灰色变黑色时，才能使用。

(2) 热键。菜单旁的括号中有一个带下划线的字母或字母组合，通常称它热键。在键盘操作中按 Alt+该字母键可以快速打开该菜单。

(3) 选中标记。有的菜单项左边带有一个✔，说明该菜单项在当前环境下已起作用，是一个确认菜单项。

(4) 单选菜单项。如果菜单项的左面带有●，表示该菜单项是一个单选菜单项，这一组菜单项功能互不相容，只能选其中的一项，图 4.14 中的“超大图标”“大图标”“小图标”“列表”“详细信息”等多条命令只能选一项。

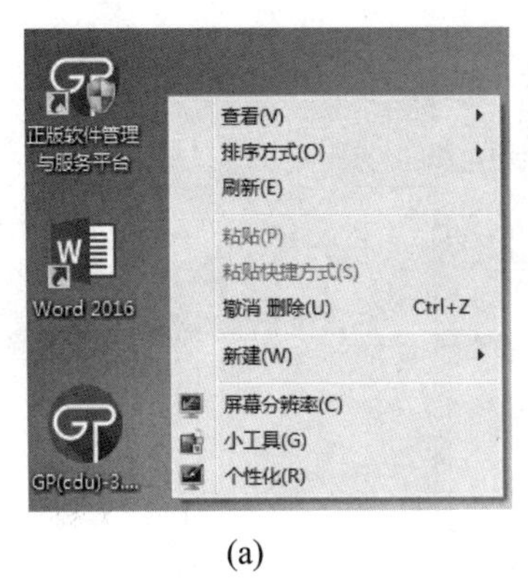


(a)

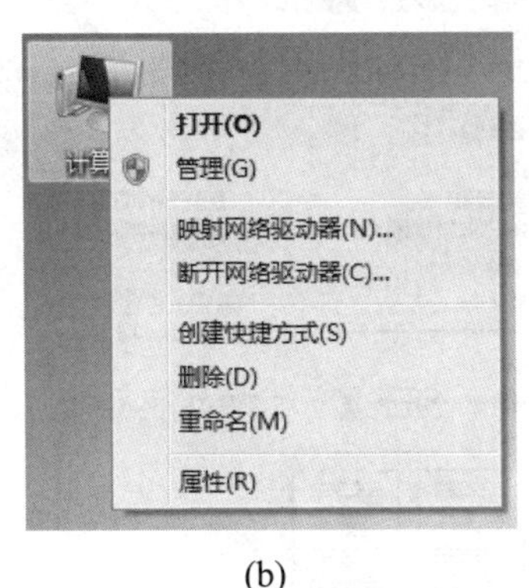


(b)

(c)

图 4.15　快捷菜单

(5) 级联菜单。菜单项右边带有时，单击时会出现下一级菜单，供选择使用。如图 4.14 所示的“排序方式(O)”命令。

(6) 带对话框菜单。菜单项右边带有“…”时，单击时会出现一个对话框，在对话框中要求用户完成具体操作。

### 3. 菜单的键盘操作

在“计算机”窗口的各个主菜单项和其下拉菜单各项的右边，都有一个键盘操作的快捷方式，如主菜单项“文件”和下拉菜单项“关闭”，前者的操作方法是按 Alt+F 快捷键，后者的操作方法是在下拉菜单出现时直接按字母 C 键。

## 4.2.6　对话框

对话框是一种特殊的窗口，是 Windows 与用户进行信息交换的关键场所。通过对话框，用户可以输入各种信息并做各种选择，如图 4.16 所示。

### 1. 选项卡和标签

有许多对话框都是组合式的，即对话框包含多组内容，每组内容是一个选项卡，由相应的标签来标识。当对话框打开时，默认是第一个选项卡的内容，如果要切换到其他选项卡，单击对话框相应的标签。

### 2. 文本框

文本框用于输入文本信息，单击文本框可以输入文本内容。当文本框右侧出现箭头时，将打开一个下拉列表框，可以从中直接选择要输入的文本信息。

### 3. 命令按钮

单击按钮时，将执行相应的动作，如果按钮含有省略号，将弹出另一个对话框。

### 4. 列表框

列表框含有所有可供选择的列表项，单击可选择其中一项。

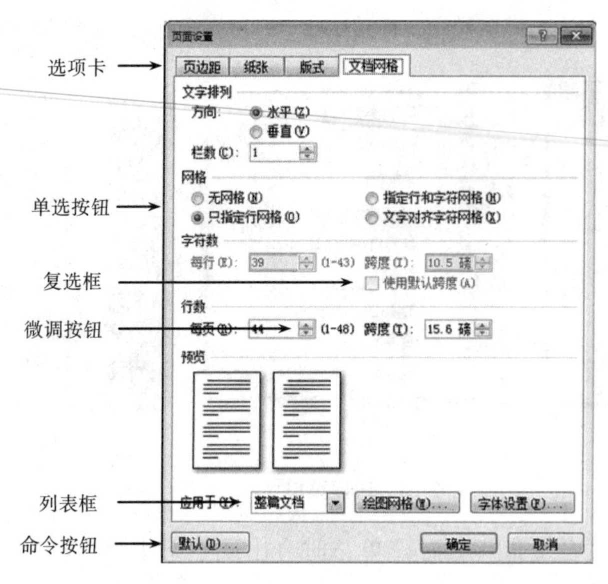


图 4.16　对话框

### 5．微调按钮

微调按钮是一种特殊的文本框，其右侧有两个箭头按钮，用于对框中的内容(一般是数字)进行调整。

### 6．单选按钮

单选按钮或是一种互斥选项，同一组单选按钮每次只能选择一项，单击可以选中单选按钮，代表选中。

### 7．复选框

复选框或是一种开关选项，可以同时选一个或多个。

## 4.2.7　剪贴板操作

剪贴板是 Windows 程序或文件之间传递信息的临时存储区，该存储区不但可以存储文本，还可以存储图像、声音等信息。利用剪贴板传递信息是将文本、图形、图像或声音等数据“剪切”或“复制”到剪贴板上，然后再把剪贴板上的数据“粘贴”到指定的位置。

剪贴板实际上是 Windows 在内存中开辟的一块临时存放交换信息的区域。

### 1．信息传递到剪贴板

(1) 选定信息传递到剪贴板：先选定要复制的信息，然后按以下三种方法进行操作。

方法 1：选择“编辑”菜单中的“复制”命令。

方法 2：右击后选择“复制”命令。

方法 3：按 Ctrl+C 快捷键。

(2) 整个屏幕信息复制到剪贴板：按 Print Screen 键。

(3) 活动窗口信息复制到剪贴板：按 Alt+Print Screen 快捷键。

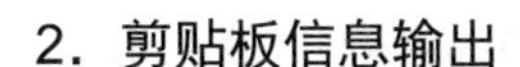

### 2．剪贴板信息输出

剪贴板上的信息一直保存到对剪贴板进行修改、删除或退出 Windows 为止。在任何时候都可以将剪贴板上的信息复制到应用程序中。步骤如下。

① 确认剪贴板上的信息。

② 启动要复制的目标程序。

③ 将插入点定位到目标位置。

④ 选择“编辑”菜单中的“粘贴”命令或按 Ctrl+V 快捷键。

## 4.2.8　汉字输入

在 Windows 7 的操作过程中，无论是写文章、加注释，还是建立新的文件夹和文件，都可能要用到汉字的输入。

### 1．选择汉字输入法

Windows 7 提供了各种汉字输入法，如全拼、智能 ABC、五笔等。在使用某种输入法进行汉字输入之前，先要进行选择，方法是单击任务栏右下角的“输入法”图标，再从弹出的“输入法”列表中选择要用的输入法，如图 4.17 所示。

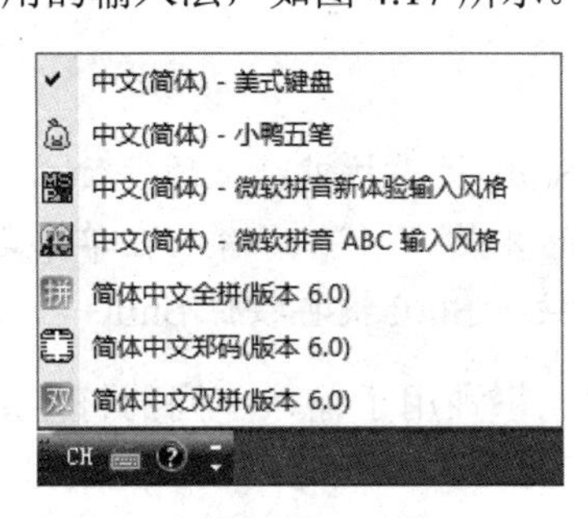


图 4.17　选择汉字输入法

### 2．输入法状态栏

选择一种汉字输入法后，屏幕底部会出现输入法状态栏，如图 4.18 所示。

图 4.18　输入法状态栏

- ：中英文切换按钮，用于切换中英文输入状态。按 Ctrl+空格键，也可以打开/关闭中文输入法。
- 标准：输入方式切换按钮，不同的汉字输入法其输入方式也不同。例如，智能 ABC 输入法包括标准和双打两种输入方式。
- ：半角/全角切换按钮，若按钮符号为 ，是半角符号，输入的英文、数字是汉字宽度的一半。单击该按钮变为全角符号，输入的英文、数字与汉字等宽。例如，

  半角字符：ABCDEFG1234567abcdefg

  全角字符：ＡＢＣＤＥＦＧ１２３４５６７ａｂｃｄｅｆｇ

  按 Shift+空格键，也可以在中文输入法状态下进行全角/半角的切换。

- ：中英文标点切换按钮，当标点符号为，输入的是英文标点，单击该按钮，变为时，输入的是中文标点。按 Ctrl+.(句点键)，也可以在中文输入法状态下进行中/英文标点符号的切换。表 4.4 是中文标点符号与键位的对应表(在不同的输入法中可能有细微的差别，表 4.4 是在智能 ABC 状态下的对应关系)。

表 4.4　中文标点符号与键位

| 中文标点符号 | 键　位 | 说　明 | 中文标点符号 | 键　位 | 说　明 |
|---|---|---|---|---|---|
| 。(句号) | . | | ）(右括号) | ) | |
| ，(逗号) | , | | 〈《 (左单双书名号) | < | 自动嵌套 |
| ；(分号) | ; | | 〉》 (右单双书名号) | > | 自动嵌套 |
| ：(冒号) | : | | …… (省略号) | ^ | 双符处理 |
| ？(问号) | ? | | —— (破折号) | - | 双符处理 |
| ！(感叹号) | ! | | 、(顿号) | \ | |
| “” (双引号) | “ | 自动配对 | · (间隔号) | @ | |
| ‘’ (单引号) | ‘ | 自动配对 | — (连字号) | & | |
| （ (左括号) | ( | | ￥ (人民币符号) | $ | |

### 小知识

输入左单书名号时，按住 Shift 键再按键盘上的键位<，首先显示的是“《》”，按下 Shift 键再按住 Shift+>，输入的才是“〈”。输入左单书名号“〈”后，如果立即按键位>，那么将首先显示“〉”，按下 Shift 键再按住 Shift+>，才显示“》”。

- ：软键盘有 13 种，每种用于输入不同的符号或字符，如希腊字母、拼音字母、数学符号和特殊符号等。默认时，软键盘就是 PC 键盘，输入的是正常的文字。如果要使用其他软键盘，则右击“软键盘”按钮，在弹出的“软键盘”菜单中，选定要用的软键盘。例如，要输入“数学符号”软键盘，可以在菜单中选择“数学符号”命令，这时屏幕上就会显示“数学符号”软键盘(见图 4.19)。当不再使用软键盘时，单击“软键盘”按钮可以关闭软键盘，这样才能输入正常文字内容。

| PC键盘 | 标点符号 |
|---|---|
| 希腊字母 | 数字序号 |
| 俄文字母 | 数学符号 |
| 注音符号 | 单位符号 |
| 拼　音 | 制表符 |
| 日文平假名 | 特殊符号 |
| 日文片假名 | |

中 极品五笔

图 4.19　软键盘

### 4.2.9 获得帮助

Windows 7 为用户提供了强大的帮助系统，是用户使用 Windows 7 的有力工具。在 Windows 7 系统中，用户随时都能获得帮助，用户利用帮助系统几乎可以完成一切任务。

#### 1. 使用 Windows 7 的帮助和支持中心

Windows 7 的帮助和支持中心可以用多种方法打开。

方法 1：选择“开始→帮助和支持”命令。

方法 2：打开“计算机”窗口，在菜单栏中选择“帮助→帮助和支持”命令。

方法 3：在桌面不激活程序窗口的情况下按 F1 键。

在“Windows 帮助和支持”窗口(见图 4.20)中提供了以下几种帮助方法。

(1) 快速找到答案：在窗口的搜索框中输入想要查找的字词，单击 🔍 按钮或者按 Enter 键，系统就会自动搜索出和输入的字词相关的帮助信息，并以列表的方式显示出来供用户选择查看。

(2) 如何实现计算机入门：其中包含在设置计算机时可能希望执行的一系列任务。入门级的任务包括从其他计算机传输文件、向计算机添加新用户、备份文件和个性化。

(3) 了解有关 Windows 基础知识：Windows 基本常识中的各个主题介绍了个人计算机和 Windows 操作系统。无论是计算机入门者还是曾经使用过 Windows 其他版本的有经验的用户，这些主题都将有助于其了解和顺利使用计算机所需要的任务和工具。

(4) 浏览帮助主题：以目录的形式列出“帮助和支持”下所有的内容，都是以超链接的方式进行组织，单击即可跳转到相关的页面，查看起来更方便。

(5) Windows 网站的详细介绍：单击 Windows 超链接，就可以进入微软的“Windows 帮助和操作方法”网页，里面有更多信息、下载资源和方法，使用这些可以帮助用户更好地使用 Windows 7。

#### 2. 联机帮助

Windows 7 帮助系统中的某些内容，很可能因为一些补丁程序的发布而产生变化。要随时保证 Windows 7 的帮助内容是最新的，就要用到 Windows 7 的联机帮助。

在默认情况下，如果在打开帮助和支持中心时，系统已经连接到互联网，那么 Windows 7 会自动使用联机帮助。如果系统设置为不使用联机帮助或者系统没有连接到互联网，那么 Windows 7 就会使用脱机帮助。

如果想要知道当前正在使用的是联机帮助还是脱机帮助，只要单击一下“联机帮助”状态按钮(见图 4.20)即可。

#### 3. 更多支持选项

如果问题比较复杂，Windows 7 的帮助文件、微软的帮助和支持网站上都搜索不到答案，可以单击图 4.20 中的“更多支持选项”按钮或者标题栏上的“询问”按钮，帮助和支持中心将提供更多的支持选项。

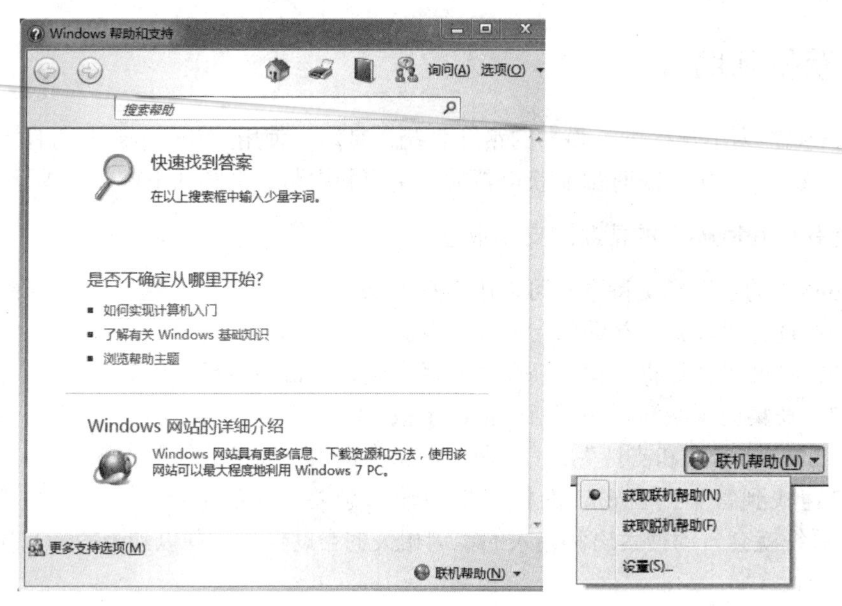


图 4.20 “Windows 帮助和支持”窗口

# 4.3 Windows 7 的文件和磁盘管理

文件管理是 Windows 7 的一个重要组成部分。在现代计算机系统中，用户的程序和数据，操作系统自身的程序和数据，甚至各种输出/输入设备，都是以文件形式出现的。可以说，尽管文件有多种存储介质可以使用，如硬盘、软盘、光盘、闪存、记忆棒等，但是它们都以文件的形式出现在操作系统的管理者和用户面前。用户操作计算机时，大部分工作都是在操作文件，包括文件和文件夹的建立、打开、复制、移动、更名和删除等。Windows 7 通过十分有效的文件管理工具——“计算机”来管理文件和磁盘。

## 4.3.1 概述

### 1. 文件和文件类型

文件是文字、声音、图像等信息的集合，是用户存储、查找和管理信息的一种方式。每一个文件都有一个文件名，文件名由文件标识符和扩展名组成，文件标识符必不可少，而扩展名可有可无。Windows 中的文件名可多达 255 个字符，文件名中的字符可以是汉字和特殊字符，但不能使用以下字符：

?  \ / : " * < > |

扩展名一般是 3 个字符，主要用于标识文件的类型。一些文件的扩展名和特定的应用程序相关联，通过双击便可以调用特定的应用程序打开文件。文件扩展名被操作系统用来区分文件类型，了解文件扩展名对于熟悉文件管理和文件操作都有很大的帮助。Windows 中一些常用的文件扩展名及其含义如表 4.5 所示。

表 4.5 常用文件扩展名及其含义

| 扩展名 | 含 义 | 扩展名 | 含 义 |
|---|---|---|---|
| COM 或 EXE | 可执行文件 | BAS | BASIC 源程序文件 |
| SYS | 系统文件 | C | C 语言源程序文件 |
| BAT | 批处理文件 | ASM | 汇编语言程序文件 |
| BAK | 后备文件 | OBJ | 目标程序文件 |
| BMP 或 JPG | 图像格式文件 | LIB | 库文件 |
| MP3 | MP3 音频格式文件 | TXT | 文本文件 |
| AVI | 视频文件 | DOC | Word 文档文件 |
| HTML | 超文本标记语言文件 | XLS | Excel 文档文件 |
| ZIP 或 RAR | 压缩文件 | PPT | 演示文稿文件 |
| HLP | 帮助源文件 | TMP | 临时文件 |
| INI | 初始化信息文件 | DRV | 设备驱动程序 |

正确的文件名如公司简介.doc、Fox.bmp、picture.rar、a1.bas、学校简介.ppt、Readme.txt。

在文件的调用中，可以使用通配符(或称替代符)来表示一组文件名，通配符有两种，即星号“*”和问号“？”。

- “*”通配符：也称“多位通配符”，代表所在位置的任意字符串。
- “？”通配符：也称“单位通配符”，代表所在位置的任意一个字符串。

例如，A*.TXT 代表所有以 A 开头的 TXT 文件；B*.*代表所有以 B 开头的文件；*.*代表所有文件；P？.BAS 代表以 P 开头的，文件名为两个字符的 BAS 文件；？？？.*代表所有文件名为三个字符的文件。

在 Windows 中，文件以图标和文件名来标识，每个文件都对应一个图标，对图标的操作即对文件的操作。

### 2. 文件的组织形式

1) 磁盘(或光盘)与文件

文件保存在磁盘(或光盘)中。从前面的知识可以了解到，磁盘(或光盘)中的文件是通过磁盘(或光盘)驱动器进行读写的，为了有效地使用驱动器，分别为每一个驱动器起了一个名字，用一个英文字母后跟一个冒号(:)来表示，称为“盘符”。从 A 开始，A:、B:代表软盘驱动器(现在的计算机很少配置软驱，因此经常看不到 A:和 B:)。从 C:开始代表硬盘的几个分区(操作者可以根据自己的需要决定给硬盘分几个区，对于不同的计算机，分区可能有所不同)，硬盘的几个分区表示完后是可移动设备的编号。如果在计算机使用过程中插入移动设备，则系统将动态地继续往后编号。这些驱动器取名后对应的图标就放在“计算机”窗口中(见图 4.21)，给驱动器编号是由操作系统完成的，用户只需要识别它们。

2) 文件和文件夹

文件夹，顾名思义，就是存放文件的夹子，本质上就是外存上的一段存储空间。一个文件夹用于存放一组相关的文件，如可以建一个文件夹来专门存放音乐文件，另外再建一

个文件夹来专门存放 C 语言程序文件。文件夹还可以存储另一个文件夹，文件夹又存放在磁盘或光盘等外存上。每个文件夹都有名字，文件夹的名字可以是字符和汉字，文件夹名一般不用扩展名。在系统中，文件夹用专门的图标表示，对文件夹图标的操作就是对文件夹的操作。

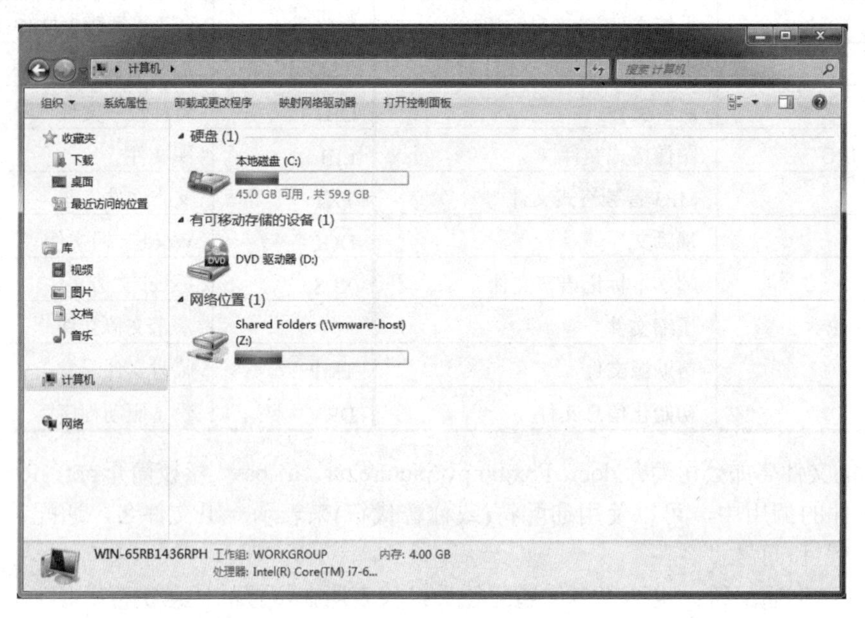


图 4.21　“计算机”窗口

3) 文件夹的结构

文件夹的结构是一种树形结构，形似一棵向右侧放置的树，左侧有唯一的根节点，根节点下有一些树叶和多个子节点，每一个子节点都只有一个父节点，但可以有若干树叶和子节点。根节点即根文件夹，子节点表示子文件夹，而树叶则表示普通文件。

文件组织的树形结构如图 4.22 所示。

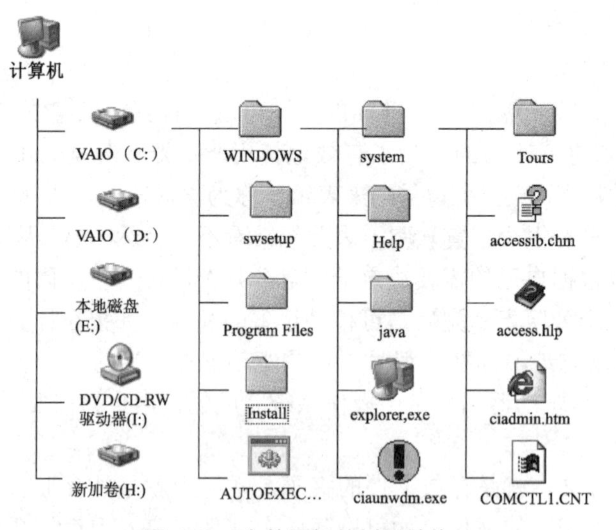


图 4.22　文件组织的树形结构

4) 地址

地址是文件夹的字符表示，用来指明文件在盘上的哪一级文件夹中。地址是用箭头 ▸ 相互隔开的一组文件夹(见图 4.23)。

▸ 计算机 ▸ Preload (C:) ▸ Windows ▸ system

图 4.23　文件夹地址

### 3. 文件快捷方式

文件快捷方式是快速启动各种项目的简便方法。尤其是使用在桌面上建立的快捷方式，能够方便用户快速启动常用的程序。快捷方式也是一种文件，这个文件本身没有包含任何有意义的数据和文本文件，仅仅是一个指针，指向用户计算机或网络上任何一个可链接项目(应用程序、文件、文件夹、硬盘驱动器、网页、打印机或另一个计算机)。双击快捷方式文件其实就是间接地启动其链接项目。

在同一台计算机上使用快捷方式和快捷方式实际指向的项目，操作方法没有什么不同。若快捷方式所指的项目改变了位置，快捷方式文件就失效了。

**注意**

进行文件备份时，必须备份文件本身，而不是文件的快捷方式。很多初学者在备份文件时都犯了备份快捷方式的错误，结果复制到其他计算机上使用时，出现文件不能打开的错误。

建立快捷方式有多种方法，在此介绍两种常用方法。

(1) 建立一般的快捷方式如下。

① 在需要建立快捷方式的地方单击右键，在弹出的快捷菜单中选择“新建→快捷方式”命令。

② 在弹出的对话框中直接输入项目的位置或单击“浏览”按钮，选择项目的位置。

③ 在下一步弹出的对话框中输入快捷方式的名称，单击“完成”按钮。

(2) 建立桌面快捷方式如下。

① 找到项目所在位置，右击。

② 在弹出的快捷菜单中选择“发送到→桌面快捷方式”命令。

## 4.3.2　Windows 7 文件管理

Windows 7 文件管理窗口用于管理计算机上的文件、文件夹和磁盘等资源。在桌面上双击“计算机”图标，将打开“计算机”窗口(见图 4.21)。在“计算机”窗口中可以看到电脑上的各种资源，这些资源以图标的方式显示。“资源管理器”是另一管理文件和文件夹的有效工具。实际上，“计算机”和“资源管理器”是一个程序。在“计算机”中能完成的功能，在“资源管理器”中同样也能完成。“资源管理器”打开方式如下：选择“开始→所有程序→附件→Windows 资源管理器”命令。

下面以“计算机”窗口为例，详细介绍窗口的各个组成部分，如图 4.24 所示。

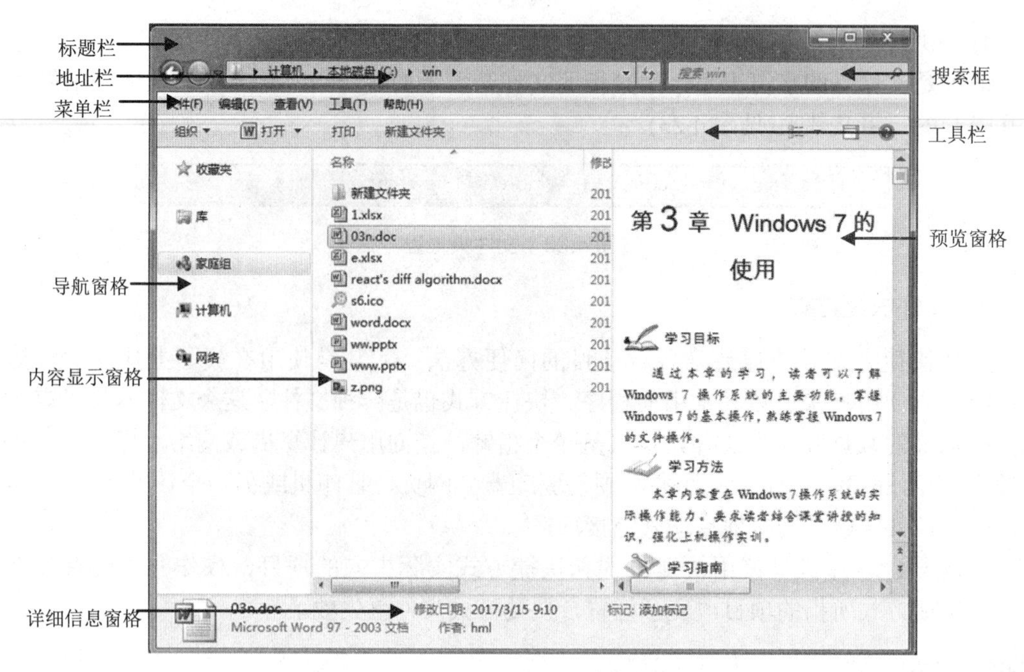


图 4.24 “计算机”窗口组成

### 1. 标题栏

用于显示打开窗口的名称。可以用鼠标指针指向标题栏并拖动来实现移动窗口。右上角有“最小化”和“关闭”等按钮。

### 2. 地址栏

显示窗口或文件所在的位置，也就是常说的路径。在此切换文件夹更加方便，只需单击相应文件夹按钮旁边的三角形按钮 ▸，就可选择这个文件夹下的子文件夹。单击地址栏最左边的三角形 ▸，可以进入控制面板、网络等系统文件夹。

### 3. 菜单栏

菜单栏包含程序中可用单击进行选择的项目。打开下拉菜单后，选择菜单项，单击即可执行相应的命令。按 Alt 键可以激活菜单栏。

### 4. 工具栏

单击工具栏中的“组织”按钮，通过下拉菜单中提供的功能，可实现对文件的大部分操作，如“剪切”“复制”“搜索”等。在工具栏的右边还有三个按钮，从左到右分别是“视图”“显示预览窗格”和“帮助”按钮。单击“视图”按钮或旁边的三角按钮，可改变和选择文件的图标大小。单击“显示预览窗格”按钮，可打开或关闭“预览窗格”。此外，当选中不同类型的文件或文件夹时，会在工具栏上出现对应的功能按钮，如“打印”“电子邮件”和“新建文件夹”等。

### 5. 搜索框

搜索框用于搜索相关的程序或文件。搜索的结果与关键字相匹配的部分会以黄色高亮

显示，能让用户更容易找到需要的结果。

### 6. 导航窗格

窗口左侧的导航窗格提供了“收藏夹”“库”“家庭组”“计算机”及“网络”选项，用户可单击选项快速跳转到相应的目录。如“收藏夹”选项允许用户添加常用的文件夹，从而实现快速访问。“收藏夹”预置了几个常用的文件夹选项，如“下载”“桌面”“最近访问的位置”及“用户文件夹”等。如用户需要添加文件夹到收藏夹，只需将相应的文件夹拖入收藏夹图标的上方或下方的空白区域。

### 7. 内容显示窗格

内容显示窗格是整个窗口最重要的组成部分，显示当前文件夹中的内容。如果通过搜索框中输入的内容来查找文件，则只显示与搜索相匹配的文件。

### 8. 预览窗格

预览窗格位于窗口的最右侧，通过工具栏中的“显示预览窗格”按钮进行打开或关闭，用于显示选中文件和文件夹的内容。

### 9. 详细信息窗格

详细信息窗格位于窗口的最下方，用于显示当前选中文件或文件夹的详细信息。

## 4.3.3 Windows 7 中的库

Windows 7 中新增了文件管理方式——库。Windows 7 的资源管理器将库作为访问用户数据的首要入口。库在 Windows 7 中是用户指定的特定内容集合，分散在硬盘上不同物理位置的数据可以逻辑地集合在一起，查看和使用都更加方便。

库是管理文档、音乐、图片和其他类型文件的位置。可以使用与文件夹中相同的操作方式浏览文件，也可以查看按属性排列的文件。在某些方面，库类似于文件夹。例如，打开库将看到一个或多个文件夹。但与文件夹不同的是，库可以收集存储在多个位置中的文件，这是二者的一个细微但重要的差异。

## 4.3.4 文件和文件夹的操作

文件和文件夹的操作包括浏览、选择、新建、删除、复制、移动及重命名等，为了方便对文件和文件夹进行管理，还可以对它们的属性进行设置。

### 1. 选择文件和文件夹

在对某个文件和文件夹进行任何操作前，都要先选取文件和文件夹。在 Windows 7 中，选取文件和文件夹的方法如下。

1) 选取单个文件或文件夹

在窗口单击某个文件或文件夹，即可将该文件或文件夹选中。

2) 选取连续文件或文件夹

选定连续的多个文件有下面的几种方法。

方法 1：先单击要选定的第一个文件，再按住 Shift 键并单击要选定的最后一个文件，这样包括在两个文件之间的所有文件都被选中。

方法 2：在要选定文件的左上角空白区域按住鼠标左键不放并向右下角拖动，将要选定的文件或文件夹包含在其中，如图 4.25 所示。

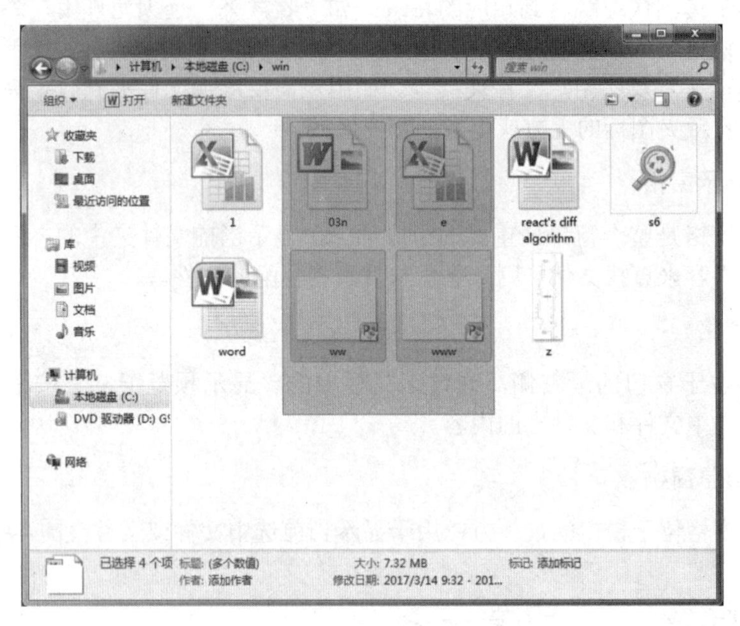


图 4.25　连续选定多个文件

3) 选取不连续的文件和文件夹

先按住 Ctrl 键，然后单击各个要选定的文件和文件夹。

4) 选取全部文件和文件夹

使用“编辑”菜单中的“全部选定”命令，或按 Ctrl+A 快捷键可以选定全部文件。

使用“编辑”菜单中的“反向选择”命令，可以选择除选定文件之外的全部文件。

### 2. 创建文件夹

文件夹用于分类存放文件，用户在管理电脑中的文件过程中，可根据需要新建分类文件夹，将各类文件分别放置到不同文件夹。在 Windows 7 中创建文件夹的常用方法有两种：系统菜单方式和快捷菜单方式。

1) 通过系统的“文件”菜单创建新文件夹

① 选定新建文件夹的位置，这个位置可以是一个磁盘驱动器，也可以是一个已有的文件夹，如果选定一个文件夹，建立的文件夹就是选定文件夹的子文件夹。

② 选择“文件”菜单中的“新建”命令，在级联菜单中选择“文件夹”命令。这时，默认名字为“新建文件夹”的新文件夹出现在当前目录的文件列表底部。

③ 修改新建文件夹的名字，然后单击框外任意位置。

2) 通过鼠标右键快捷菜单方式创建文件夹

① 打开要创建的文件夹的目录。

② 在空白区域右击，打开快捷菜单。

③ 指向“新建”命令，然后选择“文件夹”命令。这时，默认名字为“新建文件夹”的新文件夹出现在当前目录的文件列表底部。

④ 修改新建文件夹的名字，然后单击框外任意位置。

### 3. 搜索文件或文件夹

如果想查找某一文件或文件夹，但又记不清它的具体位置，可利用 Windows 7 提供的快速查找文件或文件夹的工具。

在这里介绍查找文件和文件夹的两种方法。

方法 1：单击“开始”按钮，切换到“搜索程序和文件”框。

方法 2：切换到“计算机”窗口中的“搜索”框。

下面以“在 C 盘 Windows 文件夹中搜索所有的位图文件(.bmp)”为例进行说明，其操作步骤如下。

① 在“计算机”窗口进入 C 盘 Windows 文件夹。

② 在“搜索”框输入“*.bmp”。

搜索结果如图 4.26 所示。

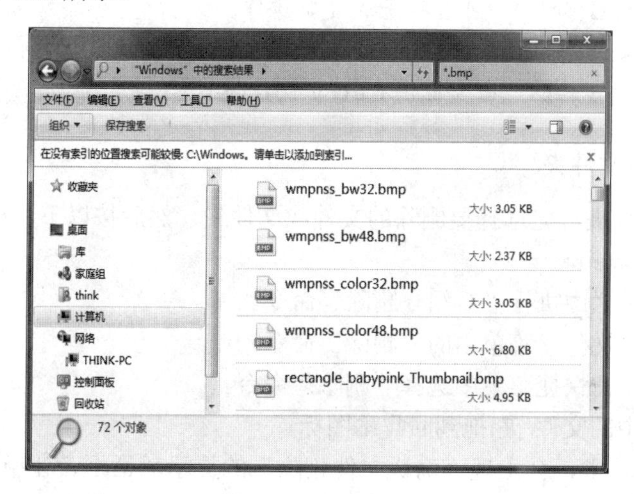


图 4.26 搜索结果

### 4. 移动、复制文件或文件夹

移动、复制文件或文件夹都是将文件或文件夹从原位置放置到目标位置。移动和复制的区别如下。

- 移动：文件或文件夹从原位置被删除并被放到目标位置。
- 复制：文件或文件夹在原位置仍然保留，仅仅将副本放到目标位置。

在 Windows 7 中，移动和复制有两种方法：一是鼠标拖动，二是剪贴板。

1) 使用鼠标复制或移动

① 选定要复制(或移动)的文件或文件夹，并将鼠标指向已选定的文件或文件夹。

② 复制：按住 Ctrl 键不放，然后按住鼠标左键将选定的对象拖到目的地(可以是一个驱动器，也可以是一个文件夹)。移动：按住 Shift 键不放，然后按住鼠标左键将选定的对象拖到目的地。

③ 松开鼠标左键、Ctrl 键或 Shift 键。

2) 使用快捷菜单复制或移动

① 选定要复制(或移动)的文件或文件夹，并将鼠标指针指向已选定的文件或文件夹。

② 右击，弹出快捷菜单。

选择“发送到”命令，可将文件或文件夹复制到某些磁盘上。

选择“复制”命令，可将文件或文件夹复制到剪贴板上。

选择“剪切”命令，可将文件或文件夹剪切到剪贴板上。

③ 选择要复制的目的地。

④ 通过快捷菜单中的“粘贴”命令完成文件或文件夹的复制或移动。

另外，使用“编辑”菜单中的相应命令，或利用工具栏的“组织”按钮也可进行文件的复制和移动，其步骤同上。

**小知识**

用鼠标直接拖动文件(夹)到同一个磁盘驱动器(分区)的另一处可直接完成移动操作；而拖到另一个磁盘驱动器(分区)则可直接完成复制操作。

在复制或移动文件(夹)时，“复制”命令可用 Ctrl+C 快捷键代替，“剪切”命令可用 Ctrl+X 快捷键代替，“粘贴”命令可用 Ctrl+V 快捷键代替。

### 5. 删除文件或文件夹

删除文件或文件夹应先选择要删除的文件或文件夹，然后按以下几种方法进行删除。

方法 1：按 Delete 键。

方法 2：在工具栏中执行“组织→删除”命令。

方法 3：选择“文件”菜单中的“删除”命令。

方法 4：右击，在快捷菜单中选择“删除”命令。

方法 5：把选中的文件(夹)拖到回收站图标。

在文件删除过程中，会出现“确认文件删除”的提示对话框，让用户进行删除确认。使用上面的方法，如果被删除的文件(夹)是硬盘中的文件，系统会给出“放入回收站”的提示，如果希望永久性地删除文件(夹)，可以在删除的同时按住 Shift 键，此时给出的是“确认删除”的提示(见图 4.27)。

### 6. 恢复删除的文件或文件夹

Windows 7 回收站对防止错误删除有保护作用。回收站把删除的文件放在一个队列中，把最近删除的文件放在顶上，如果队列排满了则删除最先放入的文件，这时此文件就被永久性删除了。如果想恢复误删的文件，可按下列步骤进行操作。

① 双击桌面上的“回收站”图标。

② 单击选定想恢复的文件。

③ 选择“文件”菜单中的“还原”命令或窗口中的“还原此项目”。

需要特别注意的是，只有硬盘中的文件和文件夹才有可能放入回收站，因此移动盘中的文件或文件夹一经删除，就不能恢复了。

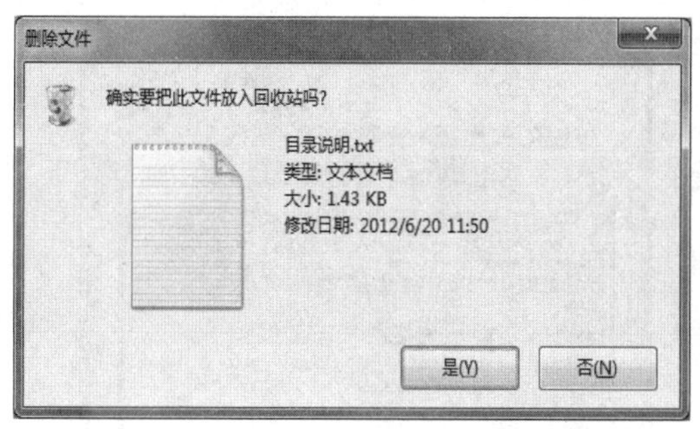


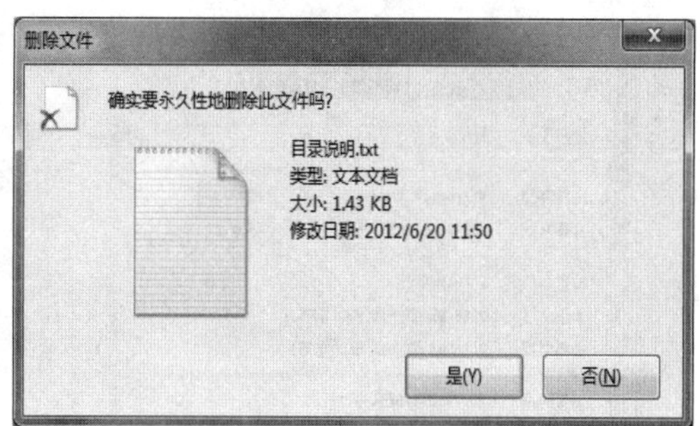


图 4.27　“确认文件删除”提示对话框

### 7. 重命名文件或文件夹

重命名是指为文件或文件夹换一个新名字。右击要改名的文件或文件夹，再选择快捷菜单中的“重命名”命令，当名字被高亮显示并用方框围起来时，输入新名字再按 Enter 键。另外，还可以在选定文件后，选择“文件→重命名”命令，或工具栏中选择“组织→重命名”命令。

**小知识**

*连续两次单击(注：不是双击)文件(夹)名，也可使文件(夹)进入“重命名”状态。*

### 8. 查看和设置文件或文件夹属性

在 Windows 7 中，每个文件或文件夹都有某些特定的信息，如类型、存放位置、所占空间的大小、修改和创建时间及存放的方式等，这些信息统称为文件或文件夹的属性。要了解文件或文件夹的有关属性，可以从文件或文件夹的快捷菜单中选择“属性”命令，弹出如图 4.28 所示的对话框。其中，文件或文件夹的属性有以下两种。

- 只读属性：设定此属性后只能查看其内容，不能修改或删除文件。
- 隐藏属性：如果需要设定此属性后的文件或文件夹不出现在桌面、文件夹或资源管理器中，则应执行“计算机→工具→文件夹选项→查看”命令，在高级设置中选择“不显示隐藏的文件和文件夹或驱动器”。否则，隐藏后的文件仍然要显示。

### 9. Windows 拷贝屏幕图

拷贝屏幕图要用到快捷键 Print Screen 和 Alt+Print Screen。按 Print Screen 键，可以将屏幕上的所有内容拷贝到剪贴板；而按 Alt+Print Screen 快捷键，可以将屏幕上当前窗口或对话框拷贝到剪贴板。拷贝到剪贴板的内容可以复制到多个 Windows 程序中去。例如，可以通过下列步骤将“计算机”窗口复制到 Word 文档中。

① 双击桌面上的“计算机”图标，打开“计算机”窗口。

② 按 Alt+Print Screen 快捷键，将“计算机”窗口拷贝到剪贴板。

③ 打开 Word 文字处理软件。

④ 在“开始”选项卡的“剪贴板”分组中单击“粘贴”按钮，将“计算机”窗口粘贴到 Word 窗口(见图 4.29)。

⑤ 选择“文件→另存为”命令，保存图形。

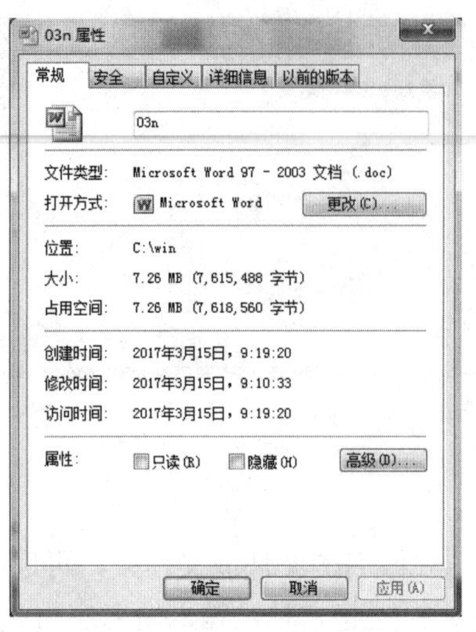


图 4.28　文件属性对话框

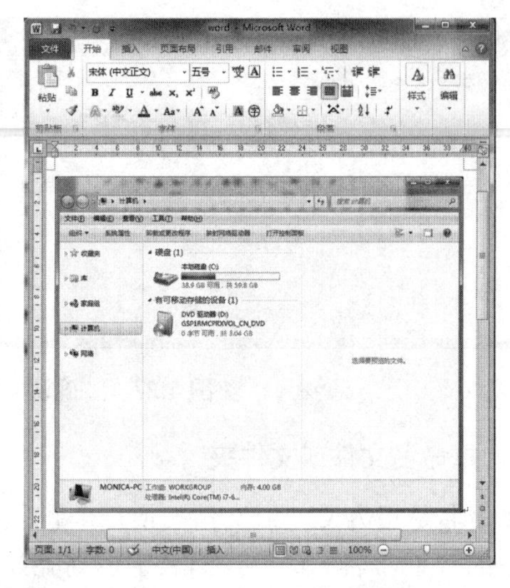


图 4.29　将“计算机”窗口复制到 Word 文档

## 4.3.5　中文输入法的安装、选用或删除

### 1. 输入法的安装

在搜索引擎中搜索下载所需输入法，下载完成后双击运行安装，通常安装时会设置该输入法为默认输入法，安装完成后即可使用。

### 2. 输入法的选用或删除

打开 Windows 7 的“开始”菜单，在弹出的菜单中选择“控制面板”，然后选择“时钟、语言和区域”中的“更改键盘或其他输入法”选项，如图 4.30 所示，在区域和语言面板中，选择更改键盘或其他输入法，在弹出的面板中单击“更改键盘”按钮可以选择输入法，单击右侧的“添加”或“删除”按钮，随后单击“确定”按钮即可完成输入法的选用或删除，如图 4.31 所示，添加输入法进行简单的输入语言的设置后(通常选中文简体)就可以开始使用。



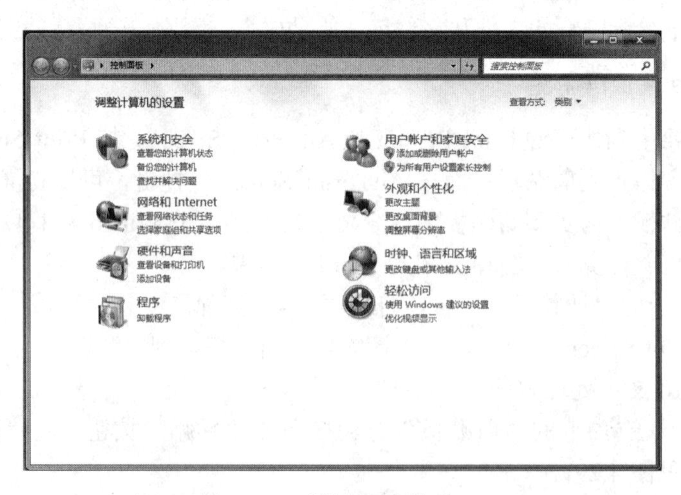


图 4.30　“控制面板”窗口

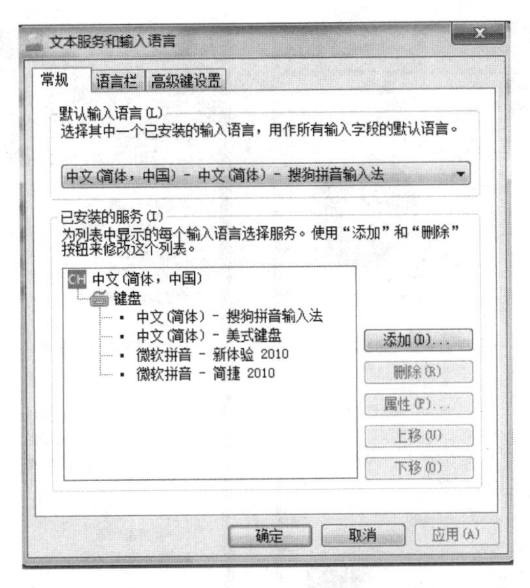


图 4.31　输入法的选用或删除

# 4.4　Windows 7 操作环境设置

Windows 7 的设置主要是通过 Windows 7 中的“控制面板”进行的，“控制面板”是用户自己或系统管理员更新和维护系统的主要工具。启动“控制面板”的方法有两种。

方法 1：双击“计算机”图标，再单击工具栏中的“打开控制面板”图标。

方法 2：选择“开始→控制面板”命令。

在打开的“控制面板”窗口中有若干图标，每个图标代表不同的设置内容，选择窗口上的“查看方式→大图标”可查看详细的设置内容。

## 4.4.1　查看设备信息

在“控制面板”窗口中选择“系统和安全”选项，单击右边窗口的“系统”(或右击“计算机”图标，在打开的快捷菜单中选择“属性”选项)，在打开的窗口中可以了解系统的设备信息。其主要内容有计算机操作系统的名称、计算机 CPU 的型号及内存容量等，如图 4.32 所示。

在窗口左侧选择“设备管理器”选项，打开“设备管理器”窗口，从中可以了解在计算机中安装的设备情况，如图 4.33 所示。

在设备管理器目录的左边一般都有一个展开符号，单击该符号会显示该目录所包含的不同的设备。选择一个设备，右击，在快捷菜单中选择“属性”，能观察到该设备的属性，还能更改设备属性及更新设备的驱动程序。

图 4.32　系统和常规属性

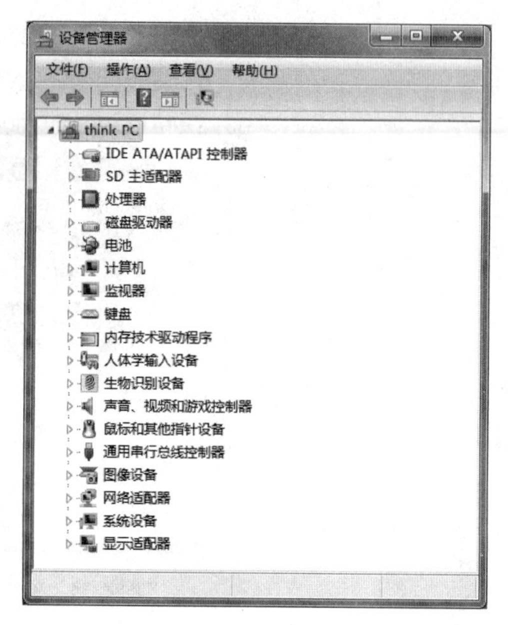


图 4.33　“设备管理器”窗口

## 4.4.2　桌面环境设置

### 1．桌面图标设置

Windows 7 默认的桌面只有一个回收站图标，用户可以根据自己的需要添加或更改桌面图标。具体操作：在“控制面板”窗口中选择“外观和个性化”选项，然后在其中选择“个性化”选项，弹出如图 4.34 所示的窗口。单击窗口左上方的“更改桌面图标”选项，弹出如图 4.35 所示的对话框。选择自己常用的图标，并单击“确定”按钮，就可以将这些图标放置在桌面上。

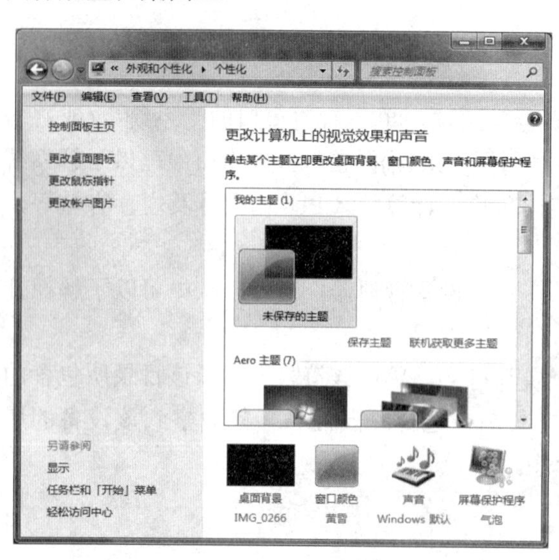

图 4.34　“个性化”窗口

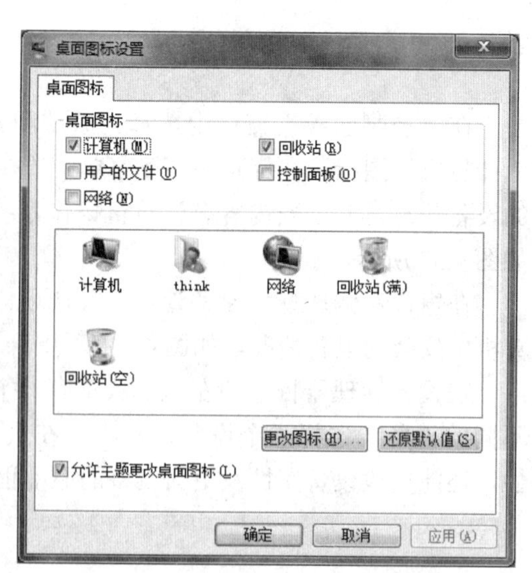


图 4.35　“桌面图标设置”对话框

另外，如果需要将经常使用的某个应用程序设置为快捷对象放在桌面上，可以这样操作：选取相关程序，右击，从快捷菜单中选择“发送到→桌面快捷方式”命令。这样每次启动 Windows 7 时，快捷对象都会展现在用户面前，只要双击该对象即可启动对应的应用程序。

**2．制定用户桌面**

制定用户桌面包括设置桌面背景、设置桌面外观、修改显示器特性等。

1) 设置桌面背景

打开“个性化”窗口最方便的方法是右击桌面空白处，在快捷菜单中选择“个性化”选项。在图 4.34 所示的窗口中选择“桌面背景”图标，可进行系统桌面背景设置，如图 4.36 所示。

**图 4.36　系统桌面背景设置**

2) 设置桌面外观

要改变 Windows 7 窗口边框、菜单和任务栏的颜色，可选择“个性化”窗口中的“窗口颜色”选项，打开的窗口如图 4.37 所示。单击其中的“高级外观设置”按钮可以改变桌面不同部分的颜色，也可以改变字体和字号，如图 4.38 所示。

3) 修改显示器特性

显示器的主要设置包括屏幕分辨率、刷新频率和颜色。

屏幕分辨率指屏幕上文本和图像的清晰度。分辨率越高，屏幕显示的对象越清楚。同时屏幕上的对象越小，屏幕可容纳更多内容。一般 CRT 的分辨率为 1024 像素×768 像素以上，屏幕越大，分辨率越高。在桌面上右击，选取“屏幕分辨率”，将打开“屏幕分辨率”窗口(见图 4.39)，在“分辨率”下拉列表框中，可按需要进行设置。

刷新频率是影响显示器显示效果的另一个重要因素。如果刷新频率太低，则显示器可能闪烁，一般应设置在 75Hz 以上。在图 4.39 所示的窗口中单击“高级设置”按钮，将打

开图 4.40 所示的对话框，在其中可对显示器的刷新频率进行设置。

如果要想获得显示器的最佳颜色显示效果，可对显示器的颜色进行设置，一般颜色设置为 32 位真彩色。在图 4.40 所示的对话框中的“颜色”下拉列表框中，可对其进行设置。

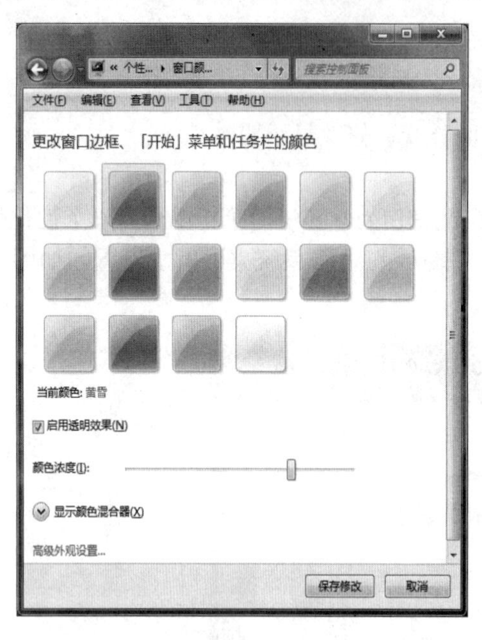


图 4.37 “窗口颜色”窗口

图 4.38 “窗口颜色和外观”对话框

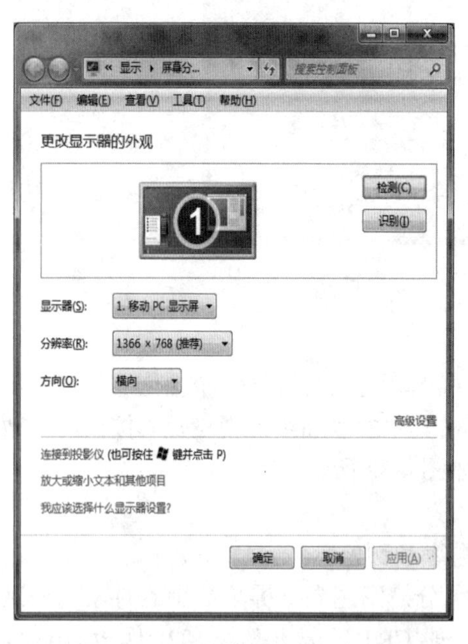


图 4.39 “屏幕分辨率”窗口

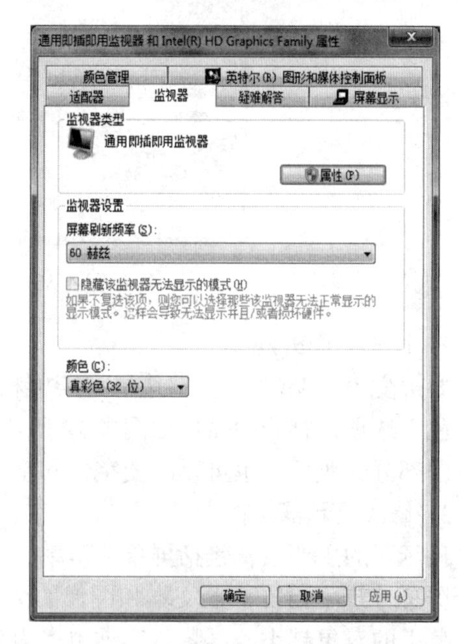


图 4.40 显示高级设置对话框

### 3. 设置字体

Windows 7 中安装了许多种字体，但有时为了制作更漂亮的文档，还需要添加一些字体。安装字体需要占用系统资源，因此用户有可能经常安装或删除字体。

安装或删除字体具体步骤如下。

选择“开始→控制面板→外观和个性化”，选取窗口下部的“字体”(见图 4.41)，出现图 4.42 所示的“字体”窗口，在“计算机”窗口中找到存放在某个盘上的字体文件，复制并粘贴到图 4.42 所示的窗口右边空白处，即完成新字体安装。

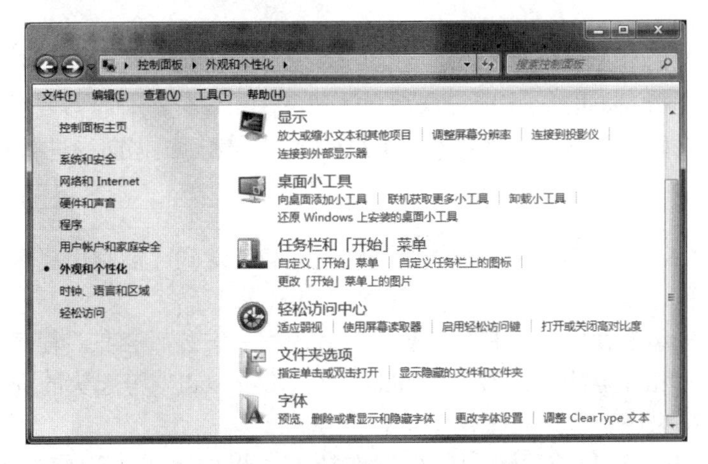


图 4.41　“外观和个性化”窗口

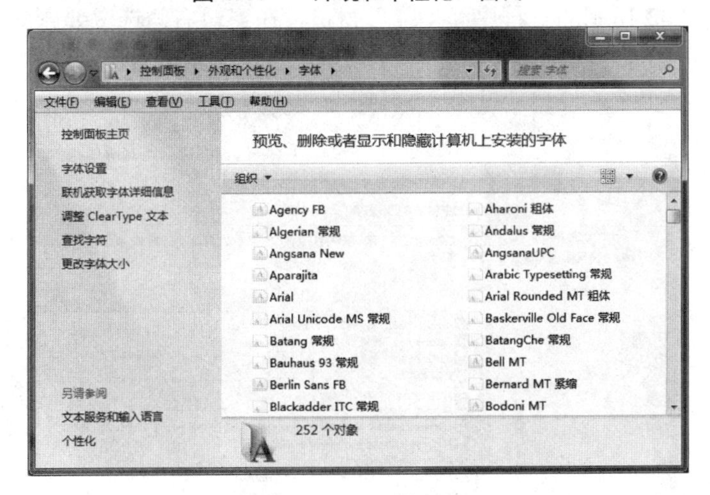


图 4.42　“字体”窗口

当需要取消某个或某些字体时，在图 4.42 所示的窗口的右侧选取相关文件，右击，选择“删除”命令，即可删除字体。

## 4.4.3　软件安装和卸载

Windows 7 操作系统自带了一些应用程序，但仅仅使用这些程序远远不能满足用户的需要。如果要让计算机实现更多的功能，就需要用户自行在计算机中安装新的软件。

### 1．安装软件

软件不同，其安装方法也不同。安装软件主要有下列几种方法。

方法 1：复制法。这种方法安装的软件没有安装程序，直接将程序文件复制到计算机硬盘上就可正常运行和使用。

方法 2：自解压法。这种方法安装的文件往往是压缩文件。在安装过程中，只要双击该程序就会打开解压窗口，解压后再单击“安装”按钮即可将程序安装到指定的文件夹中。

方法 3：按照向导逐步进行安装。一般软件都采用这种安装方式，安装程序的文件名通常为 setup.exe 或 install.exe。运行这类文件即可开始安装，一般需要在弹出的窗口中设置相应的信息。例如安装路径、序列号、用户信息等，然后根据向导进行安装。

### 2. 软件的卸载

当程序安装后，软件不再使用时，必须将其卸载，这样才能腾出更多的磁盘空间。卸载方法也分为几种。

方法 1：在安装的程序组中有“卸载”。有的程序安装后会在“程序”子菜单中形成程序组，如果程序组中含有“卸载”“卸装”或“Uninstall”等起头的程序项，那么可以直接执行该程序项来进行程序的卸载。

方法 2：利用“卸载或更改程序”。在控制面板中单击“程序”项中的“卸载程序”，弹出如图 4.43 所示的“程序和功能”窗口，在窗口右侧选取要删除的程序，右击选择“卸载”，即可删除相关的程序。

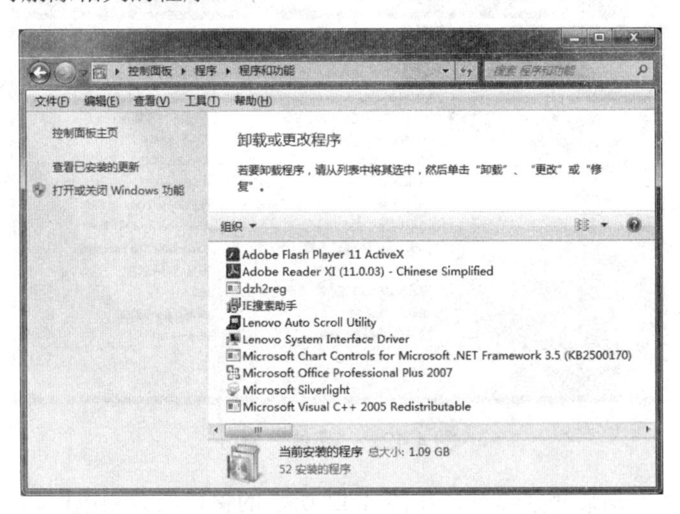


图 4.43 “程序和功能”窗口

方法 3：手动删除。如果程序组中没有“卸载”等程序项，而且该程序也没有出现在“程序和功能”窗口中，那么用户只能手动在“计算机”或“资源管理器”中删除有关的文件或文件夹，然后在桌面、“开始”菜单和文件夹中删除有关的快捷方式。

## 4.4.4 用户账户管理

账户代表计算机中的各个用户，而一些具有相同特征的用户集合则是组。对用户账户和组进行管理，可以设置哪些用户可以登录系统并进行什么操作。

### 1. 用户账户类型

在 Windows 7 中，用户账户主要分为三种类型：标准账户、管理员账户和来宾账户。

标准账户是权限受到一定限制的账户，允许用户使用计算机的大多数功能，如果要进行的更改会影响计算机其他用户或安全，则需要管理员许可。可运行计算机上大多数程序，但无法安装或卸载软件和硬件，也无法删除计算机运行所必需的文件或者更改计算机上会影响其他用户的设置。

管理员账户对计算机拥有最高的控制权限，可以访问计算机上的所有文件，可以更改安全设置，如安装软件和硬件等，其操作可能影响其他用户账户的设置。此外，管理员账户还可以对其他用户账户进行更改。

来宾账户主要供需要临时访问计算机的用户使用。它允许人们使用计算机，但没有访问个人文件的权限。标准账户不能进行的操作，来宾账户也不能。在默认情况下，来宾账户是关闭的。

### 2. 创建账户

选择“开始→控制面板→用户账户和家庭安全”，在打开的“管理账户”窗口(见图 4.44)中选择“创建一个新账户”选项，然后为新账户输入一个名称，挑选一个账户类型，这样就完成了一个账户的创建，如图 4.45 所示。

图 4.44　“管理账户”窗口

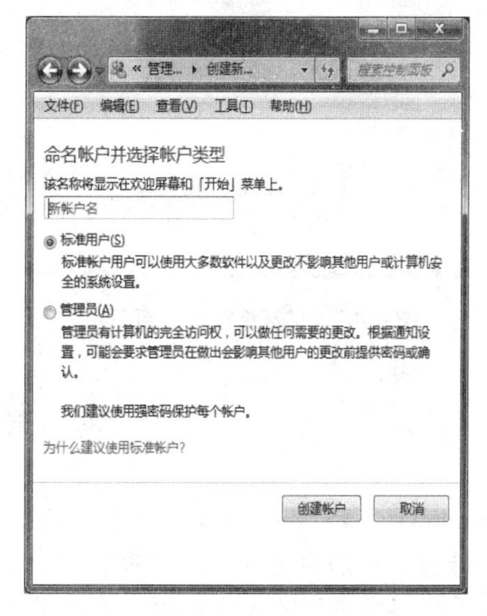


图 4.45　“创建新账户”窗口

### 3. 管理账户

在图 4.44 的“管理账户”窗口中双击一个账户，可为指定的账户更改名称、密码、图片、账户类型、设置家长控制等内容，还可以删除账户。

### 4. 家长控制

Windows 7 引入了强大的家长控制功能，家长控制功能可对孩子使用计算机的方式进行协助管理，也可用在上级对下级账户的限制管理。

选择“开始→控制面板→用户账户和家庭安全→家长控制”，打开“家长控制”窗口(见图 4.46)。

为了保证家长控制功能可以正常使用，要保证家长账户是管理员账户，孩子账户是标准账户，且所有管理账户要有密码。在此以 think(管理员)为家长，实现对实验(标准账户)的家长控制。

单击“实验”账户，打开如图 4.47 所示的“用户控制”窗口，选中“启用，应用当前设置”单选按钮。在这个窗口中，选择“时间限制”选项，可设置一周中的每一天的登录时段；选择“游戏”选项，可以选择阻止包含特定内容的游戏；选择“允许和阻止特定程序”选项，可以选择可使用的程序。

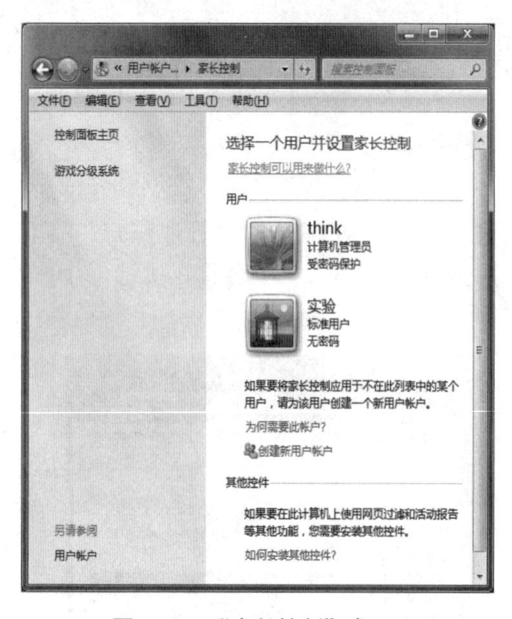

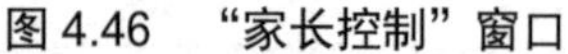

图 4.46　“家长控制”窗口

图 4.47　“用户控制”窗口

# 本 章 小 结

Windows 7 是 Microsoft 公司在 2009 年推出的操作系统，它功能强大、界面美观，具有独特魅力，它的主要功能：管理计算机系统的所有资源，为各种应用软件提供运行的基础，为用户提供良好的操作界面。本章讲述 Windows 7 的基本功能和操作方法，学习本章要重点掌握 Windows 7 文件系统的概念，掌握文件的查找、移动、复制和删除等操作及磁盘操作；掌握桌面、窗口、菜单和对话框等的操作；学会 Windows 7 系统的正常启动、关闭和非正常状态的处理；了解 Windows 7 控制面板、桌面、软件安装等操作环境的设置及 Windows 7 提供的办公自动化、系统管理和娱乐方面的主要附件的使用。

# 第 5 章

# Word 2016 文字编辑

## 学习目标

本章主要介绍 Word 2016 文字处理软件的功能和使用的基础知识。通过本章的学习，掌握打开、关闭与保存 Word 文档的基本方法；掌握对文字和段落格式的设置方法；能够制作艺术字并对其灵活编辑；能在文档中熟练插入并制作表格；能对文档中的图形对象进行特殊效果的处理等。

## 学习方法

学习一个应用软件，首先应该了解该软件具有哪些功能，主要用于哪些方面。这样在学习中才有可能较全面地了解软件的每一个方面，充分利用软件所提供的各种功能。学习者需要紧密结合编辑技巧与实际案例，通过大量的上机操作实践提高使用软件的能力。

## 学习指南

本章重点：5.3～5.7 节。本章难点：5.6 节、5.7 节。

## 本章导读

学习过程中，可以将下列问题作为学习线索。

(1) Word 2016 的基本功能有哪些？

(2) 创建、保存、打开、关闭文档的操作方法有哪些？

(3) 怎样对已有文档进行编辑操作？

(4) 如何使文本改变千篇一律的文字样式，使重点部分突出？

(5) 如何使文本层次分明，结构清晰？

(6) 如何在文档中加入表格，使文本更加直观、一目了然？

(7) 如何在文档中加入图形、图片，使文本更加漂亮、美观？

(8) 如何将文档以我们需要的格式打印出来？

# 5.1　Word 2016 概述

Word 字表处理软件主要用于日常的文字处理工作，通过它可以编排精美的文档、绘制图片、设计表格，还可以制作包含图片、声音、电影的多媒体文件等。该软件简单易学、灵活方便。

Word 是 Microsoft Office 办公自动化套装软件的一个重要内容，该套装软件主要包含了 Word、Excel、PowerPoint 等几个主要的工具，它们都是基于图形界面的应用程序。从开始发行到现在，Microsoft Office 已经发布了若干个版本，其中，目前使用频率较高的有 Office 2007、Office 2010 和 Office 2016。

本书将以 Word 2016 为例，系统介绍 Word 的功能。

## 5.1.1　Word 2016 的基本功能

### 1．编辑处理

用户利用它能创建和输入报告、简讯、建议书、论文、信函、图形展示资料、表格等各种文档。其内置的自动更正、自动套用格式、记忆式键入、自动编写摘要、自动创建样式、信函向导等功能可帮助用户轻松地完成各种编辑工作。

### 2．排版处理

Word 2016 具有页面的“所见即所得”模式，可完整显示字体、字号、页眉、页脚、图形、文字，可实现多栏彩色图文混排等类似杂志的排版效果。

### 3．表格处理

用户可如同用笔绘制表格那样，创建和自定义表格；可方便地清除任何单元格、行、列的分隔线，并将它们合并起来；可在表格中嵌套表格；可随意缩放表格；另外，还可方便地进行统计、排序及生成各种统计图。

#### 4. 图形处理

在编辑的文档中可插入由不同应用程序生成的图形文件。Word 2016 提供了一套绘图和图形工具，用户可以方便地利用三维效果、阴影效果、纹理和透明填充效果修饰文字和图形的外观。此外，还可以对中文、英文文字进行各种艺术效果处理，方便快捷地完成数学公式的编辑等。

## 5.1.2 启动和退出 Word 2016

#### 1. 启动 Word 2016

方法 1：选择“开始→所有程序→Microsoft Office→Microsoft Word 2016”命令，如图 5.1 所示。

方法 2：双击桌面上 Word 2016 的快捷图标。

图 5.1　通过“开始”菜单启动 Word 2016

#### 2. 退出 Word 2016

完成所有文档编辑工作后，可利用下面任何一种方法退出 Word 2016。

方法 1：单击“文件”按钮，在弹出的列表中选择“退出”选项。

方法 2：单击标题栏上的“关闭”按钮。

方法 3：按 Alt+F4 快捷键。

方法 4：右击任务栏上的 Word 任务图标，选择“关闭窗口”。

## 5.1.3 编辑窗口组成

Word 窗口包含了很多对象，主要由以下几个部分组成：“文件”按钮、标题栏、功能区、标尺、滚动条、状态栏、视图切换区、比例缩放区和文档编辑区等，如图 5.2 所示。

#### 1. “文件”按钮

“文件”按钮可以实现打开、新建、保存、关闭和打印等功能。

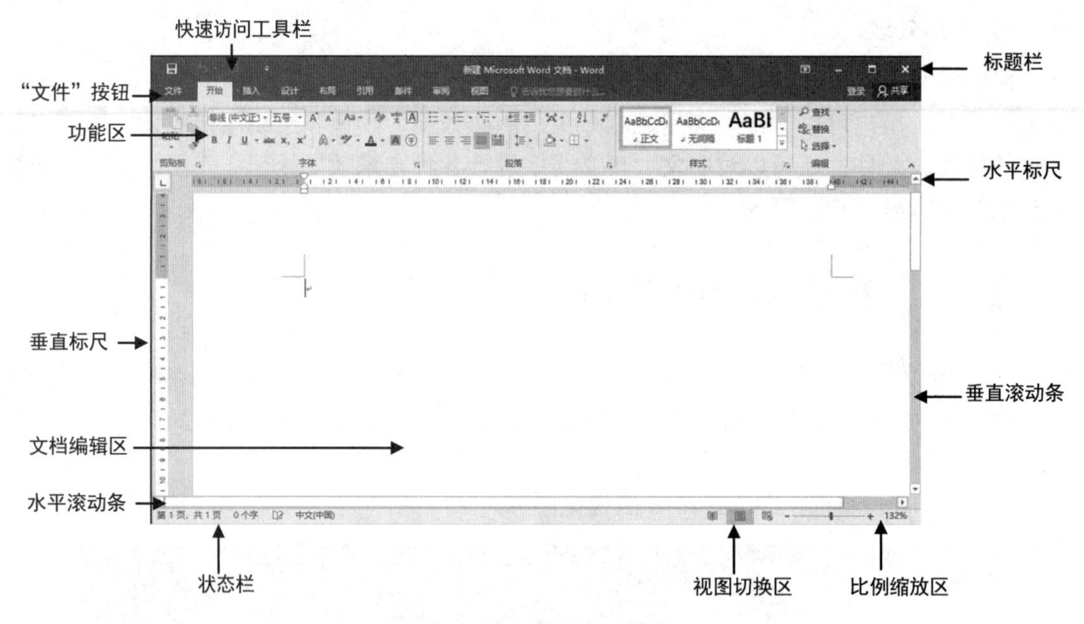


图 5.2　Word 2016 的编辑窗口

单击“文件”按钮，弹出下拉列表，其中包含“信息”“新建”“打开”“保存”“另存为”“打印”“共享”“导出”“关闭”“账户”“选项”等菜单项，如图 5.3 所示。

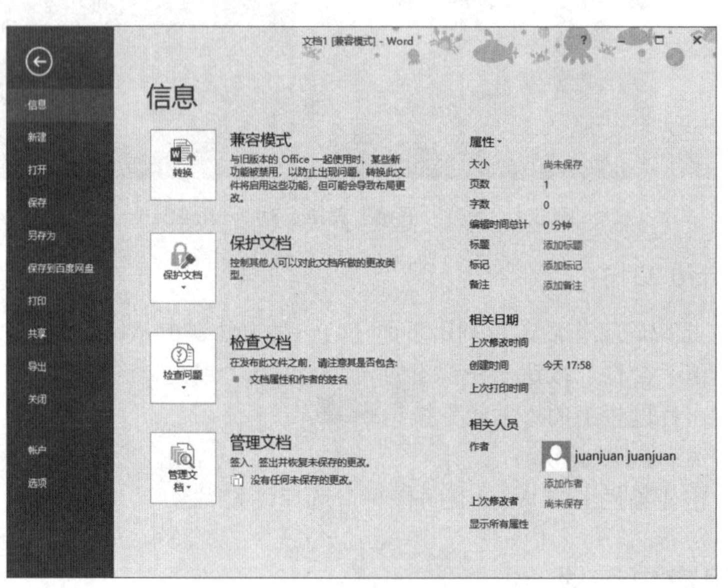


图 5.3　“文件”按钮的菜单项

## 2．标题栏

标题栏在窗口的最上面，显示正在使用的 Windows 应用程序名“Microsoft Word”和正在被编辑的文档名。当启动 Word 时，Word 自动命名为“文档 1”，在存盘时可由用户输入一个更具描述性的名字。

### 3. 快速访问工具栏

使用快速访问工具栏可以实现一些常用功能，例如保存、撤销、恢复等。单击“自定义快速访问工具栏”按钮，在弹出的下拉列表中可以选择要在快速访问工具栏中显示的工具按钮，如图 5.4 所示。

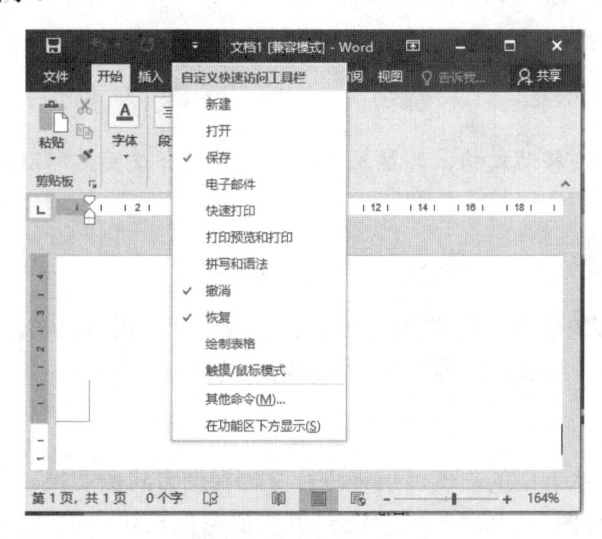


图 5.4　快速访问工具栏

### 4. 功能区

功能区主要由选项卡、组和命令按钮等组成。根据操作类别的不同，单击选项卡标签切换到相应的选项卡，然后单击相应组中的命令按钮完成所需操作，如图 5.5 所示。

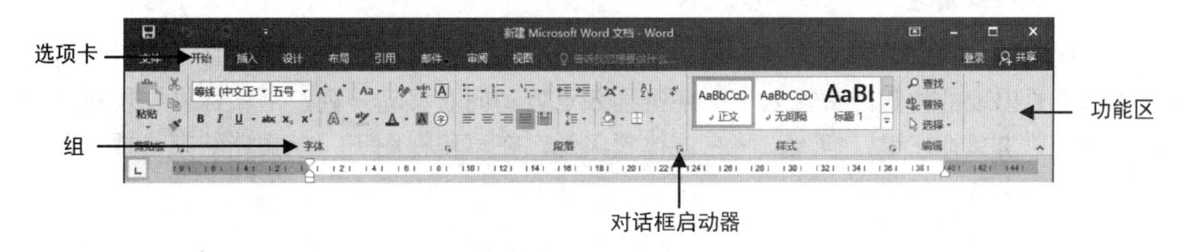


图 5.5　功能区的组成

### 5. 标尺栏

标尺栏用来显示横竖坐标，它可以调整文本段落的缩进，在左右两边分别有左缩进标志和右缩进标志，它反映了输入区域的宽度。文本的内容被限制在左右缩进标志之间。假如没有看到标尺，可选择“视图→标尺”命令。

水平标尺标明插入点所在段落的编排方式，垂直标尺则标明文件的上下边界、可编辑高度。标尺的默认单位是字符，也可以将其改为其他的单位，如厘米。

**小知识**

在草稿视图下只能看到水平标尺，要同时看到水平标尺和垂直标尺，应选择页面视图。

6. 滚动条

文本区的下方和右侧各有一个滚动条，分别称为水平滚动条和垂直滚动条。使用滚动条中的滑块或按钮可滚动工作区内的文档。

垂直滚动条中有一个球形按钮，称为“选择浏览对象”，利用它可以对文档进行定位、查找等操作。

小知识

不管利用哪种方法移动文档，其插入点的位置并没有改变。所以滚动后，要在定位插入点处单击一下。

7. 状态栏

状态栏位于屏幕的底部，提供页码/页数、字数统计、语言、语法检查、插入/改写、视图方式、显示比例和缩放滑块等信息显示或辅助功能。

8. 视图切换区

视图切换区位于状态栏的右侧，用来进行文档视图方式的切换。它由“页面视图”按钮、“阅读版式视图”按钮、“Web 版式视图”按钮、“大纲视图”按钮及“草稿视图”按钮等组成。

9. 比例缩放区

比例缩放区位于视图切换区的右侧，用户可以在该区域中设置文档编辑区的显示比例。

10. 文档编辑区

文档编辑区显示编辑的文档内容。插入点是编辑区中闪烁的黑色“|”，表示当前输入文字将要出现的位置，每输入一个字符插入点自动向右移动一列。用鼠标可以快速移动插入点，单击鼠标左键，插入点将在该位置闪烁。在草稿视图下，在文档结束位置，会有一小段水平横条。



## 5.2 文档的基本操作

### 5.2.1 创建一个新文档

当启动 Word 后，它就自动打开一个新文档并暂时命名为“文档 1”。除了这种自动创建文档的方法之外，在编辑文档的过程中，若还需要另外创建一个或多个文档，可用下面的方法来完成。

方法 1：单击“文件”按钮，在左侧的列表中选择“新建”选项。

方法 2：单击快速访问工具栏中的“新建”按钮。

方法 3：按 Ctrl+N 快捷键。

在用方法 1 新建文档时，在如图 5.6 所示的“新建”窗口中单击“可用模板”列表框

中的“空白文档”按钮，即可创建一个空白文档。

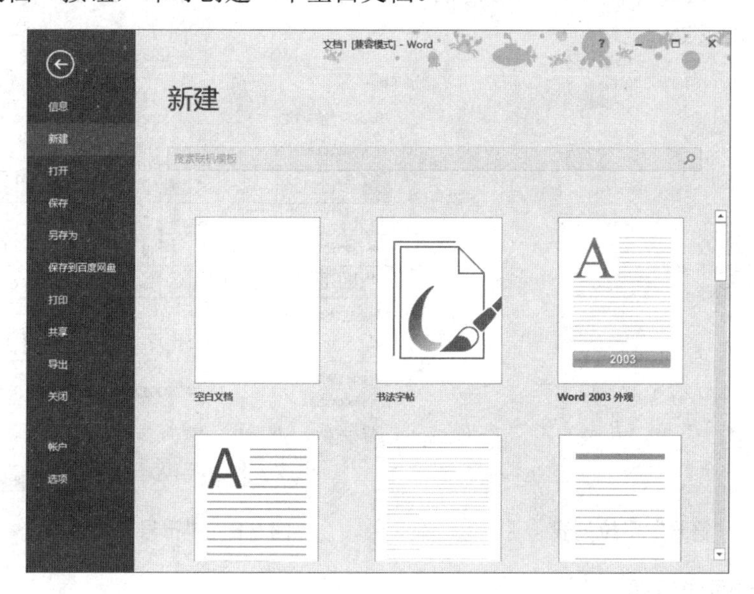


图 5.6 “新建”窗口

## 5.2.2 文本输入

用户可在插入点处输入文本内容，输入文本时，插入点自动向后移动。当用户输入的文本到达右边界时，Word 会自动换行。在输入时要注意以下几点。

- 输入的文本出现在插入点指示位置处，且会自动后移。
- 各行结尾处不要按 Enter 键，一个段落结束才可按 Enter 键，按 Enter 键表示一个段落的结束，新段落的开始。
- 按 Backspace 键，删除插入点左边的字符；按 Delete 键，删除插入点右边的字符。
- 按 Ctrl+空格键，可进行中/英文输入法切换；各种输入法切换按 Ctrl+Shift 快捷键，或单击任务栏上的输入法按钮，选择相应的输入法。
- 对齐文本不要用空格键，用缩进方式对齐。
- 若漏了内容，则将插入点定位，在插入状态下直接输入内容。
- 在默认状态下，输入文本都是“插入”状态，即把已有文本向右移，以便插入输入的字符。用户可以切换到“改写”状态，使新输入的文本替换已有的文本。键盘上的 Insert 键可以在“插入”状态和“改写”状态之间切换，此外，单击状态栏上的“插入”(或“改写”)也可实现两种状态的转换。

### 1. 插入特殊符号

在输入文本时，可能要输入一些键盘上没有的符号，如希腊文字符、数学符号、图形符号等。常用以下方法输入这些符号。

选择“插入”选项卡，单击“符号”组中的“符号”按钮，在展开的下拉列表(见图 5.7)中显示了部分特殊符号，若没有所需的符号则单击“其他符号”选项，在弹出的

“符号”对话框(见图 5.8)中选择所需的符号，然后单击“插入”按钮，就将选择的符号插入文档的插入点处。

图 5.7 “符号”下拉列表

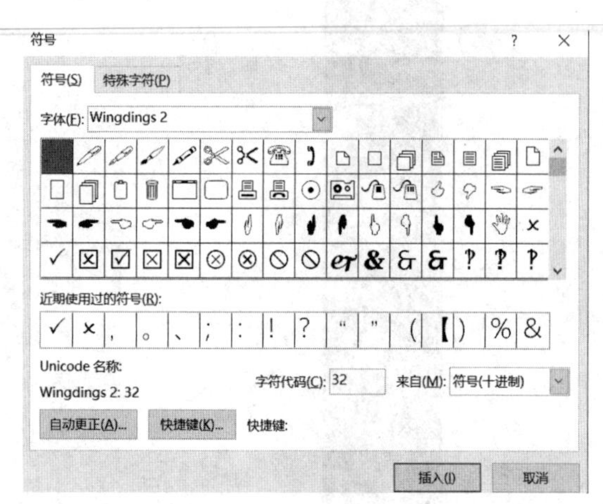
图 5.8 “符号”对话框

### 2. 插入时间和日期

在 Word 文档中可以直接插入时间和日期，也可以使用“插入”选项卡“文本”组中的“日期和时间”按钮来获得当前计算机的时间和日期并将它插入文档。操作步骤如下。

① 将插入点移动到要插入的时间和日期的位置。

② 选择“插入”选项卡，单击“文本”组中的“日期和时间”按钮，打开“日期和时间”对话框。

③ 在“可用格式”列表框中选择所需的格式，如果选中“自动更新”复选框，则所插入的时间和日期会自动更新，否则保持原插入的值。

④ 单击“确定”按钮。

### 3. 非打印字符的显示

在 Word 文档中，有很多符号可以在界面中显示出来，但在打印时不会被打印出来，其叫非打印字符。“开始”选项卡“段落”组中的“显示/隐藏编辑标记”按钮就是用于控制这些非打印字符是否显示在屏幕上的。如按 Tab 键会产生一个制表符，按空格键会产生一个空格符。

### 4. 即点即输

Word 2016 提供了即点即输功能。当“即点即输”功能有效时，如果需要在文档的空白区域进行输入，不必先按 Enter 键添加空行，只需在空白区域中双击，双击处自动出现插入点，这时便可以输入了。

单击“文件”按钮，在左侧的列表中选择“选项”，在“Word 选项”对话框中选择“高级”选项卡，在“编辑选项”区选中“启用‘即点即输’”选项，单击“确定”按钮，在文档页面任意位置双击即可在该处输入文字。

## 5.2.3 文档的保存和保护

### 1. 文档的保存

1) 保存新建文档

输入的文档内容在保存之前驻留在计算机的内存中，为了永久保存，在退出 Word 前应将它作为磁盘文件保存起来。有多种方式保存文档。

方法 1：单击快速访问工具栏中的按钮。

方法 2：直接按 Ctrl+S 快捷键。

方法 3：选择“文件”下拉列表中的“保存”命令。

当对新建立的文档第一次进行保存操作时，“保存”命令相当于“另存为”命令，会出现图 5.9 所示的“另存为”对话框。

在这个对话框中，可进行如下操作。

- 确定保存位置：在对话框里选择文件的存放位置，图 5.9 中的存放位置为桌面。
- 确定文件名：对话框里的文件名是默认文件名。
- 确定文件类型：对话框里默认为 Word 文档，扩展名为.docx。

这样，新建的文件就保存在确定位置。

完成文档的第一次保存操作后，用户可继续进行文件内容的输入。

2) 保存已有文档

对已有的文件打开和修改后，同样可用上述方法保存文档，所不同的是，对已经赋予了文件名的文档再执行“保存”操作时，系统会将当前编辑的文档自动保存在原来的位置。此时不会出现图 5.9 所示的对话框。

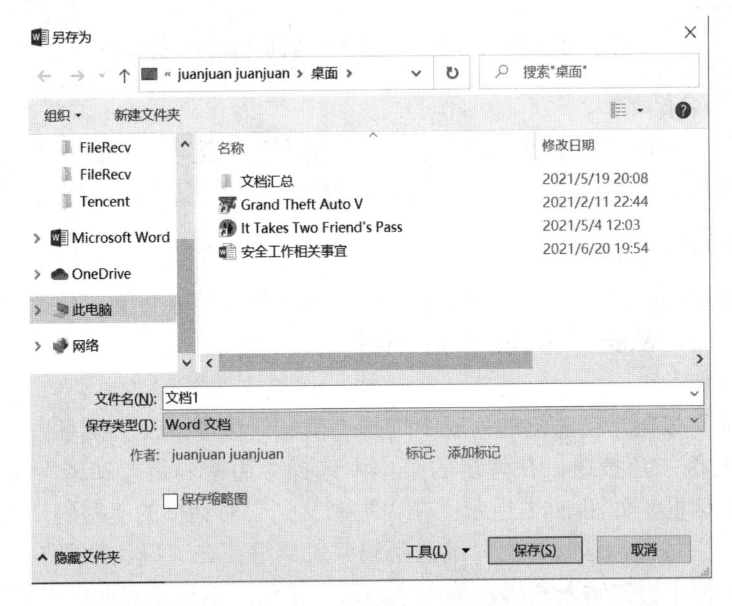


图 5.9 “另存为”对话框

用户在输入或编辑一个文档时，应经常执行“保存”命令，以便将新增加的内容及时

保存到磁盘文件，减少系统突发故障造成的损失。

小知识

单击“文件”按钮，在左侧的列表中选择“选项”，然后在弹出的“Word 选项”对话框中选择“保存”选项卡，如图 5.10 所示。在此选项卡中可以自定义文件保存方式，即设置默认的保存格式、自动保存文件的时间间隔、默认文件保存位置及自动恢复文件的位置等。

图 5.10 “Word 选项”对话框中的“保存”选项卡

3) 文档的易名保存

单击“文件”按钮，在左侧的列表中选择“另存为”选项，可把一个文件以另一个不同的名字保存在相同或不同的文件夹中。其后的操作与保存新文档一样。

## 2. 文档的保护

有时用户编辑的文档具有一定的保密性质，或不想让他人查阅、修改，那么就需要对文档采取保护措施。Word 2016 提供了两种保护文档的方法。

1) 密码保护

单击“文件”按钮，在左侧的列表中选择“信息”选项。在“信息”窗口中单击“保护文档”下方的倒三角按钮，在弹出的菜单中选择“用密码进行加密”命令，这时弹出“加密文档”对话框，如图 5.11 所示；在“加密文档”对话框的“密码”文本框中输入密码，单击“确定”按钮，这时弹出“确认密码”对话框；在“确认密码”对话框的“重新输入密码”文本框中再次输入密码，单击“确认”按钮。这样就对文档进行了密码保护。

2) 限制文档的编辑

限制文档的编辑是通过限制对文档的特定部分进行编辑或设置格式，来防止他人对文

档重要部分进行篡改。具体操作如下。

① 选择“审阅”选项卡，在“保护”组中单击“限制编辑”按钮，弹出“限制格式和编辑”任务窗格。

② 在“格式设置限制”组中可设置“限制对选定的样式设置格式”。

③ 在“编辑限制”组中可选择“仅允许在文档中进行此类型的编辑”，若选择，则还需在下方的下拉列表中选择允许他人对该文档编辑的类型。

④ 设置后单击“启动强制保护”组中的“是，启动强制保护”按钮，弹出“启动强制保护”对话框，如图 5.12 所示，此时需要设置密码来限制他人编辑文档。

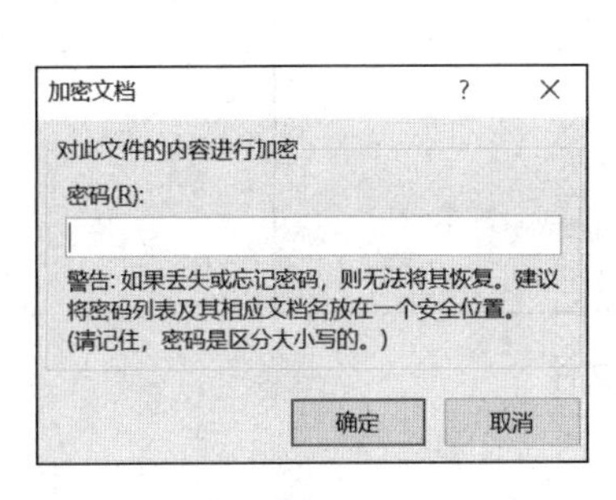


图 5.11　“加密文档”对话框

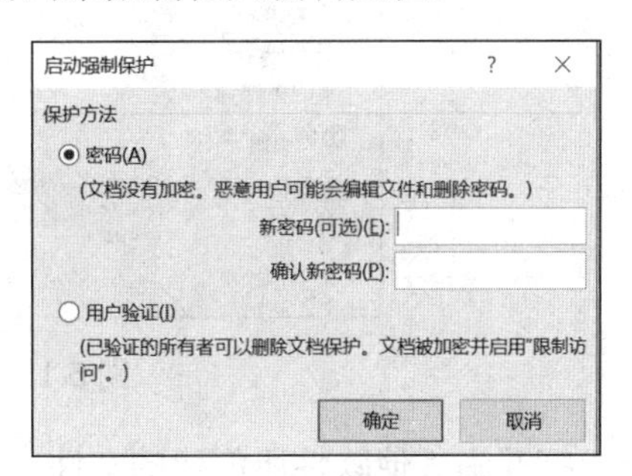


图 5.12　“启动强制保护”对话框

## 5.2.4　打开文档

当要查看、修改、编辑已存在的文档，应该先打开它。可以打开 Word 文档，还可以打开其他非 Word 文档，如纯文本文件、RTF 文件等。

### 1．打开一个或多个 Word 文档

打开一个或多个 Word 文档的方法有以下两种。

方法 1：单击“文件”按钮，在左侧的列表中选择“打开”选项。

方法 2：按 Ctrl+O 快捷键。

无论用哪种方法，均会出现如图 5.13 所示的“打开”对话框。

在对话框中选择要打开的文档，单击“打开”按钮即可打开文件。如果只打开一个文档，只需单击要打开的文档名即可；如果要打开多个文档，若多个文档名是连续排列在一起的，则可以先单击第一个文档名，按住 Shift 键，再单击最后一个要打开的文档名，这样包含在两个文档名之间的所有文档全部被选定；若多个文档名是分散的，则可以先单击第一个要打开的文档名，按住 Ctrl 键，再分别单击每个要打开的文档名来选定所有文档。当文档名选定后，单击对话框的“打开”按钮，则所有选定的文档被一一打开，最后打开的一个文档成为当前的活动文档。活动文档可以通过单击“视图”选项卡中的“切换窗口”按钮，在弹出的下拉列表中选择所列的文档名来切换。

### 2．打开最近使用过的文档

除了上述打开文档的方法外，若要打开的文档是最近使用过的文档，还可单击“文件”按钮，在左侧列表中选择“最近所用文件”选项，在“最近所用文件”窗口中单击某

个最近使用过的文件的名称，即可打开该文档。

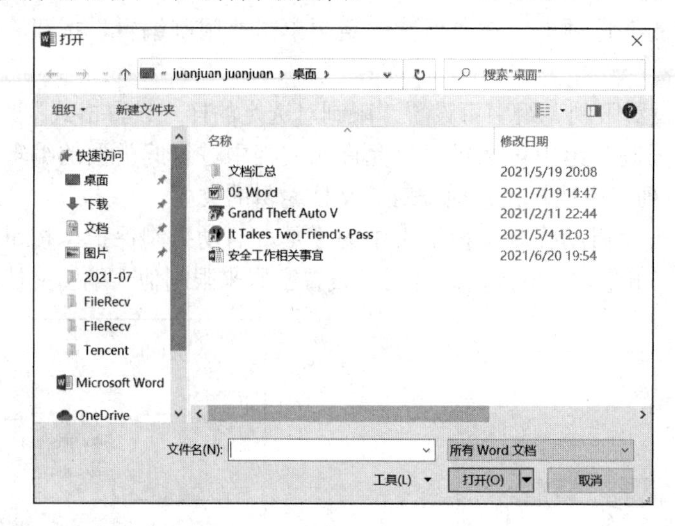


图 5.13　选择要打开的文件

**3．打开由其他软件所创建的文件**

Word 能识别很多由其他软件创建的文件格式，并且在打开这类文档时自动转换文档。打开由其他软件所创建的文件的方法与上述的打开方法类似。

## 5.2.5　多窗口编辑技术

Word 的多窗口编辑技术提供了窗口的管理方法。

**1．拆分窗口**

Word 的文档窗口可以拆分为两个窗口。利用窗口拆分可以将一个大文档不同位置的两部分分别显示在两个窗口中，这样可以很方便地编辑文档。拆分窗口的方法有以下两种。

方法 1：将鼠标指针移动到垂直滚动条顶端的一小横条处，当指针变成上下分裂箭头时，拖动鼠标到适当位置。

方法 2：选择“视图”选项卡，单击“拆分”按钮，窗口中出现一条灰色的水平横线，移动鼠标调整窗口到适当大小，单击“确定”按钮。此后，若还想调整窗口大小，只需把鼠标指针移动到此水平横线上，当鼠标指针变为上下箭头时，拖动鼠标即可。

如果要把拆分的窗口合并成一个窗口，选择“视图→取消拆分”命令即可。

**2．同时打开多个文档窗口**

Word 允许同时打开多个文档进行编辑，每一个文档都有一个文档窗口。插入点所在的窗口称为当前窗口(也称活动窗口)。

**3．选择当前窗口**

选择“视图”选项卡，单击“切换窗口”按钮，被打开的文档窗口的文件名列于弹出的下拉列表中，单击其中的一个文件名，可使该文档窗口成为当前窗口，即该窗口被激

活。也可直接单击需要激活的窗口，使之成为当前窗口。

### 4．同时显示多个窗口

选择“视图”选项卡，单击“全部重排”按钮，可以将已打开的窗口全部显示在屏幕上，其中标题栏中高亮度显示的窗口为当前窗口，单击其他任意一个窗口的标题栏都可以使之成为当前窗口。

若单击文档窗口右上角的最大化按钮，则相应窗口占据整个屏幕。如果想回到所有被打开的窗口全部显示在屏幕上的状态，可单击已最大化窗口右上角的还原按钮。

# 5.3　文 档 编 辑

## 5.3.1　插入点的移动

窗口中光标闪烁处(光标为“｜”形状)为输入位置，输入和编辑文本要先明确编辑的位置。移动插入点(又称光标)的方法有多种。

### 1．用鼠标移动插入点

用鼠标可以快速移动插入点。方法是先利用垂直滚动条滚动文档，当看到待插入的位置时，再在那里单击鼠标左键。应当指出的是，利用滚动条只能改变屏幕显示的文本内容，不会改变插入点的位置。

### 2．使用键盘移动插入点

这种方法适合小范围内移动插入点，如表 5.1 所示。

表 5.1　通过键盘移动插入点

| 按　键 | 实现的功能 | 按　键 | 实现的功能 |
|---|---|---|---|
| Backspace | 删除插入点左边的内容 | PageUp | 往前翻一页 |
| Delete | 删除插入点右边的内容 | PageDown | 往后翻一页 |
| Home | 移动插入点到所在行首 | ↑、↓、←、→ | 移动插入点到上一行、下一行、左一列、右一列 |
| End | 移动插入点到所在行尾 | Ctrl+↑ | 移动插入点到上一个段落 |
| Ctrl+Home | 移动插入点到文档的开始位置 | Ctrl+↓ | 移动插入点到下一个段落 |
| Ctrl+End | 移动插入点到文档的结束位置 | | |

### 3．使用转到命令

选择“开始”选项卡，单击“编辑”组中“查找”右侧的下三角按钮，在展开的下拉列表中选择“转到”选项，或用鼠标双击状态栏上的页码区，可以打开如图 5.14 所示的对话框。选择要定位的页、节、行等，输入数据，单击“定位”按钮即可定位插入点。

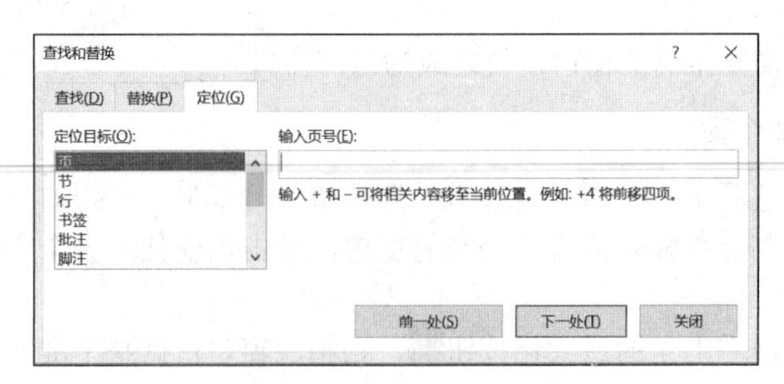


图 5.14 “查找和替换”对话框的“定位”选项卡

## 5.3.2 选定文本内容

在文本编辑的过程中经常需要对一块文本进行操作，在做这些操作之前首先要选定文本。选定操作是 Word 2016 中一切编辑操作的基础。在选定文本内容后，被选中的部分变为突出显示。选定文本的方法有如下几种。

### 1. 使用鼠标

将鼠标指针移动到欲选定文本的首部(或尾部)，按住鼠标左键拖动到欲选定文本的尾部(或首部)，再释放鼠标。被选定的文本突出显示。

在 Word 中，有一个专门用于选定文本的区域，称为文本选定区，如图 5.15 所示。该位置靠近垂直标尺，只要鼠标指针移动到文本选定区，鼠标指针就变成↗状。

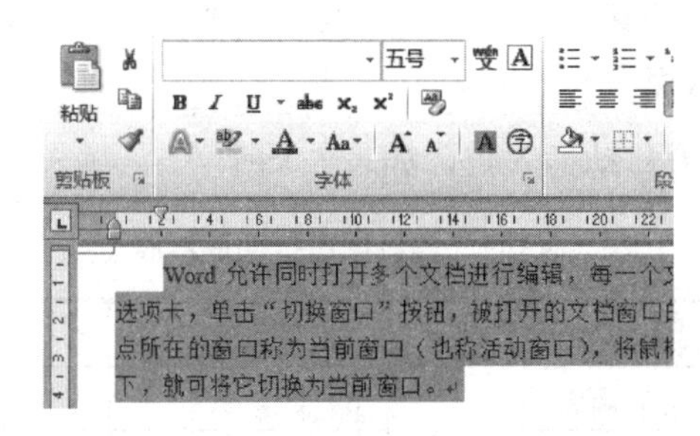


图 5.15 文本选定区

一些常用的选定文本的操作技巧如表 5.2 所示。

表 5.2 常用的选定文本的操作技巧

| 实现的功能 | 操作技巧 |
|---|---|
| 选定单词 | 双击单词的任意位置 |
| 选定一个句子 | 按住 Ctrl 键，在一个句子的任意位置处单击 |
| 选定一行 | 单击该行左边的文本选定区 |
| 选定多行 | 在文本选定区选定一行后向下或向上拖动鼠标 |
| 选定一个段落 | (1) 双击该段左边的文本选定区；<br>(2) 三击该段落中的任意位置 |

续表

| 实现的功能 | 操作技巧 |
| --- | --- |
| 选定整个文档 | (1) 按 Ctrl+A 快捷键；<br>(2) 选择“开始”选项卡，单击“编辑”组中的“选择”按钮，在弹出的下拉菜单中选择“全选”命令；<br>(3) 三击文本选定区任意位置；<br>(4) 按 Ctrl 键同时单击文本选定区任意位置 |
| 选定矩形块 | 按住 Alt 键不放，向左下或右下方向拖动鼠标 |
| 选定部分连续的文档 | 单击要选定的文本开始处，然后按住 Shift 键，单击要选定的文本结尾处或用→键移动到需要选定文本的末尾 |
| 选定不连续的文档 | 选定第一处后，按住 Ctrl 键，选定其他要选的文本 |

### 2. 使用键盘

使用键盘也可以选定文本内容，一些常用的使用键盘选定文本的快捷键如表 5.3 所示。

表 5.3　利用键盘选定文本

| 按　键 | 实现的功能 | 按　键 | 实现的功能 |
| --- | --- | --- | --- |
| Shift+↑ | 选定到上一行同一位置之间 | Shift+Home | 选定到所在行的开头 |
| Shift+↓ | 选定到下一行同一位置之间 | Shift+End | 选定到所在行的末尾 |
| Shift+← | 选定左边一个字符 | Shift+PageUp | 选定上一屏 |
| Shift+→ | 选定右边一个字符 | Shift+PageDown | 选定下一屏 |
| Ctrl+Shift+↑ | 选定到段落的开头 | Ctrl+Shift+Home | 选定到文档开头 |
| Ctrl+Shift+↓ | 选定到段落的末尾 | Ctrl+Shift+End | 选定到文档末尾 |
| Ctrl+Shift+← | 选定到单词(英文)开始处 | Ctrl+A | 选定整个文档 |
| Ctrl+Shift+→ | 选定到单词(英文)结束处 | | |

### 3. 利用扩展功能选定文本

利用 Word 的扩展功能键(F8 键)选定文本也很方便。当按 F8 键后，扩展选取方式被打开。在此方式下，可以用键盘上的箭头键来选定文本。例如，按→键选取插入点右边的一个字符或汉字，按↓键选取下一行。注意，用此方法时，首先应将插入点移动到选定区域的开始处。

按 Esc 键可以关闭扩展选取方式，再按任意箭头键取消选定区域。

此外，还可以用连续按 F8 键扩大选定范围的方法来选定文本。假如先将插入点移动到某一段落的任一英文单词，那么第一次按 F8 键，扩展选取方式被打开；第二次按 F8 键，选定插入点所在位置的英文单词(中文情况下，选定中文词组或单个汉字)；第三次按 F8 键，选定插入点所在位置的一个句子；第四次按 F8 键，选定插入点所在位置的段落；第五次按 F8 键，选定整个文档。即每按一次 F8 键，选定范围扩大一级，反之，反复按 Shift+F8 快捷键可以逐级缩小选定范围，最后按 Esc 键取消扩展选取方式。

按一次 F8 键后进入扩展选取方式，此时也可以利用鼠标进行文本的选取，单击某一个位置，当前插入点和这个位置之间的所有内容均被选定，继续单击鼠标，可选取更多或更少的内容。

## 5.3.3 移动或复制文本

### 1. 利用剪贴板移动或复制文本

剪贴板是 Windows 提供的专门用于移动和复制的工具。可以通过“开始”选项卡“剪贴板”组中的按钮，或者通过键盘使用剪贴板。利用剪贴板移动或复制文本的步骤如下。

① 选定要移动或复制的文本。

② 移动操作。单击“开始”选项卡中的“剪切”按钮，或者右击选中的文本，在弹出的快捷菜单中选择“剪切”命令(或者按 Ctrl+X 快捷键)，然后将插入点定位到要粘贴的位置，单击“开始”选项卡中的“粘贴”按钮，或者右击后，在快捷菜单中选择“粘贴”选项中的命令(或按 Ctrl+V 快捷键)。

③ 复制操作。单击“开始”选项卡中的“复制”按钮，或者右击选中的文本，在弹出的快捷菜单中选择“复制”命令(或者按 Ctrl+C 快捷键)，然后将插入点定位到要粘贴的位置，单击“开始”选项卡中的“粘贴”按钮，或者右击后，在快捷菜单中选择“粘贴”选项中的命令(或者按 Ctrl+V 快捷键)。

### 2. 利用鼠标移动或复制文本

当移动或复制的内容和要粘贴的位置在同一窗口时，可用鼠标进行移动或复制操作。步骤如下。

① 选定要移动或复制的内容，并将鼠标指针移至选定的文本区域。

② 如果是移动，按住鼠标左键不放，将选择好的内容拖动到要粘贴的位置；如果是复制，同时按住 Ctrl 键，将内容拖动到要粘贴的位置。



## 5.3.4 删除文本

删除文本的步骤如下。

① 选定欲删除的文本。

② 单击“开始”选项卡中的“剪切”按钮，或者按 Del 键，或者按 Ctrl+X 快捷键，或者右击选中的文本，在弹出的快捷菜单中选择“剪切”命令，都可删除所选文本。

小知识

通过剪切操作或按 Ctrl+X 快捷键删除所选文本的同时，会将其放入剪贴板中，而按 Del 键，仅仅是删除文本，并不会将其放入剪贴板中。

## 5.3.5 撤销和恢复

当对文档进行编辑操作时，难免会出现一些误操作，比如不小心把有用的文字给删除

了。Word 2016 提供了一个非常有用的“撤销”功能，可以撤销前面的操作，只要没有关闭文档，所做的操作都可以撤销。

单击快速访问工具栏中的“撤销”按钮，可以撤销最近一次操作。再次单击，可恢复到更前一次的操作。还可按 Ctrl+Z 快捷键来撤销错误的操作。单击“撤销”右侧的倒三角按钮，将显示一个过去操作过的列表。单击其中一次操作，则在此次之后的操作都将被撤销。

如果不小心进行了错误的撤销操作，可以使用快速访问工具栏中的“恢复”按钮或按 Ctrl+Y 快捷键来恢复被撤销的操作。

## 5.3.6　查找和替换

“查找”命令可帮助用户在文档中快速查找所需的文本，“替换”命令可帮助用户将某些文本替换成新的文本。比如，将文章中所有的“计算机”替换成“电脑”。

### 1. 查找

① 选定一块文本，指定查找范围，否则系统会从光标处开始查找。

② 选择“开始”选项卡，在“编辑”组中单击“查找”按钮，或按 Ctrl+F 快捷键，在文档的左侧弹出“导航”任务窗格，如图 5.16 所示。

③ 在“导航”任务窗格的文本框中输入要查找的内容，此时在文本框的下方会提示有几个匹配项，同时会以黄色突出显示在文档中查找到的内容。

④ 单击任务窗格中的“下一条”按钮，定位第 1 个匹配项，可不断地单击“下一条”按钮，快速定位下一条符合的匹配项。

⑤ 使用“高级查找”命令可以打开“查找和替换”对话框，使用该对话框也可以快速查找内容。具体步骤：选择“开始”选项卡，在“编辑”组中单击“查找”右侧的倒三角按钮，在弹出的下拉菜单中选择“高级查找”命令，弹出“查找和替换”对话框。在“查找”选项卡的“查找内容”文本框中输入要查找的内容，单击“查找下一处”按钮开始查找，可不断地单击这个按钮，直到查找完毕。

⑥ 如果对查找有更高的要求，则可单击对话框中的“更多”按钮，打开对话框中的选项部分，如图 5.17 所示。此时，用户可以选择“搜索范围”“匹配方式”及一些特殊要求。

“查找和替换”对话框中几个常用选项的含义如下。

- “搜索”组合框中有“全部”“向上”和“向下”三个选项。“全部”选项表示从插入点开始向文档末尾查找，然后再从文档开头查找到插入点处；“向上”表示从插入点查找到文档开头；“向下”表示从插入点查找到文档末尾。
- “区分大小写”和“全字匹配”复选框主要用于查找英文单词。
- 选择“使用通配符”复选框表示可以在要查找的文本中输入通配符实现模糊查找。
- 选择“区分全/半角”复选框表示可区分全角或半角的英文字符和数字。
- 单击“特殊格式”按钮，可打开“特殊格式”列表，并可从中选择要查找的特殊字符。

- 单击“格式”按钮，可打开“格式”列表，可以设置所要查找的特定对象。

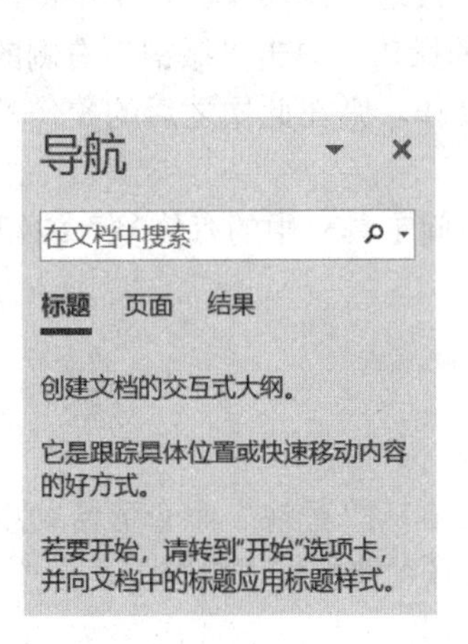


图 5.16 “导航”任务窗格

图 5.17 “查找和替换”对话框

2. 替换

① 选择“开始”选项卡，在“编辑”组中单击“替换”按钮，打开“查找和替换”对话框。

② 在“查找内容”文本框中输入要查找的内容，在“替换为”文本框中输入要替换的内容，如图 5.18 所示。

③ 如果需要，可单击“更多”按钮，选择搜索选项。

④ 每单击一次“替换”按钮，系统会自动查找一个并替换；如果单击“查找下一处”按钮，则只查找而不替换；如果单击“全部替换”按钮，将自动对整个文档进行查找和替换。

⑤ 单击“取消”按钮，关闭对话框。

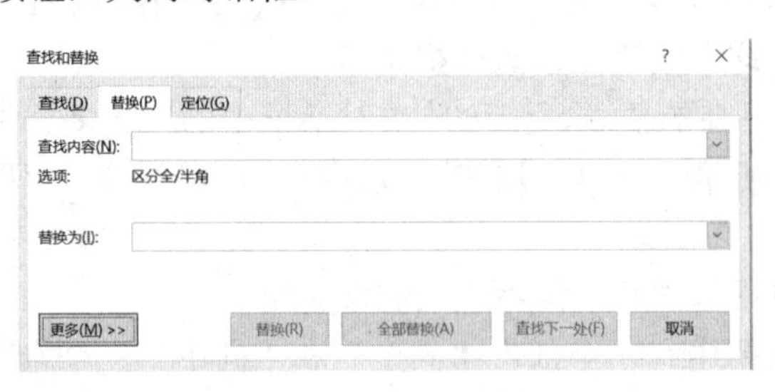


图 5.18 “替换”选项卡

同样，也可以使用更多功能来设置所查找和替换文字的格式，直接将替换的文字设置成指定的格式。

## 5.3.7 文档的显示

Word 提供了多种显示文档的方式，不同方式可使用户在处理文档时把精力集中在不

同方面。通过“视图”选项卡“视图”组中的按钮(见图 5.19)或状态栏右侧的视图按钮(见图5.20)可以切换到所需的显示视图。有 7 种显示视图。

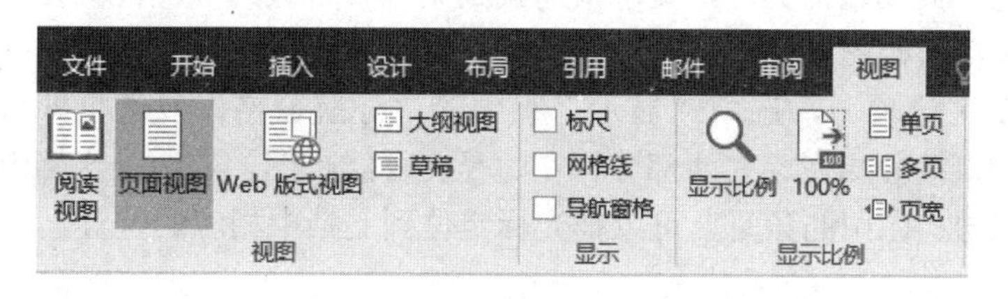


图 5.19 “视图”组中的按钮

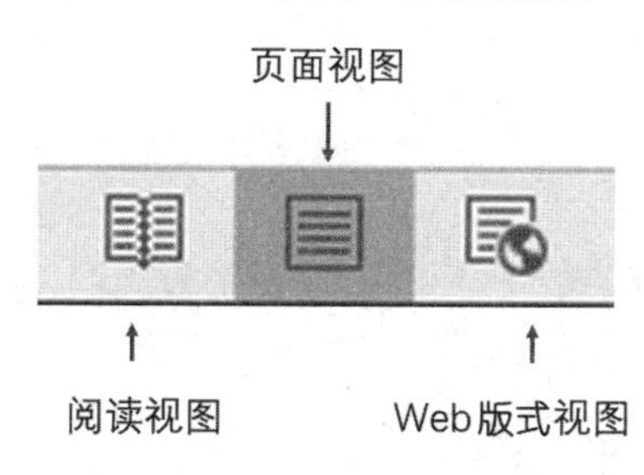


图 5.20 视图按钮

### 1. 阅读视图

如果打开文档是为了进行阅读，可以选择在阅读视图中进行。阅读视图中显示的页面为适合用户的屏幕而设计，这些页面不代表在打印文档时所看到的页面。

想要停止阅读文档时，单击“视图→编辑文档”按钮或按 Esc 键，可以从阅读视图切换回来。

### 2. 页面视图

页面视图是最常使用的视图方式，具有“所见即所得”的显示效果，也就是说，显示的效果与打印效果完全相同。在这种视图下，可以进行正常的编辑，它将显示整个页面的分布状况和整个文档在每一页上的位置，包括文本、图形、表格、文本框、页眉、页脚、页码等，并可对它们进行编辑。可以预先看见整个文档会以什么样的形式输出在打印纸上。

### 3. Web 版式视图

Web 版式视图是网页视图，它按照 Web 网页浏览器的显示效果显示文档。

### 4. 大纲视图

大纲视图用于显示文档的框架，可以用它来组织文档并观察文档的结构。可以通过拖动标题来移动、复制和重新组织文本。还可以通过折叠文档来查看主要标题，或者展开文档以查看所有标题，以至正文内容。大纲视图中不显示页边距、页眉、页脚、图片和背景。

### 5. 草稿

草稿主要用于快速输入文本、图形及表格，并进行简单的排版。在该视图中可看到版式的大部分(包括图形)，但不会显示页眉、页脚等文档元素。

### 6．文档结构图

当文档有几十页或几百页时，要想快速找到某一章节或某一段落就会十分困难。Word为用户提供了文档结构图。

选择“视图”选项卡，选中“显示”组中的“导航窗格”复选框即可显示文档结构图。这时文档窗口被分成左、右两部分，左边是文档结构图，右边是文档内容，如图 5.21 所示。单击文档结构图中的条目，可以把光标定位到文档中相应的位置。

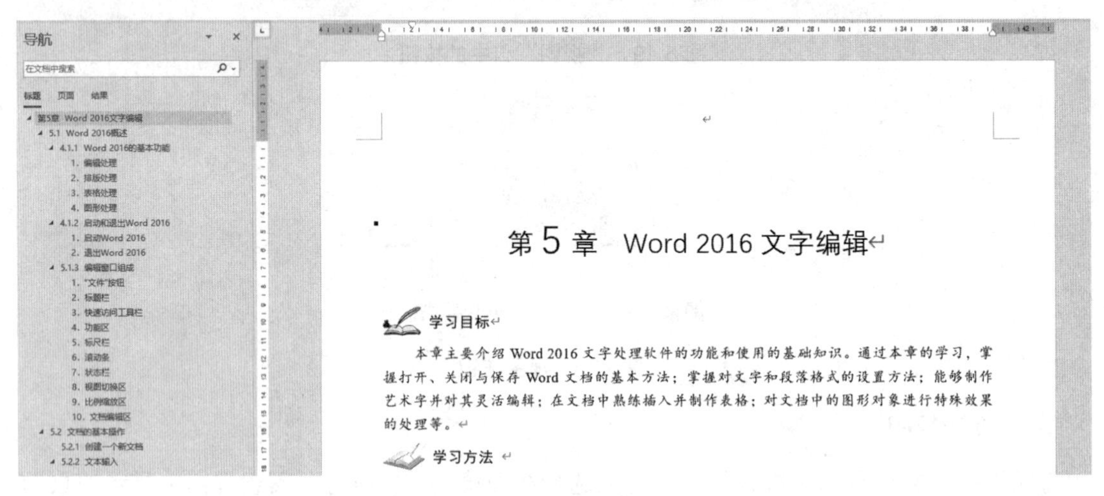


图 5.21　文档结构图

### 7．打印预览

打印预览用于显示文档的打印效果。在打印之前可通过打印预览查看文档全貌，还可通过调整显示比例显示一页或多页文档。

单击“文件”按钮，在弹出的下拉列表中选择“打印”选项，此时在右侧显示打印的预览效果。

## 5.4　字符格式化

字符格式化功能主要包括对各种字符外观，如字符的大小、字体、字形、颜色和字间距进行设置。

### 5.4.1　使用“开始”选项卡的“字体”组和“样式”组

“开始”选项卡的“字体”组中显示的是当前插入点字符的格式设置。如果不做新的定义，显示的字体和字号将用于下一个输入的文字。图 5.22 是对“字体”组中按钮的说明。

字体框：定义将要输入或已选定文本的字体，Word 2016 中提供了丰富的字体类型。需要注意的是，文字的字体分为中文字体和英文字体两部分，除了 Windows 内建的中文字体外，许多中文字体需要使用者自行安装。

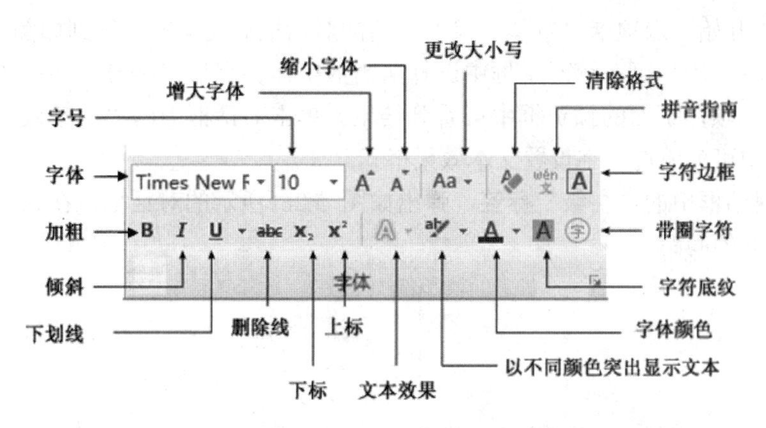


图 5.22　“字体”组中按钮的说明

字号框：定义将要输入或已选定文本的字号。

可通过字体颜色按钮改变字符颜色。方法是选定要改变颜色的文本后，单击该按钮右边的向下箭头，显示如图 5.23 所示的面板，单击所需要的颜色。

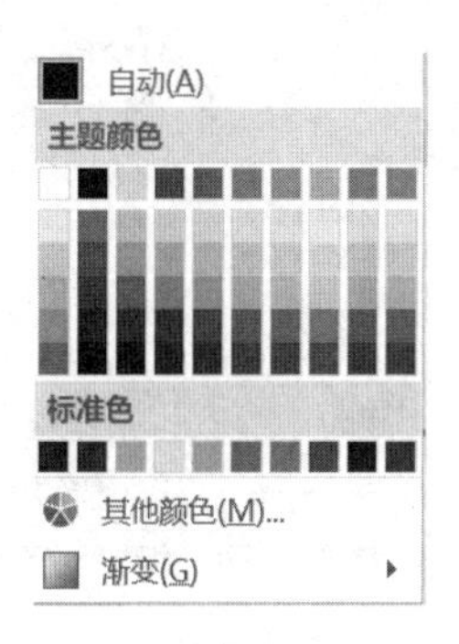


图 5.23　选择需要的颜色

“开始”选项卡的“样式”组(见图 5.24)中显示的是文本样式的设置，如文章中的章、节等各级标题及正文。Word 自带了许多样式，可以很容易地将它们应用在自己的文档编排中。只要先选取需要格式化的文本，再用鼠标单击样式框中所需要的样式名，则所选取的文本就会按照样式重新格式化。

图 5.24　“样式”组

小知识

改变字号时，在“字号”下拉列表框中最大显示为 72 磅，但用户可以设置更大的字号。方法是在“字号”框中直接输入所需字号，如在字号框中输入“110”，然后按 Enter 键即可。

## 5.4.2　使用“字体”对话框

除了可以通过“开始”选项卡中的“字体”和“样式”组完成一些常用的字符格式化操作外，Word 2016 还提供了丰富的字符格式化功能，这些功能是通过使用“字体”对话框完成的，具体操作步骤如下。

① 选定需要设置格式的文本。

② 单击“开始”选项卡“字体”组右下角的对话框启动器，得到如图 5.25 所示的“字体”对话框。用户可在该对话框中选择所需的字体、字形、字号、字体颜色、下划线线型、效果等选项，下面的预览框中可看到结果。单击对话框中的“文字效果”按钮，在弹出的对话框中可为所选文字设置文本效果格式。

③ 单击对话框中的“高级”标签，弹出如图 5.26 所示的对话框。在该对话框中可改变所选字符之间的间距。

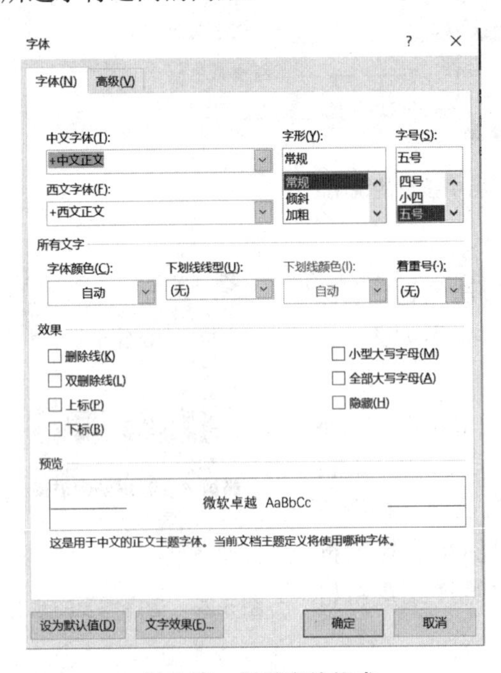


图 5.25　设置字体格式

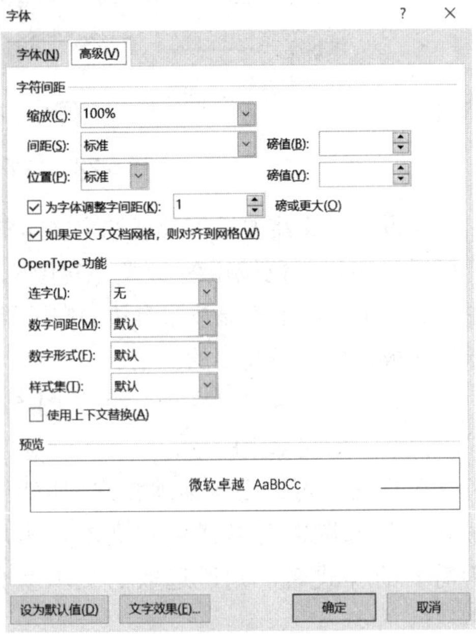

字体
字体(N) 高级(V)
字符间距
缩放(C): 100%
间距(S): 标准 磅值(B):
位置(P): 标准 磅值(Y):
为字体调整字间距(K): 1 磅或更大(O)
如果定义了文档网格，则对齐到网格(W)
OpenType 功能
连字(L): 无
数字间距(M): 默认
数字形式(F): 默认
样式集(T): 默认
使用上下文替换(A)
预览
微软卓越 AaBbCc
设为默认值(D) 文字效果(E)... 确定 取消

图 5.26　设置字符间距

## 5.4.3　格式的复制和清除

### 1．格式的复制

利用“开始”选项卡“剪贴板”组中的“格式刷”按钮，可将一部分文字设置的格式复制到另一部分文字上，格式越复杂，效率越高，操作如下。

① 选定已设置格式的文本，或将插入点定位到具有格式的文本中间。

② 双击“格式刷”按钮，这时鼠标指针上会出现一个小刷子。

③ 将鼠标指针移动到需要格式化的文本开始处，按下鼠标左键，拖动鼠标到达需要格式化的文本末尾处，松开鼠标左键，即完成复制格式工作。

④ 如果还需要格式化其他地方的文本，重复步骤③。否则，再次单击“格式刷”按钮或按 Esc 键，停止格式复制操作。

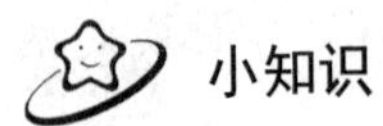


如果只需要做一次复制格式的操作，在步骤 2 中可单击“格式刷”按钮，其余操作相同。

可用快捷键实现格式刷的功能，方法是：选定已设置格式的文本，按 Ctrl+Shift+C 快捷键，将格式复制下来，再选定需要复制格式的文本，按 Ctrl+Shift+V 快捷键。

**2．格式的清除**

如果对所设置的字体格式不满意，可以清除该格式，恢复到 Word 默认的状态。清除格式的方法是按 Ctrl+Shift+Z 快捷键。

## 5.5　段落格式化

段落的排版指整个段落的外观，包括段落的缩进、对齐、行间距、段间距等。在编辑文档的过程中按下回车键，表明前一个段落的结束，后一个段落的开始，且在前一个段落的末尾会显示一个弯曲的箭头，这个箭头叫作“段落标记”。如果删除了一个段落的段落标记，这个段落就会和下一个段落合并。Word 2016 提供了方便的段落自动格式化功能。

**小知识**

如果没有看到段落标记，表明它被隐藏起来了。可通过单击“开始”选项卡“段落”组中的“显示/隐藏编辑标记”按钮，显示它。

在对段落进行格式化之前，必须先选定段落。如果只是对某一段进行格式化，只需将光标定位到该段落的任意位置；如果需对若干段落进行格式化，则需要先选定若干段落。

### 5.5.1　设置段落对齐方式

段落中文本的对齐方式有 5 种：左对齐、居中对齐、右对齐、两端对齐和分散对齐。可使用以下几种方法实现。

**1．使用“开始”选项卡“段落”组中的按钮**

在“开始”选项卡“段落”组中的 5 个按钮，从左到右分别是“左对齐”“居中对齐”“右对齐”“两端对齐”和“分散对齐”按钮。如果需要哪种对齐方式，只需在选定段落后，单击相应按钮即可。

**2．使用“段落”对话框**

选定段落后，单击“开始”选项卡“段落”组右下角的对话框启动器，显示“段落”对话框，单击“对齐方式”组合框，弹出下拉列表，如图 5.27 所示，选择所需要的方式，单击“确定”按钮即可。

**3．使用快捷键**

有一组快捷键可以对选定的段落实现对齐方式的快速设置，如表 5.4 所示。

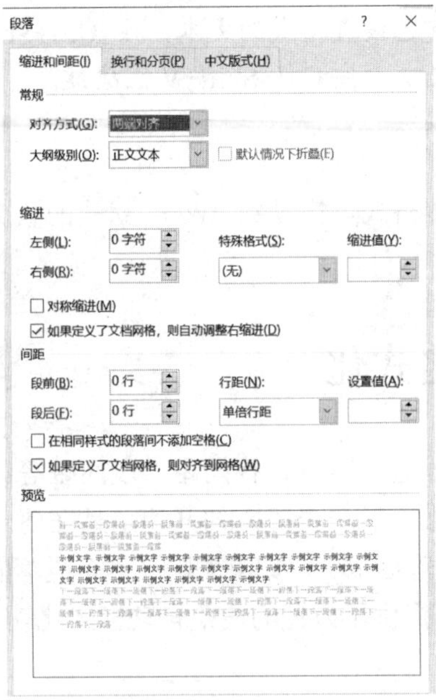

图 5.27 “段落”对话框

表 5.4 利用快捷键实现段落对齐

| 按 键 | 实现的功能 |
|---|---|
| Ctrl+L | 段落左对齐 |
| Ctrl+R | 段落右对齐 |
| Ctrl+J | 段落两端对齐 |
| Ctrl+E | 段落居中对齐 |
| Ctrl+Shift+J | 段落分散对齐 |

## 5.5.2 设置段落缩进

“页边距”指页面四周的空白区域，段落缩进指段落的左右边缘与页边距的距离。比如右页边距为 1 厘米，段落右侧缩进 2 厘米，那么段落右侧与页面的右边就有 3 厘米的距离。Word 默认以页面左、右边距为段落的左、右缩进位置，即页面左边距与段落左缩进重合，页面右边距与段落右缩进重合。

段落缩进包括“左缩进”“右缩进”“首行缩进”和“悬挂缩进”四种，它们的含义有以下几点。

- 左缩进：控制整个段落的左边界位置。
- 右缩进：控制整个段落的右边界位置。
- 首行缩进：控制段落第一行第一个字符的起始位置。
- 悬挂缩进：控制段落除第一行外的其余各行的起始位置。

可以一次设置全部文档各个段落的各种缩进量，也可以单独设置一个或几个段落的缩进量。需要注意的是，设置之前一定要选定要设置缩进的所有段落。

实现段落的缩进可通过标尺或“段落”对话框完成，前者直接方便，后者定义精确。

### 1. 使用标尺

标尺的显示有三种方法。

方法 1：选择“视图”选项卡，在“显示”组中选中“标尺”复选框即可显示标尺。

方法 2：单击文档右侧垂直滚动条顶端的“标尺”按钮，即可显示标尺。

方法 3：将鼠标指针移动到页面顶端的灰色区域处，停留几秒，即可显示标尺。

文本缩进的按钮位于水平标尺上，它们是可移动的，如图 5.28 所示。

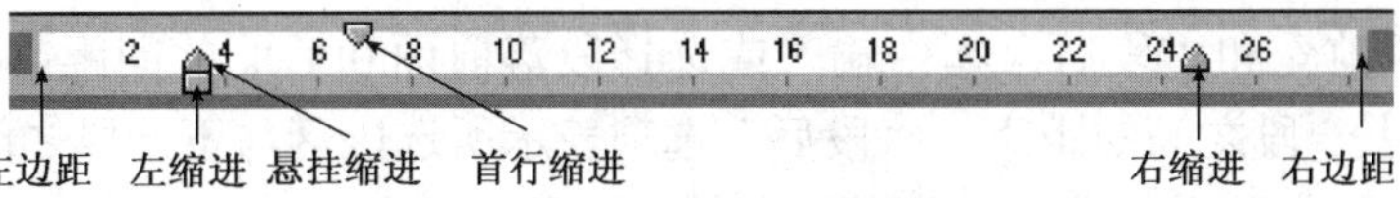

图 5.28 水平标尺上的缩进按钮

标尺上的数值以“字符”作为单位。选定段落后，将标尺上的相应按钮拖动到所需要的位置即可。在拖动按钮时，文档窗口中会出现一条虚的竖线，它表示段落缩进的位置。如果在拖动按钮的同时按住 Alt 键，可以较平滑、精确地实现段落的各种缩进。

**2. 使用“段落”对话框**

① 选定段落。

② 单击“开始”选项卡“段落”组右下角的对话框启动器，显示“段落”对话框，如图 5.27 所示。

③ 在“缩进”项中可修改左、右缩进值；在“特殊格式”中可修改首行缩进或悬挂缩进的值。

**小知识**

可用“开始”选项卡“段落”组中的增加缩进量和减少缩进量按钮来修改段落左侧的缩进。

设置段落缩进时，首行缩进和悬挂缩进不能同时使用，其余的缩进方式可以混合使用。

### 5.5.3 设置行间距和段间距

行间距指段落中行与行之间的距离，段间距包括段前和段后距离。通常，初学者常用按回车键插入空行的办法来增加行间距或段间距，这种方法不够精确。在 Word 中，单击“开始”选项卡“段落”组中的“行距”按钮可以设置行间距和段间距。还可以通过单击“段落”组右下角的对话框启动器，打开“段落”对话框来设置行间距和段间距。

① 选定段落。

② 选择“开始”选项卡，单击“段落”组右下角的对话框启动器，弹出如图 5.27 所示的对话框。

③ 在“行距”下拉列表框中选择所需值，或者在“设置值”微调框中输入间距值(以倍数计算，可以用小数)。各行距选项的含义如下。

- 单倍行距：设置每行的高度为可容纳这行中最大的字体，并上下留有适当的空格，这是 Word 的默认值。
- 1.5 倍行距：设置每行的高度为这行中最大字体高度的 1.5 倍。
- 2 倍行距：设置每行的高度为这行中最大字体高度的 2 倍。
- 最小值：自动调整高度以容纳最大字体。
- 固定值：设置成固定的行距，不能调节。
- 多倍行距：允许行距设置成带小数的倍数，如 3.25 倍。

若选择后面三种选项，在“设置值”框中要输入具体的设置值。

④ 在“段前”和“段后”框中输入或选择段落前面和后面的间距。“段前”选项表示所选段落与上一段之间的距离；“段后”选项表示所选段落与下一段之间的距离。

⑤ 查看“预览”框，确认后单击“确定”按钮。

## 5.5.4　为段落添加边框和底纹

### 1. 为段落添加边框

为一个或多个段落添加边框的操作步骤如下。

① 选定要添加边框的段落。

② 单击“开始”选项卡“段落”组中“下框线”右侧的倒三角按钮，在弹出的下拉列表中单击“边框和底纹”按钮，打开“边框和底纹”对话框，如图 5.29 所示。

③ 在“边框”选项卡的“设置”“样式”“颜色”“宽度”等选项中选定需要的选项。

④ 在“应用于”组合框中选择“段落”选项。

⑤ 查看“预览”框，确认后单击“确定”按钮。

### 2. 为段落添加底纹

① 选定要添加底纹的段落。

② 单击“开始”选项卡“段落”组中“下框线”右侧的倒三角按钮，在弹出的下拉列表中单击“边框和底纹”按钮，打开“边框和底纹”对话框。

③ 单击“底纹”标签，如图 5.30 所示。在“填充”下拉列表框中选择底纹的填充颜色。在“样式”组合框中选择底纹的式样。

④ 查看“预览”框，确认后单击“确定”按钮。

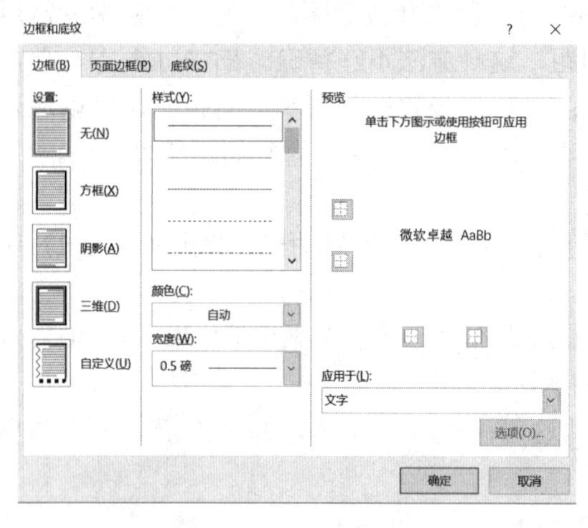


图 5.29　设置段落边框

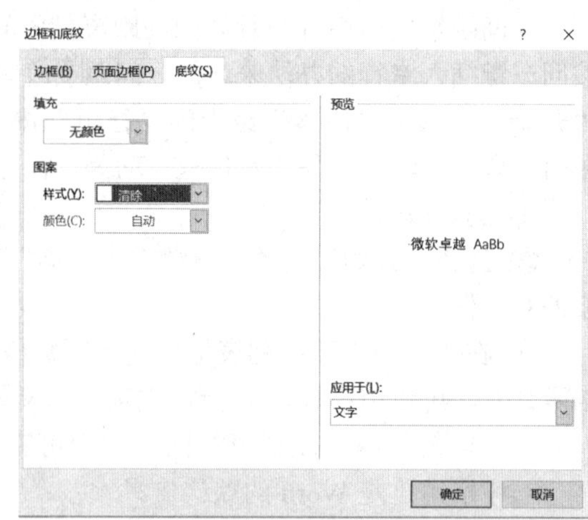


图 5.30　设置段落底纹

小知识

在“页面边框”选项卡中可以为本文档中的所选页面添加合适的边框线，页面边框除了“边框”选项卡中的所有边框线外，还有“艺术型”边框。

## 5.5.5　项目符号和编号

项目符号是在段落前面添加的某种特定的符号。在 Word 2016 中，可以在输入文本时自动给段落创建编号或项目符号，也可以给已有的各段文本添加项目符号或编号。

### 1．在输入文本时，自动创建项目符号或编号

在输入文本时，自动创建项目符号的方法是：在输入文本时，先输入一个星号“*”，后面跟一个空格，这时，“*”会自动变成项目符号(默认的项目符号是黑色大圆点)，然后输入文本。当输完一段文本按 Enter 键后，在新的一段开始处自动添加同样的项目符号。另一种创建项目符号或编号的方法是：在输入文本前，先单击“开始”选项卡“段落”组中的“项目符号”或“编号”按钮，给段落创建默认的项目符号或编号，然后输入文本。当按 Enter 键时，在新的一段开头处会自动添加同样的项目符号或根据上一段的编号格式自动创建编号。重复上述步骤，可对输入的各段建立相同的项目符号或一系列的段落编号。若要结束自动创建项目符号或编号，按 Backspace 键(或再按一次 Enter 键)即可。在这些建立编号的段落中，删除或插入某一段落时，其余的段落编号会自动修改。

### 2．对已输入的段落添加项目符号或编号

① 选定要添加项目符号或编号的段落。

② 单击“开始”选项卡“段落”组中的“项目符号”按钮 或“编号”按钮，即可给段落创建默认的项目符号或编号。也可单击上述按钮右侧的倒三角按钮，分别在弹出的下拉列表中选择所需的“项目符号”或“编号”选项，还可选择“定义新项目符号”或“定义新编号格式”选项，选择并定义新项目符号(见图 5.31)或编号(见图 5.32)。

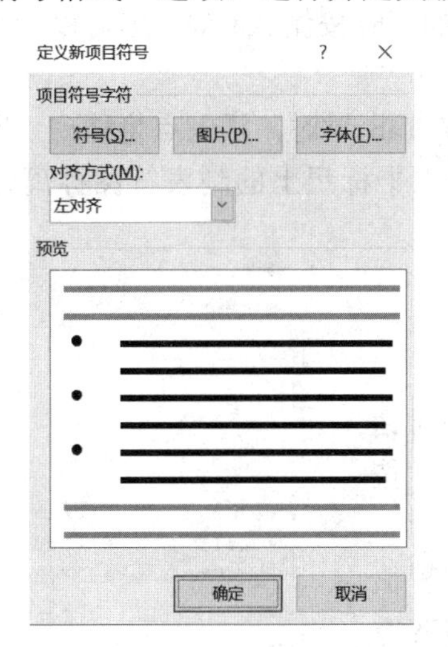


图 5.31　“定义新项目符号”对话框

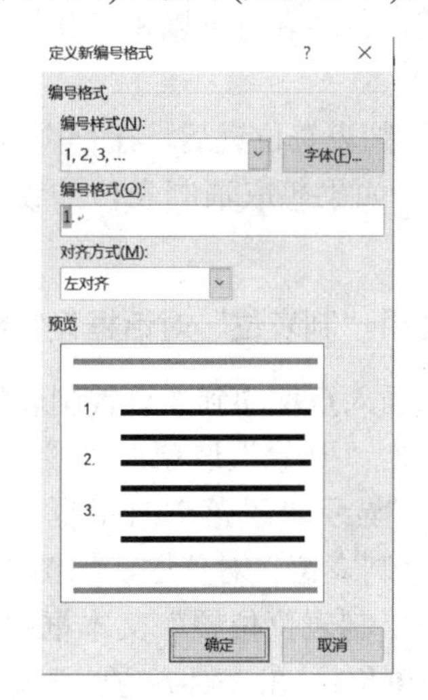


图 5.32　“定义新编号格式”对话框

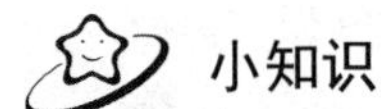

小知识

用户还可以通过右击选中的段落，在弹出的快捷菜单中选择“项目符号”或“编号”命令为已输入的段落添加系统默认的项目符号或编号。

## 5.5.6 制表位的设定

制表位指按 Tab 键后，插入点移动到的位置。若需要设置各行文本之间的列对齐，使用制表位是一个很好的方法。初学者往往用插入空格的方法来实现这一目的，这不是一个好办法。在 Word 2016 中，默认制表位是从标尺左端开始自动设置，各制表位之间的距离是 0.75 厘米。

Word 2016 提供了 5 种不同的制表符，可以根据需要选择并设置各制表符之间的距离。

- 小数点对齐式制表符：小数点与制表位对齐，若无小数点，则右对齐。
- 左对齐式制表符：文本左侧与制表位对齐。
- 右对齐式制表符：文本右侧与制表位对齐。
- 竖线式制表符：在制表位插入一竖线。
- 居中式制表符：文本中心与制表位对齐。

### 1．使用标尺设置制表位

在水平标尺左端有一个制表位对齐方式按钮，不断单击它可循环出现左对齐、居中对齐、右对齐、小数点对齐和竖线等 5 个制表符。使用标尺设置制表位的方法如下。

① 将插入点移动到要设置制表位的段落。

② 单击制表位对齐方式按钮，选定一种制表符。

③ 单击标尺上要设置制表位的地方，该位置上出现选定的制表符图标。

④ 重复②和③两步可以完成多个制表位设置工作。

⑤ 拖动各制表符可以调整其位置，若在拖动的同时按住 Alt 键，则可以看到精确的位置数据。

设置好制表符位置后，在行中输入文本，当按 Tab 键时，插入点将移动到所设置的下一制表位。如果想取消制表位的设定，只需拖动水平标尺上的制表符图标离开水平标尺即可。

### 2．使用“制表位”对话框设置制表位

① 将插入点移动到要设置制表位的段落。

② 单击“开始”选项卡“段落”组右下角的对话框启动器，显示“段落”对话框，单击“制表位”按钮，打开“制表位”对话框，如图 5.33 所示。

③ 在“制表位位置”文本框中输入具体的位置值(以字符为单位)；在“对齐方式”组中选择一种对齐方式；在“引导符”组中选择一种引导符，“引导符”将填入所设置的制表位左边的空白处。

④ 单击“设置”按钮。

⑤ 重复③～④步，可以设置多个制表位。

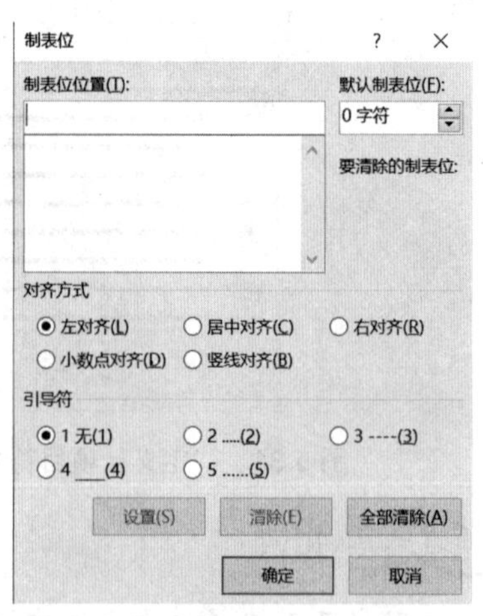


图 5.33 “制表位”对话框

⑥ 确认后单击“确定”按钮。

如果要删除某个制表位，可以在“制表位位置”文本框中选定要清除的制表位位置，并单击“清除”按钮。单击“全部清除”按钮可一次清除所有设定的制表位。

### 5.5.7　首字下沉

在文档中为了修饰效果，可以使用 Word 的首字下沉功能。其操作步骤如下。

① 将插入点移动到要设置首字下沉的段落的任意位置。

② 单击“插入”选项卡“文本”组中的“首字下沉”按钮，在弹出的下拉列表中选择下沉方式，如无、下拉、悬挂；或选择“首字下沉”选项，弹出“首字下沉”对话框(见图 5.34)，在“位置”栏中选择首字下沉的位置，再选择首字的字体、下沉的行数等参数，单击“确定”按钮。

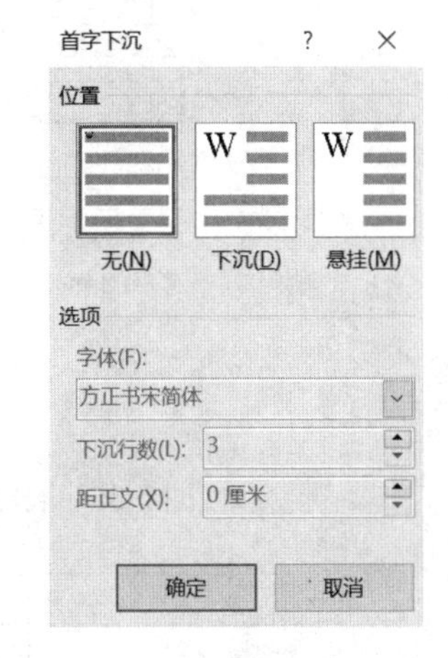


图 5.34　“首字下沉”对话框

若要取消首字下沉效果，则需在“首字下沉”下拉列表中选择下沉方式“无”，或再次打开“首字下沉”对话框，在“位置”栏中选择“无”，并单击“确定”按钮。

## 5.6　表格制作

在一份文档中，经常会用表格来表示一些数据。Word 2016 提供了丰富的表格制作功能。本节主要介绍表格制作、修改和编辑的基本操作方法。

### 5.6.1　表格的组成

在 Word 2016 中，表格是由行、列确定的，一行和一列的交叉处是一个单元格。表格的信息包含在单元格中，可以在单元格中输入文本和图形。

### 5.6.2　表格的建立

建立表格的基本步骤如下。

① 将插入点定位到要建立表格的位置。

② 单击“插入”选项卡“表格”组中的“表格”按钮，在弹出的下拉列表中选择“插入表格”选项下方的网格显示框(见图 5.35)。

③ 在网格中按住鼠标左键，然后向右下方拖动，反白显示的方格表示要建立的表格形状，横向个数表示行数，纵向个数为列数，拖动鼠标直到所需要的列数和行数才松手。图 5.36 表示建立一个 4 行 4 列的表格。图 5.37 为生成所需的表格。

图 5.35　表格网格窗口

图 5.36　选定表格列数和行数

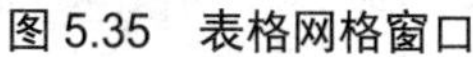

| | | | |
|---|---|---|---|
| | | | |
| | | | |
| | | | |

图 5.37　生成所需的表格

用这种方法插入表格时，表格的行数会受网格显示框的限制。如果需要创建很大的表格，可以单击“插入”选项卡“表格”组中的“表格”按钮，在弹出的下拉列表中选择“插入表格”选项，打开如图 5.38 所示的“插入表格”对话框。在对话框的“行数”“列数”框中输入表格的大小，在“固定列宽”微调框中可输入表格中单元格的宽度。输入完成后单击“确定”按钮即可。

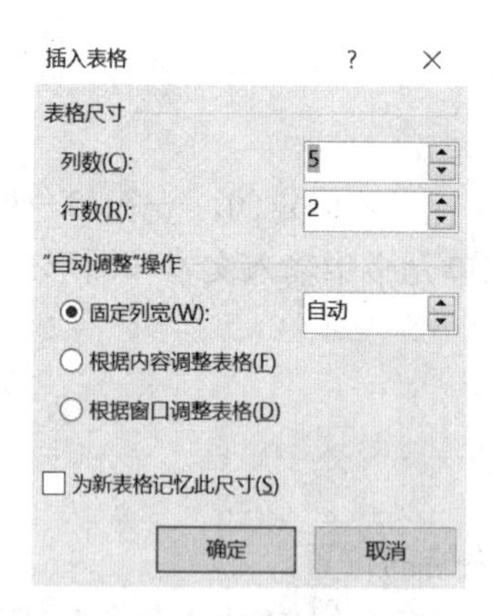


图 5.38　“插入表格”对话框

表格创建好后，就可以向表格中输入文字和数据了。表格的插入点处于表格的第一个单元格中，后面紧跟一个“单元格结束标记”，该标记如文本编辑区的段落结束标记，如图 5.39 所示。在表格中移动插入点可以使用 Tab 键，它使插入点从一个单元格跳到下一个单元格。

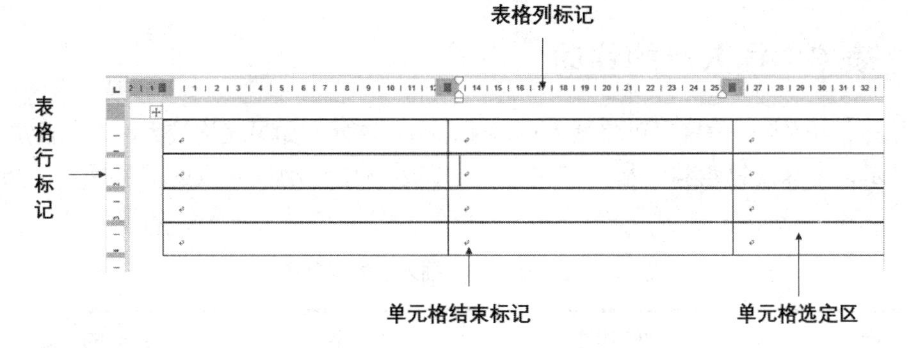


图 5.39　有关表格的一些标记

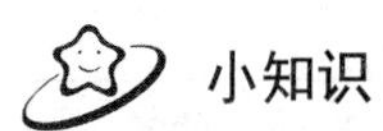
小知识

可以先输入表格里的内容，然后把它转换为表格。选定内容后，单击“插入”选项卡的“表格”组中的“表格”按钮，在弹出的下拉列表中选择“文本转换成表格”选项即可。

## 5.6.3　选定表格编辑对象

单元格是表格的基本单位，像对文档的操作一样，进行表格内容的编辑、修改等操作之前也必须“先选定，后操作”。

在表格中，每个单元格有一个单元格选定区，如图 5.39 所示。每一行左边有行的选定区，这个选定区与前文所讲的文本选定区相同。每一列的上边界实线附近有列的选定区，当鼠标指针移动到该处时，光标将变成向下箭头⬇。

选定的基本操作步骤如下。

① 将光标移动到要选择的一行、一列或表格的某个单元格。

② 单击“布局”选项卡“表”组中的“选择”按钮，在弹出的下拉列表中选择“选择单元格”“选择列”“选择行”“选择表格”四个选项中的一个。

此外，快速完成选定表格对象的操作方法如表 5.5 所示。

表 5.5　选定表格对象的操作方法

| 实现的功能 | 操作方法 |
| --- | --- |
| 选定一个单元格 | 单击单元格内左侧的选定区 |
| 选定一行 | 单击该行左侧行选定区 |
| 选定一列 | 单击该列上边的列选定区 |
| 选定多个单元格、行或列 | (1) 按住鼠标左键拖动；<br>(2) 先选定开始的单元格，再按 Shift 键并选定结束的单元格 |
| 选定整个表格 | (1) 按 Alt 键的同时双击表格左侧行选定区；<br>(2) 单击表格左上角的手柄⊞；<br>(3) 使用选定多行或多列的方法完成 |

## 5.6.4　表格中插入点的移动

单击表格中的某一位置，可将插入点迅速移动到该处。如果表格较大，在当前屏幕上不能完全显示，那么用键盘移动插入点更方便。在表格中移动插入点的键盘操作，如表 5.6 所示。

表 5.6　在表格中移动插入点的键盘操作

| 按　键 | 实现的功能 | 按　键 | 实现的功能 |
|---|---|---|---|
| Tab | 选定下一个单元格 | Alt+End | 移动插入点到当前行的最后一个单元格中 |
| Shift+Tab | 选定上一个单元格 | Alt+PageUp | 移动插入点到当前列的第一个单元格中 |
| ↑、↓、←、→ | 移动插入点到该方向相邻的单元格中 | Alt+PageDown | 移动插入点到当前列的最后一个单元格中 |
| Alt+Home | 移动插入点到当前行的第一个单元格中 | | |

## 5.6.5　行、列的插入与删除

### 1. 行、列的插入

① 选定表格的某行(列)，比如选定单元格“23”所在的行，或将光标定位于该行(列)中的任意一个单元格中，如图 5.40 所示。

② 单击“布局”选项卡“行和列”组(见图 5.41)中的“在上方插入”按钮，结果如图 5.42 所示。

③ 单击图 5.41 中其余的几个按钮，可在选定单元格的下方插入行，在左侧、右侧插入列。

| 11 | 12 | 13 | 14 |
|---|---|---|---|
| 21 | 22 | 23 | 24 |
| 31 | 32 | 33 | 34 |

图 5.40　选定表格的行(列)

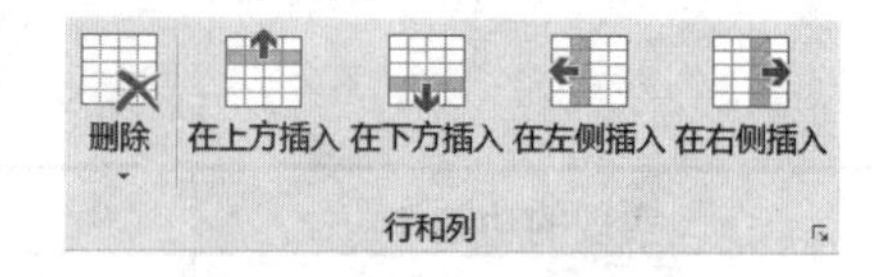


图 5.41　“行和列”组

| 11 | 12 | 13 | 14 |
|---|---|---|---|
| | | | |
| 21 | 22 | 23 | 24 |
| 31 | 32 | 33 | 34 |

图 5.42　在选定行上方插入单元格

小知识

如果选定的是多行或多列，将在指定位置插入多行或多列。

注意，若需在表格末尾增加一行，有两种更为简便的方法。

方法 1：将插入点移动到表格的最后一个单元格的右边，按 Enter 键。

方法 2：将插入点移动到表格的最后一个单元格中(表格右下角单元格)，按 Tab 键。

#### 2．行、列的删除

① 选定图 5.40 中“23”所在的单元格。

② 单击“布局”选项卡“行和列”组中的“删除”按钮，在弹出的下拉列表框(见图 5.43)中选择相应的选项，比如选择“删除列”选项，结果如图 5.44 所示。

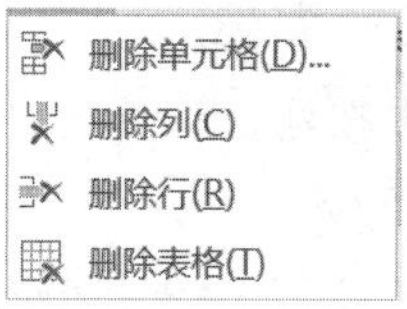

删除单元格(D)...
删除列(C)
删除行(R)
删除表格(T)

图 5.43　“删除”按钮级联菜单

| 11 | 12 | 14 |
|---|---|---|
| 21 | 22 | 24 |
| 31 | 32 | 34 |

图 5.44　删除当前列

小知识

选定行或列后单击“开始”选项卡“剪贴板”组中的“剪切”按钮，可以剪切选定的行或列。删除和剪切的区别在于：被删除的行或列不送入剪贴板，被剪切的行或列将送入剪贴板。

#### 3．删除表格内容

选定表格部分区域，按 Del 键或 Ctrl+X 快捷键，可删除该区域中的数据。选定整个表，按 Del 键或 Ctrl+X 快捷键，可删除整个表格的内容。注意：表格内容删除后，表格本身还在。

## 5.6.6　单元格的插入和删除

单元格的插入和删除都是针对一个单元格的。

#### 1．单元格的插入

① 选定图 5.40 中“23”所在的单元格。

② 单击“布局”选项卡“行和列”组右下角的按钮，出现如图 5.45 所示的“插入单元格”对话框。

③ 在这个对话框中有四种情况可供选择。

- 活动单元格右移：在选定单元格左边增加一个单元格，其结果如图 5.46 所示。
- 活动单元格下移：在选定单元格上方增加一个新的单元格，选定的单元格下移并且在表格最后一行增加一行，如图 5.47 所示。

- 整行插入：等同于在当前行上边插入一行。
- 整列插入：等同于在当前列左边插入一列。

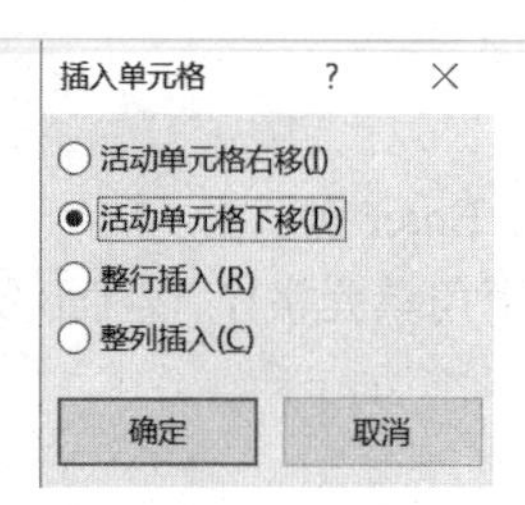


图 5.45 “插入单元格”对话框

| 11 | 12 | 13 | 14 | |
|---|---|---|---|---|
| 21 | 22 | | 23 | 24 |
| 31 | 32 | 33 | 34 | |

图 5.46 活动单元格右移

**2. 单元格的删除**

① 选定图 5.40 中“23”所在的单元格。

② 单击“布局”选项卡“行和列”组中的“删除”按钮，在弹出的下拉列表中选择“删除单元格”选项，打开“删除单元格”对话框(见图 5.48)。

| 11 | 12 | 13 | 14 |
|---|---|---|---|
| 21 | 22 | | 24 |
| 31 | 32 | 23 | 34 |
| | | 33 | |

图 5.47 活动单元格下移

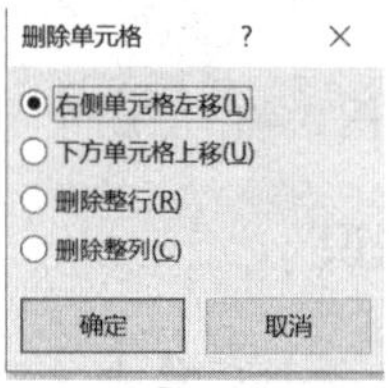

删除单元格 ? ×
- 右侧单元格左移(L)
- 下方单元格上移(U)
- 删除整行(R)
- 删除整列(C)

确定 取消

图 5.48 “删除单元格”对话框

③ 在这个对话框中有四种情况可供选择。

- 选择“右侧单元格左移”，结果如图 5.49 所示。
- 选择“下方单元格上移”，结果如图 5.50 所示。

| 11 | 12 | 13 | 14 |
|---|---|---|---|
| 21 | 22 | 24 | |
| 31 | 32 | 33 | 34 |

图 5.49 右侧单元格左移

| 11 | 12 | 13 | 14 |
|---|---|---|---|
| 21 | 22 | 33 | 24 |
| 31 | 32 | | 34 |

图 5.50 下方单元格上移

- 选择“删除整行”指删除单元格所在行。
- 选择“删除整列”指删除单元格所在列。

## 5.6.7 调整表格的行高与列宽

有多种方法可以调整表格的行高或列宽。

**1. 利用表格边框线**

若要改变行高，把光标移动到表格的横线上，指针变成形状，要改变列宽，把光标移动到表格的竖线上，让指针变成形状，然后按下鼠标左键并拖动鼠标到合适的高度或宽度即可。

### 2．利用标尺上的表格列标记或行标记

当选定一个表格或将插入点移动到表格中时，水平标尺上就会出现特殊的表格列标记(见图 5.39)，而表格行标记的出现，不仅要选定表格或移动插入点到表格中，还要在页面视图下，因为这种状态下才有垂直标尺。

表格的行、列标记对应着表格的行、列边框，改变行、列标记的位置也就改变了它们所对应的边框线的位置。将插入点定位到某表格后，移动光标到标尺的行标记或列标记处，光标符号变为双向箭头时，按住左键，拖动标记到合适位置，就可改变表格的行高或列宽。

### 3．利用“表格属性”对话框

对表格行高和列宽进行精确设置可以使用“表格属性”对话框来完成，步骤如下。

① 选定要调整的行或列，或者整个表格。

② 单击“布局”选项卡“表”组中的“属性”按钮，弹出“表格属性”对话框。

③ 单击“行”标签(见图 5.51)，在“行高值是”下拉列表框中选择合适的选项，如果选择了“最小值”或“固定值”，还可在“指定高度”框中输入具体的行高。如果要保证表格行不会因为分页而截断，可以取消选择“允许跨页断行”复选框。

④ 单击“列”标签(见图 5.52)，在“指定宽度”框中输入具体的值。

⑤ 单击“确定”按钮，关闭对话框。

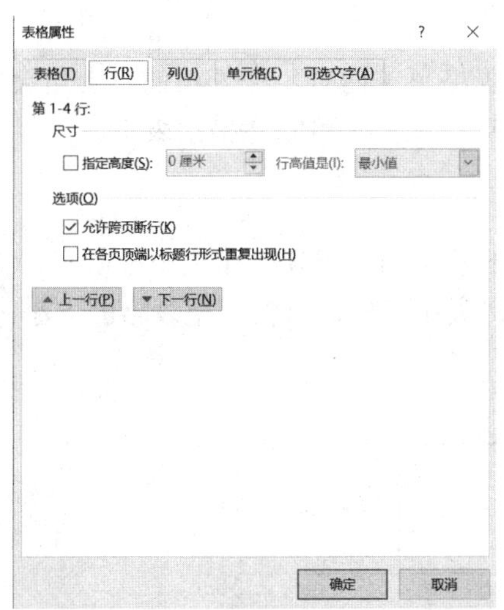


图 5.51　调整行高

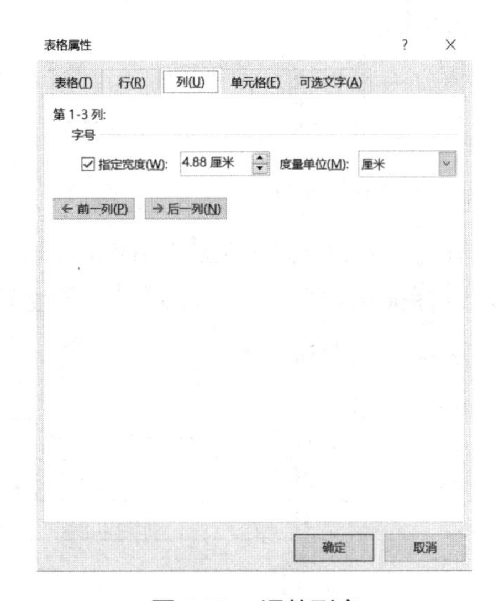


图 5.52　调整列宽

### 4．自动调整

自动调整功能主要用于调整表格的行高和列宽。

将光标移动到表格中，单击“布局”选项卡“单元格大小”组中的“自动调整”按钮，在弹出的下拉列表(见图 5.53)中选择相应的选项。

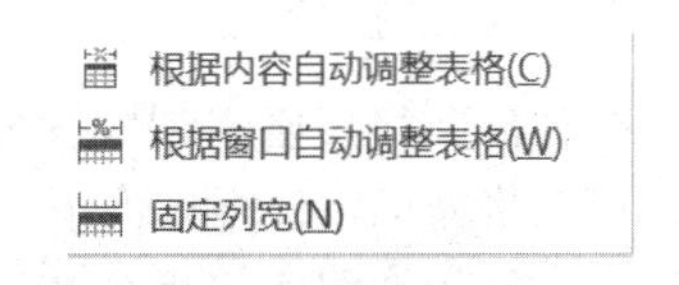


图 5.53　“自动调整”按钮的下拉列表

单击“布局”选项卡“单元格大小”组中的“分

布列”按钮或“分布行”按钮，可以将选定的单元格的列宽或行高平均分配。

## 5.6.8 单元格的合并与拆分

### 1．合并单元格

① 选定要合并的单元格。

② 单击“布局”选项卡“合并”组中的“合并单元格”按钮。

合并后，原单元格的内容也将合并到新的单元格中。

### 2．拆分单元格

① 选定要拆分的单元格。

② 单击“布局”选项卡“合并”组中的“拆分单元格”按钮，将弹出如图 5.54 所示的对话框。

③ 在对话框中输入要拆分的列数和行数，单击“确定”按钮。

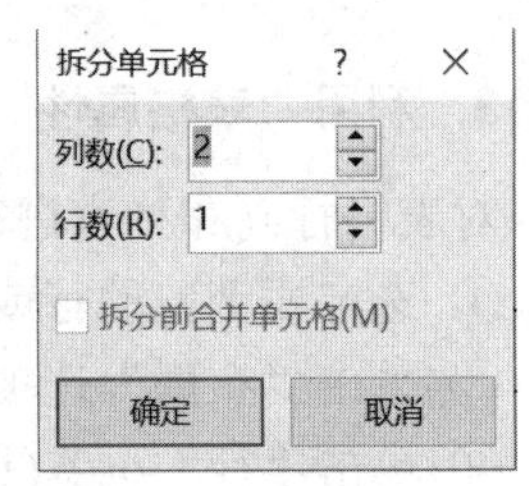


图 5.54 “拆分单元格”对话框

## 5.6.9 对表格的操作

### 1．拖动表格

当创建好一个表格后，将鼠标指针移动到表格范围内时，在表格的左上角会出现一个移动控制点，如图 5.55 所示。用鼠标拖动该移动控制点，可随意拖动表格。

### 2．直接调整表格的大小

当鼠标指针移动到表格范围内时，在表格的右下角会出现一个调整控制点，如图 5.55 所示。用鼠标拖动此控制点，就可以像调整窗口大小一样，直接调整表格的大小。

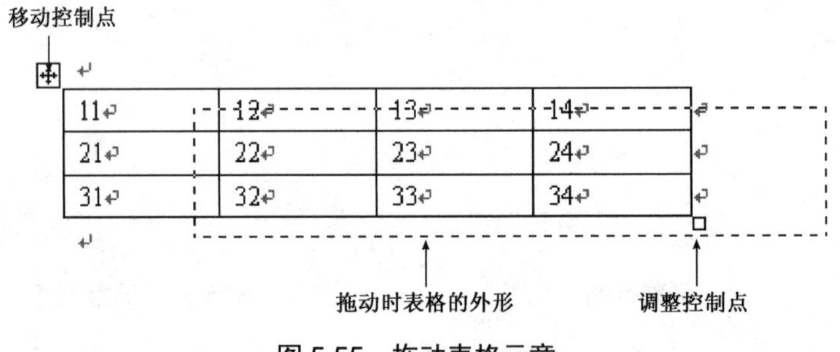


图 5.55 拖动表格示意

### 3．表格的拆分

有时需要将表格强制性拆分，如果只是单纯拆分表格而并不将表格拆分在不同的页面上，可以将光标定位至作为下一个表格第一行中的任意单元格内，按 Ctrl+Shift+Enter 快捷键即可；如果要将表格拆分在不同的页面上，可以将光标定位在下一个表格第一行中的任意位置，按 Ctrl+Enter 快捷键。

### 4．普通文本与表格的转换

可以将普通文本转换成表格。操作方法是：选中要转换成表格的所有文本，单击“插入”选项卡“表格”组中的“表格”按钮，在弹出的下拉列表中选择“文本转换成表格”选项，在打开的“将文字转换成表格”对话框中进行相应设置。

也可以将表格内容转换成普通文本。操作方法是：选中要转换为文本的表格内容，单击“布局”选项卡“数据”组中的“转换为文本”按钮，在打开的“将表格转换成文本”对话框中进行相应设置。

## 5.6.10　表格内容的格式化

### 1．单元格内容的对齐

单元格内容的对齐包括垂直方向和水平方向的对齐。在表格中选定要对齐的区域后，若是要设定水平方向的对齐，可单击“开始”选项卡“段落”组中的对齐方式按钮，其含义与文本对齐的含义一样(可参看 5.5.1 节)。若需同时调整多项表格属性，可以在选中表格后右键单击鼠标选择表格属性进行相应参数设置，如图 5.56 所示。

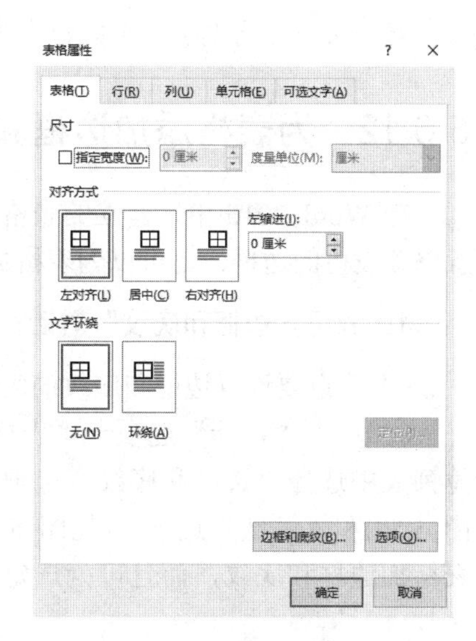


图 5.56　设置单元格对齐方式

### 2．自动重复表格标题

如果表格很长并跨越多页，表格会自动分页，但在默认情况下，后继页的表格没有表格标题。可以设置在各页自动重复表格标题。方法是：从表格第一行开始，选择作为标题的一行或数行文本，单击“布局”选项卡“数据”组中的“重复标题行”按钮。

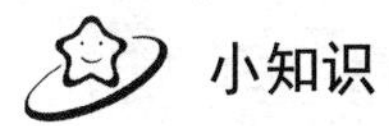

**小知识**

重复的表格标题只有在表格自动分页的情况下才会出现，如果人为地添加分页符，则在后继页中无法让标题行重复。

### 3．竖排文本

竖排文本的方法：选取单元格或整个表格，单击“布局”选项卡“对齐方式”组中的“文字方向”按钮改变文字的排列方向。

## 5.6.11　绘制斜线表头

Word 2016 提供了直接绘制斜线表头的功能，操作步骤如下。

① 将光标定位于表头的位置，即第 1 行第 1 列。

② 单击“段落”选项卡中“边框”右侧的倒三角按钮，在弹出的下拉列表中选择“斜下框线”选项，然后输入表头文本，通过空格和回车键控制文本到适当的位置，如

图 5.57 所示。要绘制两根或多根斜线的表头，可以单击“插入”选项卡“插图”组中的“形状”按钮，在弹出的下拉列表中选择“直线”进行绘制，然后输入文本并调整其位置。

| 课程<br>姓名 | 高等数学 | 大学语文 |
| --- | --- | --- |
| 张华 | 90 | 80 |
| 王明 | 87 | 88 |

图 5.57　绘制斜线表头示例

若表头单元格太小，不能包含表头全部内容，用户可以根据情况作适当调整。

## 5.6.12　为表格添加边框和底纹

在 Word 2016 中，建立的表格具有 0.5 磅的单线边框。用户可以根据各自的需要，任意修改表格的边框，还可以为表格加上不同的底纹。

### 1．利用“边框和底纹”对话框

① 选定要设置边框和底纹的表格。

② 单击“设计”选项卡“表格样式”组中“边框”右侧的倒三角按钮，在弹出的下拉列表中选择“边框和底纹”选项，弹出“边框和底纹”对话框，在“边框”选项卡(见图 5.58)和“底纹”选项卡(见图 5.59)中，可根据需要作相应的设置。它们不仅可用于为表格加边框和底纹，而且可为选定的文本块加边框和底纹(见 5.5.4 节为段落添加边框和底纹)。

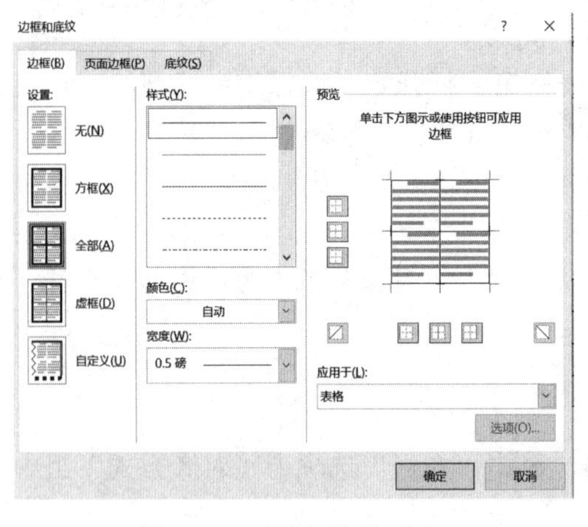


图 5.58　“边框”选项卡

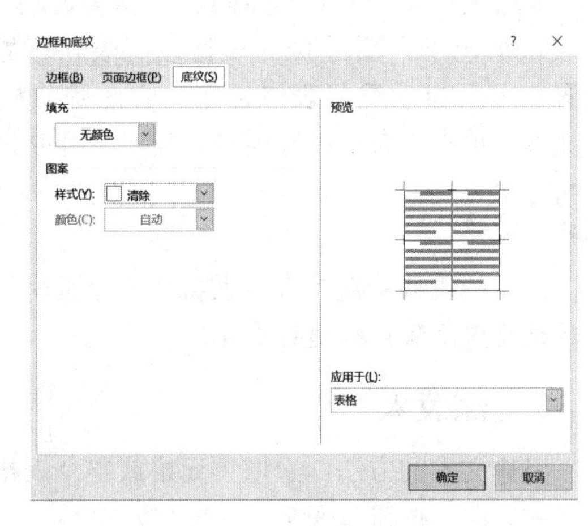


图 5.59　“底纹”选项卡

### 2．利用“表格样式”组中的表格样式图标

在 Word 2016 中，系统提供了几十种现成的表格样式，用户可以直接采用它们。

将插入点定位到表格中后，单击“设计”选项卡“表格样式”组中的某种表格样式图标(见图 5.60)，当前表格将采用选中的这种样式。用这种方法可以十分方便、快捷地生成一种规范的表格。

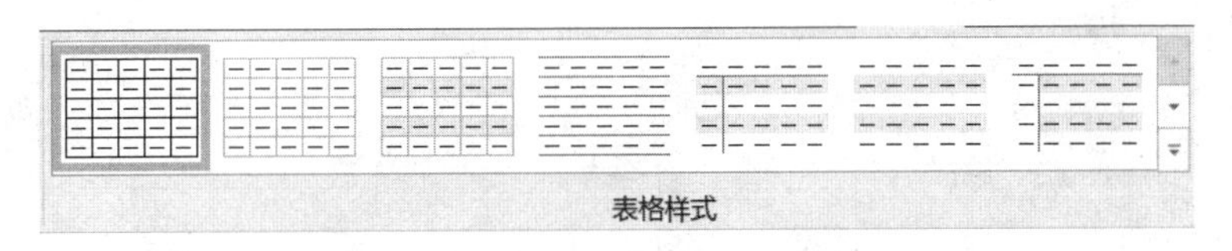


图 5.60　“表格样式”组中的表格样式图标

## 5.6.13　表格内数据的排序与计算

### 1. 表格数据的排序

可以将表格中某一列的数据(可以是数字或文字)排序，并按排序的结果重新组织各行在表格中的顺序，操作步骤如下。

① 将插入点定位到表格内某一列。

② 单击“布局”选项卡“数据”组中的“排序”按钮，弹出“排序”对话框，如图 5.61 所示。

③ 在对话框的“关键字”组合框中选择列，则依此列排序；在“类型”组合框中指定该列数据类型，选中“升序”或“降序”单选按钮。

④ 单击“确定”按钮。

### 2. 表格数据的计算

用户可以对表格内的数据进行基本统计运算，比如加、减、乘、除、求平均数、求最大值和求最小值等。在计算公式中用 A、B、C、…代表表格的列；用 1、2、3、…代表表格的行。单元格地址表示为“列行号”，而单元格区域表示为“左上角单元格列行号：右下角单元格列行号”。例如，B4 表示第 4 行第 2 列的单元格，而“B3：F6”表示第 3 行第 2 列到第 6 行第 6 列的单元格区域。

用户可以利用“公式”对话框中的“粘贴函数”组合框提供的函数进行计算。Word 提供的函数较多，常用的主要有 SUM(求和函数)、Average(求平均值函数)、Max(求最大值函数)、Min(求最小值函数)等。例如，SUM(B1, B3)表示第 1 行第 2 列的数据加上第 3 行第 2 列的数据之和。输入公式的操作步骤如下。

① 将插入点定位到要显示计算结果的单元格内。

② 单击“布局”选项卡“数据”组中的“公式”按钮，弹出“公式”对话框，如图 5.62 所示。

③ 在对话框的“公式”框中输入公式，或者从“粘贴函数”框中选择所需函数。

④ 在“编号格式”下拉列表框中选择计算结果的显示格式。

⑤ 单击“确定”按钮，则按公式计算，并将结果显示在插入点所在的单元格内。

小知识

公式中的等号、逗号、冒号、括号等符号必须使用英文符号，否则，系统将提示错误。

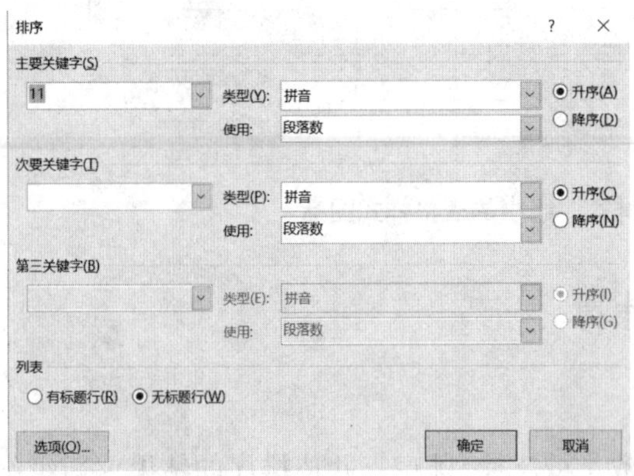


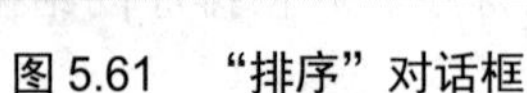
图 5.61　“排序”对话框

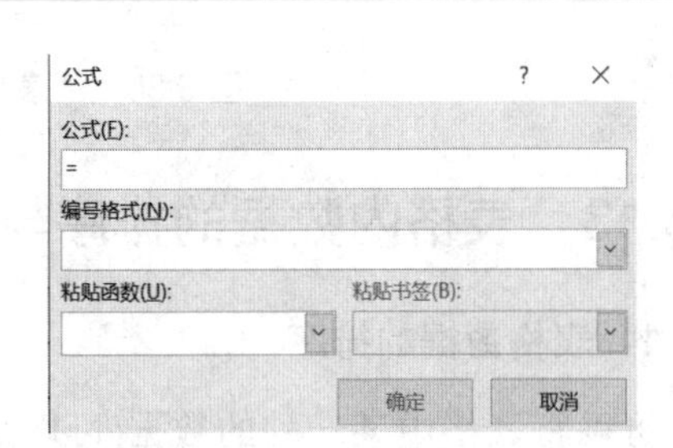


图 5.62　“公式”对话框

## 5.6.14　利用表格数据建立统计图表

在 Word 2016 中嵌入图表的步骤如下。

① 打开 Word 2016 文档窗口，单击“插入”选项卡“插图”组中的“图表”按钮，弹出“插入图表”对话框，如图 5.63 所示。在“插入图表”对话框的左侧列表中选择需要创建的图表类型，在右侧列表中选择合适的图表子类型，并单击“确定”按钮。

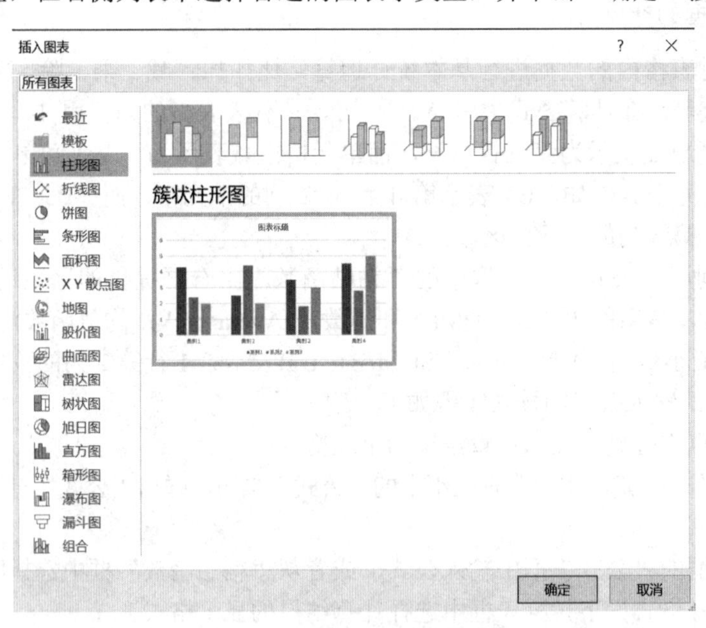


图 5.63　“插入图表”对话框

② 在并排打开的 Word 窗口和 Excel 窗口(见图 5.64)中，先在 Excel 窗口中编辑表格数据，此时 Word 窗口中将同步显示图表结果。

③ 完成 Excel 表格数据的编辑后关闭 Excel 窗口，在 Word 窗口中可以看到创建完成的图表，如图 5.65 所示。

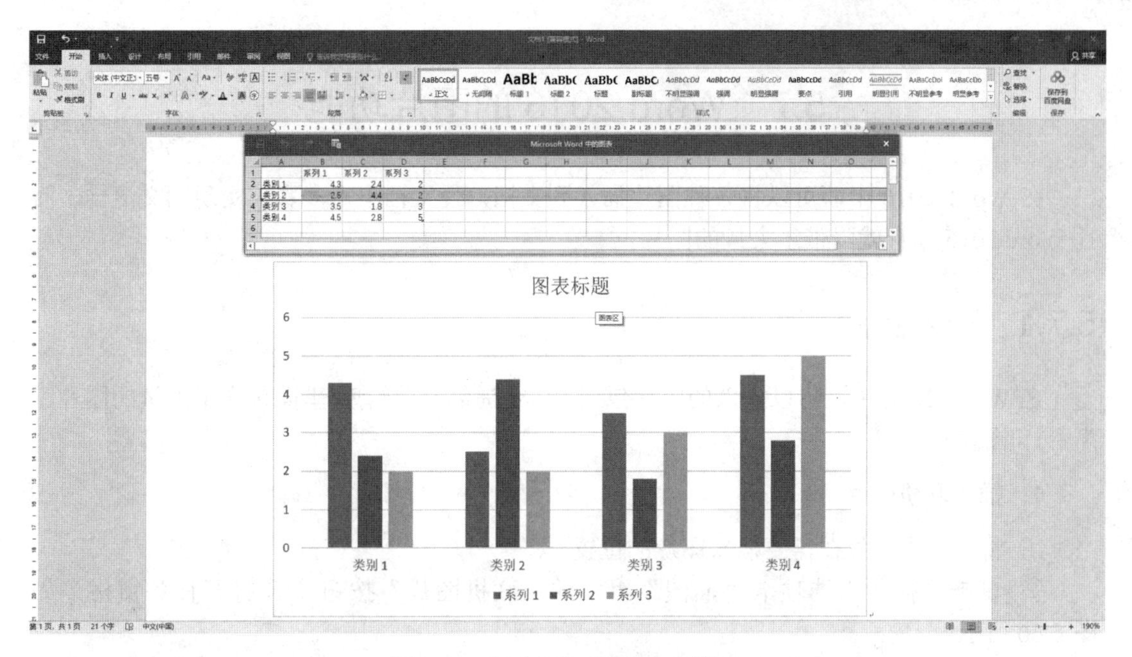


图 5.64　Word 窗口和 Excel 窗口

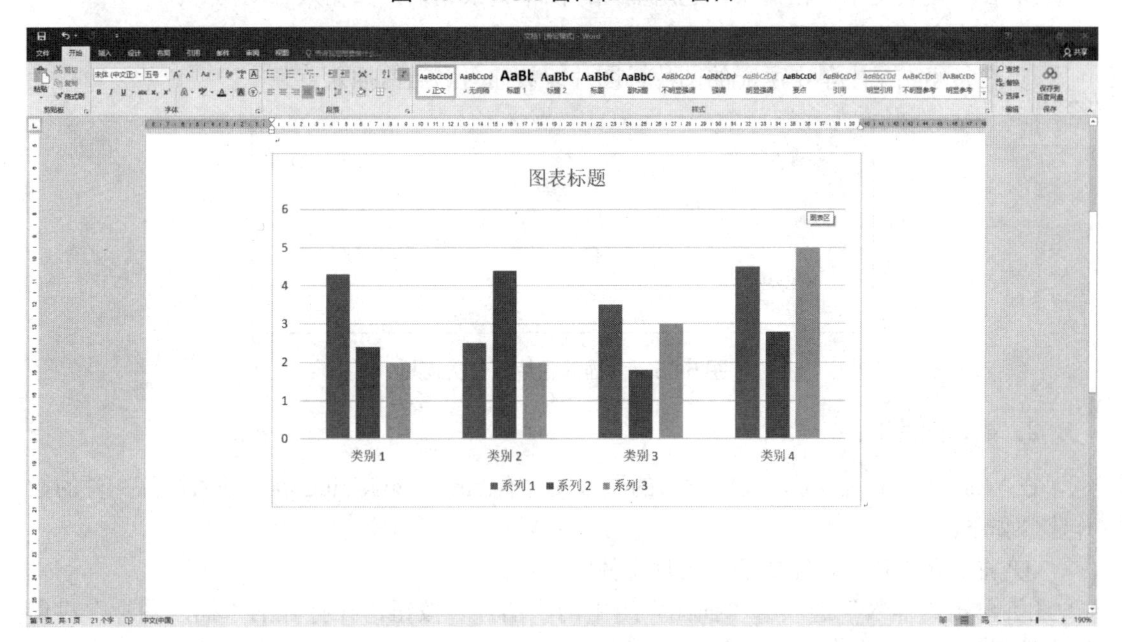


图 5.65　完成的图表

图表建立后，还可以对图表进一步修饰，如设置图表类型、图表布局，设置图表图案和字体，设置图表的标题、坐标轴、数据标志等。方法是选中所需修饰的图表，利用“图表工具”选项卡下的“设计”“布局”和“格式”上下文选项卡中的命令完成对图表的修饰。

# 5.7　Word 2016 的图片功能

在 Word 2016 中，可以将各种图片插入到文档，使文档丰富多彩，实现图文混排。而且 Word 2016 本身就附带了大量的图片。

## 5.7.1　插入图片

在 Word 2016 中，可以插入的图片包括 Word 提供的剪辑库(里面包含了大量的图片、声音)和图片文件。

### 1. 插入联机图片

① 将插入点定位在需要插入图片的位置。

② 单击“插入”选项卡“插图”组中的“联机图片”按钮，打开任务窗格，如图 5.66 所示。

③ 在“搜索文字”栏输入描述所需图片的单词或词语，如输入“动物”。

④ 单击“搜索”按钮。

⑤ 在搜索结果中单击所需的图片，图片即被插入到当前插入点。

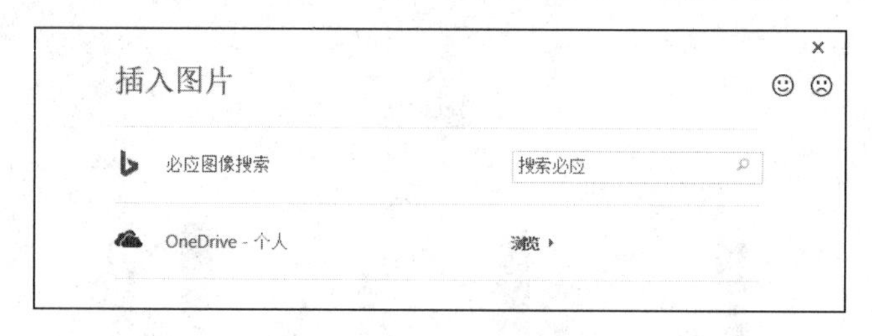


图 5.66　“插入图片”任务窗格

### 2. 插入图片文件

在 Word 2016 中，可以直接插入的图片文件有.bmp、.gif、.jpg 等。插入图片文件的操作步骤如下。

① 将插入点定位在需要插入图片文件的位置。

② 单击“插入”选项卡“插图”组中的“图片”按钮，在打开的“插入图片”对话框中选择所需的文件并单击“插入”按钮。

## 5.7.2　设置图片的格式

### 1. 缩放图片

使用鼠标可以快速缩放图片。在图片的任意位置单击鼠标，图片四周出现有 8 个方向的句柄，将鼠标指针指向某句柄时，鼠标指针变为双向箭头，此时拖曳鼠标就可改变图片的大小。

2. 图片的复制、移动和删除

可以将文档中的图片复制或移动到另一处，也可将图片直接删除，其操作方法与文本的复制、移动和删除完全相同。请读者参看前面的章节。

3. 改变图片的环绕方式

图片的环绕方式决定图片与文本的位置关系。选中图片，单击“页面布局”选项卡“排列”组中的“环绕文字”按钮，在弹出的下拉列表(见图 5.67)中选择一种环绕类型。

图 5.67　图片的环绕方式

小知识

右击图片，从弹出的快捷菜单中可选择对图片进行剪切、复制、粘贴、设置图片格式(如填充、线条颜色、线型等)等操作。

## 5.7.3　绘制图形

Word 2016 除了具有强大的文字处理功能外，还提供了一套强大的绘图工具，可以直接绘制各种图形，并可以进行编辑、加工等操作。

1. 画布

画布是用于绘图的区域。利用画布绘制图形的具体操作步骤如下。

① 将光标移动到要绘制图形的位置。

② 单击“插入”选项卡“插图”组中的“形状”按钮，在弹出的下拉列表(见图 5.68)中选择“新建绘图画布”选项，则在指定位置显示画布区域。

③ 在打开的“格式”选项卡的“插入形状”组(见图 5.69)中的图形框中选择图形，在绘图区按住鼠标左键不放拖曳鼠标绘制出所选图形。

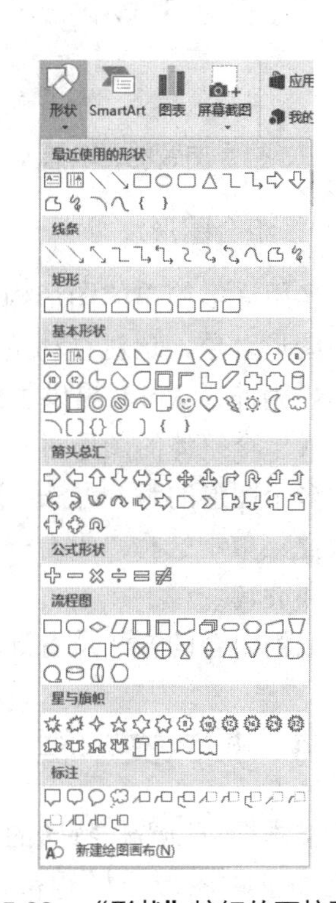


图 5.68　“形状”按钮的下拉列表

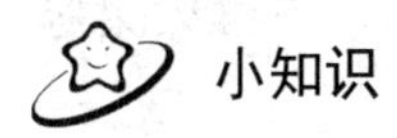

小知识

可通过“格式”选项卡的“大小”组来设置画布的大小，画布中的图形会随着画布区域的改变而改变大小和位置。

2. 绘制自选图形

很多时候需要自己绘制图形，下面以绘制一个如图 5.70 所示的流程图为例来介

绍绘制方法。具体操作步骤如下。

① 将光标移动到要绘制图形的位置，单击“插入”选项卡“插图”组中的“形状”按钮，在弹出的下拉列表中选择“流程图”组中的“可选过程”图形。

② 将光标移动到绘图区域，光标会变成十字形状，按住鼠标左键不放拖曳鼠标，绘制出一个大小适当的图形。

③ 用同样的方法绘制一个箭头。

④ 依次画出整个流程图。

⑤ 在图形中添加文字。右击自选图形，从弹出的快捷菜单中选择“添加文字”，然后输入需要添加的文字。

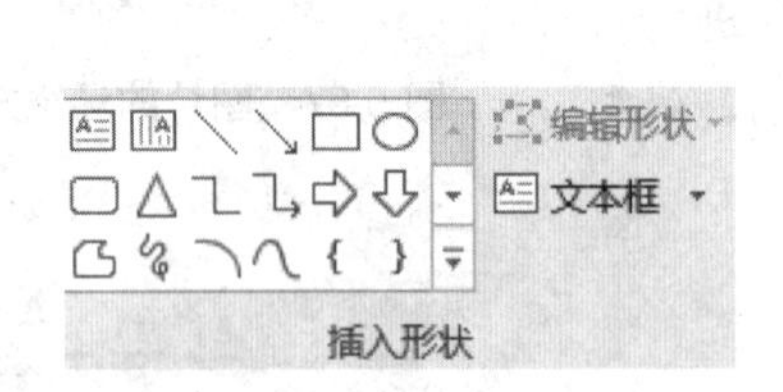


图 5.69 “插入形状”组

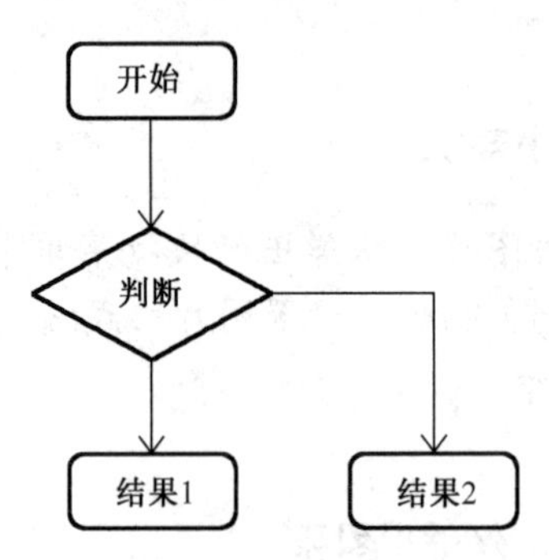


图 5.70 一个简单的流程图示例

### 3. 组合图形

当用许多简单的图形构成一个复杂的图形后，实际上每一个简单的图形仍然是一个独立的图形对象，这对移动整个图形来说将变得十分困难，而且还可能由于操作不当而破坏图形。为此，Word 提供了组合多个图形的功能。利用组合图形功能可以将许多简单图形组合成一个整体的图形对象，以利于复杂图形的移动、复制、旋转等。

多个图形的组合方法：选定各图形(按住 Shift 键或 Ctrl 键后再单击各图形)，再右击，从快捷菜单中选择“组合→组合”。组合后的所有图形相当于一个图形，可以整体移动、复制和旋转。

取消组合的方法是右键单击组合图形，从快捷菜单中选择“组合→取消组合”。

## 5.7.4 插入文本框

文本框可以看作特殊的图形对象，主要用来在文档中建立特殊文本。Word 2016 把文本框和基本图形一样看待，可以像对基本图形一样设置它的边框、阴影、三维效果等格式。

### 1. 插入和编辑文本框

在文档中插入文本框的步骤如下。

① 单击“插入”选项卡“文本”组中的“文本框”按钮，在弹出的下拉列表中选择“绘制文本框”或“绘制竖排文本框”选项。

② 此时鼠标指针变成十字形。将鼠标指针移动到绘图区域，按住鼠标左键，拖动鼠标创建一个大小、形状合适的文本框。

③ 释放鼠标后，会看到一个带边框的文本框。文本框的边上有八个正方形的尺寸调节句柄，其可调节文本框的大小，还可用鼠标拖动文本框到所需要的位置。

④ 单击文本框内部的空白处，将插入点放置在文本框里，即可在文本框中输入文字。

选中文本框，选择“格式”选项卡，单击相关组中的按钮，可设置文本框的大小、边框、文本效果、文字环绕等格式。

#### 2. 将已有文本放置在文本框中

如果文档中已有一些内容需要放置在文本框中，可按下面步骤操作。

① 选定要放入文本框的文本。

② 单击“插入”选项卡“文本”组中的“文本框”按钮，在弹出的下拉列表中选择“绘制文本框”或“绘制竖排文本框”选项，所选定的内容将会被一个文本框所环绕。

### 5.7.5　艺术字的使用

利用 Word 2016 提供的艺术字编辑器，可以编排出具有特殊效果的文字。可以任意选择文字的排列方式，可以自己设定文字的字体、大小、边框、底纹、阴影、旋转、倾斜等影响文字效果的参数。

插入艺术字的方法如下。

① 将插入点定位在需要艺术字的地方。

② 单击“插入”选项卡“文本”组中的“艺术字”按钮，在弹出的下拉列表(见图 5.71)中选择一种艺术字样式。

③ 在文档中出现一个带有“请在此放置您的文字”字样的文本框，在文本框中输入需要的文字，此时就插入了艺术字。

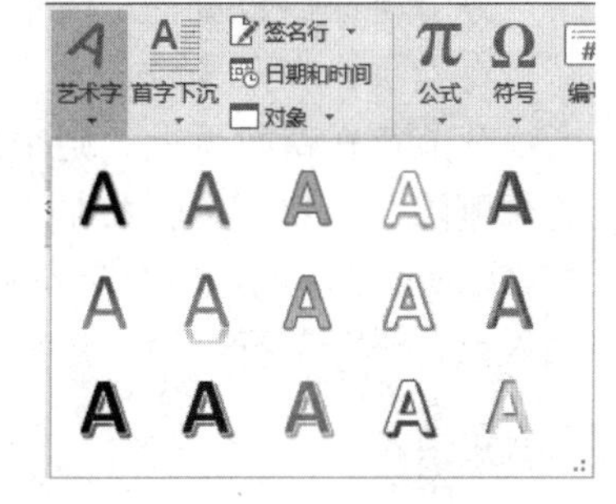

图 5.71　“艺术字”按钮的下拉列表

在文档中插入了艺术字后，就可以把它和剪贴画、自选图形一样对待，看作 Word 2016 中的图形对象。编辑艺术字的操作步骤如下。

① 选中要修改的艺术字。

② 根据需要选择“格式”选项卡“艺术字样式”组中的选项或“文本”组中的选项，以及选择“开始”选项卡“字体”组中的选项来修改艺术字的风格。

## 5.8　页面排版和打印文档

本节介绍文档排版的最后工作。如页眉、页脚、页码、页边距等的设置，它直接影响文档的打印效果。

## 5.8.1 分节

节是文档格式化的基本单位。在 Word 中，一个文档可以分为多个节，根据需要每节都可以设置各自的页面格式，而不影响其他节的文档格式设置。因此，一个文档中需要对内容作不同的页面设置时，就需要将这些内容划分成不同节，各自进行格式设置。不同节通过分节符相互隔开，分节符是分节的标志。

在文档中插入分节符的操作步骤如下。

① 将插入点定位到需要分节的位置。

② 单击“页面布局”选项卡“页面设置”组中的“分隔符”按钮，在弹出的下拉列表(见图 5.72)中的“分节符”选项组中选择“下一页”“连续”“偶数页”或“奇数页”选项插入分节符。

- 下一页：在插入分节符处进行分页，下一节从下一页开始。
- 连续：分节后，在同一页中下一节的内容紧接上一节的节尾。
- 偶数页：在下一个偶数页开始新的一节。如果分节符在偶数页上，则空出下一个奇数页。
- 奇数页：在下一个奇数页开始新的一节。如果分节符在奇数页上，则空出下一个偶数页。

若想删除分节符，只需将插入点置于分节符之前，然后按 Delete 键，或选中分节符后，按 Delete 键；也可将插入点置于分节符之后，然后按 Backspace 键。

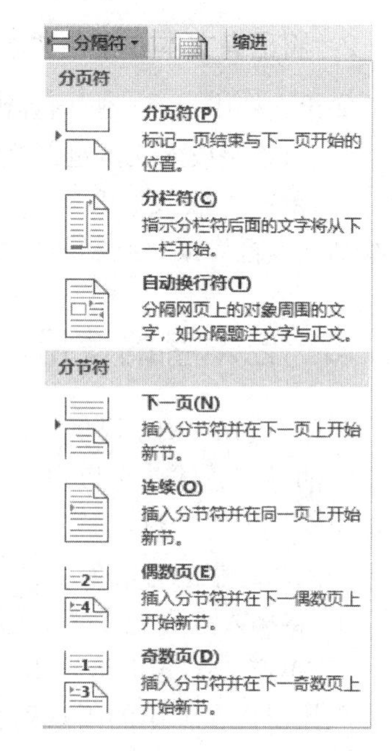


图 5.72 “分隔符”按钮的下拉列表

小知识

在页面视图下，默认情况下无法看见分节符及分页符，可以单击“文件”按钮，在左侧的列表中选择“选项”，在弹出的“Word 选项”对话框的“显示”选项卡中选中“显示所有格式标记”复选框，让其显示。在草稿视图方式下可以看见分节符及分页符。

## 5.8.2 分页

文本内容超过一页时，Word 自动按照设定的页面大小分页。在草稿视图方式下，自动分页处显示一条虚线。用户还可根据需要进行分页。设定分页控制符的方法有以下两种。

### 1. 利用“分页”按钮

① 将插入点定位到需要分页的位置。

② 单击“插入”选项卡“页”组中的“分页”按钮插入分页符。

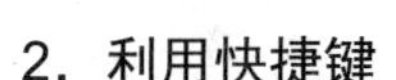

2．利用快捷键

将插入点定位到需要设定分页符的位置，按 Ctrl+Enter 快捷键。

删除分页符的方法与删除分节符的方法类似，不再详述。

## 5.8.3　分栏

Word 2016 提供了编排多栏文档的功能，既可以将整篇文档按同一格式分栏，也可以为文档的不同部分创建不同的分栏格式。

### 1．创建分栏

创建分栏的操作步骤如下。

① 切换到页面视图，选定要设置为分栏格式的文本。

② 单击“页面布局”选项卡“页面设置”组中的“分栏”按钮，在弹出的下拉列表(见图 5.73)中选择预设好的“一栏”“两栏”“三栏”“偏左”或“偏右”选项，即产生相应的分栏效果；若不能满足要求，可选择“更多分栏”选项，弹出“分栏”对话框，如图 5.74 所示，在“栏数”框中，输入所需栏数，最多可选择 11 栏；若选中“分隔线”复选框，则各栏间以竖线分隔。

③ 设置对话框中其他选项，单击“确定”按钮。

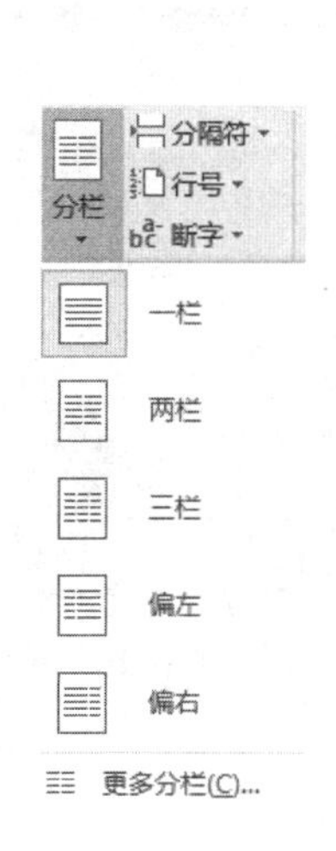


图 5.73　“分栏”按钮的下拉列表

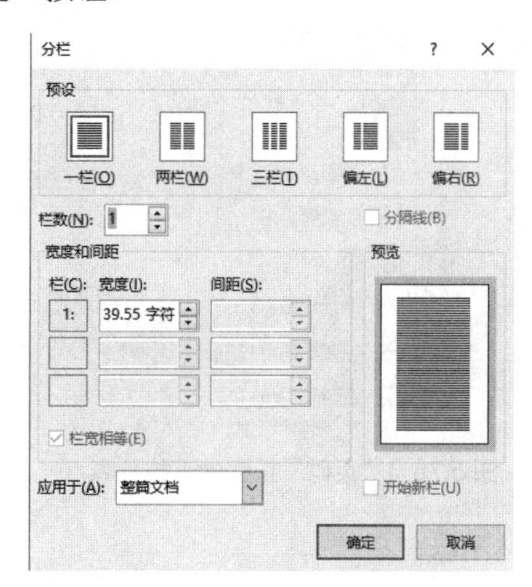


图 5.74　“分栏”对话框

### 2．查看分栏版面

在草稿视图中不能看到分栏的版面，在页面视图和打印预览中可以看到与打印格式完全一致的分栏版面。

对选定的文本分栏排版时，Word 自动在分栏排版文本的前后插入分节符。

小知识

可以利用水平标尺改变栏的宽度。

### 3. 取消分栏

将原来的多重分栏设置为单一分栏，即可取消分栏。方法是：单击“页面布局”选项卡“页面设置”组中的“分栏”按钮，在弹出的下拉列表中选择预设好的“一栏”选项；也可在图 5.74 的对话框中单击“预设”区域中的“一栏”按钮，或将“栏数”框的值改为 1，则选定的文本或光标所在的节的分栏被取消。

## 5.8.4 页码、页眉和页脚的设置

### 1. 页码的设置

当文档较长时，如果没有页码，往往容易搞乱次序。在文档中插入页码的步骤如下。

① 单击“插入”选项卡“页眉和页脚”组中的“页码”按钮，在弹出的下拉列表(见图 5.75)中选择页码放置的样式。

② 进入页眉和页脚编辑状态后，可以对页码进行修改。单击“设计”选项卡“页眉和页脚”组中的“页码”按钮，在弹出的下拉列表中选择“设置页码格式”选项，在弹出的“页码格式”对话框(见图 5.76)中对编号格式、页码编号等进行设置，最后单击“确定”按钮，即可在文档中插入所需页码。

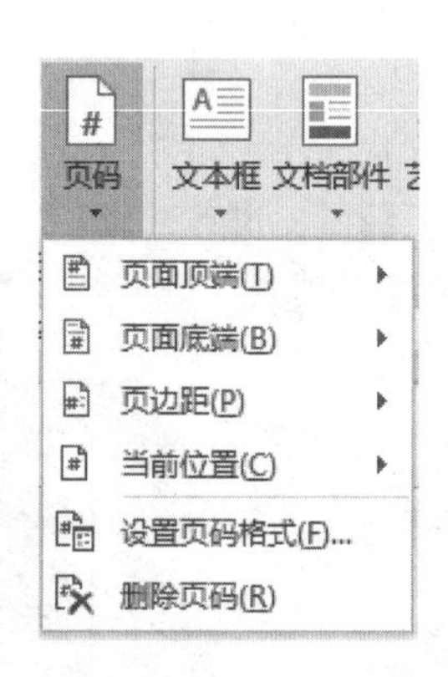


图 5.75 “页码”按钮的下拉列表

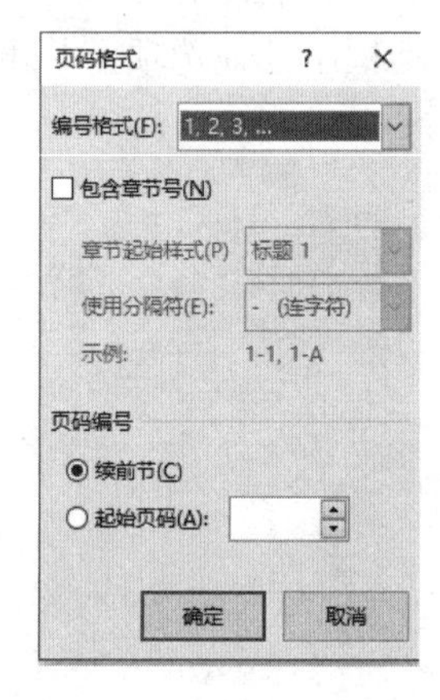


图 5.76 “页码格式”对话框

小知识

*也可以双击页眉或页脚处进入页眉和页脚编辑状态，然后单击“设计”选项卡“页眉和页脚”组中的“页码”按钮进行页码设置。*

### 2. 页眉和页脚的设定

页眉和页脚指在每一页顶部和底部加入的信息。这些信息可以是文字或图形，内容可以是文件名、日期、页码等。添加的步骤如下。

① 单击“插入”选项卡“页眉和页脚”组中的“页眉”按钮(“页脚”按钮)，在弹出的下拉列表中选择页眉(页脚)的样式，进入页眉(页脚)编辑界面，同时出现“设计”选项卡(见图 5.77)。

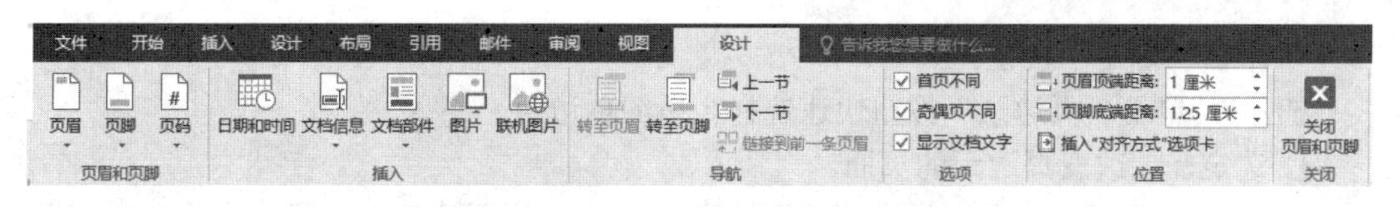


图 5.77　“设计”选项卡

② 对建立的页眉和页脚可以利用“设计”选项卡进行格式设置。

③ 单击“导航”组中的“转至页脚”(“转至页眉”)按钮就可进行页眉和页脚区域的切换。

④ 单击“关闭页眉和页脚”按钮可退出页眉和页脚编辑状态。

用这种方式将使整个文档建立相同的页眉和页脚。若需要建立奇偶页不同的页眉，可以在进入页眉和页脚编辑界面后，选中“设计”选项卡“选项”组中的“奇偶页不同”复选框，此时在页眉编辑区左上角出现“奇数页页眉”(假设当前在奇数页)字样以提醒用户，编辑好奇数页页眉后，切换到“偶数页页眉”，用户可以继续设置偶数页页眉内容。

若要删除页眉和页脚，仍需进入页眉和页脚编辑状态，此时按 Delete 键可删除它。已有页眉和页脚的文档，只需要双击页眉或页脚就可再次进入页眉和页脚编辑状态。需要注意的是，页码是页眉和页脚的一部分，要删除页码也必须进入页眉和页脚编辑状态，选定页码后按 Delete 键。

## 5.8.5　页面设置

页面设置是页面布局中重要的组成部分，包括页边距、纸张大小、纸张来源、每页包含的行数和每行的字符数等的设置。在创建文档时，Word 2016 预设了以 A4 纸为基准的 Normal 模板，其版面适合大部分文档。

### 1. 设置页边距

确定纸张大小后，若需调整文档正文区的大小、布局，可通过调整页边距来实现。页边距的调整可用下面三种方法。

方法 1：用标尺改变页边距。

① 进入页面视图。

② 将鼠标指针移动到水平或垂直标尺上白色区域的边缘，直到鼠标指针变成双向箭头，这时 Word 2016 会显示相应的边距名称。

③ 按住鼠标左键并拖动到所希望的位置。

方法 2：用“页面设置”对话框精确设置页边距。

① 选定需要改变页边距的页面。

② 单击“页面布局”选项卡“页面设置”组中的按钮，弹出“页面设置”对话框(见图 5.78)。也可单击“页面设置”组中的“页边距”按钮，在弹出的下拉列表(见图 5.79)中选择“自定义边距”，弹出“页面设置”对话框。

③ 单击“页边距”标签。

④ 在各个页边距框中设置所需要的值。

⑤ 单击“确定”按钮。

方法3：单击“页边距”按钮快速选择合适的页边距。

① 选定需要改变页边距的页面。

② 单击“页面布局”选项卡“页面设置”组中的“页边距”按钮，在弹出的下拉列表(见图5.79)中选择合适的页边距。

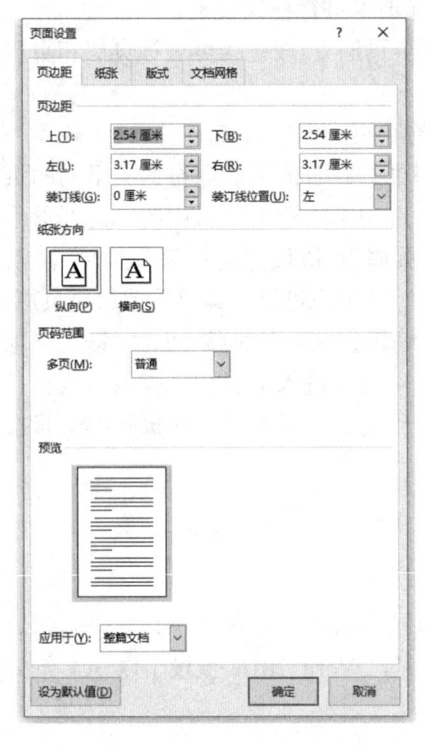


图5.78 “页面设置”对话框

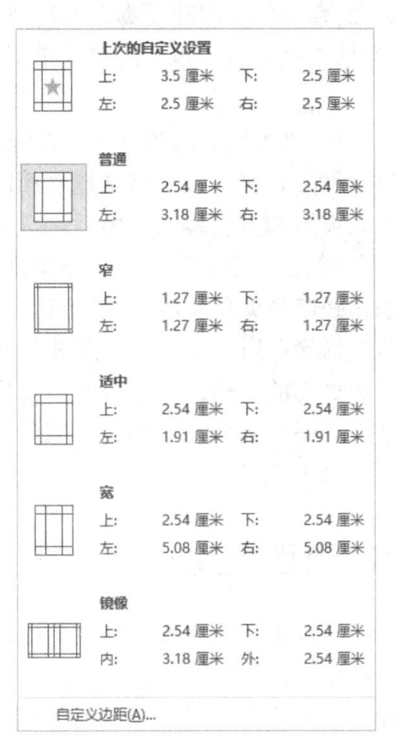


图5.79 “页边距”按钮的下拉列表

## 2. 设置纸张方向、大小和来源

在创建文档时，Word 2016预设的纸张是A4纸，用户可根据需要修改。

① 在图5.78中，可以设定文档打印的方向(默认为纵向)。单击图5.78中的“纸张”标签，可以选择打印需要的纸张，还可以查看或改变纸张的来源。

② 设置好后，单击“确定”按钮。

## 3. 版式和文档网格的设置

确定好文档的打印纸型后，可对文档的版式进一步设定。还可设置每页包含的行数和每行的字符数。方法如下。

① 单击“版式”标签(见图5.80)。可为每行添加行号、设置垂直对齐方式等。若单击“设为默认值”按钮，系统会将“页面设置”对话框中的当前设置保存为新的默认设置，并用于活动文档及所有基于当前模板的新文档。

② 单击“文档网格”标签(见图5.81)。若选中“指定行和字符网格”单选按钮，可指定每页包含的行数和每行包含的字符数，还可指明文字排列的方式等。

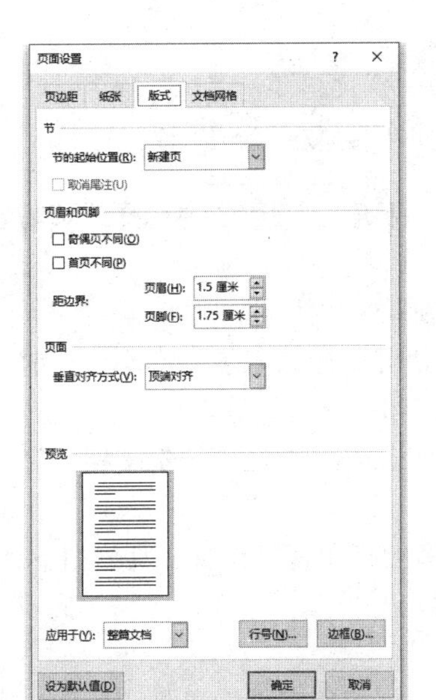

图 5.80　“版式”选项卡

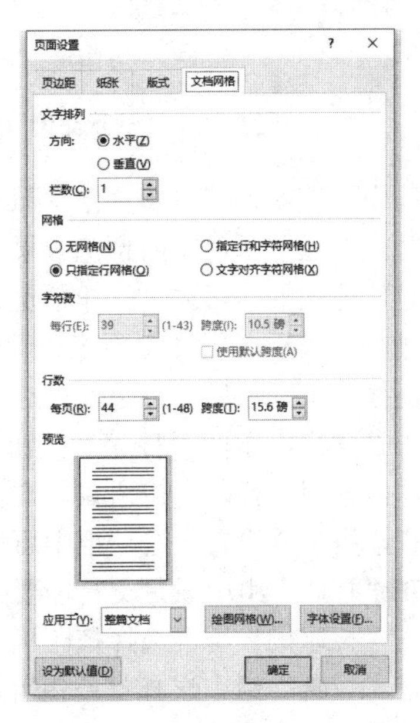

图 5.81　“文档网格”选项卡

## 5.8.6　打印预览与打印

Word 2016 的“打印预览”功能提供了文档在纸上的打印效果，如果不符合要求，可作出相应的调整，从而节省了纸和时间。

单击“文件”按钮，在左侧的列表中选择“打印”选项，在打开的“打印”窗口右侧就是打印预览内容，如图 5.82 所示。也可按 Ctrl+F2 快捷键打开“打印”窗口。

单击 “缩小”按钮 − 或“放大”按钮 + (见图 5.83)可缩小或放大文档。

图 5.82　“打印”窗口

100% − ——|—— +

图 5.83 “显示比例”按钮、“缩小”按钮及“放大”按钮

单击选中预览区，在预览区滚动鼠标或在其左下角[◂ 52 共56页 ▸]中选择或填写要预览的页码，预览区就会显示所选页的预览效果。

单击其他选项卡即可退出打印预览界面，回到原来的视图。

文档排版完成后，经打印预览查看满意后，就可进行打印了。打印文档前，必须确保打印机已连接到主机端口上、电源接通并开启、打印纸已装好等。

使用“打印”组中的“打印”按钮来完成打印。若只需打印一份文档，打印机和纸张已准备好，可使用“打印”按钮直接进行打印。

在“打印机”“设置”选项组中可以进行更多的打印参数设置。具体如下。

- 在“打印”组中设定文档需要打印的份数。
- 在“打印机”组中选择打印机。
- 在“设置”组中选择打印内容，可选择“打印所有页”“打印所选内容”“打印当前页面”或“打印自定义范围”等选项，还可设置打印布局、纸张大小、纸张方向、缩放等。

参数设置完成后，单击“打印”按钮便开始打印。

## 5.9 Word 2016 的其他功能

### 5.9.1 Word 2016 的辅助功能

Word 2016 提供了许多功能，用于辅助修正编辑文档，如拼写、语法检查和字数统计等。

#### 1. 拼写和语法检查

在用户输入英文单词时，若 Word 2016 的词典找不到相应的词，则拼写检查将自动地将拼写有误或词典中不存在的词用红色波浪线画出来，以引起用户的注意。

语法检查器可以对文档中的英文句子进行语法规则检验，不仅如此，用户还可以对这些语法规则进行自定义。如果 Word 2016 认为句子有语法错误，会用绿色波浪线画出来。不过 Word 2016 的语法检查只能检查句子的语法结构是否有误，并不能理解句子的含义。因此，即使是随便乱写的英文句子，只要符合语法结构规则，语法检查也认为是对的。在编辑中文文档时，Word 2016 也会检查拼写和语法。

在文档中设置自动拼写和语法检查的步骤如下。

① 单击“文件”按钮，在左侧的列表中选择“选项”选项，弹出“Word 选项”对话框。

② 选择“校对”选项卡(见图 5.84)，然后在“在 Word 中更正拼写和语法时”选项组中根据需要勾选“键入时检查拼写”“键入时标记语法错误”或“随拼写检查语法”等复选框。

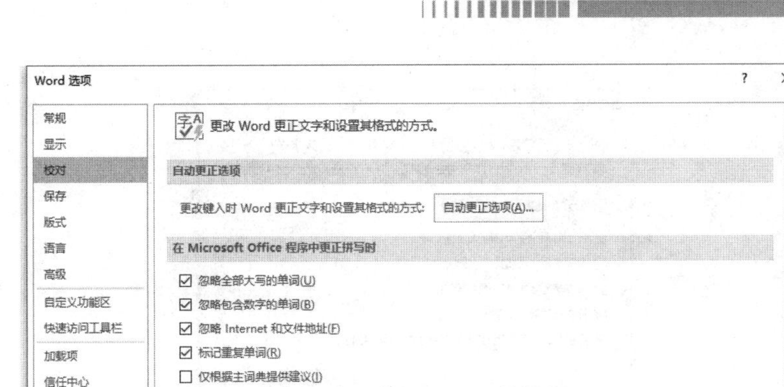


图 5.84 “校对”选项卡

③ 设置好后，单击“确定”按钮。

### 2. 字数统计

Word 2016 可以统计整个文档或文档选定部分的页数、字数、字符数、段落数、行数等相关的字数信息。单击“审阅”选项卡“校对”组中的“字数统计”按钮，Word 2016 即开始进行字数统计工作，统计的结果包括字母、文字、数字和标点符号等。统计结果会显示在“字数统计”对话框中。

### 3. 自动更正

Word 2016 提供的自动更正功能可以自动地修改输入文档时的一些拼写错误，包括文字、字母、标点和大小写等。

“自动更正”可以修正一些常见的录入错误。如输入“thsi”，系统将自动改为“this”。再如在一句英文中开头输入“i am…”，系统将自动改为“I am…”。Word 2016 进行自动更正是建立在与自动更正词条进行比较的基础上的。除了英文，在自动更正词条中还有一些中文词组，例如，若输入“以老卖老”，系统会自动更正为“倚老卖老”。

自动更正设置的具体操作步骤如下。

① 单击“文件”按钮，在左侧的列表中选择“选项”选项，弹出“Word 选项”对话框。

② 选择“校对”选项卡，然后单击“自动更正选项”按钮，弹出“自动更正”对话框(见图 5.85)，其中可以看到 Word 内含的自动更正词条。

③ 在“自动更正”对话框中可以根据需要在“自动更正”“数学符号自动更正”“键入时自动套用格式”“自动套用格式”“操作”等选项卡中进行相关设置。

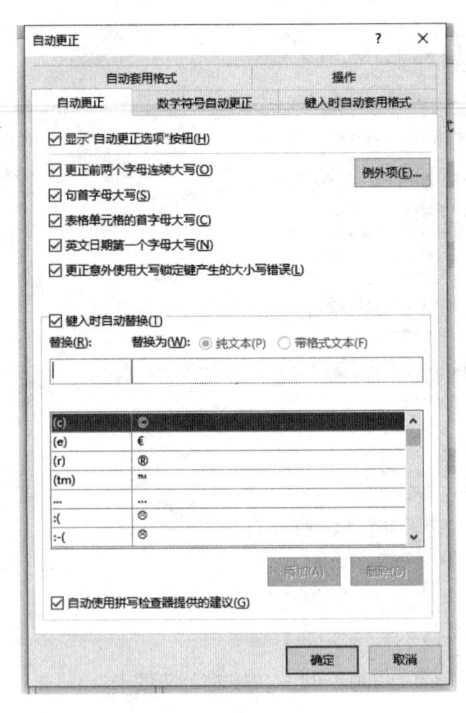


图 5.85 “自动更正”对话框

④ 设置好后，单击“确定”按钮，返回“Word 选项”对话框，再次单击“确定”按钮。

## 5.9.2 自动生成目录

根据文章的章节自动生成目录不但快捷，而且阅读查找内容时也很方便，只需按住 Ctrl 键的同时单击目录中的某一章节就会直接跳转到该页，更重要的是便于今后修改，因为写完的文章难免多次修改、增加或删减内容。若手工给目录标页，中间内容一改，后面页码也需要手工修改。自动生成目录后，用户可以任意修改文章内容，最后更新一下目录就会重新把目录对应到相应的页码上去。

自动生成目录的操作一般在文章输入完成后进行。例如，若为图 5.86 所示的文档(假设文档已输入完成)生成目录的操作步骤如下。

① 将文章中要生成目录的各级标题设置成相应的格式。具体方法是：可在选中标题后，选择“开始”选项卡“样式”组中的不同样式，将标题设置成相应的格式。

② 将插入点移动到文档的开头或结尾处。

③ 单击“引用”选项卡“目录”组中的“目录”按钮，在弹出的下拉列表中选择“插入目录”选项，弹出“目录”对话框，如图 5.87 所示。

④ 可以根据需要选择自动生成目录或者自行填写目录内容。取决于文档编辑时是否对各级标题或者内容分类别进行了相应的格式设置。

⑤ 本处选择“自动目录 2”，会在插入点处生成相应的目录，如图 5.88 所示。

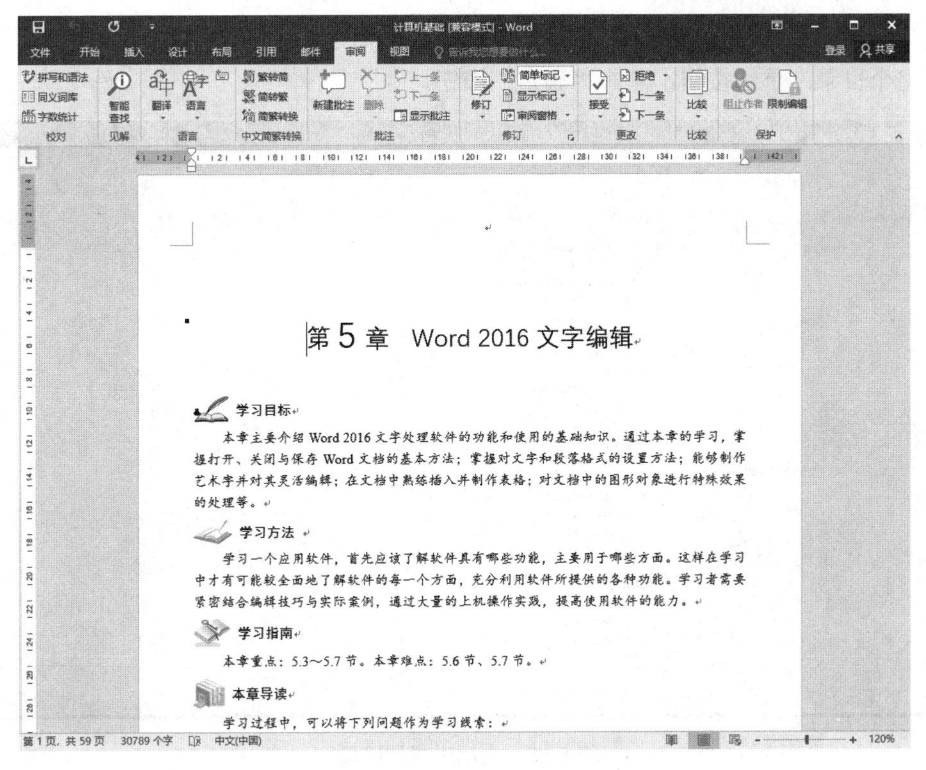


图 5.86　自动生成目录的示例文档

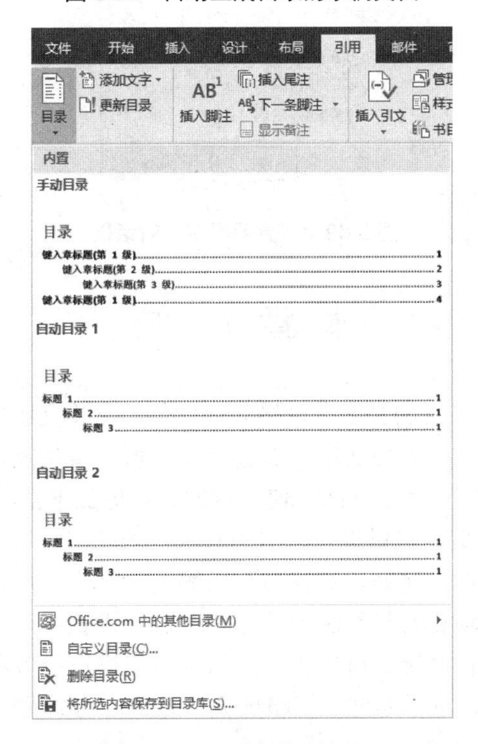


图 5.87　“目录”对话框

重新修改文章内容后，需要更新目录。更新目录方法：在目录区域内右击，从快捷菜

单中选择“更新域”，弹出“更新目录”对话框，如图 5.89 所示，选中“只更新页码”或“更新整个目录”单选按钮，单击“确定”按钮。

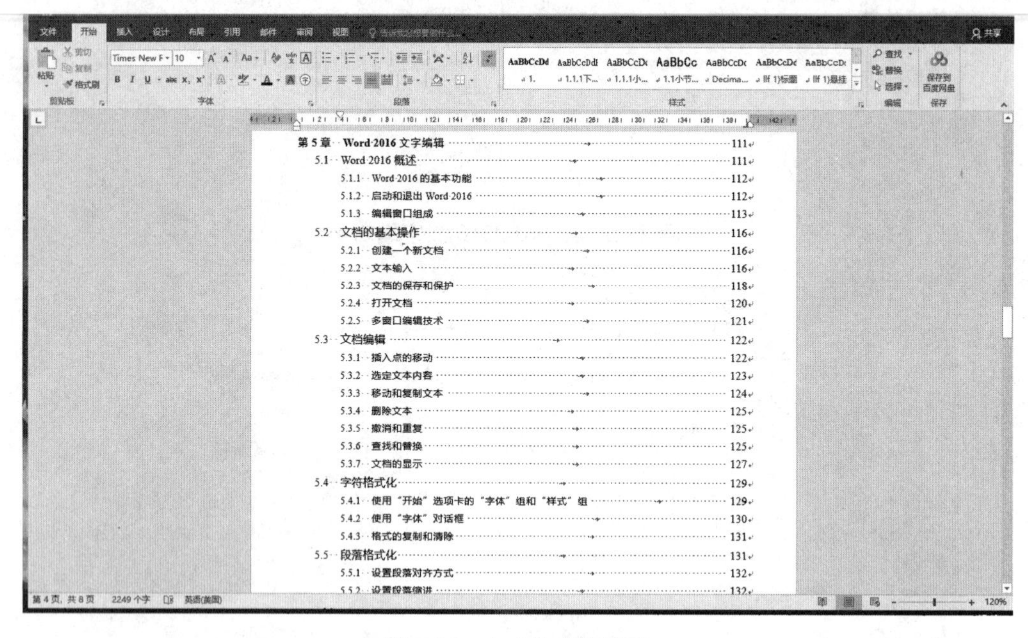


图 5.88 自动生成的目录

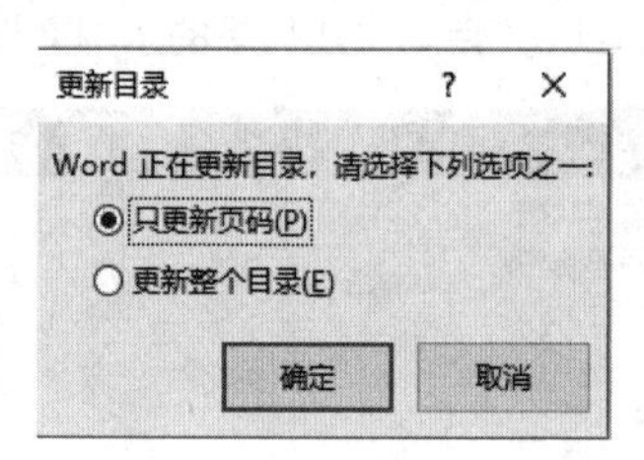


图 5.89 “更新目录”对话框

# 本 章 小 结

Word 2016 是应用最广泛的文字、表格处理软件，它将文字的录入、编辑、排版、存储和打印融为一体。它不仅能处理文字，而且包括图形编辑功能，能编排出图文并茂的文档。各种图形可以任意穿插于字里行间，使文章的表达更加丰富、清晰、生动。

进入 Word 编辑窗口后，可以进行文字的录入与修改；可以利用选项卡或快捷菜单进行文字的移动、复制、剪切、粘贴、查找与替换等编辑操作；可以对文字的字体、字号、段落间距、边框和底纹、项目符号和编号、分栏等进行设置；可以插入页码、图片和艺术字，并对图片与艺术字进行修饰；可以插入表格并对表格进行各种修饰与计算；当所有编辑完成后，在文档打印前，可以通过“打印预览”对文档的页面效果进行浏览。

# 第 6 章
# Excel 2016 电子表格

## 学习目标

利用 Excel 可以制作电子表格，完成许多复杂的数据运算，进行数据的分析和预测。Excel 具有强大的制作图表的功能。通过本章的学习，掌握工作表的创建、数据输入、编辑和排版；工作表的插入、复制、移动、更名、保存和保护；公式的输入与常用函数的使用；记录的排序、筛选和分类汇总；图表的创建和格式设置等。

## 学习方法

多阅读 Excel 技巧或案例方面的文章与书籍，能够拓宽视野，并从中学到许多对自己有帮助的知识。

学习 Excel，功能学习与应用实践必须并重。通过实践，能够举一反三，即围绕一个知识点，通过各种实例操作来测试，以验证自己的理解是否正确和完整。

## 学习指南

本章的重点是：6.2～6.6 节。本章的难点是：6.3 节、6.5 节。

## 学习导航

学习过程中，可以将下列问题作为学习线索：

(1) 工作簿、工作表、单元格、活动单元格的概念是什么？

(2) 如何新建、移动、复制、删除、冻结、保护、隐藏工作表？

(3) 单元格数据的输入、编辑、格式的设置如何完成？

(4) 如何利用公式与函数对数据进行自动、精确和高速的运算处理？

(5) 如何巧妙利用相对引用、绝对引用或混合引用进行公式复制？

(6) 图表可以更直观地反映数据内容，在数据统计中用处很大。如何针对不同的数据应用选择不同的图表类型？

# 6.1　Excel 2016 基本知识

Excel 2016 是 Office 2016 办公软件的一个重要组件，是一种用于数据处理的电子表格软件，被广泛用于数据管理、财务统计等领域。通过 Excel 2016，我们可以方便地制作各种电子表格。在其中可使用公式对数据进行复杂的运算、把数据用各种统计图表的形式表现得直观明了，还可以组织和分析工作表和图表中的数据，以加强对公司预算的管理及为未来计划做出预测，也可以通过假设分析来比较不同的方案，以供决策者做出正确的决策。

## 6.1.1　Excel 2016 的主要功能

Excel 2016 是 Microsoft 公司于 2015 年发布的一款专业化电子表格处理软件，界面干净整洁，提供了出色的运算功能，能快速地分析复杂的专业数据。使用它，用户可以轻松、高效地完成工作。

### 1. 方便快捷的电子表格制作

Excel 2016 中的数据以表格形式存放，这种存放方式具有直观明了的特点，又与日常手工处理接近。系统提供丰富的格式化命令，对已经格式化的工作表，可以把它作为模板存储起来，以后若需要制作相同或相近格式的表格则不必重新格式化，只要调用该模板，输入数据即可。

### 2. 丰富强大的计算能力

Excel 2016 内置函数种类丰富、功能强大，不但包括常用的数学函数、日期函数、统计函数，还包括功能十分强大的财务分析函数和优化决策工具。利用这些函数可以完成各种复杂的计算。此外，还可以利用软件内嵌的 Visual Basic for Applications(VBA)二次开发功能，通过自定义函数，完成在实际工作中所需要的一些特殊的数据统计任务。

### 3. 直观形象的图表功能

Excel 2016 新增了瀑布图、排列图、树状图、直方图、箱形图、旭日图 6 种新图表，用户可以直接利用表格中的数据，在图表向导的引导下，制作出直观形象的图表，对数据

进行全方位的分析和评价。

**4. 开放交互的程序开发功能**

Excel 2016 保留了 VBA 的程序开发功能，利用这一功能可以对 Excel 进行定制开发，制作出符合自己工作需求的 Excel 程序表格。

**5. 渠道众多的数据共享功能**

Excel 2016 不仅可以在 Office 套件内的各组件之间实现数据共享，而且可以同其他软件实现数据共享。可以在 Excel 2016 制作的电子表格发布成网页文档后，通过 IE 浏览器进行浏览；Excel 2016 也可以直接从网络中获取数据，并与网络数据实现动态更新；此外，还可以利用 SharePoint、SkyDrive 等工具软件，实现文档与数据的远程共享。

## 6.1.2　Excel 2016 的文档格式

在 Excel 2016 中，文档根据所保存的内容不同，保存的格式也不同。Excel 2016 改进了文件格式对以前版本的兼容性，并且比以前的版本更加安全，Excel 2016 中的文件类型与其对应的扩展名如表 6.1 所示。

表 6.1　Excel 2016 中的文件类型与其对应的扩展名

| 文件类型 | 扩 展 名 | 文件类型 | 扩 展 名 |
|---|---|---|---|
| Excel 2016 工作簿 | .xlsx | Excel 2016 启用宏的模板 | .xltm |
| Excel 2016 启用宏的工作簿 | .xlsm | Excel 97-Excel 2003 工作簿 | .xls |
| Excel 2016 二进制工作簿 | .xlsb | Excel 97-Excel 2003 模板 | .xlt |
| Excel 2016 模板 | .xltx | | |

## 6.1.3　启动和退出 Excel 2016

### 1. 启动 Excel 2016

Excel 2016 的启动与 Word 2016 的启动方法类似，一般有如下几种方法。

方法 1：选择“开始→所有程序→Microsoft Office→Microsoft Excel 2016”。

方法 2：若桌面上有 Excel 2016 的快捷图标，可直接双击该图标启动 Excel 2016。

方法 3：直接双击 Excel 文档启动 Excel 2016。

### 2. 退出 Excel 2016

退出 Excel 2016 的方法也与 Word 2016 的退出方法类似。完成所有文档编辑工作后，可利用下面任何一种方法退出 Excel 2016。

方法 1：单击“文件”按钮，在弹出的左侧列表中选择“退出”选项。

方法 2：单击窗口右上角的“关闭”按钮×。

方法 3：双击 Excel 2016 窗口左上角的控制菜单图标。

方法 4：按快捷键 Alt+F4。

方法 5：右击任务栏上的 Excel 2016 任务图标，选择“关闭窗口”。

### 6.1.4 Excel 2016 工作界面和基本概念

Excel 2016 启动成功后，出现如图 6.1 所示的工作界面，里面包含了多种工具，用户通过使用这些工具，可以完成多种运算分析工作。通过对 Excel 2016 工作界面进行了解，可以快速了解各个工具的功能和操作方式。

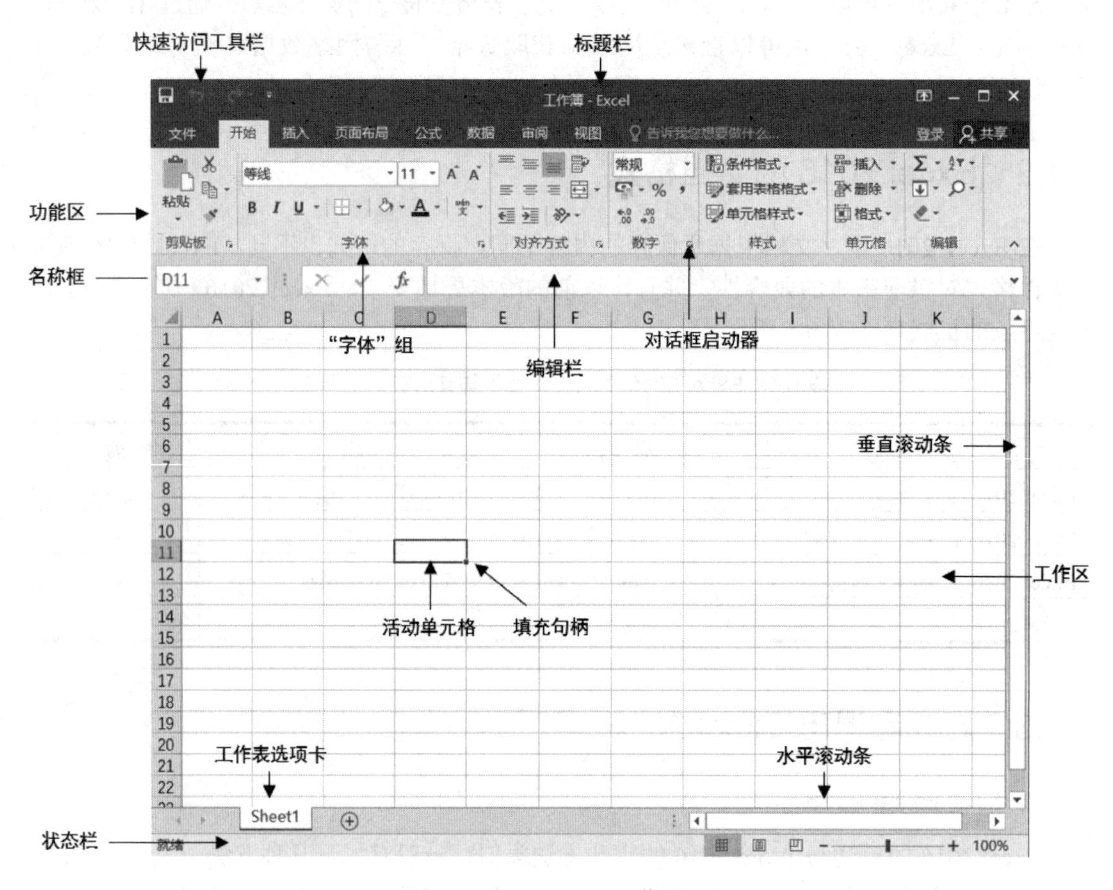


图 6.1　Excel 2016 工作界面

#### 1. 快速访问工具栏

快速访问工具栏位于 Excel 2016 工作界面的左上方，用于快速执行一些操作。默认情况下，快速访问工具栏中包括 3 个按钮，分别是“保存”按钮、“撤销”按钮和“恢复键入”按钮。在 Excel 2016 的使用过程中，用户可以根据工作需要，添加或删除快速访问工具栏中的工具按钮。方法是：单击快速访问工具栏右边的“自定义快速访问工具栏”按钮，选择下拉列表中的相应选项，可以完成将相应的命令按钮从快速访问工具栏中添加或删除。

### 2．标题栏

标题栏位于Excel 2016工作界面的最上方，用于显示当前正在编辑的电子表格和程序名称。拖动标题栏可以改变窗口的位置，双击标题栏可最大化或还原窗口。在标题栏右侧是最小化按钮、最大化/还原按钮、关闭按钮。

### 3．功能区

功能区位于标题栏下方，默认情况下由8个选项卡组成，分别为“文件”“开始”“插入”“页面布局”“公式”“数据”“审阅”和“视图”。每个选项卡中包含不同的功能区，功能区由若干个组组成，每个组由若干功能相似的按钮和下拉列表组成。图6.1显示了“开始”选项卡下各组所包含的快捷按钮。

为了方便用户使用Excel表格运算分析数据，在有些“组”中的右下角还设计了一个启动器按钮，如图6.1所示。单击该按钮后，根据所在不同的组，会弹出不同的命令对话框，用户可以在对话框中设置电子表格的格式或运算分析数据内容。

小知识

如果想在窗口中显示更多的数据内容，可以隐藏功能区，方法是：在功能区的任意位置右击，然后在弹出的快捷菜单中选择“折叠功能区”命令。功能区隐藏后，单击窗口右上角的“功能区显示”按钮，选择“显示选项卡和命令”选项，又可以使功能区显示出来。

### 4．编辑栏

用来输入或编辑活动单元格的值或公式。其左边有×、✔和$f_x$按钮，用于对输入数据进行取消、确认和插入函数操作。当选择单元格或区域时，相应的地址或区域名会显示在其左端的名称框中。在单元格中编辑数据时，其内容同时出现在编辑栏中。当单元格中数据较长时，一般选择在编辑栏中编辑数据。

### 5．工作簿和工作表

一个Excel文件称为一个工作簿。其扩展名为.xlsx，在一个工作簿中可以包含若干个工作表，系统默认有3个工作表，最多可达到255个工作表，用户可根据需要增加或删除工作表。

工作表像一个表格，由含有数据的行和列组成。每个工作表下面都会有一个选项卡，默认名字依次为Sheet1、Sheet2、Sheet3、…工作表的名字可以修改，单击选项卡名使该工作表成为当前工作表，可以对它进行编辑。若工作表较多，在工作表选项卡行显示不下，可利用工作表窗口左下角的选项卡滚动按钮来滚动显示各工作表名称，如图6.1所示。单击⏮按钮，可显示第一个工作表；单击⏭按钮，可显示最后一个工作表；单击◀按钮，显示前一个工作表；单击▶按钮，显示后一个工作表。

### 6．单元格和单元格地址

单元格指工作表中行列交汇处的区域，它可以保存数值、文字、声音等数据。如图6.1所示，每个单元格都有一个固定的地址，由行号和列号来决定，其中行号位于工作表的左端，依次为数字 1、2、3、…、1048576，列号位于工作表的上端，依次为字母 A、B、C、…、XFD。所以，工作表由 1048576 行和 16384 列组成。由于一个工作簿有多个工作表，可以在单元格地址前加入工作表名称来区分各工作表的单元格，例如，Sheet2!C3 指"Sheet2"中的"C3"单元格。在工作表名称和单元格地址之间要加上一个"!"来分隔。

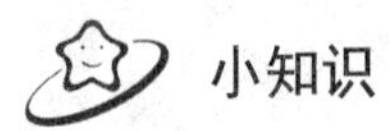

在 Excel 2016 中，直接按 Ctrl+向下方向键(↓)，可以转到最后一行；按 Ctrl+向右方向键(→)，可以转到最后一列。

7．活动单元格

活动单元格指目前正在操作的单元格。单击某个单元格即可使它成为活动单元格，此时可以对单元格进行输入新内容、修改或删除旧内容等操作。活动单元格的边框是粗线，活动单元格的地址显示在名称框中，且它的行号、列号会突出显示。

8．表格区域

表格区域指工作区中定义的矩形块区域，可以对定义的区域进行各种编辑操作。用该区域的左上角和右下角的单元格位置来引用该区域，中间用冒号作为分隔符。比如，图 6.2 中的区域是 C1:E4。

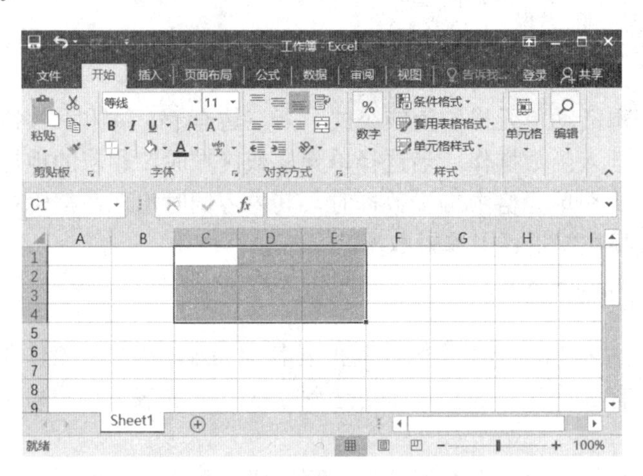

图 6.2　选定表格区域

# 6.2　Excel 2016 基本操作

## 6.2.1　新建工作簿

当启动 Excel 2016 后，系统自动建立一个文件名为"工作簿 1"的空白工作簿，空白工作簿是没有使用过的无任何信息的工作簿，在空白工作簿中无任何编辑设置，用户可以根据需要自行输入和编辑数据内容。除此之外，可用下面的方法来创建空白工作簿。

方法 1：选择“文件→新建→空白工作簿”。

方法 2：直接按 Ctrl+N 快捷键。

**小知识**

可以将“新建”按钮添加到快速访问工具栏，这样单击该按钮就可以完成快速创建空白工作簿的操作。方法是：单击“自定义快速访问工具栏”下拉按钮，从弹出的下拉列表中选择“新建”。这样，“新建”按钮就被添加到快速访问工具栏中了。

**小知识**

Excel 2016 自带了多个预设的模板工作簿，用户可以根据需要将进行处理的数据自行选择合适的模板工作簿。方法是：选择“文件→新建→选择适当的模板→创建”。

## 6.2.2　保存工作簿

完成了工作簿的建立、编辑后，需要将其保存在磁盘上。工作簿文件的扩展名为.xlsx。常用的保存方法有下面几种。

方法 1：单击快速访问工具栏中的“保存”按钮。

方法 2：直接按 Ctrl+S 快捷键。

方法 3：选择“文件→保存”。

方法 4：选择“文件→另存为”。

在前三种保存方法中，若工作簿文件是新建的，则出现“另存为”对话框，其形式与 Word 中的“另存为”对话框类似。若工作簿文件不是新建的，则按原来的路径和文件夹存盘，不会出现“另存为”对话框。

最后一种保存方法可以实现对已有文件的换名、换位置保存，其含义与 Word 中的“另存为”命令一样。对于新建工作簿的保存，也可用该方法。

## 6.2.3　打开和关闭工作簿

### 1. 打开工作簿

打开工作簿就是打开 Excel 文件，与 Word 文件的打开方法相同，主要有以下方法。

方法 1：直接按 Ctrl+O 快捷键。

方法 2：选择“文件→打开”。

### 2. 关闭工作簿

对于不再使用的工作簿，可以单击窗口右上角的“关闭”按钮将其关闭。如果对工作表作了修改而没有保存，系统会弹出“是否保存”的提示对话框，单击“保存”或“不保存”按钮后即可关闭该工作簿。

## 6.2.4　工作表中数据的输入

一个新的工作簿默认有一个工作表 Sheet1，输入数据时，先单击目标单元格，使之成为活动单元格，然后输入数据。

当一个单元格内容输入结束后，可用回车键、Tab 键，或箭头键←、→、↑、↓来存储当前单元格中输入的数据。如果要取消当前单元格中刚输入的数据，可按 Esc 键或单击编辑栏中的“取消”按钮 ✕。

### 1. 文本输入

文本输入时默认为靠左对齐。文本包括汉字、英文字母、数字、空格及其他键盘能输入的符号。每个单元格默认宽度一样，大约为 8 个字符宽度，如果数据宽度超过默认宽度且该单元格右侧单元格无数据，则该单元格中的数据会扩展显示到右边单元格，否则，该单元格中的数据只显示前面部分的内容。

若有些数字想当作字符处理(如电话号码)，只需在输入数字前加上一个单引号“'”，如'12345；或者在数字的前面加上一个等号并把输入的数字用双引号括起来，如="12345"。

### 2. 数值输入

数值输入时默认为靠右对齐。数值包括由数字(0～9)组成的字符串，以及+、-、E、e、¥、%、小数点等符号，如果输入的数值超过单元格宽度，系统自动以科学记数法表示，如 5.68E+08。若单元格中填满了“#”号，表示该单元格所在的列没有足够的宽度显示这个数值，此时，需要改变单元的数值格式或改变列的宽度。

在 Excel 2016 中，若输入的数值太长以至无法在单元格中全部显示出来，那么 Excel 2016 会将其转换为科学记数形式。Excel 2016 会调整科学记数的精度，从而在单元格中显示出该数值项。这时会发现，原来所看到的值和显示出来的数值并不总是一致的，Excel 2016 计算时将以实际数值而不是显示数值为准。

在 Excel 2016 中，把原来在单元格中显示的数值称为显示值，单元格中存储的值在编辑栏显示时称为原值，单元格中显示的数值位数取决于该列的宽度和使用的显示格式。

在单元格中输入数值时，应注意以下几点。

- 数值前面的正号“+”被忽略。
- 在负数前面应加“-”，或将其放在括号内。
- 输入分数时，若分数小于 1，需要在分数前冠以 0，且 0 后要加入空格，如 0 3/4；若分数大于 1，需要在整数与小数之间加入空格，如 4 3/4。
- 可以使用小数点，还可以在千位、百万位等处加上千位分隔符(逗号)。输入带有逗号的数值时，在单元格中显示时带有逗号，在编辑栏显示时不带逗号。例如，若输入 18,333.78，编辑栏中将显示 18333.78。
- 在 Excel 中，数字精度为 15 位，当数字长度超过 15 位时，Excel 会将多余的数字转换为 0，如 78436727365489689 将表示为 78436727365489600。

### 3．日期和时间输入

若输入的数据符合日期或时间的格式，Excel 2016 将以日期或时间存储数据，日期和时间数据输入时默认靠右对齐。日期在 Excel 2016 系统内部是用 1900 年 1 月 1 日起至该日期的天数存储的。输入日期时，可以用“/”或“-”作为分隔符，如 2008-10-11、2008/10/11 都表示 2008 年 10 月 11 日。

在单元格中输入时间可以采用 24 小时制和 12 小时制两种，当采用 12 小时制时，必须输入“AM(上午)”或者“PM(下午)”，例如 4:28 PM，时间与字母之间必须有一个空格。

已输入数据的日期和时间格式均可以改变，改变的方法可参阅 6.4.3 节。

按 Ctrl+;快捷键可以输入当前日期；按 Ctrl+Shift+;快捷键可以输入当前时间。

### 4．逻辑数据输入

Excel 2016 中的逻辑数据只有两个取值，逻辑真用 TRUE(大小写均可)表示，逻辑假用 FALSE(大小写均可)表示。逻辑数据输入时默认为居中对齐。

## 6.2.5　数据快速和自动填充

数据快速和自动填充既可以加快表格数据的输入，又可减轻人工的劳动，并且还可以减少输入中出错的机会，做到事半功倍。在活动单元格的右下角有一小黑块，称为填充句柄(见图 6.1)。

### 1．填充相同数据

比如，在 B2 单元格中输入“数据填充”，鼠标指针移动到填充句柄，此时，鼠标指针呈“+”状，拖动它向下直到 B8 单元格，松开鼠标左键，则从 B3 到 B8 单元格均输入“数据填充”，如图 6.3 所示。

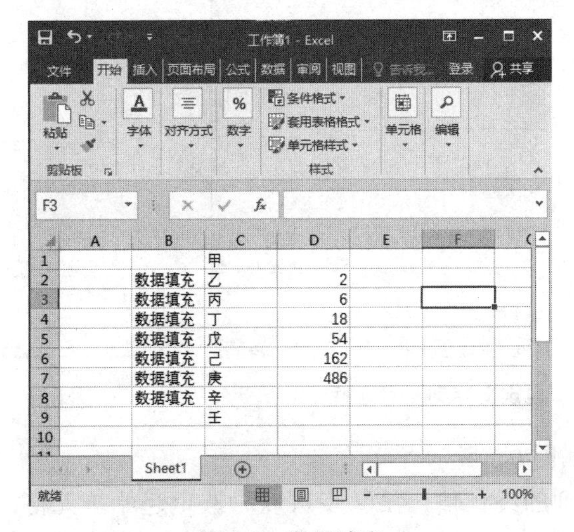

图 6.3　数据填充

### 2．填充已定义的序列数据

在单元格 C1 中输入“甲”，拖动 C1 单元格的填充句柄直到 C8 单元格，则从 C1 单元格到 C8 单元格依次是“甲”“乙”“丙”……“辛”，如图 6.3 所示。数据序列是 Excel 2016 事先已定义好的，若在填充过程中，序列数据用完，Excel 2016 会从头开始取数据。Excel 2016 中已定义好的填充序列还有几组，用户也可以自定义填充序列，步骤如下。

① 选择“文件→选项”，出现“选项”对话框。

② 选择“高级”选项卡，拖动垂直滑块至对话框底部，在“常规”区域中单击“编辑自定义列表”按钮，弹出“自定义序列”对话框，如图 6.4 所示。可以看到“自定义序列”列表框中显示了已定义好的各种填充序列，选中“新序列”，并在“输入序列”列表框中输入填充序列(如第一天、第二天、……、第十天)。

③ 单击“添加”按钮，新定义的填充序列将出现在“自定义序列”列表框中。

④ 单击“确定”按钮。

### 3．智能填充

除了利用已定义的序列进行自动填充外，还可以指定某种规律(如等差数列、等比数列等)进行智能填充。以在 D2:D7 单元格区域中依次按等比数列填充 2、6、18、54、162、486 为例，操作步骤如下。

① 在 D2 单元格中输入起始值 2。

② 选定要填充的单元格区域 D2:D7。

③ 单击“开始”选项卡“编辑”组中的“填充”按钮 填充，从弹出的下拉列表中选择“序列”选项，弹出“序列”对话框，如图 6.5 所示。在“序列产生在”栏中选定按行或按列填充。本例中选择按“列”填充；在“类型”栏中选择填充规律，本例选择“等比序列”；在步长值中输入 3。

④ 单击“确定”按钮。

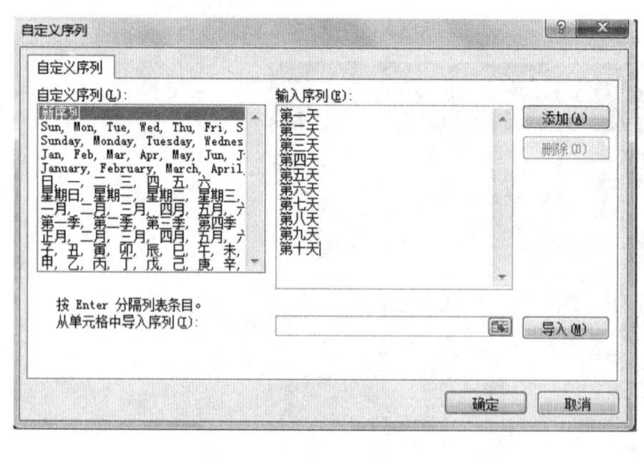


图 6.4 “自定义序列”对话框

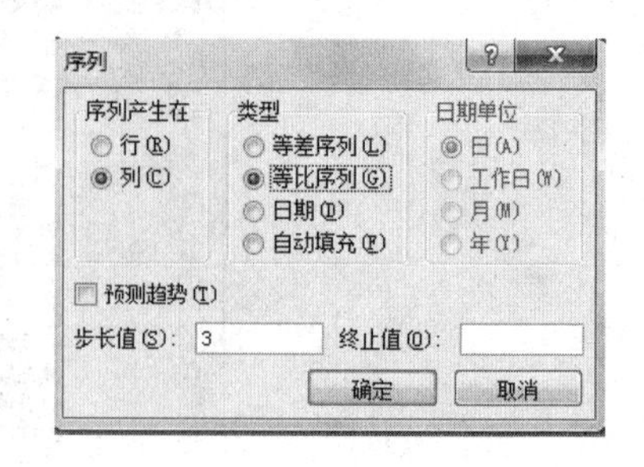


图 6.5 “序列”对话框

数据填充的结果如图 6.3 所示。

如果知道填充序列的终止值，第②步可以只选定起始单元格，在“序列”对话框的“终止值”栏填入终止值，系统也会自动填充序列数据。

## 6.2.6　工作表的编辑

工作簿建立之后，默认情况下由 Sheet1、Sheet2、Sheet3 三个工作表组成。根据用户的需要可以插入、删除和重命名工作表。

### 1．选取工作表

工作簿通常由多个工作表组成。在对单个或多个工作表进行操作前必须先选取工作表。若目标工作表未显示在工作表选项卡行，可以通过单击工作表选项卡按钮，使目标工作表选项卡出现并单击它。

- 选取单个工作表：鼠标单击工作表选项卡。
- 选取多个连续工作表：先单击第一个工作表选项卡，然后按住 Shift 键单击最后一个工作表选项卡。
- 选取多个不连续工作表：按住 Ctrl 键，并逐个单击要选的工作表选项卡。
- 选取全部工作表：右击任意一个工作表选项卡，在弹出的快捷菜单中选择“选定全部工作表”命令。

**小知识**

选中的多个工作表组成一个工作组。当在其中一个工作表的任意单元格中输入数据或设置格式时，在工作组其他工作表的相同单元格中将出现相同数据或相同格式。

在键盘上按 Ctrl+PageDown 快捷键即可移动到工作簿中的下一个工作表；按 Ctrl+PageUp 快捷键即可移动到工作簿中的上一个工作表。

### 2．插入工作表

选取工作表后，右击工作表选项卡，选择“插入→工作表”，则在当前工作表前面插入一个或多个工作表。

### 3．删除工作表

选取工作表后，右击工作表选项卡，从快捷菜单中选择“删除”命令，可以将选取的工作表全部删除。

**小知识**

工作表删除后是永久删除，不能用“撤销”按钮恢复。

### 4．重命名工作表

双击要重命名的工作表选项卡，使其反白显示，再单击，出现插入点，输入新的工作表名，按回车键确定。

右击要重命名的工作表选项卡，从快捷菜单中选择“重命名”命令，也可以完成重命名操作。

### 5. 工作表的移动或复制

1) 在同一工作簿中移动或复制工作表

单击要移动或复制的工作表选项卡，沿着选项卡行拖动(或按住 Ctrl 键拖动)工作表选项卡到目标位置。

2) 在不同工作簿中移动或复制工作表

① 打开源工作簿和目标工作簿，右击源工作簿中要移动或复制的工作表，弹出如图 6.6 所示的快捷菜单。

② 选择“移动或复制”命令，弹出如图 6.7 所示的对话框，在对话框的“工作簿”栏选定目标工作簿，在“下列选定工作表之前”栏中选定在目标工作簿中的插入位置。

③ 单击“确定”按钮。若选中“建立副本”复选框，则是复制操作，否则是移动操作。

图 6.6 工作表选项卡快捷菜单

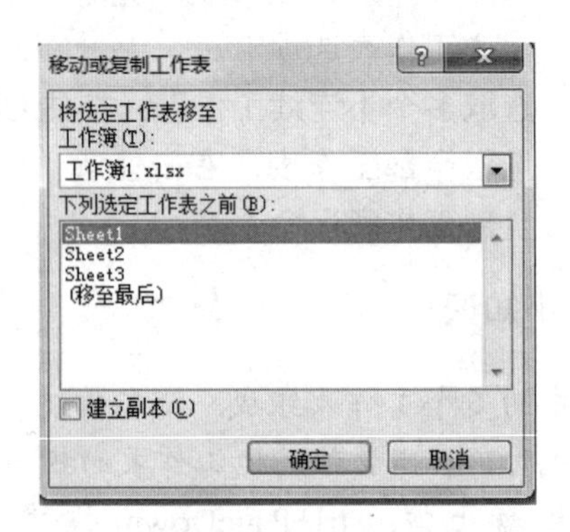


图 6.7 “移动或复制工作表”对话框

## 6.2.7 单元格数据的编辑

对已建立的工作表，可以根据需要修改、编辑其中的数据。单元格数据的编辑仍然遵循“先选定，后操作”的原则，即在对单元格数据操作之前必须先选定它们。

### 1. 选定单元格

选取单个单元格：单击目标单元格。

选取整行(列)：单击工作表相应的行(列)号。

选取整个工作表：单击工作表左上角行列交叉的“全选”按钮，或按组合键 Ctrl+A。

选取矩形区域：可用鼠标拖曳的方法，从左上角单元格拖曳到右下角单元格；或用鼠标单击将要选择区域的左上角单元格，按住 Shift 键再用鼠标单击右下角单元格；或者在名称框中输入单元格区域(如 A1:D3)，也可输入该区域的名称，然后按 Enter 键。

可以为某一单元格区域命名，方法是：选定要命名的单元格区域，在名称框中输入区域名并按 Enter 键。命名后，若要选定该区域，则直接在名称框中输入该区域名称即可。

选取若干不相邻区域：按住 Ctrl 键，用鼠标拖曳的方法选择各单元格区域。

### 2. 数据修改

① 使需要修改的单元格成为活动单元格。

② 若需全部重新输入，可直接输入新内容。

③ 按 F2 键，则插入点位于单元格中，可对单元格中的数据进行部分修改；若单元格数据较长，也可单击编辑栏，插入点出现在编辑栏，可以在此修改数据。

④ 编辑完毕，按 Enter 键确认修改。

### 3. 清除单元格数据

清除单元格数据不是删除单元格本身，而是清除单元格中的数据格式、内容、批注或超链接四者之一，或四者均清除。

① 选定要清除数据的单元格区域。

② 单击“开始”选项卡“编辑”组中的“清除”按钮，弹出如图 6.8 所示的下拉列表，其中“清除格式”“清除内容”“清除批注”和“清除超链接”选项将分别只取消单元格的格式、内容、批注或超链接；选择“全部清除”选项则将单元格的格式、内容、批注和超链接全部取消，数据清除后单元格本身仍留在原位置不变。

选定单元格或区域后按 Delete 键，可以直接清除选定区域的数据内容。

### 4. 删除单元格

删除单元格针对的对象是单元格，删除后选取的单元格连同里面的数据都从工作表中消失。

① 选定要删除的单元格。

② 右击要删除的单元格，从快捷菜单中选择“删除”命令，出现如图 6.9 所示的对话框。在对话框中选择要删除的方式。选择“右侧单元格左移”或“下方单元格上移”可填充删除单元格后留下的空缺；选择“整行”或“整列”将删除选取区域所在的行或列，其下方行或右侧列自动填充空缺。

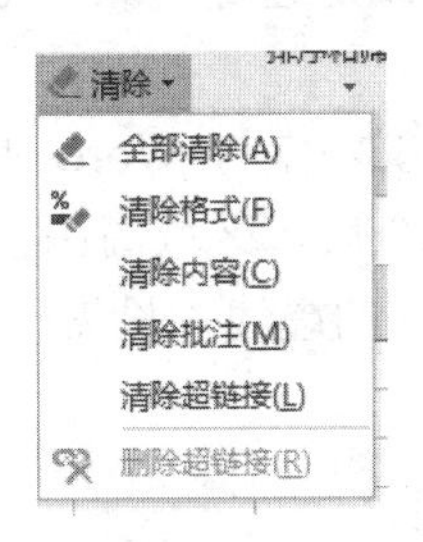


图 6.8　“清除”按钮的下拉列表

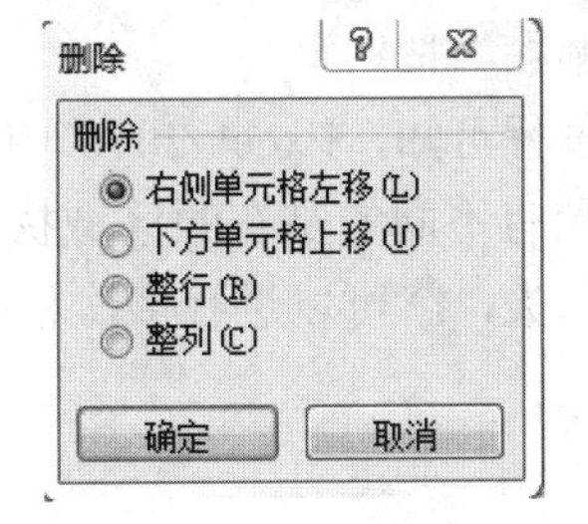


图 6.9　“删除”对话框

③ 单击“确定”按钮。

**小知识**

如果删除的区域为若干整行或若干整列，则直接删除而不会出现对话框。

单击“开始”选项卡“单元格”组中的“删除”按钮，也可以完成删除单元格、行、列等操作。

#### 5．单元格、行、列的插入

数据输入时难免会出现遗漏，这时可以通过 Excel 2016 的插入操作来弥补。

1) 插入单元格

① 单击某单元格，使之成为活动单元格，作为插入位置。

② 右击该单元格，出现如图 6.10 所示的“插入”对话框。

③ 选择一种插入方式后，单击“确定”按钮。图 6.10 中各选项的含义与“删除”对话框中各选项的含义类似。

图 6.10 “插入”对话框

2) 插入整行或整列

在图 6.10 所示的对话框中选中“整行”或“整列”单选按钮可以插入整行或整列。插入的行在活动单元格的上边，插入的列在活动单元格的左边。或者按下述步骤完成。

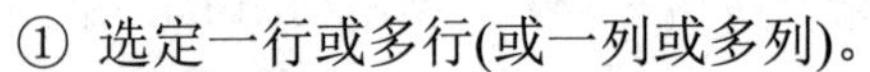

① 选定一行或多行(或一列或多列)。

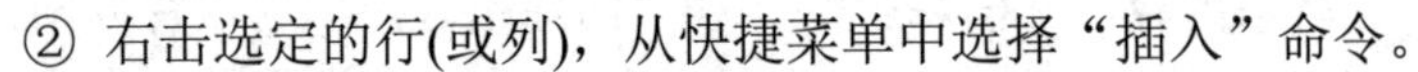

② 右击选定的行(或列)，从快捷菜单中选择“插入”命令。

通过此操作，将在该行上边(或该列左边)插入行(或列)。选择的是几行(几列)，就将插入几行(几列)。

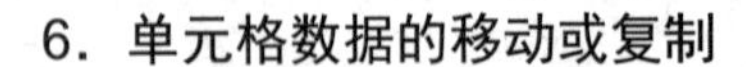

#### 6．单元格数据的移动或复制

1) 拖动鼠标法

① 选定要移动或复制的单元格区域。

② 鼠标指针指向所选区域的四周边界(此时鼠标指针变成实心十字箭头)，拖动(按住 Ctrl 键拖动)源区域到目标位置。

2) 剪贴法

① 选定要移动或复制的单元格区域。

② 单击“开始”选项卡“剪贴板”组中的“剪切”按钮(“复制”按钮)。

③ 选定目标位置(单击目标区域左上角单元格)，或是选定与原数据区域一样大小的区域，单击“粘贴”按钮。

从上述过程可知，Excel 2016 中的数据移动或复制操作与 Word 中的文本移动或复制操作类似，稍有不同的是在源区域执行移动或复制命令后，区域周围会出现闪烁的虚线，只要虚线不消失，就可以进行多次粘贴。若要取消闪烁的虚线，只需按 Esc 键。

小知识

如果只需粘贴一次，在目标区域按 Enter 键就可完成粘贴操作。

组合键 Ctrl+X、Ctrl+C、Ctrl+V 分别等同于剪切、复制、粘贴按钮的功能。



## 6.3 使用函数和公式

如果电子表格中只是输入一些数字和文本，那么字处理软件完全可以取代它。在大型数据报表中，计算、统计工作是难免的。Excel 2016 的强大功能正是体现在计算上。通过

在单元格中输入公式和函数，可以对表中数据进行各种计算和分析。

## 6.3.1　输入公式

公式是对单元格中的数据进行计算的等式。用户可用公式进行各种计算，比如加、减、乘、除、财务、统计等计算，也可以用公式对文本进行操作和比较。

在 Excel 2016 中，公式的形式为：=表达式。即公式输入总是从“=”开始的。其中，表达式由运算符、常量、函数、单元格地址等组成。比如=A3*10−230、=sum(A1:D4)都是正确的公式。

### 1. 输入公式

公式的建立可以在数据编辑区中进行，建立的步骤如下。

① 单击要输入公式的单元格。

② 在数据编辑区中输入一个“=”，插入点停留在“=”后面。

③ 输入公式。比如，在图 6.11 中输入公式“=(B2+C2+D2)/3”，用来求平均成绩。请注意，输入公式时，所有的运算符、字母等必须输入英文半角符号。

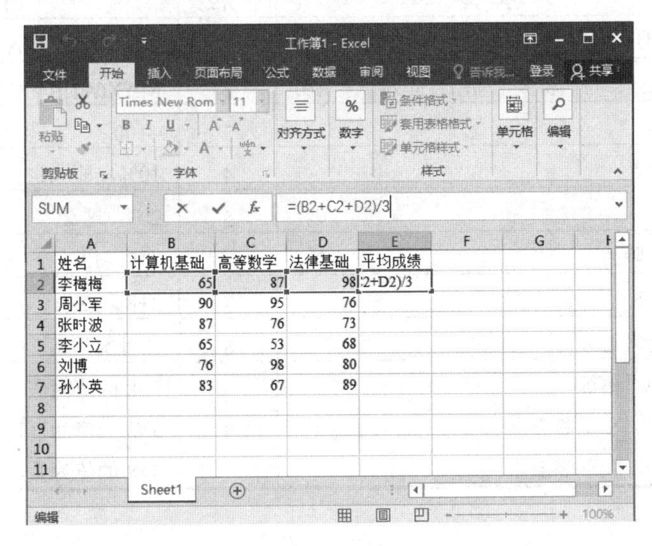


图 6.11　在单元格中输入公式

④ 输入完毕后，按 Enter 键。

**小知识**

在按 Enter 键确认输入的公式前，公式并没有被存储在单元格中，用户可以按 Esc 键或“取消”按钮来取消公式的输入。

输入完公式后，在默认情况下，单元格中将显示计算的结果，而公式本身只能在编辑栏中看到。

### 2．公式中的运算符

在公式中，各种参与运算的量或者单元格地址等均由运算符来连接。在 Excel 2016 公式中，除了运算符外，还可以使用以下成分。

(1) 允许使用常数，即其值固定不变的数据。

(2) 允许使用多层圆括号。计算顺序为先内层后外层。

(3) 允许使用 Excel 2016 提供的函数。函数将在 6.3.3 节介绍。

Excel 2016 中的运算符具有不同的优先级，运算符的优先级指在一个公式中含有多个运算符的情况下 Excel 2016 的运算顺序。如果一个公式中的若干运算符都具有相同的优先级，那么 Excel 2016 将按照从左到右的顺序进行计算。

如果不希望 Excel 2016 从左到右依次进行计算，则需要更改计算的顺序，如“=5+2*3”，Excel 2016 将先进行乘法计算，然后再进行加法计算，如果希望先进行加法计算，再进行乘法计算，可以用括号将公式更改为“=(5+2)*3”。常用运算符的优先级及功能，如表 6.2 所示。

表 6.2　常用运算符的优先级及功能

| 运算符 | 功　能 | 优先级 | 示　例 |
| --- | --- | --- | --- |
| ：(冒号) | 引用运算符 | 1 | A1:B4，表示 A1 到 B4 之间的区域 |
| ,(逗号) | 联合运算符，将多个引用合并为一个引用 | 2 | MAX(A1:B4, C1:C10) |
| –(负号) | 负号 | 3 | –100 |
| %(百分号) | 百分数 | 4 | 10%，即 0.1 |
| ^(脱字号) | 乘方 | 5 | 2^3，即 $2^3$ |
| *、/(乘、除) | 乘、除 | 6 | 3*8，12/4 |
| +(加)、–(减) | 加、减 | 7 | 3+8、12–4 |
| &(和号) | 字符串连接 | 8 | “计算”&“机”，即“计算机” |
| =、<> | 等于、不等于 | | 3=8 的值为假，3<>8 的值为真 |
| <、<= | 小于、小于等于 | 9 | 3<8 的值为真，3<=8 的值为真 |
| >、>= | 大于、大于等于 | | 3>8 的值为假，3>=8 的值为假 |

## 6.3.2　单元格的引用和公式的复制

公式的复制可避免大量的重复输入公式的工作，当复制公式时，若在公式中使用了单元格或区域，则在复制的过程中会根据不同的情况使用不同的单元格引用。单元格引用分为相对引用、绝对引用和混合引用。

### 1．相对引用

Excel 2016 中默认的单元格引用为相对引用。它是根据公式的原来位置和复制的目标位置推算出公式中单元格地址相对原位置的变化。

例如，在图 6.11 中，已经求出李梅梅的平均成绩，要想求周小军的平均成绩，不用再次输入公式，只需完成下面的操作：单击单元格 E2，鼠标指针移动到 E2 单元格边框，并

按 Ctrl 键拖动到单元格 E3，可以看到 E3 单元格中出现“87”，数据编辑区出现“=(B3+C3+D3)/3”。在这次复制公式的过程中，原位置在 E2 单元格，目标位置在 E3 单元格，相对于原位置而言，列号未变，行号加 1，所以公式中单元格地址列号不变，行号由 2 变成 3。

这种在公式复制过程中随单元格位置变化而变化的单元格引用称为相对引用。

#### 2. 绝对引用

在相对引用中，单元格的地址会自动修改，但有时我们并不需要修改，这时就要使用绝对引用。在行号和列号前均加上“$”符号，就代表绝对引用，它指向表中固定位置的单元格，它的位置与包含公式的单元格无关。

比如，若 E2 单元格中的公式为“=($B$2+$C$2+$D$2)/3”，复制到 E3 单元格，则 E3 单元格中的公式仍为“=($B$2+$C$2+$D$2)/3”，不会改变。

#### 3. 混合引用

混合引用指在公式的复制过程中，既包含绝对引用，又包含相对引用。这种引用在输入公式时，只需在不需要改变的单元格地址前加上“$”即可。当公式因为复制或插入而引起行列变化时，公式的相对地址会随位置变化，而绝对地址部分不变化。

比如，在图 6.11 中，E2 单元格中输入的公式为“=(B$2+C$2+D2)/3”，复制到 E3 单元格，则 E3 单元格中的公式将变为“=(B$2+C$2+D3)/3”。

**小知识**

*在 Excel 2016 中，三种引用可以相互转换。在公式中用鼠标或键盘选定引用单元格的部分，反复按 F4 键可进行引用类型的转换。*

#### 4. 跨工作表的单元格地址引用

公式中可能用到另一工作表的单元格中的数据，比如公式“=(B2+C2+D2)*Sheet2!A1”，其中，“Sheet2!A1”表示工作表 Sheet2 中的 A1 单元格地址。这个公式表示计算当前工作表中 B2、C2、D2 单元格数据之和与工作表 Sheet2 中 A1 单元格数据的乘积。

### 6.3.3　函数

函数是一些已经定义好的公式，Excel 2016 提供了 11 类函数，大多数 Excel 2016 的函数是经常要使用的公式的简写形式。

在 Excel 2016 中，用来参与函数运算的数称为参数，而函数返回的值称为结果，在公式中使用的字符次序称为语法，所有的函数都有相同的基本语法，如果语法中有错误，Excel 2016 将会显示出错信息。

函数的一般形式：

函数名([参数 1], [参数 2], …, [参数 n])

函数名后紧跟括号，可以没有参数，也可以有一个或多个参数，参数之间用逗号分隔。但圆括号不能省略。

### 1. 常用函数

Excel 2016 的函数分为常用函数、财务函数、日期和时间函数、统计函数、数据库函数等多种，下面介绍一些常用函数的使用方法。

1) SUM 函数

**函数格式**：SUM(number1,number2, …)

**功能**：返回参数表中所有数值之和。

**参数**：number1, number2, …为需要求和的参数，参数可以是常数、单元格引用及区域等，参数最多不能超过 255 个。

**说明**：

(1) 直接输入参数表中的数值、逻辑值及数值的文本表达式将被计算，请参见下面的例 6-1 和例 6-2。

(2) 如果参数为单元格引用或区域，那么只有其中的数值将被计算，而引用的空白单元格、逻辑值、文本或错误值将被忽略，请参见下面的例 6-3。

(3) 如果参数为错误值或为不能转换成数值的文本，将会产生错误，请参见下面的例 6-4。

**【例 6-1】** SUM(10, 3)=13。

**【例 6-2】** SUM(10, "3", TRUE)=14。因为数字字符组成的文本值被转换成数值，而逻辑值“TRUE”被转换成数值 1(“FALSE”将会被转换为数值 0)。

**【例 6-3】** 如果 A1 单元格的内容为"5"，B1 单元格的内容是 FALSE，C1 单元格的内容是 4，请注意下列公式。

SUM(A1:C1)，其结果为 4。因为对非数值型的单元格或单元格区域的引用不能被转换成数值，请注意与下列公式进行比较。

SUM("5", FALSE, 4)，其结果为 9。

**【例 6-4】** 如果单元格中输入公式=SUM(10, "value", TRUE)，将显示结果#VALUE!，即参数或运算对象类型有错，因为其中的参数“value”无法转换成数值，所以出错。

2) AVERAGE 函数

**函数格式**：AVERAGE(number1,number2, …)

**功能**：返回参数表中所有参数的平均值。

**参数**：number1, number2, …为需要求平均值的参数，参数可以是常数、单元格引用及区域等，参数最多不能超过 255 个。

**说明**：该函数中参数的含义与 SUM 函数中参数的含义完全相同，在此不再赘述。

3) MAX/MIN 函数

**函数格式**：MAX(number1, number2, …)/ MIN(number1,number2, …)

**功能**：返回参数表中一组数据中的最大值/最小值。

**参数**：number1, number2, …为 1 到 255 个需要计算最大值/最小值的参数。参数可以是数值、空白单元格、逻辑值或数值的文本表达式。

**说明：**

(1) 如果参数中不包含数值，函数返回 0。

(2) 如果参数为单元格引用，则引用中的数值将被计算。

(3) 如果参数为错误值或为不能转换成数值的文本，将会产生错误。

**【例 6-5】** 如果 A1:E1 单元格的内容分别为 5、10、3、"34"、"du"，则：

MAX(A1:E1)等于 10　　MIN(A1:E1)等于 3

MAX(A1:E1,15) 等于 15　　MIN(A1:E1,–6) 等于–6

MAX(5,10,3,"34") 等于 34　　MIN(5,10,3,"34") 等于 3

MAX(A1:D1,"du")将会出错　　MIN(A1:D1,"du")将会出错

4) COUNT 函数

**函数格式：**COUNT (value1, value 2,⋯)

**功能：**返回各参数中数值型参数和包含数值的单元格个数，参数的类型不限。

**参数：**value1, value2, ⋯为 1 到 255 个包含或引用各种类型数据的参数，但只有数值类型的数据才被计数。

**说明：**

(1) 计数时将把数值、空值、逻辑值、日期或以文本代表的数计算进去，但错误值或其他无法转换成数值的文本将被忽略。

(2) 如果参数为单元格引用，那么只统计单元格中的数值；引用的空单元格、逻辑值、文本或错误值将被忽略。

**【例 6-6】** 如果 A1:E1 单元格的内容分别为"计算机"、5、TRUE、"du"、"34"，则：

COUNT(A1:E1)等于 1

COUNT("计算机", 5, TRUE, "du", "34")等于 3

COUNT(A1:E1,10)等于 2

5) IF 函数

**函数格式：**IF (logical_test, value_if_true, value_if_false)

**功能：**执行真假值判断，根据逻辑测试的真假值，返回不同的结果。可以使用 IF 函数对数值和公式进行条件检测。

**参数：**

logical_test，计算结果为 TRUE 或 FALSE 的任何数值或表达式。

value_if_true，可以为某一个公式，是 logical_test 结果为 TRUE 时函数的返回值。

value_if_false，可以为某一个公式，是 logical_test 结果为 FALSE 时函数的返回值。

**说明：**

(1) 在计算参数 value_if_true 和 value_if_false 后，IF 函数返回相应语句执行后的返回值。

(2) 最多可以使用 64 个 IF 函数作为 value_if_true 和 value_if_false 参数进行嵌套，以构造更详尽的测试。IF 函数嵌套示例请参阅例 6-8。

**【例 6-7】** 假设 F1 单元格的公式如下：

=IF(E1>1500, E1*1.1, E1*1.2)

其含义为当 E1 单元格中的数值大于 1500 时，则 F1 单元格的返回值为 E1*1.1，否则 F1 单元格的返回值为 E1*1.2。

【例 6-8】 如果 A1 单元格存放的是某个学生的考试得分，若要根据 A1 单元格的数值计算 B1 单元格的结果，计算规则为，如果考试得分在 90 分(包含 90 分)以上为优，在 75 分以上(包含 75 分)、90 分以下为良，在 60 分以上(包含 60 分)、75 分以下为中，在 60 分以下为差；则 B1 单元格的公式：

=IF(A1>=90, "优", IF(A1>=75, "良", IF(A1>=60, "中", "差")))

在本例中，第 2 个 IF 语句同时也是第 1 个 IF 语句的参数 value_if_false，同样，第 3 个 IF 语句是第 2 个 IF 语句的参数 value_if_false。函数的计算过程：当 A1>=90 分时，返回“优”，否则计算第 2 个 IF 语句，依此类推。

6) COUNTIF 函数

**函数格式：**COUNTIF (range, criteria)

**功能：**返回给定区域内满足特定条件的单元格的个数。

**参数：**

range，指需要计算其中满足条件的单元格个数的单元格区域。

criteria，指确定哪些单元格将被计算在内的条件，其形式可以是数值、表达式或文本。例如，条件可以表示为 14、"14"、">14"、"<>14"、"男"、"副教授"等。

【例 6-9】 如果 A1:A6 单元格的内容分别为苹果、香蕉、苹果、核桃、柠檬、核桃，则：

COUNTIF(A1:A6, "苹果")等于 2。

COUNTIF(A1:A6, A5)等于 1。

【例 6-10】 如果 A1:A4 单元格的内容分别为 12、25、14、65，则：

COUNTIF(A1:D1, ">=14")等于 3。

COUNTIF(A1:D1, >=14)将显示错误。

7) SUMIF 函数

**函数格式：**SUMIF (range, criteria, sum_range)

**功能：**根据指定条件对若干单元格求和。

**参数：**

range，指用于条件判断的单元格区域。

criteria，指确定哪些单元格将被相加求和的条件，其形式可以是数值、表达式或文本。例如，条件可以表示为 14、"14"、">14"、"<>14"、"男"、"副教授"等。

sum_range，指需要求和的实际单元格。只有当 range 中的相应单元格满足条件时，才对 sum_range 中的单元格求和，如果省略 sum_range，则直接对 range 中的单元格求和。

【例 6-11】 如果 A1:A6 单元格的内容分别为 6 位职工的实发工资：¥1000、¥1200、¥1400、¥1430、¥2010、¥1600，而 B1:B6 单元格分别为各位职工所在的部门：人事处、财务处、基建处、财务处、人事处、财务处，则计算人事处职工实发工资的总和的公式：

=SUMIF(B1:B6, "人事处", A1:A6)

8) LEFT 函数

**函数格式：**LEFT(text, num)

**功能：**从一个文本字符串的第一个字符开始，截取指定数目的字符。无论默认语言设置如何，函数 LEFT 始终将每个字符(不管是单字节还是双字节)按 1 计数。

**参数：**text 代表要截取字符的字符串；num 代表给定的截取数目。

**【例 6-12】** 若 A1 单元格的内容为"computer"，A2 单元格的内容为"张小玲"，A3 单元格的内容为"张 com 小玲"，则：

LEFT(A1, 3)=com　　LEFT(A2, 3)=张小玲
LEFT(A3, 3)= 张 co　　LEFT(A2, 4)=张小玲
LEFT(A1)=c　　LEFT(A2)=张

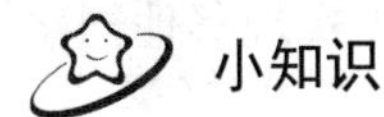

小知识

num 参数必须大于或等于 0，如果忽略，则默认其为 1；如果 num 参数大于文本长度，则函数返回整个文本。

9) RIGHT 函数

**函数格式：**RIGHT(text, num)

**功能：**从一个文本字符串的最后一个字符开始，截取指定数目的字符。无论默认语言设置如何，函数 RIGHT 始终将每个字符(不管是单字节还是双字节)按 1 计数。

**参数：**text 代表要截取字符的字符串；num 代表给定的截取数目。

**【例 6-13】** 若 A1 单元格的内容为"computer"，A2 单元格的内容为"张小玲"，A3 单元格的内容为"张 com 小玲"，则：

RIGHT (A1, 3)=ter　　RIGHT (A2, 3)=张小玲
RIGHT (A3, 3)= m 小玲　　RIGHT(A1, 10)= computer
RIGHT (A3)=玲　　RIGHT(A1)= r

小知识

LEFT 和 RIGHT 函数的参数完全相同。

10) INT 函数

**函数格式：**INT(number)

**功能：**将数值向下取整为最接近的整数。

**参数：**number 表示需要取整的数值或包含数值的引用单元格。

**【例 6-14】**

INT(18.89)=18　　INT(−18.89)=−19
INT(18)=18　　INT(−18)=−18
INT(18.19)=18　　INT(−18.19)=−19

小知识

在取整时，不进行四舍五入。

11) RANK 函数

**函数格式：**RANK(number, ref, order)

**功能：**返回某一数值在一列数值中相对于其他数值的排位。

**参数：**number 代表需要排序的数值；ref 代表排序数值所处的单元格区域；order 代表排序方式参数(如果为“0”或者忽略，则按降序排名，即数值越大，排名结果数值越小；

如果为非“0”值，则按升序排名，即数值越大，排名结果数值越大)。

**【例 6-15】** 如果有图 6.12 所示的学生计算机基础成绩，要在 C 列中计算每位同学的计算机基础成绩的排名，就可用 RANK 函数。

方法：将光标定位在 C2 单元格中，输入公式“=RANK(B2,$B$2:$B$12,0)”，确认后 C2 单元格中显示 3，将光标移至该单元格右下角，光标变成十字形状时(通常称之为“填充句柄”)，按住左键向下拖动至 C12 单元格，即可完成公式的快速复制，实现其他同学计算机基础成绩的排名统计，如图 6.13 所示。

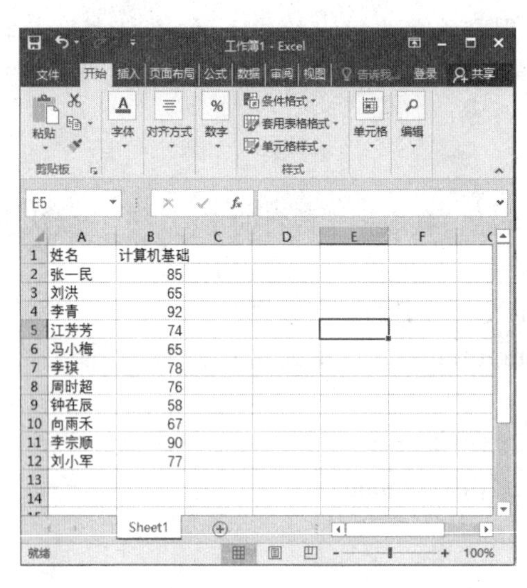

| | A | B |
|---|---|---|
| 1 | 姓名 | 计算机基础 |
| 2 | 张一民 | 85 |
| 3 | 刘洪 | 65 |
| 4 | 李青 | 92 |
| 5 | 江芳芳 | 74 |
| 6 | 冯小梅 | 65 |
| 7 | 李琪 | 78 |
| 8 | 周时超 | 76 |
| 9 | 钟在辰 | 58 |
| 10 | 向雨禾 | 67 |
| 11 | 李宗顺 | 90 |
| 12 | 刘小军 | 77 |

图 6.12　原始数据

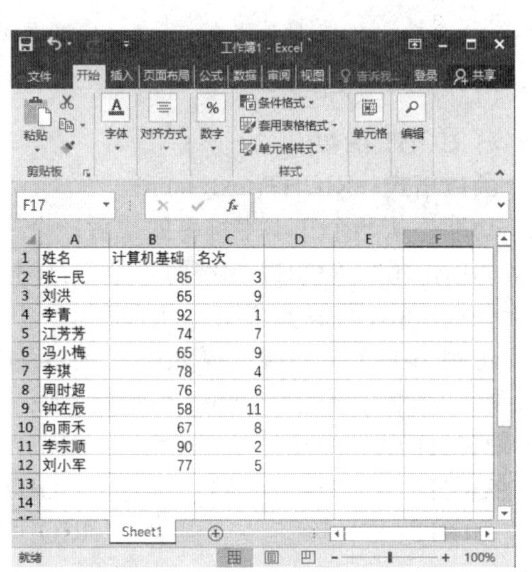

| | A | B | C |
|---|---|---|---|
| 1 | 姓名 | 计算机基础 | 名次 |
| 2 | 张一民 | 85 | 3 |
| 3 | 刘洪 | 65 | 9 |
| 4 | 李青 | 92 | 1 |
| 5 | 江芳芳 | 74 | 7 |
| 6 | 冯小梅 | 65 | 9 |
| 7 | 李琪 | 78 | 4 |
| 8 | 周时超 | 76 | 6 |
| 9 | 钟在辰 | 58 | 11 |
| 10 | 向雨禾 | 67 | 8 |
| 11 | 李宗顺 | 90 | 2 |
| 12 | 刘小军 | 77 | 5 |

图 6.13　计算后的结果

### 2. 函数的输入

函数的输入有两种方法：手工输入法和粘贴函数法。

如果对函数名称和参数意义都非常清楚，可以直接在单元格中输入该函数。其方法与在单元格中输入公式一样。

由于 Excel 2016 有几百个函数，记住所有函数的参数难度很大，为此，Excel 2016 提供了粘贴函数的方法。在 Excel 2016 中，系统提供了 3 种粘贴函数的方法，分别是通过编辑栏输入、通过函数库输入和通过名称框输入。

下面，我们以输入公式“=B2+AVERAGE(B3:D3)”为例说明通过编辑栏输入函数的方法。

① 单击要输入公式的单元格(如 E4)。

② 在数据编辑区中输入“=”，在“=”后面输入“B2+”。

③ 单击编辑栏中的“粘贴函数”按钮$f_x$，出现图 6.14 所示的“插入函数”对话框。在该对话框中，函数被分门别类地列出，当用户选中了某一个函数时，在对话框的下方就会出现关于该函数的简单提示，帮助用户了解函数的功能。此处选择 AVERAGE 函数。

④ 选择函数后，会出现函数参数编辑框，如果参数值不正确，可以直接在输入框中修改。

⑤ 单击“确定”按钮。

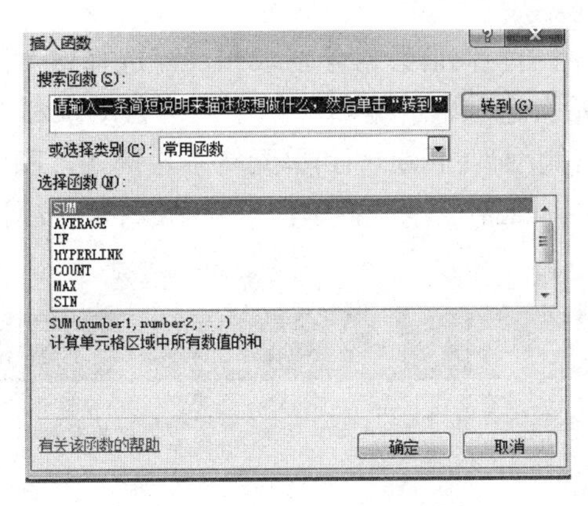


图 6.14 “插入函数”对话框

在上述第③步，也可以在名称框中选择相应函数完成函数输入。此外，还可以选择“公式”选项卡“函数库”组中的相应函数来完成函数输入。

### 3. 错误信息

在 Excel 2016 中，如果函数中有错误，系统会自动显示出错误信息。常见错误信息及其说明如表 6.3 所示。

表 6.3 常见错误信息及其说明

| 错误信息 | 说 明 | 解决办法 |
|---|---|---|
| #VALUE! | 参数或运算对象类型有错 | 修改参数或运算对象 |
| #REF! | 删除了被公式引用的单元格范围 | 恢复被引用的单元格范围或重新设定引用范围 |
| #NAME? | 公式中有不能识别的文本 | 确认公式中使用的名称、函数名，将文字串包含在双引号中等 |
| #NULL! | 指定的两个区域不相交 | 取消两个区域之间的空格 |
| #DIV/0! | 公式被 0 除 | 修改单元格引用，或在用作除数的单元格中输入不为 0 的值 |
| #N/A | 无信息可用于所要执行的计算 | 在等待数据的单元格内填充上数据 |
| #NUM! | 提供了无效的参数给工作表函数或是公式的结果太大或太小而无法在工作表中表示 | 确认函数中使用的参数类型正确。如果公式结果太大或太小，需要修改公式，使其结果在$-1\times10^{307}$ ～ $1\times10^{307}$ |
| ########## | 输入数值或公式产生的结果太长，该单元格容纳不下 | 增加列的宽度 |

## 6.3.4 自动求和

在 Excel 2016 中，SUM 函数比其他函数更被经常地使用，该函数计算引用范围中所有单元的总和。Excel 2016 提供了一种自动求和的功能，可以快捷地输入 SUM 函数。

如果要对一个区域中各行(各列)数据分别求和，可选择这个区域及它右侧一列(下方一行)单元格，再单击“开始”选项卡“编辑”组中的“自动求和”按钮Σ自动求和。各行(各列)数据之和分别显示在右侧一列(下方一行)单元格中。例如，图 6.15 所示为 SUM 函数使用示例，当选择了 B2:E7 单元格区域，再单击“自动求和”按钮Σ自动求和后，就能显示其结果。

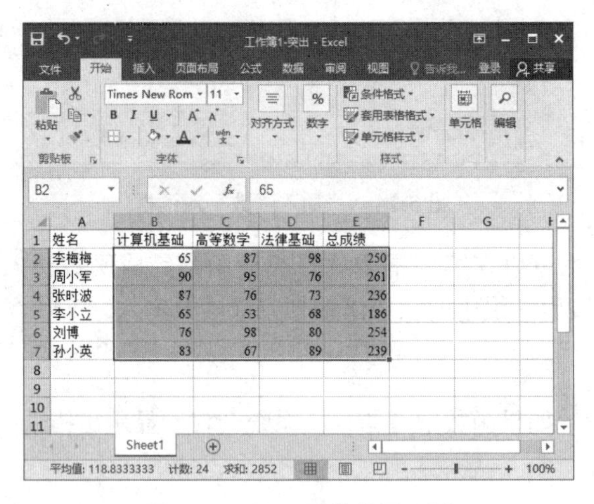


图 6.15　SUM 函数使用示例

若参加求和的单元格不连续，可以用下面的方法实现自动求和。

① 选定存放结果的单元格。

② 单击“开始”选项卡“编辑”组中的“自动求和”按钮Σ自动求和，此时，数据编辑区显示 SUM()。

③ 选定参加求和的各个区域。(按住 Ctrl 键，用拖动的方法选定各区域。)

④ 按 Enter 键确定。

**小知识**

通过单击“自动求和”按钮Σ自动求和的下拉箭头，可以选择使用求平均值、计数、求最大值、求最小值等常见函数，还可以在此选择 Excel 提供的其他函数来完成各种计算操作。



## 6.4　格式化工作表

工作表在建立的时候，采用 Excel 2016 默认的格式。当然，Excel 2016 提供了十分丰富的格式化命令，用以解决数字的显示，文本的对齐，字形字体的设置，边框、颜色的设定等问题。

常见的格式化操作通常可以通过以下方法完成。

① 选定需要设置格式的单元格区域，右击该区域，从快捷菜单中选择“设置单元格格式”命令，将打开“设置单元格格式”对话框，如图 6.16 所示。里面有 6 个选项卡，分

别是“数字”“对齐”“字体”“边框”“填充”和“保护”。

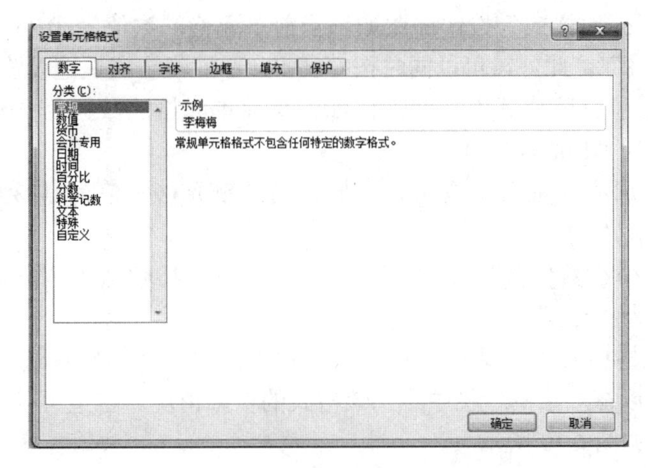


图 6.16　“设置单元格格式”对话框

② 使用“开始”选项卡各组里面的快捷按钮，如“字体”组、“数字”组等。“开始”选项卡如图 6.17 所示。各组中的按钮是一些常见的格式设置，若要进行更多、更复杂的格式设置，可以单击各组右下角的按钮，将打开图 6.16 所示的对话框。

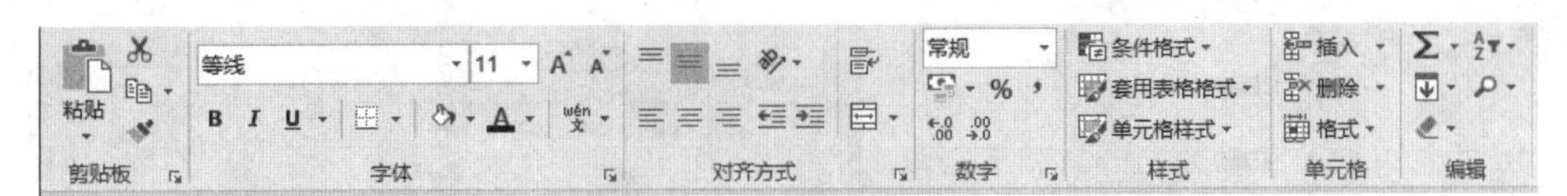


图 6.17　“开始”选项卡

下面具体介绍各种格式化操作。

## 6.4.1　设置数字的格式

Excel 2016 为数字提供了丰富的格式，如数值、日期、百分比、货币、时间、分数、会计专用、科学记数、文本等。而且用户还可以自定义数据格式。

当用户向单元格输入一个数字时，其在工作表中显示出来的形式可能与输入的形式不同。这是因为 Excel 2016 把所有的数字和日期都作为纯数字存储起来，而在屏幕上显示的数字或日期都是被格式化过的。但是，格式化不会影响单元格中原数字值或正文值。

常见的数字格式设置可以通过单击“开始”选项卡“数字”组的相应按钮来完成，如图 6.17 所示。单击“数字”组“常规”按钮的下拉箭头，可以打开如图 6.18 所示的下拉列表，在这里能快速完成常见数字格式的设置，如果需要更多的格式设置，可以选择下拉列表最下面一项“其他数字格式”，或单击该组右下角的按钮，这些都可以打开图 6.16 所示的“设置单元格格式”对话框。

在“开始”选项卡的“数字”组中有 5 个工具按钮，其含义如下。

- ：“会计数字格式”按钮，其作用是为选定单元格选择默认货币格式。比如，单元格数值为“100”，单击此按钮，显示为“¥100.00”。单击该按钮的下拉箭头，可以从中选择其他的货币符号。

- %：“百分比样式”按钮。比如，当前单元格的数值为 0.25，单击此按钮，显示为“25%”。此外，可以同时按 Ctrl+Shift+% 组合键快速设置百分比样式。
- ,：“千位分隔样式”按钮。比如，当前单元格的数据为 1000000，单击此按钮，显示为“1,000,000.00”。
- ←.0 .00：“增加小数位数”按钮。比如，当前单元格数值为 123.4，单击此按钮一次，显示为“123.40”。
- .00 →.0：“减少小数位数”按钮。比如，当前单元格数值为 123.4，单击此按钮一次，显示为“123”。

在“设置单元格格式”对话框“数字”选项卡的“分类”栏中选择一项，比如选择“数值”选项，可以在“示例”栏中看到该格式的实际情况。这里可以设置小数位数和负数显示的形式等，如图 6.19 所示。

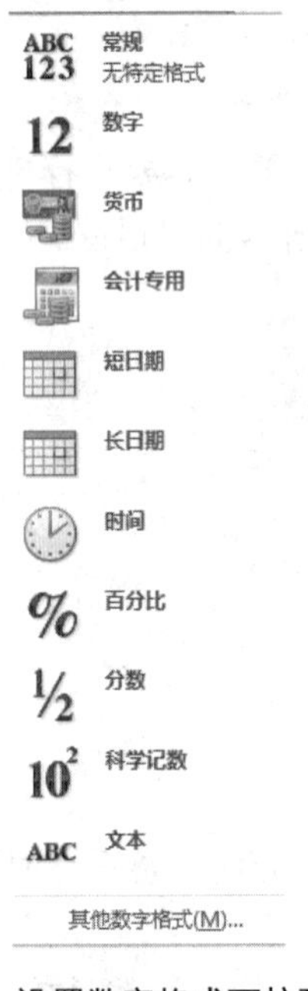


图 6.18　设置数字格式下拉列表

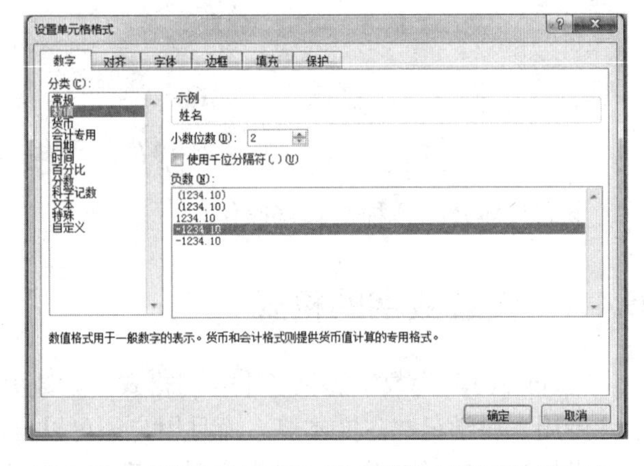


图 6.19　“设置单元格格式”对话框“数字”选项卡

## 6.4.2　设置字符的格式

用户可以对工作表中的部分内容使用不同的字体和字号来达到突出或美观的目的。还可以改变出现在屏幕上的字符的颜色，使工作表看上去更加美观。

常见的字符格式设置可以通过单击“开始”选项卡“字体”组中的相应按钮来完成，如图 6.17 所示。

“设置单元格格式”对话框“字体”选项卡如图 6.20 所示。可以看出，对话框中的各选项与 Word 中“字体”设置框基本相同，其设置方法也基本类似，只是能设置的字体格式相对少一些。

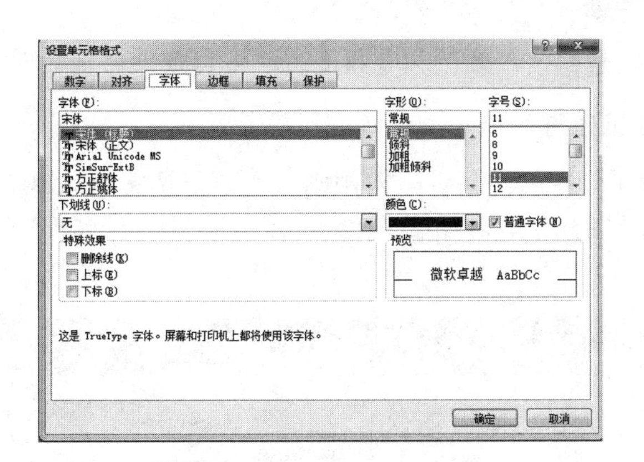


图 6.20　“设置单元格格式”对话框“字体”选项卡

## 6.4.3　日期、时间格式化

在单元格中可以用各种格式显示日期或时间。例如，将单元格中的日期“2008-12-10”改成“2008 年 12 月 10 日”，可以用如下两种方法。

方法 1：选中需要设置日期格式的单元格，单击图 6.18 下拉列表中的 长日期 。

方法 2：

① 选中需要设置日期格式的单元格，打开如图 6.19 所示的“设置单元格格式”对话框，在“数字”选项卡的“分类”栏中选择“日期”选项。

② 在“类型”栏中选择“2012 年 3 月 14 日”格式，如图 6.21 所示。

图 6.21　“数字”选项卡的日期格式设置

③ 单击“确定”按钮。

用类似的方法也能改变单元格中的时间格式。

## 6.4.4　条件格式

Excel 2016 提供的条件格式功能可以在工作表中突出显示所有满足条件的单元格或单

元格区域；也可以使用数据条、颜色刻度和图表集来直观地显示数据。

### 1. 快速应用内置的条件规则

Excel 2016 内置了一定量的条件格式规则，主要包括突出显示单元格规则、项目选取规则、数据条、色阶及图标集等，如图 6.22 所示。用户可根据自己的需要为单元格添加不同的条件格式。

图 6.22　Excel 2016 内置的条件格式规则

下面以突出显示单元格数据为例讲解条件格式的设置方法。

例如，在图 6.15 的成绩表中突出显示总成绩大于 240 分的数据，方法如下。

① 选定需要设置条件格式的区域 E2:E7，单击“开始”选项卡“样式”组中的“条件格式”按钮，在弹出的下拉列表中选择“突出显示单元格规则”子菜单中的“大于”命令，如图 6.23 所示，打开“大于”对话框，如图 6.24 所示。

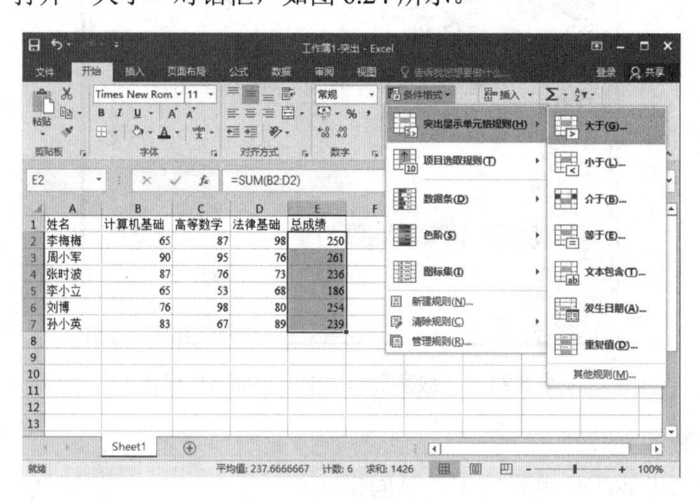


图 6.23　设置条件格式

② 在对话框的“为大于以下值的单元格设置格式”文本框中输入 240，在“设置为”下拉列表中选择“浅红填充色深红色文本”选项，单击“确定”按钮，应用条件格式。

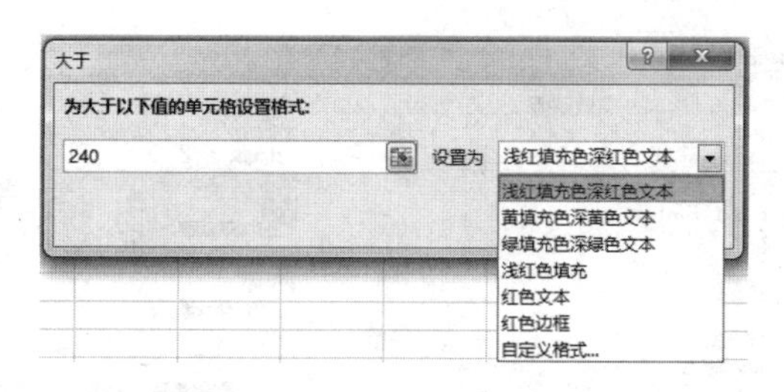


图 6.24　“大于”对话框

### 小知识

如果要取消工作表中设置的条件格式，可以先选择相应的单元格，然后在“样式”组中单击“条件格式”按钮，在弹出的下拉列表中选择“清除规则”选项中的相应命令。

### 2．自定义条件格式规则

除系统自带的用于条件格式设置的规则外，用户还可以根据需要自己设置条件格式规则。例如，为图 6.15 所示的 Excel 表中的总成绩设置条件格式：总成绩为 210～255 分，加粗，倾斜，红色。设置方法如下。

① 选定需要设置条件格式的单元格区域 E2:E7，单击“开始”选项卡“样式”组中的“条件格式”按钮，在弹出的下拉列表中选择“新建规则”选项，打开“新建格式规则”对话框，如图 6.25 所示。

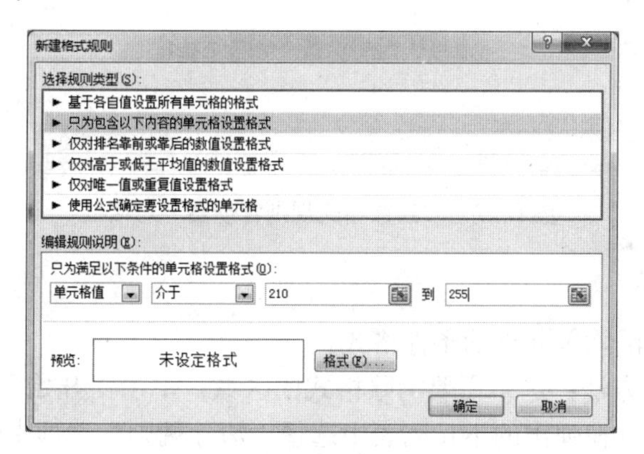


图 6.25　“新建格式规则”对话框

② 在“选择规则类型”列表框中选择要新建的规则，此处选择“只为包含以下内容的单元格设置格式”规则。

③ 在“编辑规则说明”选项组中设置规则，此处设置单元格值为 210～255 分的数据将突出显示，然后单击“格式”按钮，打开如图 6.26 所示的“设置单元格格式”对话框。

④ 在“字体”选项卡中选择“加粗倾斜”“红色”，单击“确定”按钮，完成设置。

### 3．管理条件格式

当为工作表中的单元格添加了条件格式后，用户若对添加的条件格式不满意，还可以对这些规则进行重新编辑。

图 6.26 “设置单元格格式”对话框

编辑条件格式的方法：选定需要编辑格式的区域，单击“开始”选项卡“样式”组中的“条件格式”按钮，在弹出的下拉列表中选择“管理规则”选项，打开“条件格式规则管理器”对话框，如图 6.27 所示，单击“编辑规则”按钮，根据需要输入新的规则。

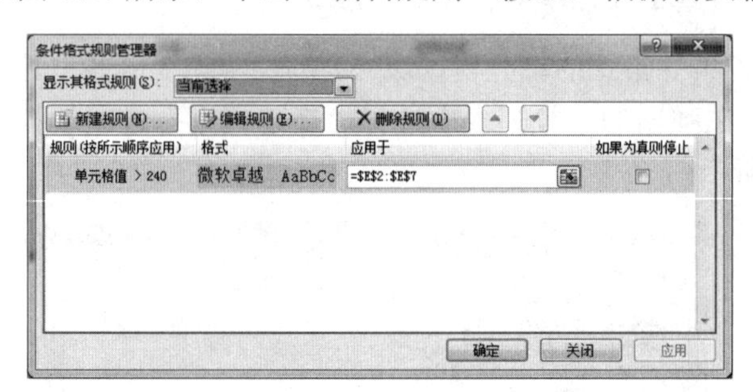


图 6.27 “条件格式规则管理器”对话框

### 4. 清除条件格式

用户可根据需要清除单元格的条件格式。

清除条件格式的方法：选定需要清除格式的区域，单击“开始”选项卡“样式”组中的“条件格式”按钮，在弹出的下拉列表中选择“清除规则”选项中的相应命令。

## 6.4.5 设置行高和列宽

在 Excel 2016 中，既可以通过鼠标快速调整行高和列宽，也可以通过功能区按钮或快捷菜单打开“行高”和“列宽”对话框，在其中精确地设置单元格的行高和列宽。

### 1. 快速调整行高和列宽

用鼠标改变行高和列宽是最方便和快捷的，但只能粗略地进行调整，下面介绍改变行高的步骤。

① 选定要改变行高的一行或多行。

② 将鼠标指针定位于某一选定行的行号的下分隔线处，让指针变成 形状。

③ 按住鼠标左键，向上或向下拖动![]使行分隔线到目标位置，然后释放鼠标。

改变列宽时，只需选定一列或多列，鼠标指针在列号的右分隔线处变成![]形状时按住鼠标左键，向左或向右拖动鼠标到目标位置即可。

### 2．精确设置行高和列宽

精确设置行高和列宽的步骤基本相同，下面介绍改变列宽的步骤。

① 选择要设置列宽的一列或多列。

② 在“开始”选项卡的“单元格”组中单击“格式”按钮，在弹出的下拉列表(见图 6.28)中选择“列宽”，打开“列宽”对话框，如图 6.29 所示。

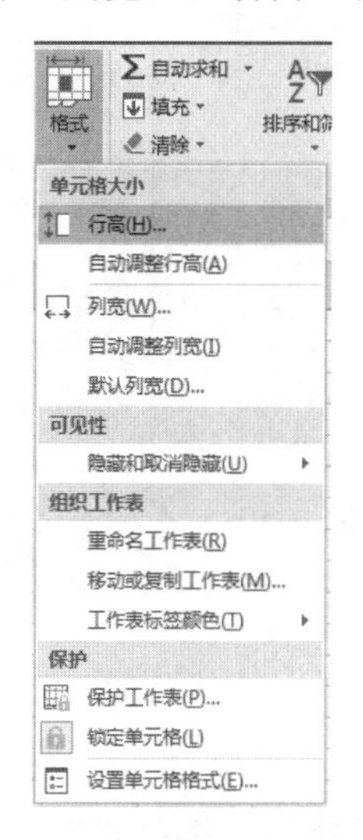


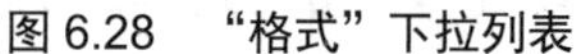
图 6.28　“格式”下拉列表

图 6.29　“列宽”对话框

③ 输入列宽值，如本例输入“15”，单击“确定”按钮。

④ 在图 6.28 所示的下拉列表中选择“自动调整列宽”，可把列宽设置为最合适的宽度；选择“默认列宽”，接受默认的标准列宽。

行高的调整与此类似。

小知识

双击某行号下边或某列号右边的分隔线可以快速地调整行高和列宽为最合适的行高、列宽。

## 6.4.6　设置对齐类型和方向

单元格的内容在水平和垂直方向可以选择不同的对齐方式。Excel 2016 还提供了单元格内容的缩进及旋转功能。

### 1．合并后居中

表格的标题通常在一个单元格中输入，但经常需要将标题按表格的实际宽度跨单元格

居中，这就需要先对表格宽度内的单元格进行合并，然后再居中。

在标题所在的行选中包括标题的表格宽度内的单元格区域，如 A1:E1 单元格区域(见图 6.30)，单击“开始”选项卡“对齐方式”组中的“合并后居中”按钮合并后居中，可以将标题合并后居中。

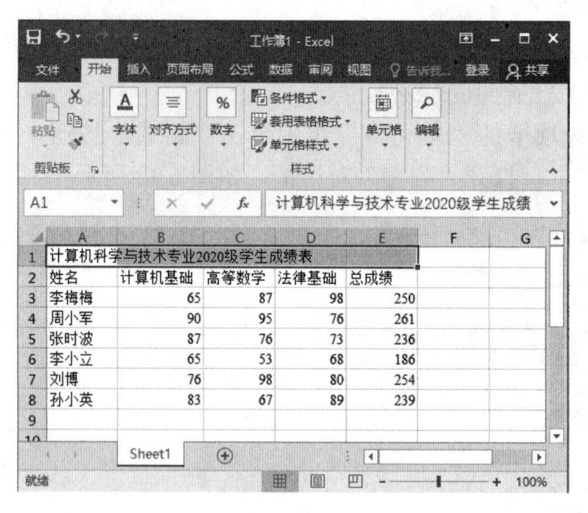


图 6.30　表格标题合并后居中

### 2. 单元格数据的对齐

设置单元格数据对齐方式的操作步骤如下。

① 选定要设置对齐的目标区域。

② 右击选定的区域，在弹出的快捷菜单中选择“设置单元格格式”命令，打开“设置单元格格式”对话框，选择“对齐”选项卡，如图 6.31 所示。

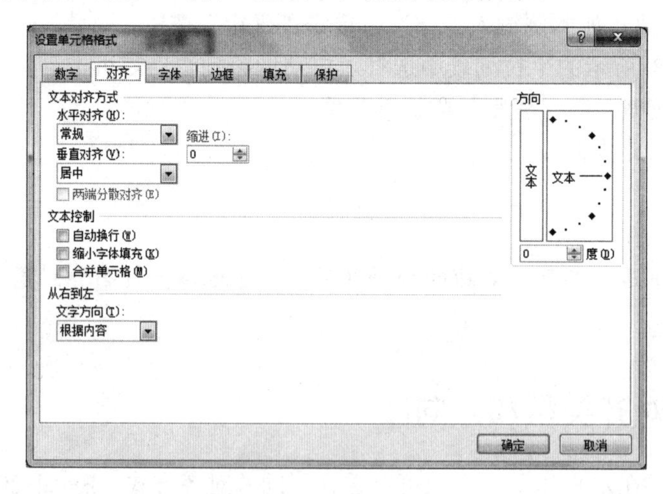


图 6.31　“对齐”选项卡

③ 在对话框中，设置文本的水平对齐和垂直对齐方式，还可对文本进行旋转设置。

④ 单击“确定”按钮。

## 6.4.7　添加底纹

用户可以在工作表中使用不同的底纹和图案作为背景以强调重点和增添色彩，设置表格的底纹也在“设置单元格格式”对话框中进行。其操作步骤如下。

① 选定要添加底纹的单元格区域。

② 右击选定的区域，在弹出的快捷菜单中选择“设置单元格格式”命令，打开“设置单元格格式”对话框，选择“填充”选项卡，如图 6.32 所示。

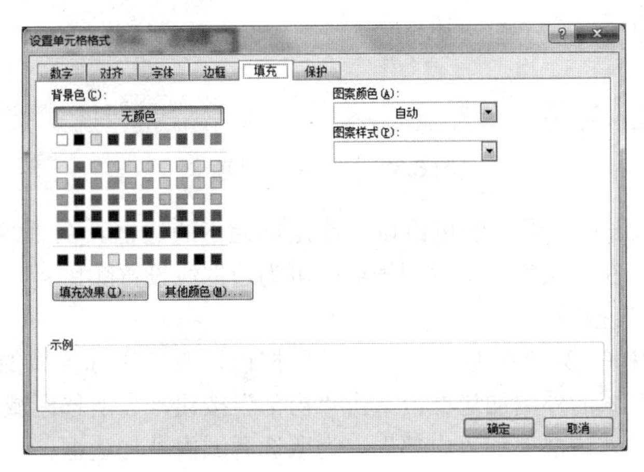


图 6.32　“填充”选项卡

③ 在“背景色”面板里为图案选定主颜色。

④ 分别设定“图案颜色”及“图案样式”。用户可以在“示例”区域中查看所选的颜色和图案。

⑤ 单击“确定”按钮。

## 6.4.8　网格线和边框的设置

### 1．隐藏网格线

在默认情况下，单元格之间有 Excel 2016 提供的网格线，在不需要时，可以用以下操作将网格线隐藏起来。

单击“视图”选项卡“显示”组中的“网格线”复选框，将其复选框的“√”去掉，可以看到工作表中的网格线消失了。

### 2．添加边框

Excel 2016 工作表中显示的灰色网格线不是实际表格线，若需要边框线，必须自己添加。添加边框线的操作步骤如下。

① 选定要设置边框的单元格区域。

② 右击选定的区域，在弹出的快捷菜单中选择“设置单元格格式”命令，打开“设置单元格格式”对话框，选择“边框”选项卡，如图 6.33 所示。

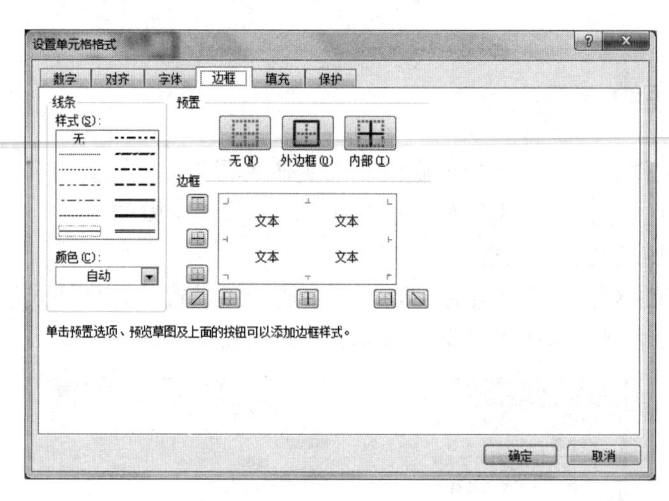


图 6.33 “边框”选项卡

③ 用户可以单击对话框上的按钮设置选定单元格的边框。在“线条”框中，用户可选择边框线的样式，在“颜色”下拉列表框中可为边框线设置颜色。

④ 单击“确定”按钮。

在“预置”栏中有 3 个按钮：单击“无”按钮，取消所选区域的边框；单击“外边框”按钮，为所选区域的外围加边框；单击“内部”按钮，为所选区域的内部加边框。

可以同时选择“外边框”和“内部”，为所选区域内外加边框。

在“边框”栏中提供了 8 种边框样式，其用来确定所选区域的左、右、上、下及内部的边框样式，实际的设置效果可在预览区中查看。

小知识

可以使用“开始”选项卡“字体”组中的“边框”按钮 为选定单元格快速添加边框，这里提供了 10 余种不同样式的边框。

## 6.4.9 快速设置专业表格样式

在 Excel 2016 中，为了快速设置具有专业水准的表格样式，可以使用系统自带的表格样式和单元格样式。此外，使用不同的主题还可以使套用的样式达到不一样的效果。

### 1. 自动套用表格样式

Excel 2016 提供了多种常用的表格样式，用户可以直接套用这些预设的表格样式。其方法如下。

① 选定表格区域。

② 单击“开始”选项卡“样式”组中的“套用表格格式”按钮，打开图 6.34 所示的下拉列表。

③ 用户可从中单击选择一种满意的式样，这样可打开如图 6.35 所示的“套用表格式”对话框，确定相关信息。

④ 单击“确定”按钮。

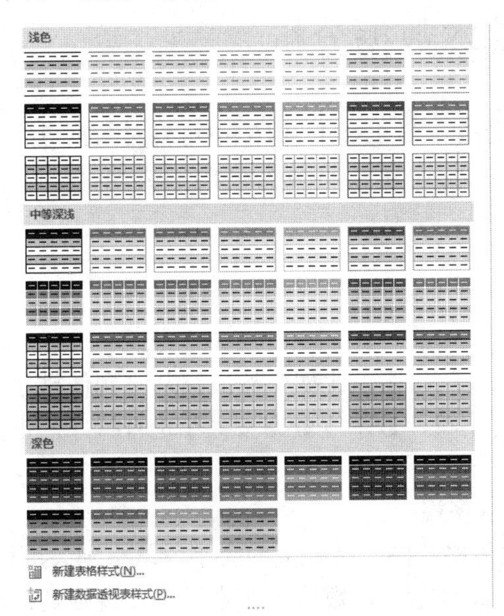


图 6.34 “套用表格格式”下拉列表

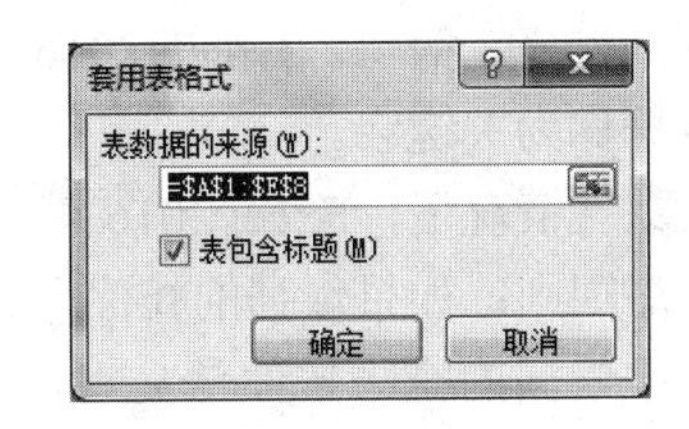


图 6.35 “套用表格式”对话框

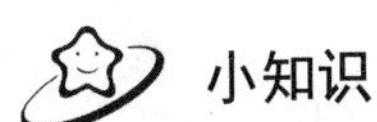

## 小知识

在“套用表格式”对话框中若取消选中“表包含标题”复选框，则在套用表格样式后，表格顶部将自动添加一行显示每列的标记。在套用表格选择单元格时，最好不要选择表格的标题单元格，而是直接选择表头和下面的数据单元格。

### 2．自动套用单元格样式

在 Excel 2016 中，除了预定义的表格样式，系统还提供了多种单元格样式，这些样式预定义了单元格的填充色、边框色和字体格式等效果，用户可以根据实际需要通过“开始”选项卡“样式”组中的“单元格样式”下拉列表，轻松地为指定单元格套用单元格格式。

### 3．修改表格样式

在 Excel 2016 中，为表格套用系统预定义的表格样式后，系统会自动将选择的单元格区域重命名为“表 1”，使其成为一个整体，并打开“表格工具/设计”选项卡，如图 6.36 所示。

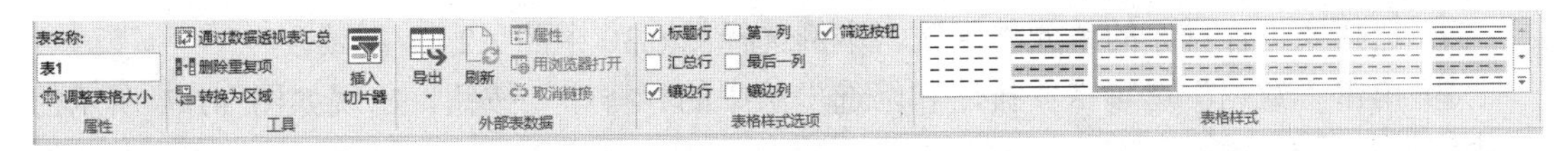


图 6.36 “表格工具/设计”选项卡

通过该选项卡，用户可以对表格名称、表格样式选项及表格样式进行修改。此外，还可以通过“工具”组将表格中的重复项删除，或者将表格转化为普通的区域。

# 6.5 基本数据分析

Excel 2016 提供了强大的数据分析功能。在 Excel 2016 中可以对数据进行排序、筛选、分类汇总、合并等操作，通过以上操作，可以将数据分门别类地存放，让数据井井有条。

## 6.5.1 数据的排序

在实际应用中，常遇到要进行大小排列的问题，比如，按成绩从高到低排序，按工资从低到高排序，等等。Excel 2016 允许对字符、数字等数据按大小进行排序，把要进行排序的数据称为关键字。

在默认情况下，Excel 2016 遵循下列排序规则。

升序规则：如果依据的排序条件是数值格式的，按数值的大小，从小到大进行排序。

如果依据的排序条件是文本格式的，或者是包含数值的文本，排序规则是：数值格式的数字 0 至 9、文本格式的数字、标点符号、字母 a 至 z(不区分大小写)、汉字汉语拼音的顺序。比如日期，按日期的先后排序为 1993-11-23>1992-12-30。

如果依据的排序条件是逻辑值格式的，按逻辑假(FALSE)、逻辑真(TRUE)排序。

降序规则：将升序规则反过来即可。

无论是升序还是降序，空格单元格始终排在最后。

在默认情况下，在排序时，把第 1 行作为标题行，不参与排序。

### 1．单字段的排序

单字段排序是指只以一个字段为依据进行排序的操作。使用这种方法进行排序时，只要选中要进行排序的列即可进行排序操作。其操作步骤如下。

① 将光标定位在排序依据所在列的任意一个单元格中。

② 单击“数据”选项卡“排序和筛选”组中的“升序”按钮 A↓Z 或“降序”按钮 Z↓A，则数据表的行按指定顺序排列。

### 2．多字段的排序

多字段排序是指在排序时设立多个排序的关键字，执行排序操作后，系统会先对主要关键字进行排序，然后再对次要关键字进行排序。例如，对图 6.30 中的数据进行排序，首先按姓名升序排列，姓名相同按计算机基础降序排列。其操作步骤如下。

① 选择要进行排序的单元格区域，本例选择图 6.30 中的 A2:E8 区域。

② 单击“数据”选项卡“排序和筛选”组中的“排序”按钮，出现如图 6.37 所示的“排序”对话框。

③ 单击“主要关键字”框右侧的下三角按钮，在展开的下拉列表中单击要设置的关键字“姓名”，使用默认的排序依据“数值”及次序“升序”。

④ 单击“添加条件”按钮，设置次要关键字，意思是当主要关键字相同时，再按次

要关键字排序。本例选择“计算机基础降序”。

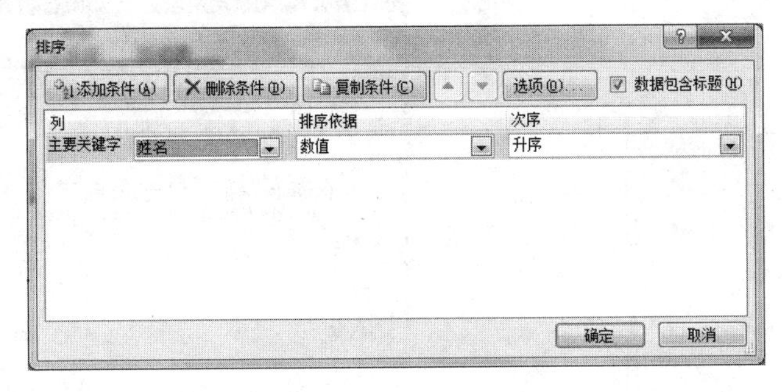


图 6.37　“排序”对话框

⑤ 单击“确定”按钮，排序结果如图 6.38 所示。

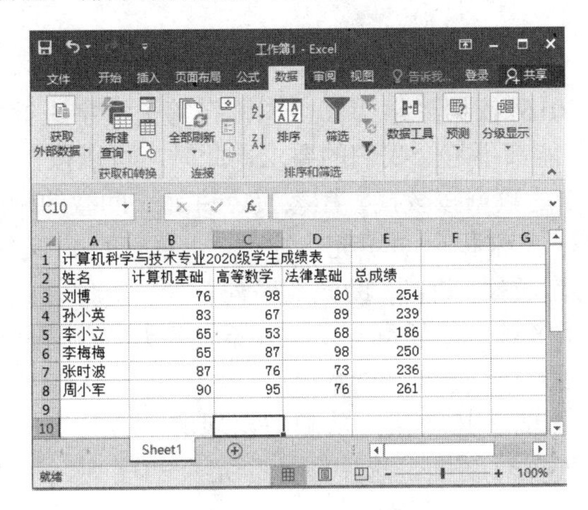

| | A | B | C | D | E |
|---|---|---|---|---|---|
| 1 | 计算机科学与技术专业2020级学生成绩表 | | | | |
| 2 | 姓名 | 计算机基础 | 高等数学 | 法律基础 | 总成绩 |
| 3 | 刘博 | 76 | 98 | 80 | 254 |
| 4 | 孙小英 | 83 | 67 | 89 | 239 |
| 5 | 李小立 | 65 | 53 | 68 | 186 |
| 6 | 李梅梅 | 65 | 87 | 98 | 250 |
| 7 | 张时波 | 87 | 76 | 73 | 236 |
| 8 | 周小军 | 90 | 95 | 76 | 261 |

图 6.38　排序结果

排序时先根据主要关键字的值进行比较，若相同，则比较次要关键字的值，依此类推。Excel 2016 中可以添加多个排序关键字。

若只对数据表的部分记录进行排序，则先选定排序的区域，然后再用上述方法进行排序。选定的区域记录按指定顺序排序，其他的记录顺序不变。

添加了过多的条件后，需要对其进行删除时，先选中要删除的关键字，然后单击图 6.37 中的“删除条件”按钮，即可将该条件删除。

### 3. 汉字笔画排序

在默认情况下，汉字按汉语拼音排序。而按照中国人的习惯，尤其是给姓名排序时，也可以按姓氏笔画进行排序。比如，在图 6.37 的排序中，按姓氏笔画进行排序的方法是：选中“姓名”这个排序条件，单击图 6.37 中的“选项”按钮，打开“排序选项”对话框，如图 6.39 所示，选中“方法”选项组中的“笔画排序”单选按钮，单击“确定”按钮，返回“排序”对话框，再单击“确定”按钮退出即可。按姓氏笔画排序结果如图 6.40 所示。

需要说明的是，Excel 2016 在按汉字笔画进行排序时，由于软件依据的字库不同，因此排序的结果同我们日常的排序结果略有区别(主要是笔画相同时)。

图 6.39 “排序选项”对话框

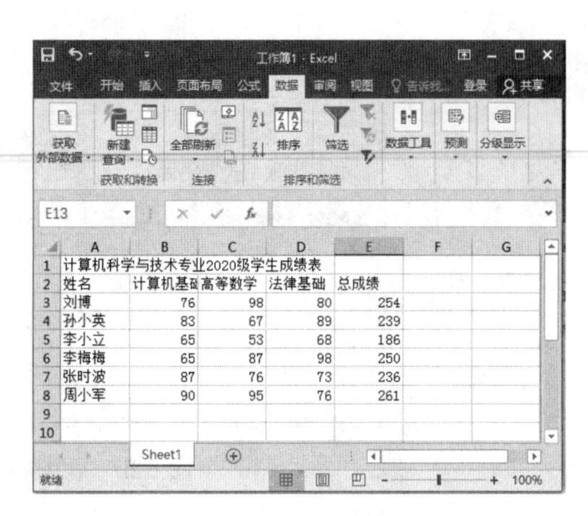


图 6.40 按姓氏笔画排序结果

#### 4．自定义排序

用户在使用 Excel 2016 依据“学历”“职称”等关键字进行排序时，无论是按“拼音”还是按“笔画”，可能都不符合我们的要求，此时，可以按自定义序列来进行排序。

比如，要将图 6.41 中的数据按教授、副教授、讲师、助教的顺序排序，方法如下。

① 按照“6.2.5 数据快速和自动填充”中“2．填充已定义的序列数据”的操作方法，自定义一个“教授, 副教授, 讲师, 助教”序列。

② 选中图 6.41 数据区域中的任意一个单元格，打开“排序”对话框。将“主要关键字”“排序依据”分别设置为“职称”“数值”。

③ 单击“次序”右侧的下拉按钮，从随后出现的下拉列表中，选择“自定义序列”选项，打开“自定义序列”对话框。选中刚才自定义的序列，单击“确定”按钮，返回“排序”对话框。

④ 单击“确定”按钮返回，排序结果如图 6.42 所示。

图 6.41 原始数据

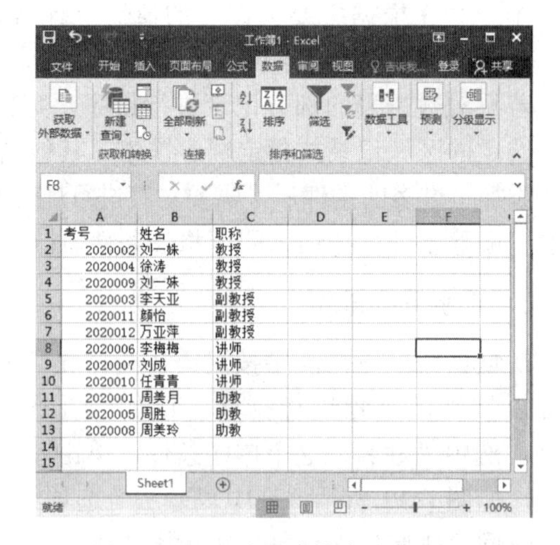


图 6.42 按职称排序的结果

#### 5．按颜色排序

为单元格的数据设置了不同字符颜色，或者填充了不同颜色，然后按照颜色进行排

序，这是自Excel 2007开始新增加的功能，Excel 2016继续保留了这一十分有用的功能。

在图6.37所示的“排序”对话框中，单击“排序依据”右侧的下拉按钮，弹出如图6.43所示的下拉列表，从中选择“字体颜色”或“单元格颜色”即可进行排序，具体过程不再赘述。

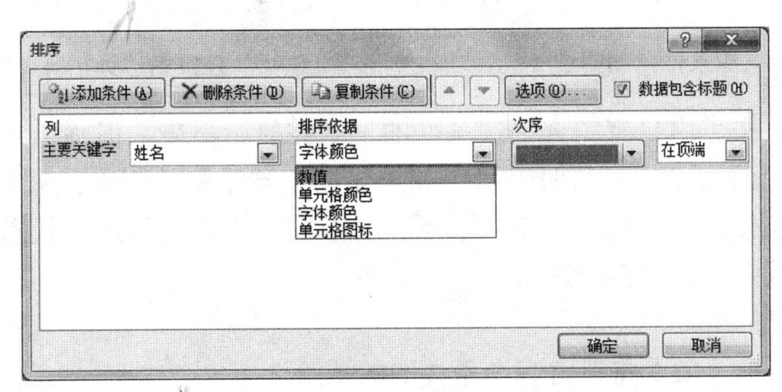


图6.43　设置按颜色排序

还可以按图标进行排序，当然，若要按图标进行排序，需要为数据表中的相关数据设置相应的图标集，其设置方法就是在图6.43所示的“排序依据”对话框中选择“单元格图标”，再根据要求选择完成。

6．按行排序

在默认情况下，排序按“列”进行，如果用户确实需要按“行”进行排序，方法如下。

选中要排序的数据区域，打开“排序”对话框，单击其中的“选项”按钮，打开“排序选项”对话框，选中“方向”选项组中的“按行排序”单选按钮，单击“确定”按钮，返回“排序”对话框。

## 6.5.2　数据的筛选

Excel 2016的筛选功能，是将数据清单中暂时不用的记录隐藏起来，只对符合条件的数据进行操作。在Excel 2016中，为数据的筛选设置了两种方式：“自动筛选”和“高级筛选”。

1．自动筛选

1) 单条件筛选

所谓单条件筛选，就是将符合单一条件的数据筛选出来。

如图6.44所示，将“姓名”为“孙小英”的成绩数据筛选出来，其操作方法如下。

① 选中工作表数据区域中任意一个单元格，切换到“数据”选项卡，单击“排序和筛选”组中的“筛选”按钮，进入“自动筛选”状态(此时，每列标题右侧出现一个下拉按钮，此为筛选标志，如图6.44所示)。

② 单击“姓名”单元格右侧的下拉按钮，在随后出现的下拉列表中，先选择其中的“全选”选项，清除全选效果，然后再选中“孙小英”选项，单击“确定”按钮返回即可，结果如图6.45所示。

| | A | B | C | D | E |
|---|---|---|---|---|---|
| 1 | 计算机科学与技术专业2020级学生成绩表 | | | | |
| 2 | 姓名 | 计算机基 | 高等数学 | 法律基础 | 总成绩 |
| 3 | 刘博 | 76 | 98 | 80 | 254 |
| 4 | 孙小英 | 83 | 67 | 89 | 239 |
| 5 | 李小立 | 65 | 53 | 68 | 186 |
| 6 | 李梅梅 | 65 | 87 | 98 | 250 |
| 7 | 张时波 | 87 | 76 | 73 | 236 |
| 8 | 周小军 | 90 | 95 | 76 | 261 |

图 6.44　单条件自动筛选

| | A | B | C | D | E |
|---|---|---|---|---|---|
| 1 | 计算机科学与技术专业2020级学生成绩表 | | | | |
| 2 | 姓名 | 计算机基 | 高等数学 | 法律基础 | 总成绩 |
| 4 | 孙小英 | 83 | 67 | 89 | 239 |

图 6.45　按姓名“孙小英”筛选后的结果

筛选后，在工作表中只有符合筛选条件的记录被显示出来。但筛选并不意味着删除不满足条件的记录，而只是将其暂时隐藏。如果想恢复被隐藏的记录，只需单击图 6.44 中“姓名”列的下拉按钮，选择“全部”选项；若要取消“自动筛选”状态，只需再次单击“排序和筛选”组中的“筛选”按钮。

2) 多条件筛选

所谓多条件筛选，就是将符合多个条件的数据筛选出来。

比如，在图 6.44 中，将“计算机基础”为 65 分且“法律基础”为 68 分的数据筛选出来，方法如下。

① 进入“自动筛选”状态，仿照上面的操作，将“计算机基础”为 65 分的数据筛选出来(本例中有两条记录)。

② 再仿照上面的操作，对“法律基础”再进行一次筛选，结果只剩下“李小立”这条记录。

进行筛选操作的列，在列标题右侧的下拉按钮上出现了一个“漏斗”符号，这就是已经对此列进行过筛选操作的标志。如果将鼠标指针指向此标志，将显示出相应的筛选条件。

3) 自定义筛选

自定义筛选功能非常强大，涉及面非常广。在此，主要介绍四个方面的内容。

模糊筛选：如图 6.44 所示，把表中“李”姓学生的数据显示出来，方法如下。

进入“自动筛选”状态，单击“姓名”右侧的下拉按钮，在随后出现的下拉列表中依次选择“文本筛选→开头是”选项，如图 6.46 所示，打开“自定义自动筛选方式”对话框，如图 6.47 所示，在第一排右侧的下拉列表框中输入“李”字，单击“确定”按钮即可。

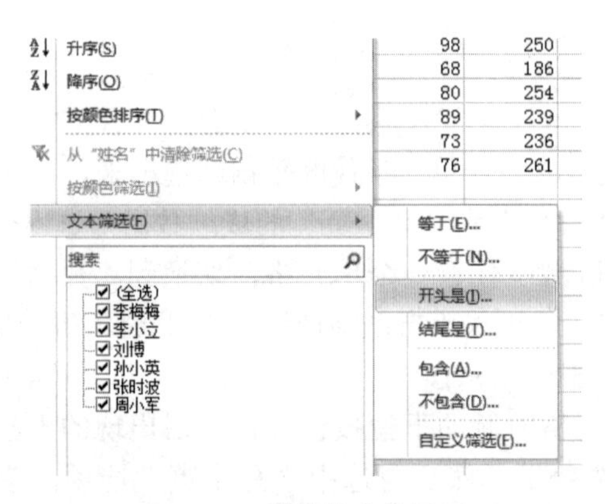


图 6.46　模糊筛选的设置

图 6.47　设置模糊筛选条件

范围筛选：如图 6.44 所示，把“高等数学”成绩大于等于 60 分，且小于 80 分的数据筛选出来，方法如下。

进入“自动筛选”状态，单击“高等数学”右侧的下拉按钮，在随后出现的下拉列表中依次选择“数字筛选→介于”选项，打开“自定义自动筛选方式”对话框，进行相应设置。

前 N 名筛选：如图 6.44 所示，把“总成绩”前 3 名的数据记录筛选出来，方法如下。

进入“自动筛选”状态，单击“总成绩”右侧的下拉按钮，在随后出现的下拉列表中依次选择“数字筛选→10 个最大的值”选项，打开“自动筛选前 10 个”对话框，如图 6.48 所示。把中间微调框的数据调整为“3”，单击“确定”按钮返回即可。

图 6.48　前 N 名筛选条件设置

这种筛选最多可以把前 500 名和后 500 名(最左边的项目调整为“最小”)的数据筛选出来。

这种筛选不仅可以直接筛选前(后)N 名，而且可以按总数的百分比(在上述对话框中，将最右边的项目调整为“百分比”)进行自动筛选。

通配符筛选：如图 6.49 所示，把“职称”为高级(职称为“副教授”或“教授”)的数据筛选出来，方法如下。

|  | A | B | C |
|---|---|---|---|
| 1 | 考号 | 姓名 | 职称 |
| 2 | 2020001 | 周美月 | 助教 |
| 3 | 2020002 | 刘一妹 | 教授 |
| 4 | 2020003 | 李天亚 | 副教授 |
| 5 | 2020004 | 徐涛 | 教授 |
| 6 | 2020005 | 周胜 | 助教 |
| 7 | 2020006 | 李梅梅 | 讲师 |
| 8 | 2020007 | 刘成 | 讲师 |
| 9 | 2020008 | 周美玲 | 助教 |
| 10 | 2020009 | 刘一妹 | 教授 |
| 11 | 2020010 | 任青青 | 讲师 |
| 12 | 2020011 | 颜怡 | 副教授 |
| 13 | 2020012 | 万亚萍 | 副教授 |

图 6.49　通配符筛选原始数据

进入“自动筛选”状态，单击“职称”右侧的下拉按钮，在随后出现的下拉列表中依次选择“文本筛选→自定义筛选”选项，打开“自定义自动筛选方式”对话框，如图 6.50 所示。设置条件“等于”“*教授”，单击“确定”按钮即可。

在 Excel 2016 中，“？”代表任意一个字符，“*”代表任意多个字符，“？”和“*”都必须在英文状态下输入。

图 6.50　通配符筛选条件设置

### 2. 高级筛选

Excel 2016 的高级筛选与自动筛选就其本质而言，并无太大的不同。一个最主要的区别就是在进行高级筛选操作的同时，可以直接将筛选后的数据复制到其他单元格区域保存起来。

在进行高级筛选时，必须在工作表中建立一个条件区域，输入各条件的字段名和条件值。条件区域由一个字段名行和若干条件行组成，可以放置在工作表任何空白位置，一般放在工作表数据清单范围的正上方或正下方，以防止条件区域的内容受数据清单插入或删除记录行的影响。条件区域中字段名行中的字段名排列顺序可以与数据清单区域不同，但对应字段名必须完全一样，一般从数据清单字段名复制过来。条件区域的第 2 行开始是条件行，用于存放条件式，同一条件行不同单元格的条件式互为“与”的逻辑关系，即其中所有条件都满足才算符合条件；不同条件行单元格中的条件互为“或”的逻辑关系，即满足其中任何一个条件式就算符合条件。

例如，在学生成绩表(见图 6.51)中，将总成绩大于等于 230 分的女生筛选出来，其操作步骤如下。

① 在工作表中将条件输入 C13:D14 单元格区域中。

② 选中数据表中的任意一个单元格，切换到“数据”选项卡，单击“排序和筛选”组中的“高级”按钮，打开“高级筛选”对话框，如图 6.52 所示。

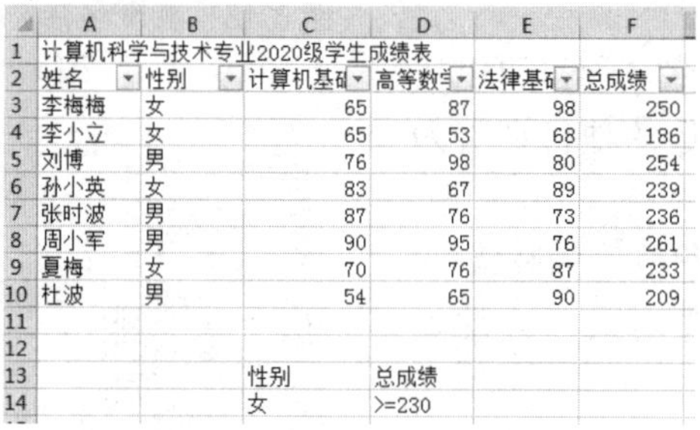

| | A | B | C | D | E | F |
|---|---|---|---|---|---|---|
| 1 | 计算机科学与技术专业2020级学生成绩表 | | | | | |
| 2 | 姓名 | 性别 | 计算机基础 | 高等数学 | 法律基础 | 总成绩 |
| 3 | 李梅梅 | 女 | 65 | 87 | 98 | 250 |
| 4 | 李小立 | 女 | 65 | 53 | 68 | 186 |
| 5 | 刘博 | 男 | 76 | 98 | 80 | 254 |
| 6 | 孙小英 | 女 | 83 | 67 | 89 | 239 |
| 7 | 张时波 | 男 | 87 | 76 | 73 | 236 |
| 8 | 周小军 | 男 | 90 | 95 | 76 | 261 |
| 9 | 夏梅 | 女 | 70 | 76 | 87 | 233 |
| 10 | 杜波 | 男 | 54 | 65 | 90 | 209 |
| 11 | | | | | | |
| 12 | | | | | | |
| 13 | | | 性别 | 总成绩 | | |
| 14 | | | 女 | >=230 | | |

图 6.51　学生成绩表中的原始数据

图 6.52　“高级筛选”对话框

③ 选中对话框中的“将筛选结果复制到其他位置”单选按钮。

④ 在“列表区域”框中指定要筛选的数据区域$A$2:$F$10(默认的选定区域)；在“条件区域”框中输入$C$13:$D$14；在“复制到”框中指定筛选结果的目标区域 a18。

⑤ 若选中“选择不重复的记录”复选框，则显示符合条件的筛选结果时，不包含重复行。

⑥ 单击“确定”按钮，筛选结果复制到指定的目标区域，如图 6.53 所示。

| | A | B | C | D | E | F |
|---|---|---|---|---|---|---|
| 1 | 计算机科学与技术专业2020级学生成绩表 | | | | | |
| 2 | 姓名 | 性别 | 计算机基础 | 高等数学 | 法律基础 | 总成绩 |
| 3 | 李梅梅 | 女 | 65 | 87 | 98 | 250 |
| 4 | 李小立 | 女 | 65 | 53 | 68 | 186 |
| 5 | 刘博 | 男 | 76 | 98 | 80 | 254 |
| 6 | 孙小英 | 女 | 83 | 67 | 89 | 239 |
| 7 | 张时波 | 男 | 87 | 76 | 73 | 236 |
| 8 | 周小军 | 男 | 90 | 95 | 76 | 261 |
| 9 | 夏梅 | 女 | 70 | 76 | 87 | 233 |
| 10 | 杜波 | 男 | 54 | 65 | 90 | 209 |
| 11 | | | | | | |
| 12 | | | | | | |
| 13 | | | 性别 | 总成绩 | | |
| 14 | | | 女 | >=230 | | |
| 15 | | | | | | |
| 16 | | | | | | |
| 17 | | | | | | |
| 18 | 姓名 | 性别 | 计算机基础 | 高等数学 | 法律基础 | 总成绩 |
| 19 | 李梅梅 | 女 | 65 | 87 | 98 | 250 |
| 20 | 孙小英 | 女 | 83 | 67 | 89 | 239 |
| 21 | 夏梅 | 女 | 70 | 76 | 87 | 233 |

图 6.53　高级筛选的结果

## 6.5.3　分类汇总

分类汇总是在数据清单里快速轻松地汇总数据的方法。其特点是先要进行分类，将同类别数据放在一起，然后再进行汇总运算。在汇总之前，首先要按分类字段进行排序。

下面以求工作表中男、女生的计算机基础平均成绩为例说明分类汇总的操作步骤，如图6.54所示。

① 按分类字段(性别)进行排序。

② 选中数据表中的任意一个单元格，切换到“数据”选项卡，单击“分级显示”组中的“分类汇总”按钮，打开如图6.55所示的“分类汇总”对话框。

| | A | B | C | D | E |
|---|---|---|---|---|---|
| 1 | 计算机科学与技术专业2020级学生成绩表 | | | | |
| 2 | 姓名 | 性别 | 计算机基础 | 高等数学 | 法律基础 |
| 3 | 李梅梅 | 女 | 65 | 87 | 98 |
| 4 | 李小立 | 女 | 65 | 53 | 68 |
| 5 | 刘博 | 男 | 76 | 98 | 80 |
| 6 | 孙小英 | 女 | 83 | 67 | 89 |
| 7 | 张时波 | 男 | 87 | 76 | 73 |
| 8 | 周小军 | 男 | 90 | 95 | 76 |
| 9 | 夏梅 | 女 | 70 | 76 | 87 |
| 10 | 杜波 | 男 | 54 | 65 | 90 |

图6.54　分类汇总的源工作表数据

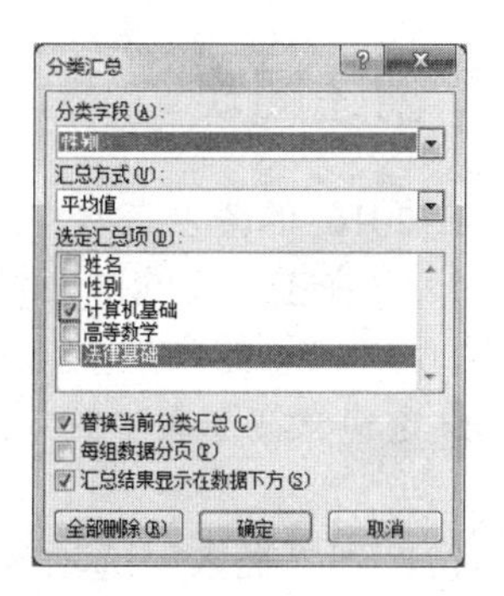


图6.55　“分类汇总”对话框

③ 在“分类字段”栏中选择分类字段(此处选择“性别”)；在“汇总方式”栏中选择汇总方式(此处选择“平均值”)；在“选定汇总项”列表框中选定要汇总的一个或多个字段(此处选择“计算机基础”)。

④ 单击“确定”按钮，结果如图6.56所示。

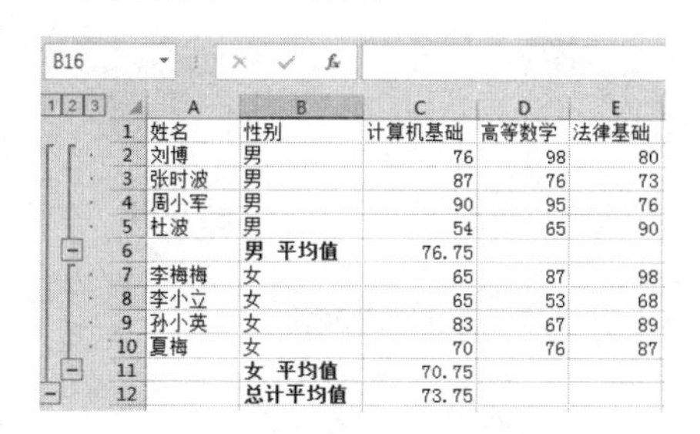

| | A | B | C | D | E |
|---|---|---|---|---|---|
| 1 | 姓名 | 性别 | 计算机基础 | 高等数学 | 法律基础 |
| 2 | 刘博 | 男 | 76 | 98 | 80 |
| 3 | 张时波 | 男 | 87 | 76 | 73 |
| 4 | 周小军 | 男 | 90 | 95 | 76 |
| 5 | 杜波 | 男 | 54 | 65 | 90 |
| 6 | | 男 平均值 | 76.75 | | |
| 7 | 李梅梅 | 女 | 65 | 87 | 98 |
| 8 | 李小立 | 女 | 65 | 53 | 68 |
| 9 | 孙小英 | 女 | 83 | 67 | 89 |
| 10 | 夏梅 | 女 | 70 | 76 | 87 |
| 11 | | 女 平均值 | 70.75 | | |
| 12 | | 总计平均值 | 73.75 | | |

图6.56　分类汇总结果

在分类汇总表中增加了新的汇总行，且汇总行位于各自类别的下方。汇总表的左侧出现了“摘要”按钮-，“摘要”按钮出现的行就是汇总数据所在的行。单击此按钮会隐藏该类数据，只显示该类数据的汇总结果，按钮-会变成+。单击+按钮，会使隐藏的数据恢复显示。在汇总表的左上方有层次按钮1、2、3，单击按钮1，只显示总的汇总结果，不显示数据；单击按钮2，显示总的汇总结果和分类汇总结果，不显示数据；单击按钮3，显示全部数据和汇总结果。

在对数据进行了分类汇总之后，若不再需要汇总数据，可以选中数据表中的任意一个单元格，再次打开“分类汇总”对话框，单击其中的全部删除(R)按钮来撤销分类汇总。

# 6.6 数据的图表化

Excel 2016 可将工作表中的数据显示为条形、折线、饼块等各种图表形式，图表以工作表的数据为依据，数据的变化会立即反映到图表。图表建立后，还可以对其进行修饰，使其更美观。

Excel 2016 中共内置了 15 大类图表类型，供用户直接调用。这 15 大类分别是柱形图、折线图、饼图、条形图、面积图、XY(散点图)、股价图、曲面图、雷达图、树状图、旭日图、直方图、箱形图、瀑布图、组合图表。

## 6.6.1 创建图表

Excel 2016 的图表有两种：一种为内嵌式，指图表在工作表的内部显示出来；另一种为独立图表，在工作簿的单独表上显示。

以图 6.57 所示的“学生期末成绩表”数据为例，建立相应的图表，操作步骤如下。

① 选定包含在图表中的单元格数据。这里选择 A1:D9 单元格区域，其中包含行、列标题。

② 切换到“插入”选项卡，其中的“图表”组提供了 9 类图表类型供用户直接调用，如图 6.58 所示，如果用户需要的图表类型没有直接显示在“图表”组中，可以单击“图表”组右下角的扩展按钮，打开“插入图表”对话框进行选择。本例选择“三维簇状柱形图”，完成后如图 6.59 所示。

| | A | B | C | D |
|---|---|---|---|---|
| 1 | 姓名 | 计算机基础 | 高等数学 | 法律基础 |
| 2 | 李梅梅 | 65 | 87 | 98 |
| 3 | 李小立 | 65 | 53 | 68 |
| 4 | 刘博 | 76 | 98 | 80 |
| 5 | 孙小英 | 83 | 67 | 89 |
| 6 | 张时波 | 87 | 76 | 73 |
| 7 | 周小军 | 90 | 95 | 76 |
| 8 | 夏梅 | 70 | 76 | 87 |
| 9 | 杜波 | 54 | 65 | 90 |

图 6.57 创建图表的原始数据

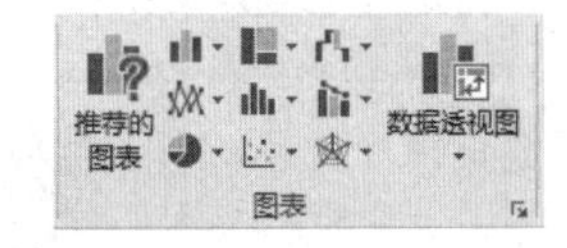


图 6.58 “图表”组中的图表类型

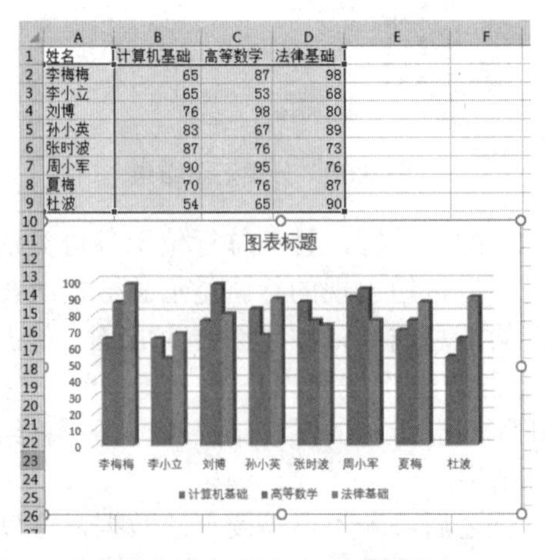


图 6.59 数据表及生成的图表

除了用上面的方法创建图表外，还可以用快捷键或软件默认的图表类型(通常情况下，Excel 2016 默认的图表类型是“三维簇状柱形图”)快速创建图表。

选中数据单元格区域后，按 Alt+F1 组合键，可在数据工作表中利用默认的图表类型，以嵌入的方式，快速创建图表；按 F11 功能键，可新建工作表(默认名称是 Chart1)，同样利用默认的图表类型快速创建图表。

## 6.6.2　图表的格式化

图表的格式化指对图表的各个对象的格式设置，包括设置文字和数值的格式、颜色、外观等。

在 Excel 2016 中，单击图表即可将图表选中，然后可对图表进行编辑。

### 1．图表对象

一个图表是由多个图表对象组成的。当鼠标指针停留在某个图表对象上时，将会显示该图表对象的名字提示。图表对象如图 6.60 所示。

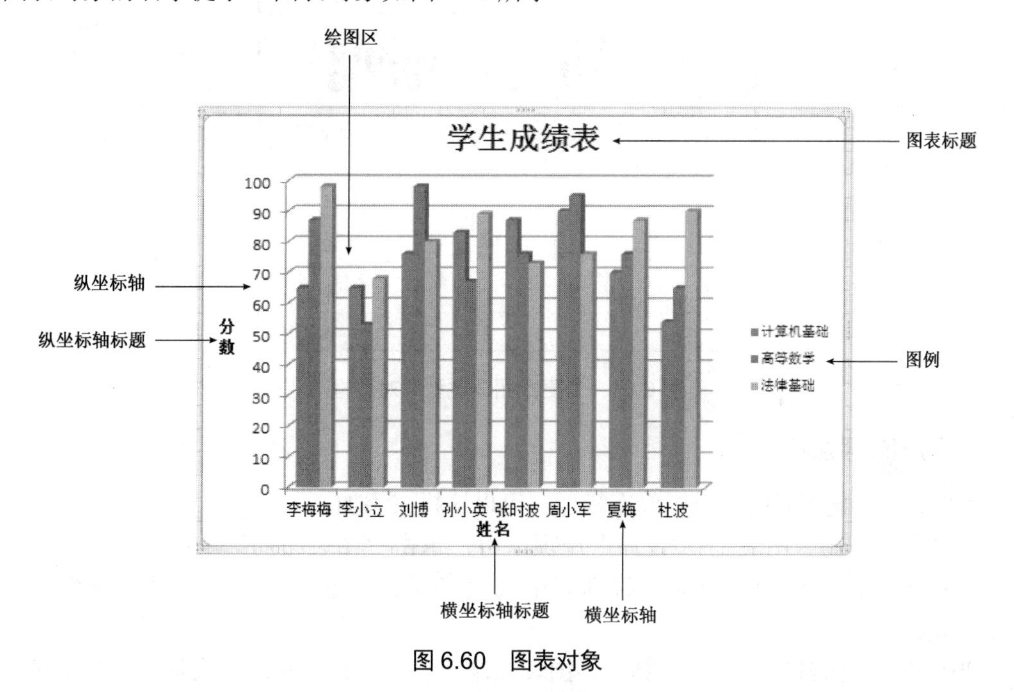


图 6.60　图表对象

进行格式化操作之前，必须先选定图表中的对象，方法是单击要选择的对象。被选中的对象周围有八个黑色句柄。

### 2．图表的移动、复制、缩放和删除

实际上，图表的移动、复制、缩放和删除操作与任何图形的操作相同。

图表的移动：选定要移动的图表后，用鼠标拖动图表到一个新的位置，再松开鼠标即可。

图表的复制：按住 Ctrl 键的同时用鼠标拖动图表到目标位置。

图表的缩放：选中图表后，将鼠标指针移动至图表四周的任意一个句柄上，当指针变

成双箭头时拖动鼠标，直至图表变成满意的大小为止。

图表的删除：选中图表后，按 Del 键。

### 3. 修改图表类型

Excel 2016 中提供了丰富的图表类型，对于已创建的图表，可根据需要改变图表的类型。方法是选中图表后，软件自动展开“图表工具”选项卡，并定位到其中的“设计”选项卡。

单击“类型”组中的“更改图表类型”按钮，打开“更改图表类型”对话框。

在图表中右击，在随后出现的快捷菜单中选择“更改图表类型”选项，也可以直接打开“更改图表类型”对话框，如图 6.61 所示。选中需要的图表类型和子类型后，单击“确定”按钮返回，相应的图表类型被更改。

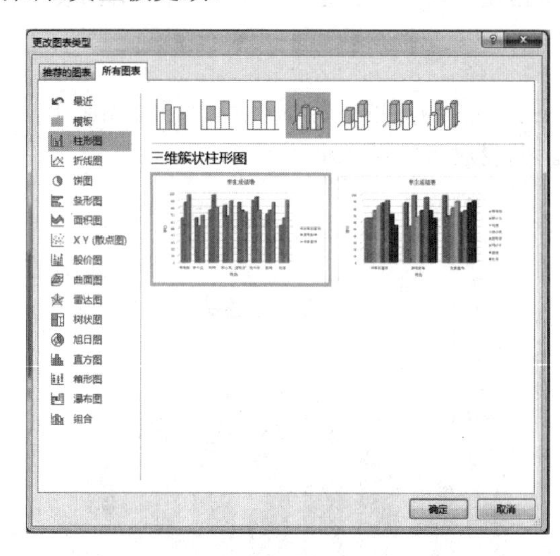


图 6.61　“更改图表类型”对话框

### 4. 为图表添加标题

用户最初创建图表时，可能没有标题，可以这样来添加。

选中图表，在“图表工具/设计”选项卡中，单击“图表布局”组中的“添加图表元素”下拉按钮，在随后出现的下拉列表中找到“图表标题”，选择一种标题格式，如图 6.62 所示。

选中“图表标题”文本框，删除“图表标题”字符，输入新的图表标题字符即可添加标题。用户还可以仿照以上操作，为纵轴、横轴添加标题。图 6.60 为上例生成的图表分别添加了图表标题“学生成绩表”，纵坐标轴标题“分数”，横坐标轴标题“姓名”。

### 5. 图表中各对象的格式化操作

图表中的对象包括图表标题、图例、纵坐标轴、横坐标轴等。比如，要修改图 6.60 中纵坐标轴的格式，可以右键单击纵坐标轴，从快捷菜单中选择“设置坐标轴格式”命令，或者双击纵坐标轴，都将显示如图 6.63 所示的任务窗格，可以在窗格中完成相应的格式设置。

其他图表对象的设置也可仿照此方法进行。

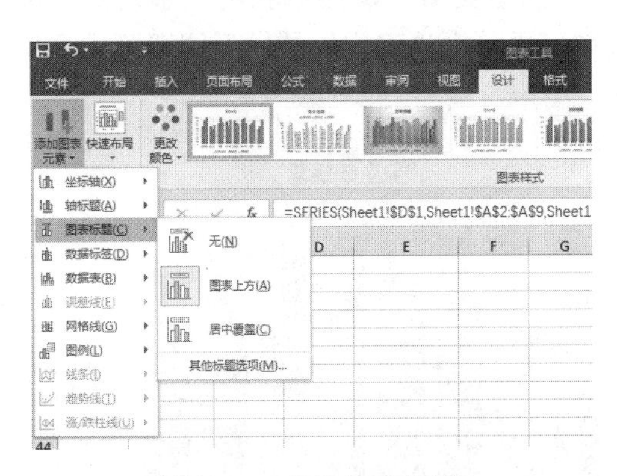


图 6.62　添加图表标题

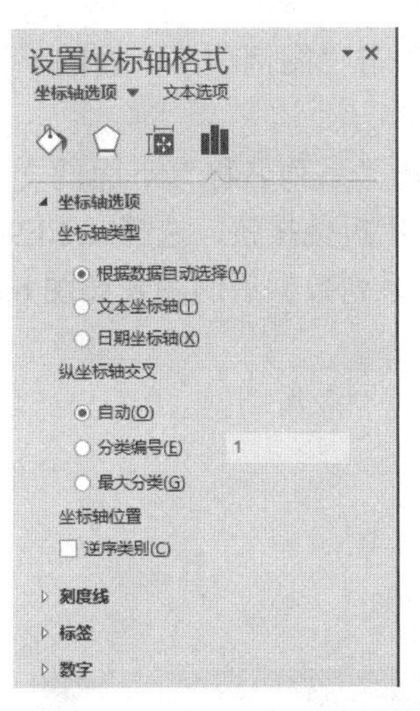


图 6.63　“设置坐标轴格式”任务窗格

## 6.6.3　图表中数据的编辑

当图表创建之后，图表和创建图表的工作表的数据区域之间建立了联系，如果工作表中的数据发生变化，那么图表中数据也会自动更新。

### 1．删除图表数据

若要同时删除工作表及图表中的数据系列，则只需要删除工作表中的相应数据，图表中的数据系列会同时消失。若只删除图表中的数据系列，保留工作表中的相应数据，可以采用下面的步骤。

① 单击图表中要删除的数据系列中的任意一个，该系列所有的图形均出现记号。

② 按 Delete 键。

### 2．向图表添加数据

向图表中添加数据包括两个方面的内容，一是增加数据系列，二是增加数据分类。添加的方法基本类似。下面介绍将图 6.64 中“大学英语”系列添加至图 6.60 的操作步骤。

① 选中图表区域，软件自动展开“图表工具”选项卡，并定位到其中的“设计”选项卡。单击“数据”组中的“选择数据”按钮，打开“选择数据源”对话框，如图 6.65 所示。

| | A | B | C | D | E |
|---|---|---|---|---|---|
| 1 | 姓名 | 计算机基础 | 高等数学 | 法律基础 | 大学英语 |
| 2 | 李梅梅 | 65 | 87 | 98 | 89 |
| 3 | 李小立 | 65 | 53 | 68 | 78 |
| 4 | 刘博 | 76 | 98 | 80 | 65 |
| 5 | 孙小英 | 83 | 67 | 89 | 78 |
| 6 | 张时波 | 87 | 76 | 73 | 54 |
| 7 | 周小军 | 90 | 95 | 76 | 70 |
| 8 | 夏梅 | 70 | 76 | 87 | 70 |
| 9 | 杜波 | 54 | 65 | 90 | 76 |

图 6.64　原始的“大学英语”系列数据

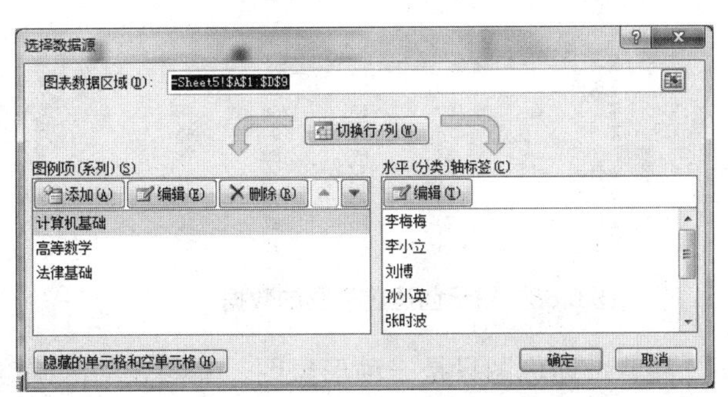


图 6.65　“选择数据源”对话框

② 单击“图例项”下面的“添加”按钮，打开“编辑数据系列”对话框，如图 6.66 所示。

③ 在“系列名称”下面的文本框中输入“大学英语”，然后利用“系列值”选择框右侧的红色折叠按钮，选择 E2:E9 单元格区域，再单击“确定”按钮返回即可。添加“大学英语”系列数据后的图表如图 6.67 所示。

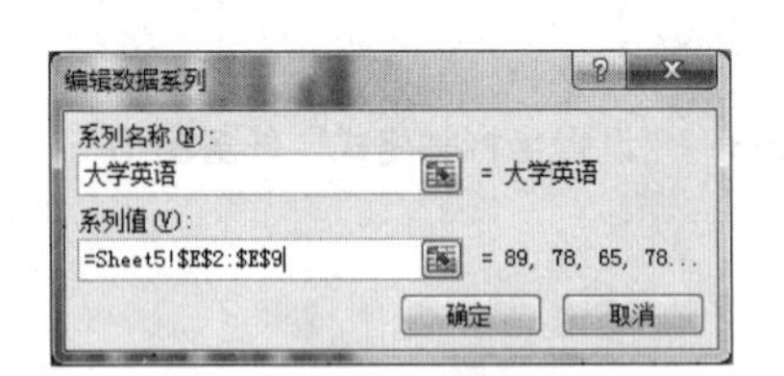


图 6.66 “编辑数据系列”对话框

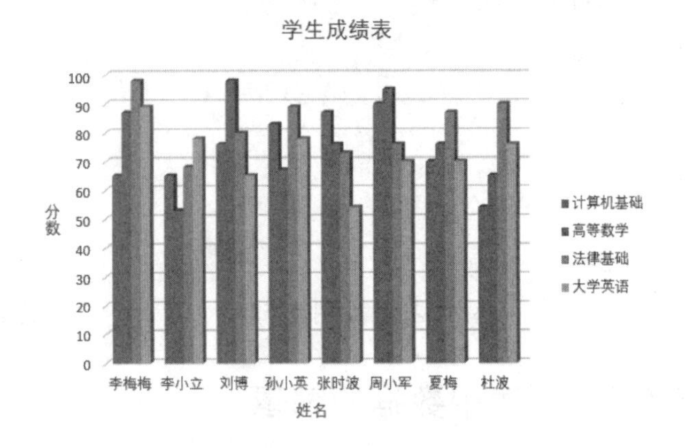


图 6.67 添加“大学英语”系列数据后的图表

## 6.6.4 迷你图表

迷你图表是 Excel 2016 中增加的一项新功能。迷你图表就是“小型图表”，它可以将制作的图表保存在一个普通的单元格中。

在 Excel 2016 中，提供了三种迷你图表：折线图、列图(柱形图)、盈亏图。

### 1. 创建迷你图表

创建迷你图表的操作步骤如下。

选中需要创建迷你图的一组数据，本例选择图 6.68 中 B2:E9 单元格区域。

切换到“插入”选项卡中，单击“迷你图”组中的“柱形图”按钮，打开“创建迷你图”对话框，选中放置迷你图的单元格区域，本例选择 F2:F9 单元格区域，单击“确定”按钮返回。

迷你图创建完成，效果如图 6.69 所示。

| | A | B | C | D | E |
|---|---|---|---|---|---|
| 1 | 姓名 | 计算机基础 | 高等数学 | 法律基础 | 大学英语 |
| 2 | 李梅梅 | 65 | 87 | 98 | 89 |
| 3 | 李小立 | 65 | 53 | 68 | 78 |
| 4 | 刘博 | 76 | 98 | 80 | 65 |
| 5 | 孙小英 | 83 | 67 | 89 | 78 |
| 6 | 张时波 | 87 | 76 | 73 | 54 |
| 7 | 周小军 | 90 | 95 | 76 | 70 |
| 8 | 夏梅 | 70 | 76 | 87 | 70 |

图 6.68 用于创建迷你图的数据

| | A | B | C | D | E | F |
|---|---|---|---|---|---|---|
| 1 | 姓名 | 计算机基础 | 高等数学 | 法律基础 | 大学英语 | |
| 2 | 李梅梅 | 65 | 87 | 98 | 89 | |
| 3 | 李小立 | 65 | 53 | 68 | 78 | |
| 4 | 刘博 | 76 | 98 | 80 | 65 | |
| 5 | 孙小英 | 83 | 67 | 89 | 78 | |
| 6 | 张时波 | 87 | 76 | 73 | 54 | |
| 7 | 周小军 | 90 | 95 | 76 | 70 | |
| 8 | 夏梅 | 70 | 76 | 87 | 70 | |
| 9 | 杜波 | 54 | 65 | 90 | 76 | |

图 6.69 创建的迷你图

注意，迷你图只是一种形象图，其图表的准确度不高。

### 2. 设置迷你图格式

选中迷你图后，软件自动展开“迷你图工具/设计”选项卡，用户可以利用其中的相关按钮设置迷你图的格式。

放置了迷你图的单元格(区域)仍然可以录入其他数据，并可对其进行任意编辑操作，对迷你图没有任何影响。

### 3. 删除迷你图

选中迷你图(组)，切换到“迷你图工具/设计”选项卡，单击“分组”组中的“清除”按钮即可删除迷你图(组)。

需要说明的是，选中迷你图(组)后，按 Del 键是不能删除迷你图(组)的。

## 6.6.5 数据透视表的建立

数据透视表是一种对大量数据进行快速汇总和建立交叉列表的交互式表格，不仅可以转换行和列以显示源数据的不同结果，也可以显示不同页面以筛选数据，还可以根据用户的需要显示区域的细节数据。如果原始数据发生更改，刷新数据透视表，数据将自动更新。

以图 6.70 所示的“学生期末成绩表”数据为例，创建数据透视表，操作步骤如下。

① 选中任意单元格，选择“插入”选项卡，单击“表格”组中的“数据透视表”按钮，弹出“创建数据透视表”对话框，在“表/区域”后的文本框中可看到源数据区域；可设置数据透视表创建位置，本例选中“新工作表”单选按钮，将工作表保存至新的工作表中，如图 6.71 所示，如果选中“现有工作表”单选按钮，并设置区域，则可保存至现有工作表中。单击“确定”按钮后，生成名为“Sheet2”的数据透视表。

| | A | B | C | D | E |
|---|---|---|---|---|---|
| 1 | 姓名 | 计算机基础 | 高等数学 | 法律基础 | 大学英语 |
| 2 | 李梅梅 | 65 | 87 | 98 | 89 |
| 3 | 李小立 | 65 | 53 | 68 | 78 |
| 4 | 刘博 | 76 | 98 | 80 | 65 |
| 5 | 孙小英 | 83 | 67 | 89 | 78 |
| 6 | 张时波 | 87 | 76 | 73 | 54 |
| 7 | 周小军 | 90 | 95 | 76 | 70 |
| 8 | 夏梅 | 70 | 76 | 87 | 70 |
| 9 | 杜波 | 54 | 65 | 90 | 76 |

图 6.70 用于创建数据透视表的数据

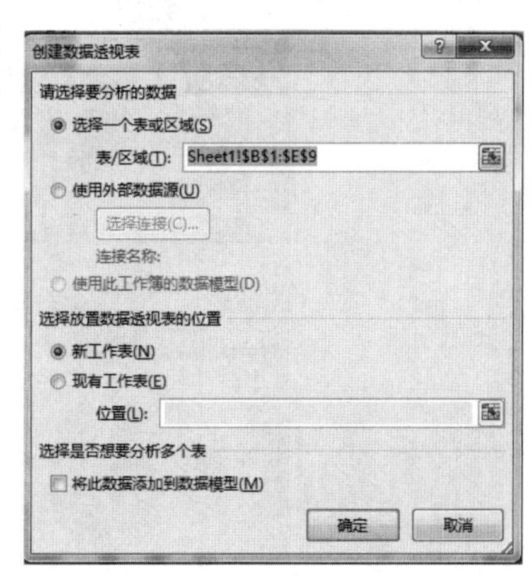


图 6.71 “创建数据透视表”对话框

② 在 Sheet2 工作表中可看到右侧的“数据透视表字段”任务窗格，勾选“计算机基础”前面的复选框，默认在表格中展示计算机基础成绩的求和值，并且在任务窗格右下角的 Σ 值 中显示汇总值，如图 6.72 所示。可以单击下拉按钮，选择“值字段设置”，改变值汇总方式和值显示方式。

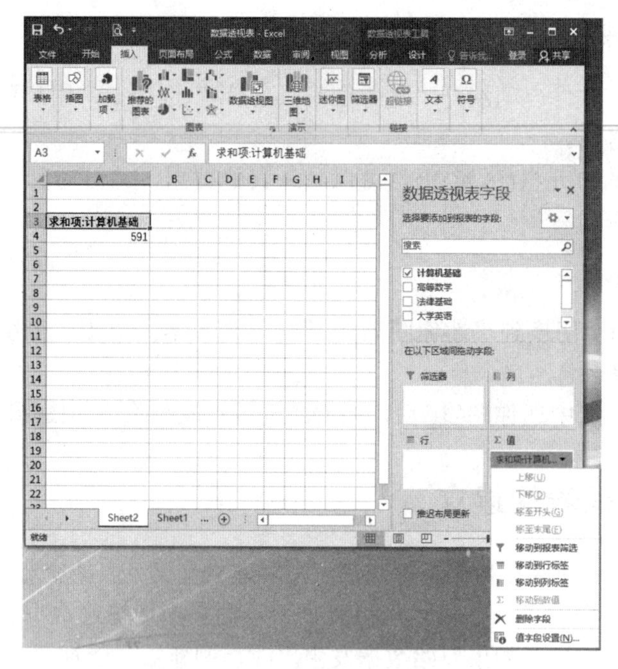

图 6.72　透视表值汇总展示

③ 将相应的字段拖到相应的标签位置可设置数据透视表的行列字段，本例将“大学英语”拖至 列，“列标签”下方数据为大学英语成绩；将“法律基础”拖至 行，“行标签”下方数据为法律基础成绩，如图 6.73 所示。中间的数值，以 C8 单元格为例，表示列(大学英语成绩)为 65 分、行(法律基础成绩)为 80 分的学生，其计算机基础成绩为 76 分，如图 6.74 所示。

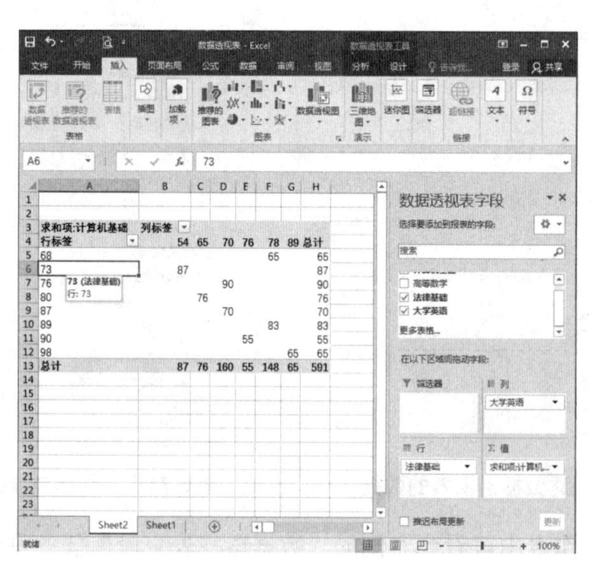

图 6.73　设置数据透视表的行列字段

④ 将“高等数学”拖至 筛选器，可以根据需要筛选高等数学成绩的值，如图 6.75 所示。

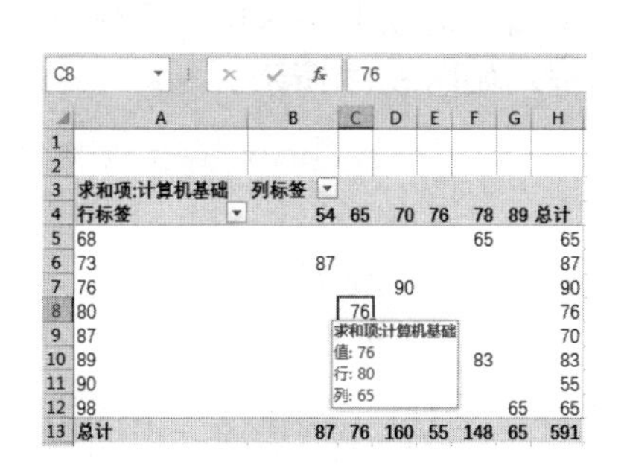


图 6.74　中间数值对应成绩

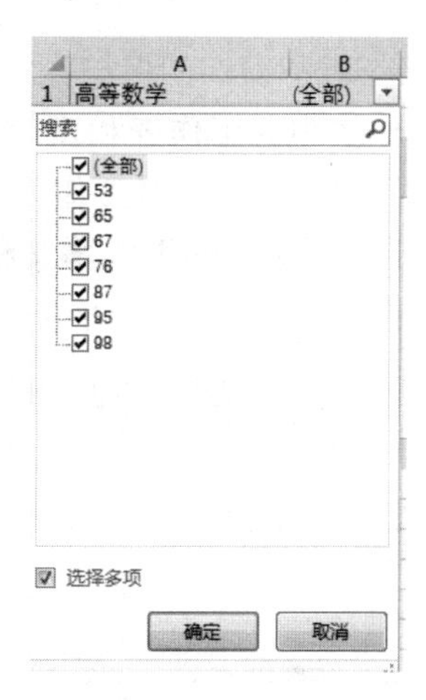


图 6.75　筛选器数据选择

# 6.7　工作簿数据的保护

在 Excel 2016 中，有多种方式保护工作簿中的数据。比如，设置工作簿进入密码或仅保护工作表中某些单元格数据，防止他人修改，甚至可以将工作表中某些单元格的重要公式隐藏起来。

## 6.7.1　保护工作簿和工作表

### 1．保护工作簿

保护工作簿有两个方面：其一是保护工作簿，防止他人非法访问；其二是禁止他人对工作簿中的工作表或对工作簿窗口非法操作。

1) 为工作簿设置打开密码

操作步骤如下。

① 打开工作簿。

② 选择“文件→另存为”命令，选择一个存储位置，弹出“另存为”对话框。单击右下角的 工具(L) 按钮，显示其下拉菜单，从中选择 常规选项(G)...，打开“常规选项”对话框，如图 6.76 所示。

③ 根据需要，在“打开权限密码”或“修改权限密码”后面的方框中设置密码，单击“确定”按钮，再保存或另存工作簿即可。

“生成备份文件”复选框：如果选中，则每次保存工作簿时都保存一份备份。

“建议只读”复选框：如果以只读形式打开工作簿并做了修改，那么只能将修改保存到不同名称的工作簿文件中。

输入的密码区分大小写，可以包含字母、数字及符号。

需要指出的是，若要更改已设置的密码，也需在此对话框中进行。

2) 对工作表和窗口的保护

对于工作簿中的工作表和窗口也可以进行保护，比如，不允许对工作表进行移动、删除、重命名等操作，禁止对工作簿窗口进行移动、缩放、隐藏或关闭等。操作步骤如下。

① 打开需要保护的工作簿文档，切换到“审阅”选项卡，单击“更改”组中的“保护工作簿”按钮，打开“保护结构和窗口”对话框，如图 6.77 所示。

图 6.76　“常规选项”对话框

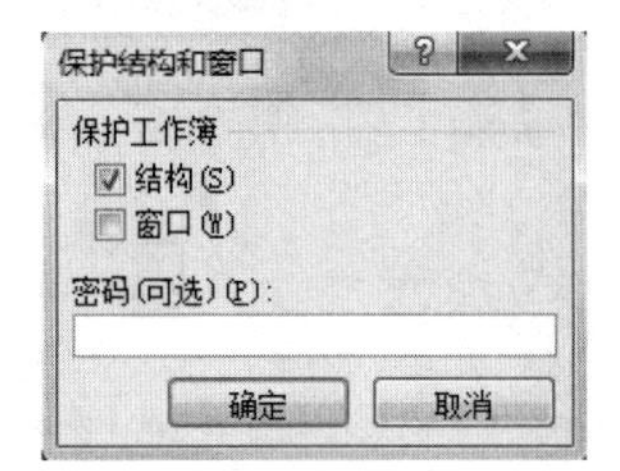


图 6.77　“保护结构和窗口”对话框

② 若选中“结构”复选框，表示保护工作簿的结构，工作簿中的工作表不能进行移动、删除、插入等操作；若选中“窗口”复选框，则工作簿窗口有固定位置和大小，不能移动、缩放、隐藏、取消隐藏或关闭。

③ 在密码框设定密码可以防止他人取消工作簿保护。

④ 单击“确定”按钮。

若要取消对工作簿的保护，只需再次单击“审阅”选项卡“更改”组中的“保护工作簿”按钮即可。

### 2. 保护工作表

除了保护整个工作簿外，还可以保护工作簿中指定的工作表。操作步骤如下。

① 单击要保护的工作表选项卡，使其成为当前工作表。

② 切换到“审阅”选项卡，单击“更改”组中的“保护工作表”按钮，打开“保护工作表”对话框进行设置，如图 6.78 所示。

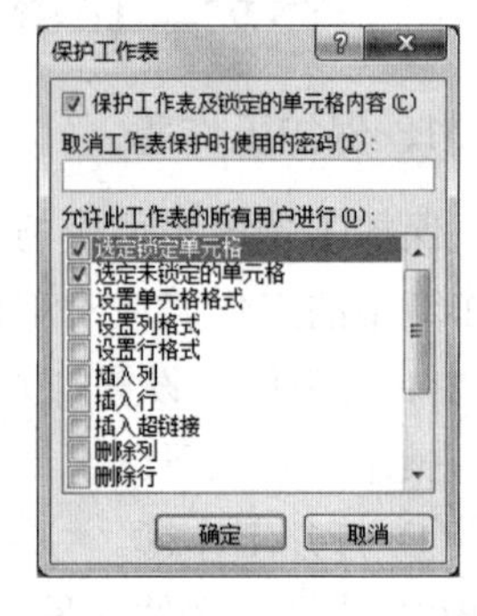


图 6.78　“保护工作表”对话框

③ 在密码框设定密码可以防止他人取消工作表保护。

④ 单击“确定”按钮。

若要取消对工作表的保护，只需再次单击“审阅”选项卡“更改”组中的“保护工作表”按钮即可。

通常情况下，保护工作表的操作，一次只能操作一个工作表，若要批量保护工作表，需要用到 VBA(Visual Basic Applications，是 Visual Basic 的一种宏语言)，此处不作介绍。

### 3. 保护部分单元格区域

有时候，用户只希望将工作表的部分单元格区域保护起来。下面将以保护包含公式的单元格区域为例，介绍具体的实现过程。

① 启动 Excel 2016，打开相应的工作簿文档，将需要保护的工作表作为当前工作表。

② 在工作表左上角行、列交叉处单击一下，选中整个工作表，右键单击工作表，选择“设置单元格格式”命令，打开“设置单元格格式”对话框，单击“保护”标签，取消选择“锁定”复选框，单击“确定”按钮返回，如图 6.79 所示。

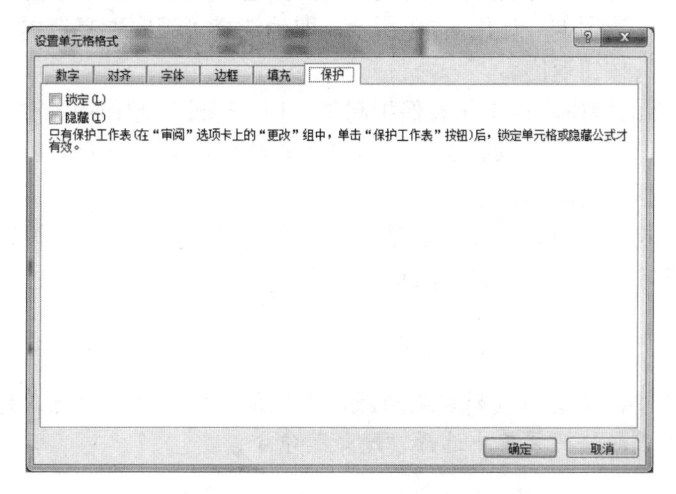


图 6.79　解除单元格的锁定属性

③ 切换到“开始”选项卡，单击“编辑”组中的“查找和选择”下面的下拉按钮，在出现的下拉列表中选择“公式”选项，将工作表中所有包含公式的单元格一次性选中。再次打开“设置单元格格式”对话框，单击“保护”标签，选择“锁定”复选框，单击“确定”按钮返回。

④ 再仿照前面的操作，保护工作表即可。

经过这样的设置后，尽管对工作表进行了保护操作，但是，解除锁定的单元格区域仍然可以编辑，而锁定的单元格区域(此例中是包含公式的单元格区域)就不能被编辑了。

## 6.7.2　隐藏工作簿和单元格内容

隐藏工作簿和单元格是指其内容不可见，但可以使用。

### 1. 隐藏工作簿

隐藏工作簿的操作步骤如下。

① 打开要隐藏的工作簿。

② 切换到“视图”选项卡，单击“窗口”组中的“隐藏”按钮。

退出 Excel 后，下次打开该文件时，以隐藏方式打开，可以使用其数据，但工作簿不可见。

若要取消工作簿的隐藏，只需再次切换到“视图”选项卡，单击“窗口”组中的“取消隐藏”按钮即可。

### 2. 隐藏单元格的内容

隐藏单元格的内容指单元格的内容不在数据编辑区显示。比如，对存有重要公式的单元格实施隐藏之后，可以在单元格中看到计算结果，但看不到公式本身。

隐藏单元格内容的操作步骤如下。

① 选定要隐藏的单元格区域。

② 右击选定的区域，选择“设置单元格格式”命令，打开“设置单元格格式”对话框，切换到“保护”选项卡，如图 6.79 所示，取消选择“锁定”复选框，选择“隐藏”复选框，单击“确定”按钮返回。

③ 再仿照前面的操作，将工作表保护起来，使“隐藏”起作用。

经过以上操作，用户会发现，选中设置了“隐藏”属性的单元格后，编辑栏中什么也不显示，其中的数据被隐藏起来了。

若要取消单元格的隐藏，需要先取消对工作表的保护，然后在“设置单元格格式”对话框的“保护”选项卡中取消选择“隐藏”复选框。

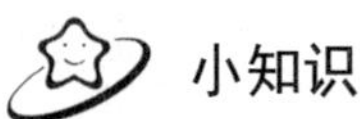

小知识

可以对工作表中的某些行或列实施隐藏，方法是选中要隐藏的行或列后，右键单击选中的行或列，从弹出的快捷菜单中选择“隐藏”命令。

# 6.8 页面设置和打印

工作表创建好之后，就可用打印机将表格打印出来。在打印之前，一般先进行页面设置，再进行打印预览，最后打印输出。

## 6.8.1 页面设置



选择需要打印的工作表，切换到“页面布局”选项卡，如图 6.80 所示，可以进行页边距、纸张方向、纸张大小、打印区域等设置。

### 1. 设置页边距

单击图 6.80 中的“页边距”按钮，在随后出现的内置页边距列表中，选择一种页边距，如图 6.81 所示。

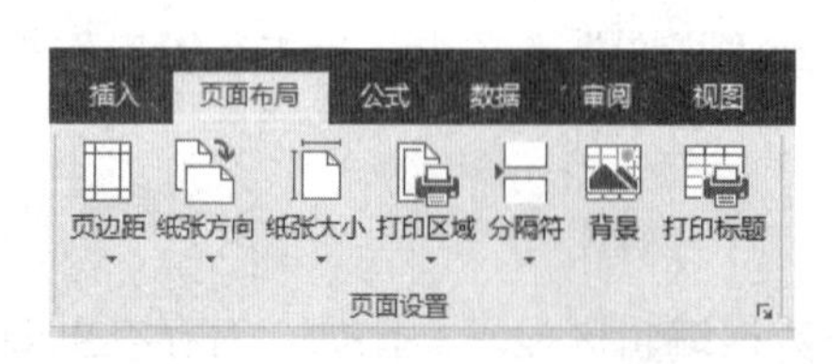


图 6.80 “页面设置”组

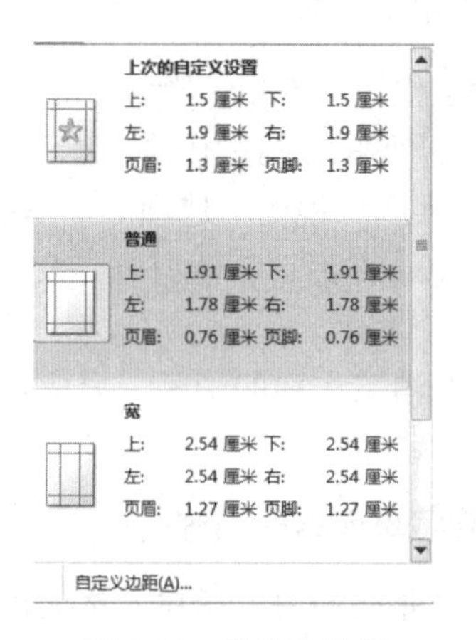


图 6.81 设置页边距

如果要进行更加精确的页边距设置，可以选择图 6.81 中的“自定义边距”选项，将打开如图 6.82 所示的对话框，可以设置上、下、左、右页边距大小；设置页眉/页脚与纸边的距离；在“居中方式”栏中还可以设置打印位置为“水平”或“垂直”，如果都不选，按“靠上左对齐”方式打印。

### 2. 设置纸张方向和纸张大小

纸张方向分为“纵向”或“横向”两种，Excel 2016 默认的纸张方向是“纵向”，如果需要将纸张方向设置成“横向”，可以单击图 6.80 中“纸张方向”的下拉按钮，在出现的纸张方向中选择“横向”。一般工作表内容较宽时可以选择“横向”打印。

Excel 2016 默认的纸张是 A4，若需要选择其他纸张，可以单击图 6.80 中的“纸张大小”按钮，从下拉列表中选择相应的纸张尺寸。

### 3. 设置打印区域和顶端标题行

打印区域：若只需打印工作表的部分内容，可以在选择部分内容后，单击图 6.80 中的“打印区域”按钮，从下拉列表中选择“设置打印区域”选项。

打印标题：若工作表有多页，则通常需要每页均打印表头(左侧标题列或顶端标题行)。Excel 2016 提供了自动添加标题行(列)的功能，其方法如下。

单击图 6.80 中的“打印标题”按钮，打开“页面设置”对话框，并切换到“工作表”选项卡，如图 6.83 所示。

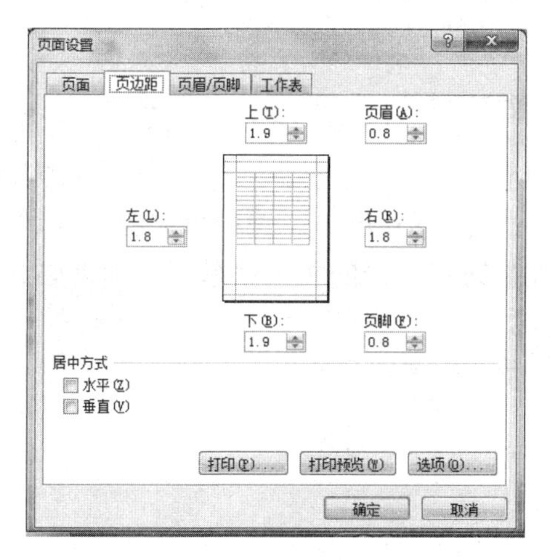


图 6.82　“页边距”的精确设置

图 6.83　“标题行(列)”的设置

单击“顶端标题行”(“左端标题列”)文本框右端的红色折叠按钮，选中作为重复标题的行(列)(可选择多行或多列)，单击“确定”按钮返回即可。

需要指出的是，设置“顶端标题行”(“左端标题列”)时，不一定非得从第一行(第一列)开始。

### 4. 设置页眉/页脚

在 Excel 2016 中可以使用两种方法完成页眉或页脚的设置，而页眉或页脚的设置方法基本相同，下面以页眉的设置为例进行介绍。

1) 页面视图法

切换到“视图”选项卡，单击“工作簿视图”组中的“页面布局”按钮，或者直接单击工作表右下角视图切换按钮中的“页面布局”按钮，切换到页面视图状态。单击页眉编辑区(通常分为左、中、右三个编辑区)，输入相应的页眉内容即可。

2) 对话框设置法

采用对话框设置法进行页眉设置时，又分为两种情形来处理。

使用内置页眉样式：打开“页面设置”对话框，切换到“页眉/页脚”选项卡，单击“页眉”右侧的下拉按钮，如图 6.84 所示，在随后出现的“页眉”内置样式列表中，选择一种样式，单击“确定”按钮返回即可。

图 6.84　使用内置页眉样式

自定义页眉：打开“页面设置”对话框，切换到“页眉/页脚”选项卡，单击其中的“自定义页眉”按钮，打开“页眉”对话框，如图 6.85 所示。选中页眉存放区域(左、中、右)，输入页眉内容，或者利用上面的相关按钮将文档的相关信息添加到页眉，单击“确定”按钮返回即可。对话框中各按钮的含义如下。

- ：字体格式化按钮，可设置字体、字形和字号等。
- ：自动输入当前页码。
- ：自动输入总页数。
- ：自动输入当前日期。
- ：自动输入当前时间。
- ：自动输入当前编辑的工作簿文件的位置和文件名。
- ：自动输入当前工作簿名称。
- ：自动输入当前工作表名称。
- ：插入图片按钮。

3) 特殊页眉的设置

在 Excel 2016 中，特殊页眉的设置包括首页设置不同的页眉及奇偶页设置不同的页眉，其方法如下。

进入页面视图状态，选择页眉编辑区，此时，软件自动展开“页眉和页脚工具/设计”

选项卡，选中“选项”组中的“首页不同”和“奇偶页不同”，然后分别设置首页、奇数页及偶数页的页眉内容。

“首页不同”和“奇偶页不同”功能可以单独使用，也可以同时使用。

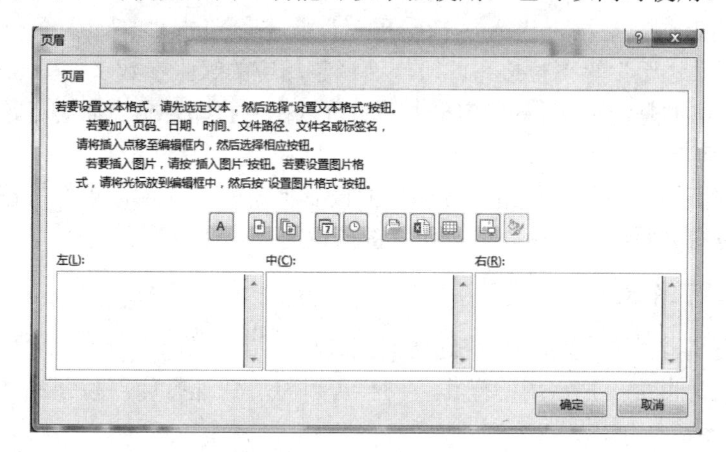


图 6.85　自定义页眉

5．为表格添加水印

在将图片添加到页眉时，如果图片足够大，图片就成了表格背景(即水印效果)。

选中需要添加水印效果的工作表，进入页面视图状态，选中保存页眉内容的编辑区，单击“页眉和页脚元素”组中的“图片”按钮，打开“插入图片”对话框，选定图片文件，将其添加到页眉即可出现工作表背景图片效果。

用这种方法添加的工作表背景图片可以打印出来。插入图片后，单击“页眉和页脚元素”组中的“设置图片格式”按钮，打开“设置图片格式”对话框，利用其中的“大小”和“图片”选项卡可以调整图片的大小，并设置图片的格式，产生不同的背景效果。

## 6.8.2　打印预览和快速打印工作表

1．打印预览

在打印工作表之前，可通过“打印预览”预览打印的效果，若不满意，可以再次调整，直到满意时再打印。

1) 把“打印预览”按钮添加到快速访问工具栏

由于“打印预览”是一种常用的操作，因此，可以将“打印预览”按钮添加到快速访问工具栏，方法如下。

单击快速访问工具栏右端的“自定义快速访问工具栏”按钮，在随后出现的下拉列表中选择“打印预览和打印”选项即可。

2) 打印预览

打开需要打印的工作簿文档，切换到需要打印的工作表，单击“打印预览和打印”按钮即可预览工作表的打印效果。

若对空白工作表执行打印预览操作，会出现“找不到要打印的任何内容”的提示。

3) 在打印预览状态下调整纸张参数

Excel 2016 将“打印预览”功能和 Excel 2007 及以前版本中的“打印”对话框合二为一，形成了“打印”面板，利用此面板可以在“打印预览”状态下快速调整纸张参数。

打开相应的工作簿文档，进入“打印预览”状态，单击“打印”面板左下方的“方向”“纸张”“页边距”等下拉按钮即可快速调整相应的纸张参数，如图 6.86 所示。

需要特别指出的是，在 Excel 2016 中仍然可以在“打印预览”状态下用拖拉的方法快速调整页边距，其方法如下。

在“打印预览”状态下，单击“打印”面板右下角的“显示边距”按钮，然后将鼠标指针移动至相应的页面边距句柄处，按住左键拖拉即可快速调整页边距。

### 2. 快速打印工作表

1) 把“快速打印”按钮添加到快速访问工具栏

“快速打印”也是一种常用的操作，同样可以将“快速打印”按钮添加到快速访问工具栏，方法如下。

单击快速访问工具栏右端的“自定义快速访问工具栏”按钮，在随后出现的下拉列表中选择“快速打印”选项即可。

2) 快速打印

打开需要打印的工作簿文档，切换到需要打印的工作表，单击“快速打印”按钮即可完成打印操作。

### 3. 打印参数的设置

1) 打印多份副本

打开“打印”面板，调整“份数”右侧文本框中的数值至需要打印的份数，再单击旁边的“打印”按钮即可，如图 6.87 所示。

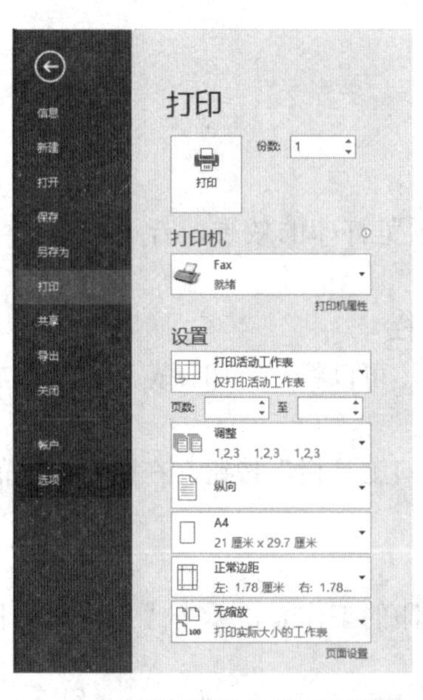


图 6.86 在“打印预览”状态下调整纸张参数

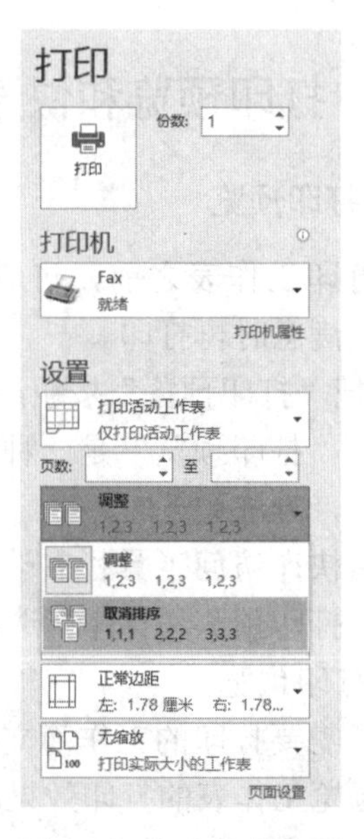


图 6.87 打印多份文档

用户需要注意的是，在打印副本时，在默认情况下，为了装订的方便，是逐份打印的。如果用户希望逐页打印，可以单击“调整”下方的“取消排序”选项，然后再进行打印操作。

2) 打印指定页

打开“打印”面板，如图 6.86 所示，在“页数”框中进行设定。如，若打印第 2 页至第 10 页，可将“页数”调整为“2 至 10”；若只打印第 5 页，可将“页数”调整为“5 至 5”。

3) 打印选定区域

选中需要打印的单元格区域，打开“打印”面板，单击“设置”右侧的下拉按钮，在随后出现的下拉列表中选择“打印选定区域”选项，然后单击上面的“打印”按钮即可。

如果用户一次性选中了多个不连续的单元格区域，再进行上述的打印操作，Excel 2016 会将连续的单元格区域打印在一页纸上，将不连续的区域分开打印在多页纸上。

## 6.8.3　自定义视图

同一个工作表，由于分享的对象不同，需要打印的单元格区域可能不同。这种要求，可以通过“自定义视图”功能来实现。

### 1. 建立不同的视图

打开需要打印的工作簿文档，切换到需要打印的工作表，不对工作表进行任何行、列隐藏操作，切换到“视图”选项卡，单击“工作簿视图”组中的“自定义视图”按钮，打开“视图管理器”对话框，如图 6.88 所示。

单击其中的“添加”按钮，打开如图 6.89 所示的“添加视图”对话框，输入一个名称(本次输入“全部成绩”)后单击“确定”按钮。

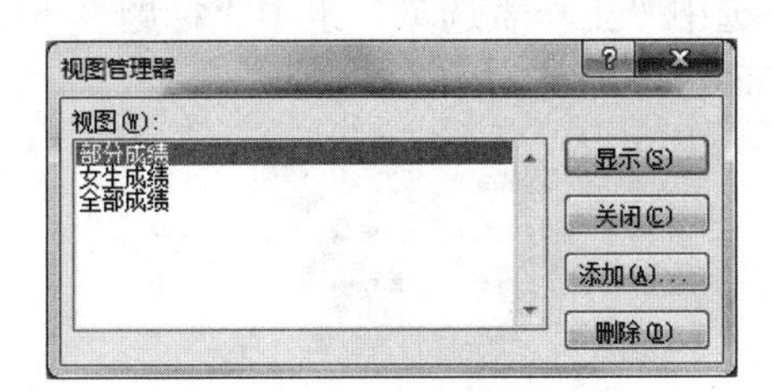


图 6.88　“视图管理器”对话框

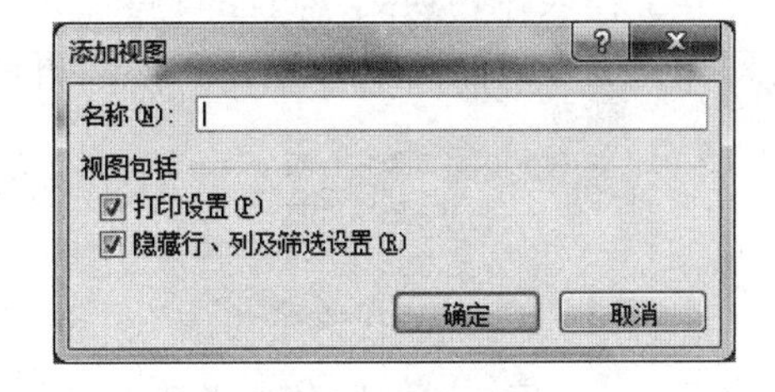


图 6.89　“添加视图”对话框

### 2. 建立其他打印视图

再次打开“视图管理器”对话框，双击“全部成绩”视图选项，让整个工作表全部显示出来。根据打印需要，将不需要打印的行、列隐藏起来，仿照上面的操作添加一个打印视图(如“女生成绩”)。

再通过“视图管理器”对话框让整个工作表全部显示出来，并仿照上面的操作，将另外一些不需要打印的行、列隐藏起来，然后添加另外的打印视图(如“部分成绩”)。

可以用此方法添加更多的打印视图。

### 3. 打印不同的视图

添加了不同的打印视图，实现不同的打印就很方便了。

打开相应的工作簿文件，切换到需要打印的工作表，打开“视图管理器”对话框，双击需要打印的视图名称(如“女生成绩”)，工作表将按事先设定好的界面显示出来，再进行正常的打印操作即可。

如果要对整个工作表进行相关的操作，只要将“全部成绩”视图显示出来就可以了。

## 6.8.4 特殊打印设置

### 1. 缩放打印

用户在实际的打印操作中可能会遇到这样的情况：一张表格可能有几行或几列超出页面，把超出的行或列单独打印到下一页不仅不美观，而且不利于数据的浏览。此时，用户可以调整行高或列宽，也可以通过缩放打印功能来解决。方法如下。

打开需要调整的工作表，切换到“页面布局”选项卡，单击“调整为合适大小”组中“宽度”和“高度”右侧的下拉按钮，在随后出现的下拉列表中根据页面实际超出情况选择页数(默认情况下“高度”和“宽度”均为“自动”，本例“高度”和“宽度”都选择 1 页)，如图 6.90 所示。

或者保持“高度”和“宽度”的“自动”选项不变，根据需要的压缩量直接调整“缩放比例”选项至合适值(本例为 85%)。这种缩放比例的调整范围是 10%～400%。

设置完成后再进行打印操作即可。

### 2. 行、列标号及网格线的打印

若需要将工作表的行号和列标号打印出来，设置方法如下。

打开工作表，切换到“页面布局”选项卡，选中“工作表选项”组中“标题”下面的“打印”复选框，如图 6.91 所示，然后再进行打印操作即可。

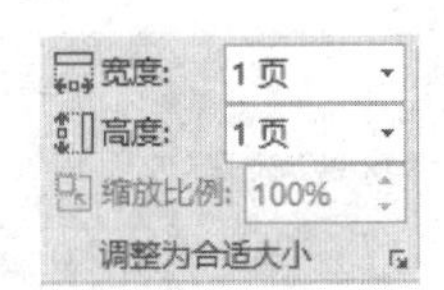


图 6.90 设置缩放打印

图 6.91 行、列标号的打印设置

网格线也可以打印出来，在图 6.91 中选中“网格线”下面的“打印”复选框，可以将网格线打印出来。

“查看”复选框用来设置是否在工作表编辑区中显示行、列标号及网格线，默认情况下都显示，用户也可以在此设置成不显示。

### 3. 把公式表达式打印出来

用户在工作表中建立的公式表达式，可以直接打印出来(默认情况下只显示公式运算的结果)。只要先将公式表达式在表中显示出来，就可以直接打印。让公式表达式在表中显示出来有两种方法。

方法 1：按 Ctrl+～快捷键，可让公式表达式在显示公式返回结果和公式表达式之间切换。

方法 2：选择“文件”选项卡中的“选项”命令，打开“Excel 选项”对话框，选中“高级”选项，选中“此工作表的显示选项”下面的“在单元格中显示公式而非其计算结果”，单击“确定”按钮返回即可。

#### 4．不打印边框

若已为表格添加了边框，在打印时却不希望将边框打印出来，可以使用“草稿品质”方式进行打印。操作方法如下。

打开“页面设置”对话框，切换到“工作表”选项卡，选中“打印”下面的“草稿品质”选项，单击“确定”按钮返回，并进行正常的打印即可。

## 6.8.5　打印工作簿

#### 1．打印多个工作表

Excel 2016 可将某个工作簿中的多个工作表一次性打印出来，其操作方法如下。

打开相应的工作簿文档，按 Ctrl 或 Shift 键选中需要打印的多个连续的或不连续的工作表，进行正常的打印操作即可。

#### 2．打印整个工作簿

打印整个工作簿的操作方法如下。

打开工作簿文档，打开“打印”面板，单击“设置”右侧的下拉按钮，在随后出现的下拉列表中选择“打印整个工作簿”选项，如图 6.92 所示。

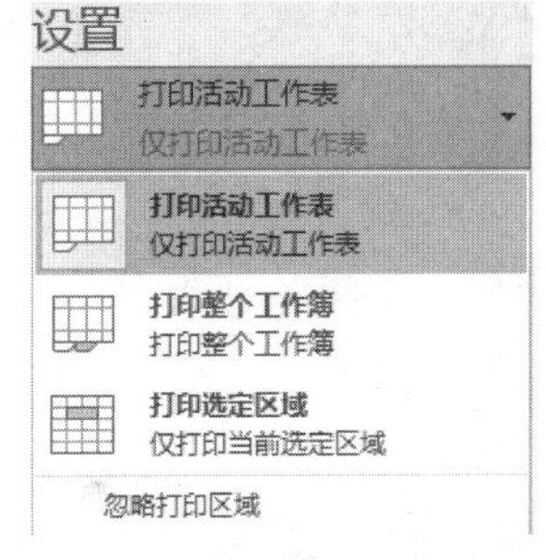

图 6.92　打印整个工作簿

用户在进行一次性打印多个工作表和整个工作簿的操作时，需要注意页码的问题。如果多个工作表的页眉(脚)中添加了页码，在进行打印操作时，打印出来后的页码是连续的。比如，第一个工作表有 5 页，第二个工作表有 3 页，第 3 个工作表有 4 页，那么打印出来的页码依次是 1、2、3、…、12，共有 12 页。

#### 3．打印多个工作簿

Excel 2016 可将多个工作簿中的指定工作表打印出来，其操作方法如下。

分别打开相关的工作簿文档，将需要打印的工作表作为当前工作表，然后保存工作簿并退出。

进入工作簿文档所在的文件夹，选中多个工作簿文档，右击选中的文档，从快捷菜单中选择“打印”命令。之后，系统会打开第一个工作簿文档，对当前工作表执行打印操作，打印完成后退出 Excel 2016，再打开第二个工作簿文档，执行打印操作……直到打印完成。

# 本 章 小 结

电子表格软件是一种数据处理系统和报表制作工具软件，只要将数据输入按规律排列的单元格，便可依据数据所在单元格的位置，利用多种公式进行算术运算和逻辑运算，分析汇总各单元格中的数据信息，并且可以把相关数据用各种统计图的形式直观地表示出来。

Excel 2016 是常用的电子表格处理软件，表格中的数据存放于工作簿中，一个工作簿可以包含多个工作表，工作表中的一个格子称为一个单元格。在单元格中可以输入数据，对于有规律的数据可以采用“填充”命令来进行快速填充；可以对单元格或单元格区域进行字体、字号、边框、底纹等的设置；可以对数据进行排序、筛选、分类汇总等操作；利用 Excel 2016 提供的各种函数，可以对工作表中的数据进行各种处理；利用图表向导，可以创建所需要的各类图表。

# 第 7 章 PowerPoint 2016 电子演示文稿

## 学习目标

通过本章的学习，掌握幻灯片的制作、文字编排、格式化演示文稿；掌握幻灯片的插入和删除，幻灯片的切换，幻灯片放映效果的设置；掌握图片、声音、影片等多媒体对象的插入与编辑，动画效果制作，超链接的使用等。

## 学习方法

要制作好的幻灯片，不论是在前景和背景的衬托、文字格式和段落编排上，还是在图片的选取、颜色的搭配上都需要有一定的耐心，这是对审美能力和想象力的锻炼。在幻灯片的制作过程中，一般遵循以下原则：实用性、生动性、美观性。

多实践、多总结是学习任何一种应用软件必由之路。

## 学习指南

本章的重点是：7.3～7.6 节。本章的难点是：7.3～7.5 节。

## 学习导航

在学习过程中，可以将下列问题作为学习线索。

(1) 演示文稿、幻灯片、母版、模板、占位符各是什么含义？

(2) 视图是为了便于设计者从不同的方式观看自己设计的幻灯片，如何根据需要选择不同的视图方式？

(3) 如何在幻灯片中插入文本、图片、表格、图表、声音、影片及其他对象？

(4) 母版有什么作用？如何利用模板来美化演示文稿？

(5) 在什么情况下需要使用超级链接？怎样操作？

(6) 如何进行幻灯片对象的动画效果设置？如何利用幻灯片的切换效果增加幻灯片放映的活泼性和生动性？

# 7.1 PowerPoint 2016 基本知识

PowerPoint 2016 是微软公司推出的办公软件 Office 2016 家庭中重要的成员。利用它可以制作集文字、图形、图像、声音及视频编辑等多媒体元素于一体的演示文稿，并广泛应用于教学、会议、演讲、报告等场合。下面就介绍 PowerPoint 2016 的具体操作。

## 7.1.1 启动和退出 PowerPoint 2016

### 1. PowerPoint 2016 的启动

PowerPoint 2016 启动方法和其他 Office 应用程序相同，通常使用如下 3 种方法启动。

方法 1：选择“开始→所有程序→Microsoft Office→Microsoft PowerPoint 2016”。

方法 2：若桌面上有 PowerPoint 2016 的快捷图标，可直接双击该图标启动 PowerPoint 2016。

方法 3：直接双击 PowerPoint 2016 文档启动 PowerPoint 2016。

### 2. PowerPoint 2016 的退出

退出 PowerPoint 2016，可采用下面任何一种方法。

方法 1：单击“文件”按钮，在弹出的左侧列表中选择“关闭”选项。

方法 2：单击窗口右上角的“关闭”按钮☒。

方法 3：双击 PowerPoint 2016 窗口左上角的控制菜单图标。

方法 4：按 Alt+F4 快捷键。

方法 5：右击任务栏上的 PowerPoint 2016 图标，选择“关闭窗口”。

## 7.1.2 PowerPoint 2016 基本术语

### 1. 演示文稿

演示文稿是 PowerPoint 2016 的基本文件类型，文件的扩展名是.pptx。一个演示文稿

就是一个 PPTX 格式的文件。每个演示文稿由若干张幻灯片组成，就好像一本书，书的每一页就是一张幻灯片。

**2．幻灯片**

幻灯片是组成演示文稿的基本单位，每一屏为一张幻灯片。制作演示文稿的过程主要就是在制作每张幻灯片，演示文稿中可以有任意多张幻灯片。

**3．模板**

模板是预先设计好的演示文稿样板，它是系统预先精心设计好的包括幻灯片的背景图案、色彩的搭配、文本格式、标题层次及演播动画等的待用模板文档，扩展名为.potx。

## 7.1.3 PowerPoint 2016 窗口组成

PowerPoint 2016 的工作窗口由快速访问工具栏、标题栏、功能区、幻灯片窗格、大纲窗格、备注窗格、视图按钮、显示比例、状态栏等部分组成，如图 7.1 所示。PowerPoint 2016 的窗口与其他 Office 成员的窗口组成类似，因此快速访问工具栏、标题栏、功能区、显示比例和状态栏等内容此处就不做过多介绍。下面来认识 PowerPoint 2016 工作窗口的其余部分。

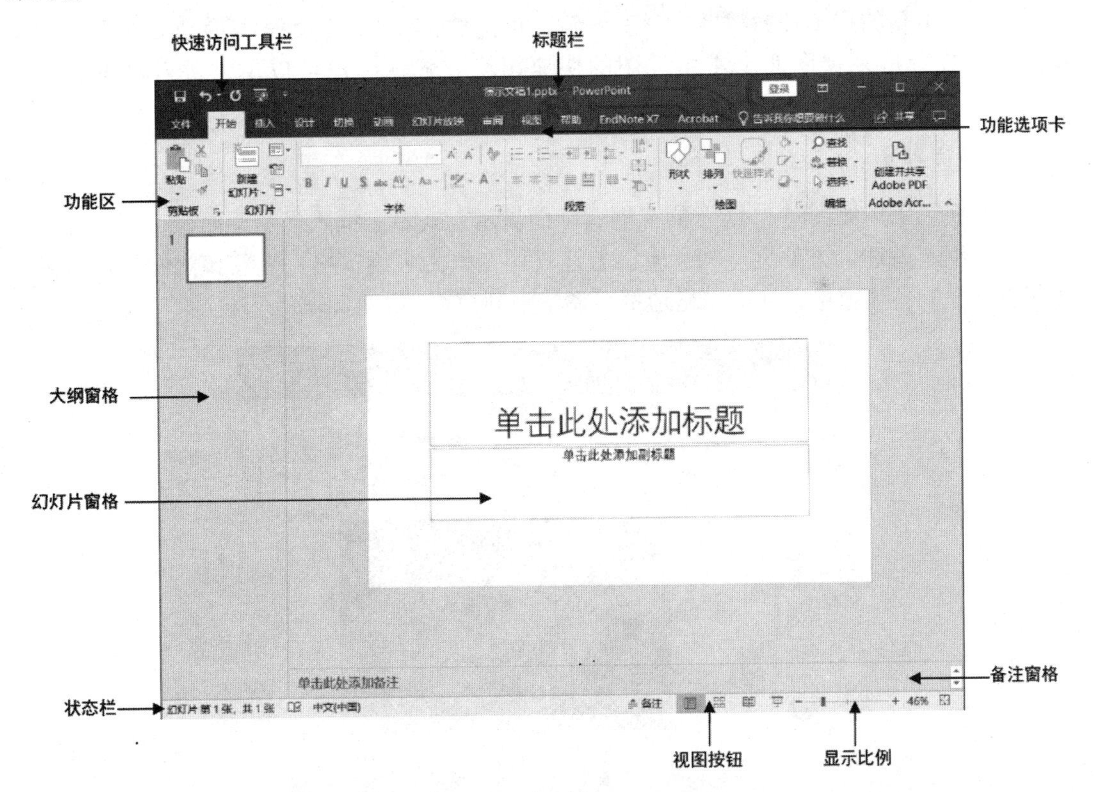


图 7.1 PowerPoint 2016 的工作界面

(1) 大纲窗格：位于窗口的左侧，用于显示演示文稿所包含的所有幻灯片。可以在大

纲窗格内对文稿的组织结构和文本内容进行编排。

(2) 幻灯片窗格：位于窗口的右侧，用于查看及修改演示文稿中的每一张幻灯片。可以加入图形、图片、文字、声音等多媒体元素，是 PowerPoint 2016 软件最主要的工作区域。

(3) 备注窗格：位于窗口的右下角，在其中可以添加一些与观众共享的备注信息(注意：备注窗格中的内容只在编辑过程中才能显示，在放映过程中并不显示)。

## 7.1.4 PowerPoint 2016 的视图方式

PowerPoint 2016 的“视图”选项卡为用户提供了两大类视图，分别是“演示文稿视图”和“母版视图”，如图 7.2 所示。其中“演示文稿视图”提供了五种不同的视图方式，包括普通、大纲视图、幻灯片浏览、备注页、阅读视图。不同的视图提供了不同的浏览界面，方便用户对演示文稿进行加工。

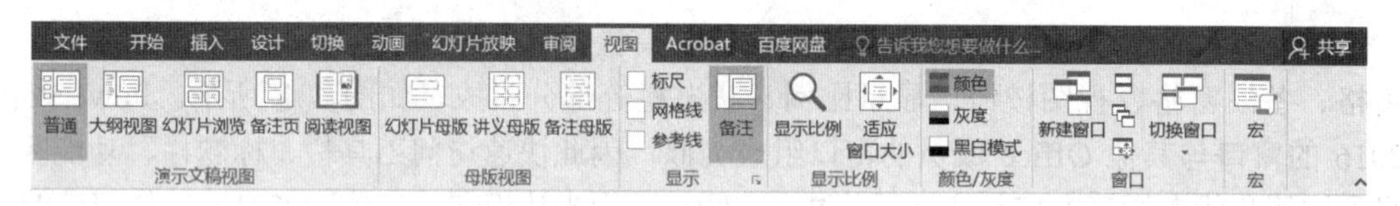


图 7.2 “视图”选项卡

窗口右下角的视图按钮，也提供了普通视图、幻灯片浏览视图、阅读视图、幻灯片放映视图四个常用视图的快速切换方式，用户可以单击进入对应的视图模式。

### 1. 普通视图

普通视图采用如图 7.3 所示的三框式画面显示方式。三框式显示画面，可同时显示幻灯片、大纲、备注，方便浏览与编辑。普通视图左框为大纲窗格，主窗口为幻灯片窗格，视图右下框为备注窗格。拖动窗格边框可调整不同窗格的大小。

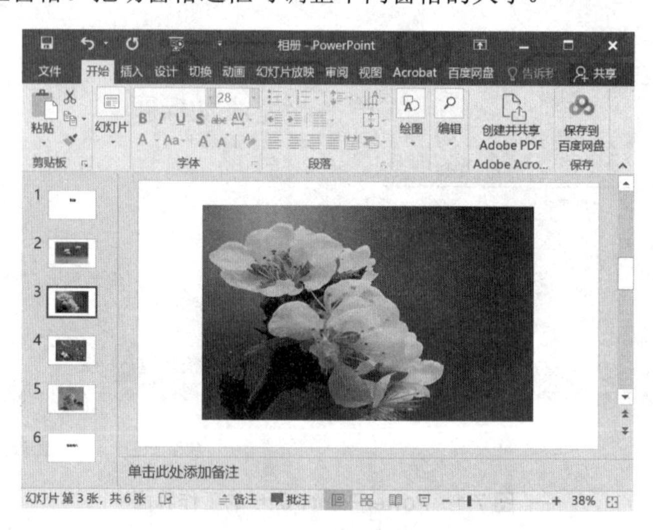


图 7.3 普通视图

### 2．幻灯片浏览视图

在幻灯片浏览视图中，按幻灯片序号顺序显示演示文稿中的所有幻灯片，这些幻灯片是以缩略图显示的，如图 7.4 所示。在这种视图方式下，用户能很方便地删除、移动、复制幻灯片或调整幻灯片的顺序。但该视图下不能直接编辑和修改某一张幻灯片的具体内容，若需要修改某一张幻灯片，可以双击该幻灯片，切换到普通视图进行编辑。

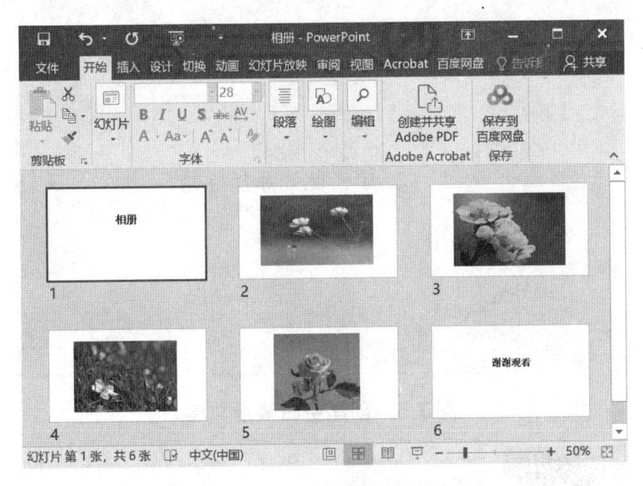


图 7.4　幻灯片浏览视图

### 3．阅读视图

在幻灯片阅读视图下，演示文稿中的幻灯片内容以全屏的方式显示出来，如果用户设置了动画的效果、画面切换效果等，在该视图方式下将全部显示出来。

### 4．幻灯片放映视图

幻灯片放映视图是预览幻灯片演示的最佳视图。它以全屏方式让用户检查每张幻灯片的实际播放效果。在这种视图下，用户可以查看演示文稿的放映效果，播放时可听到幻灯片中加入的声音，看到图像、视频，以及设置的动画、幻灯片切换效果。

# 7.2　演示文稿的基本操作

## 7.2.1　创建演示文稿

PowerPoint 2016 的文件称为演示文稿，它的默认扩展名是.pptx。启动 PowerPoint 2016 后，系统即自动创建一个名为“演示文稿 1”的空白演示文稿。此外，用户可以通过 PowerPoint 2016 提供的其他方式来创建演示文稿。

### 1．创建空白演示文稿

空白演示文稿的背景是空白的，没有任何图案和颜色，也没有任何的模板设计，如图 7.5 所示。创建空白演示文稿可采用如下方法。

- 选择“文件→新建”，在“搜索联机模板和主题”下方选择“空白演示文稿”，

如图 7.6 所示，左键单击“空白演示文稿”。

- 单击快速访问工具栏中的“新建”按钮。
- 按 Ctrl+N 快捷键。

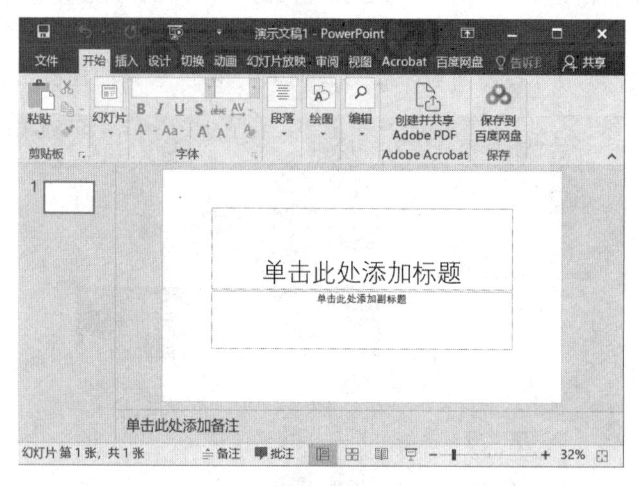


图 7.5　创建空白演示文稿

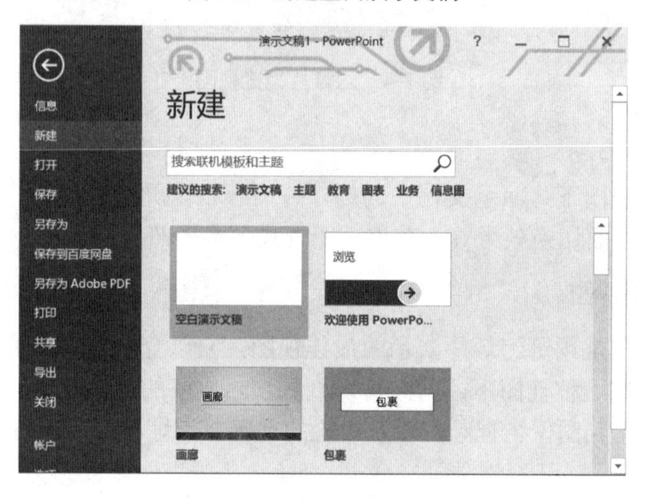


图 7.6　新建空白演示文稿

### 2．根据模板和主题创建演示文稿

在 PowerPoint 2016 中还可以根据模板和主题来创建演示文稿。用户利用模板可以轻松创建美观且具有统一设计风格的演示文稿。具体步骤为：选择“文件→新建”，在“搜索联机模板和主题”中输入关键词，如图 7.7 所示，选择其中一种样式，右击，在弹出的快捷菜单中选择“创建”命令，即可创建一个新的演示文稿。

用户可根据特定的需要选择不同的模板，PowerPoint 2016 提供了“搜索联机模板和主题”功能，根据需要输入关键词可搜索得到不同的样本模板。使用模板创建的演示文稿包含了文本内容和设计样式，且在幻灯片的恰当位置上已有一些提示性的文字，因此用户只要对文稿的具体内容进行编辑就可创建一个符合需求的演示文稿，此种方法对于初学者非常适用。

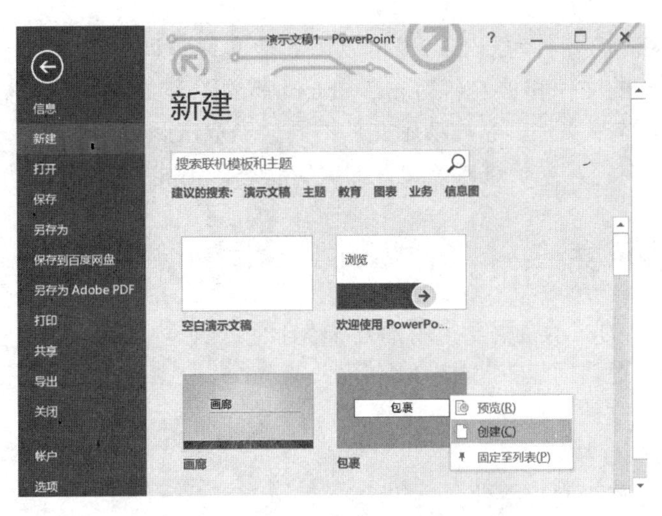


图 7.7 根据样本模板创建演示文稿

## 7.2.2 保存演示文稿

保存演示文稿的方法与 Word 2016 或 Excel 2016 文件的保存方法完全一样。常用的保存方法有以下几种。

方法 1：单击快速访问工具栏中的“保存”按钮。

方法 2：按 Ctrl+S 快捷键。

方法 3：选择“文件→保存”。

方法 4：选择“文件→另存为”。

在前三种保存方法中，若演示文稿文件是新建的，则出现“另存为”对话框，其形式与 Word 中的“另存为”对话框类似，如图 7.8 所示。若文件不是新建的，则按原来的路径和文件夹存盘，不会出现“另存为”对话框。最后一种保存方法可以实现对已有文件的换名保存，其含义与 Word 中的“另存为”命令一样。

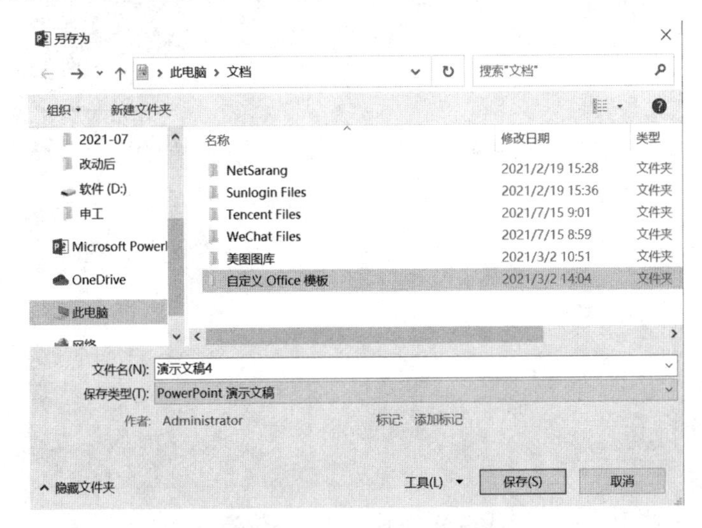


图 7.8 “另存为”对话框

演示文稿的默认扩展名为.pptx，也可以用其他文件类型保存，例如，HTML 网页文档，扩展名为.ppsx 的文件和扩展名为.jpg、.bmp 等的图形文件。扩展名为.ppsx 的文件是 PowerPoint 2016 的放映文件，它与演示文件不同，当双击此类文件时，自动全屏幕放映该文件。但双击 pptx 文件，系统进入该文件的编辑状态，不能直接放映。

## 7.2.3 打开演示文稿

要打开一个已有的演示文稿，常用的方法有下面 4 种。

方法 1：单击快速访问工具栏中的“打开”按钮。

方法 2：选择“文件→打开”。

方法 3：按 Ctrl+O 快捷键。

方法 4：双击该演示文稿文件。

除了上述打开文稿的方法外，若打开的演示文稿是最近使用过的文稿，还可单击“文件”按钮，在左侧列表中选择“最近所用文件”列表中的相应文件名。

## 7.2.4 幻灯片的基本编辑

演示文稿的基本编辑操作包括选择幻灯片、插入幻灯片、移动幻灯片、复制幻灯片、删除幻灯片等。这些操作可以在普通视图下进行，但在幻灯片浏览视图中进行更为方便。

在新创建的幻灯片中会出现一些虚线框，这是 PowerPoint 2016 为用户预留的“占位符”，如图 7.9 所示。占位符可以输入文本，也可以包含图片、图表及其他非文本对象。

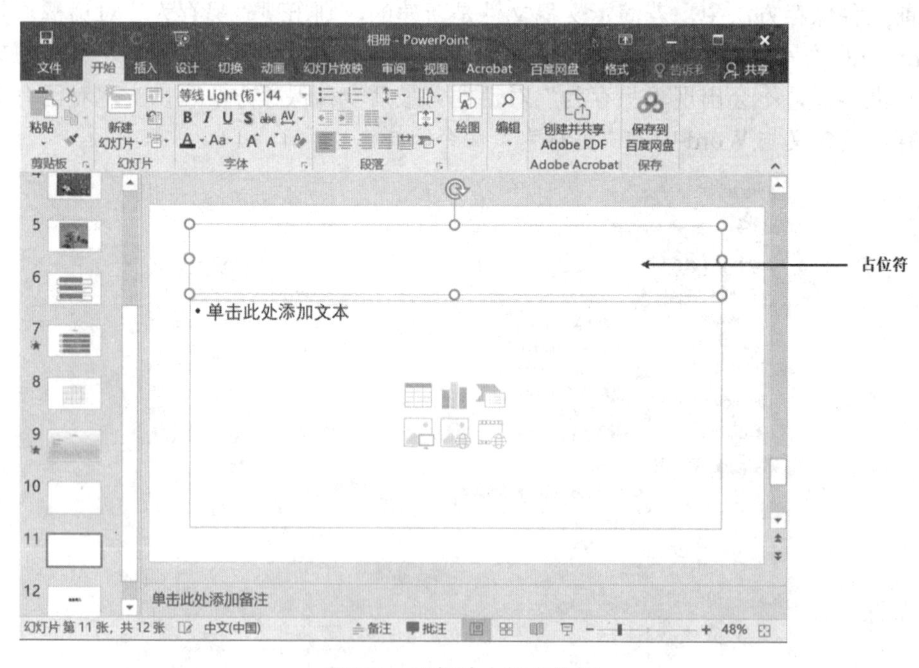


图 7.9　幻灯片中的占位符

# 7.3 演示文稿中各类对象的插入与编辑

演示文稿由若干张幻灯片组成，因此制作演示文稿就是制作一张张幻灯片的过程。而幻灯片的制作和编辑主要是幻灯片中各类对象的插入和编辑。为了制作精美的幻灯片，可以在幻灯片中插入图片、图表、表格、声音和影片等对象。

## 7.3.1 插入和编辑文字

PowerPoint 2016 幻灯片中除了“占位符”可以输入文字外，还可以使用文本框输入文字。PowerPoint 2016 允许在一张幻灯片中插入多个文本框，并能对每个文本框进行修饰。添加文本框的方法是单击“插入”选项卡中的“文本框”按钮或，此时光标变成十字形状，在幻灯片中拖动鼠标，直到宽度达到要求后释放鼠标。文本框中文本编辑和格式编排的操作与 Word 2016 中的文本编辑、排版操作一样，在此不再详述。

在幻灯片中还可以插入艺术字。单击“插入”选项卡中的“艺术字”按钮，打开下拉列表，如图 7.10 所示。用户从中选择所需的艺术字样式，即可在幻灯片中显示一个艺术字文本框，在此输入艺术字内容即完成了艺术字的插入。艺术字的编辑还可通过功能区中对应的按钮来实现，如图 7.11 所示。

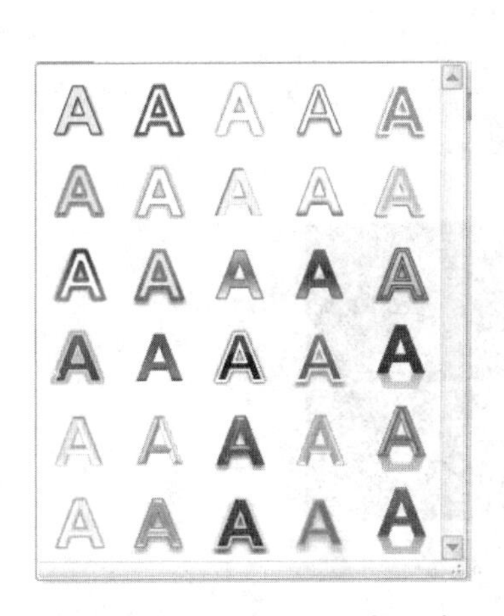

图 7.10 “艺术字”下拉列表

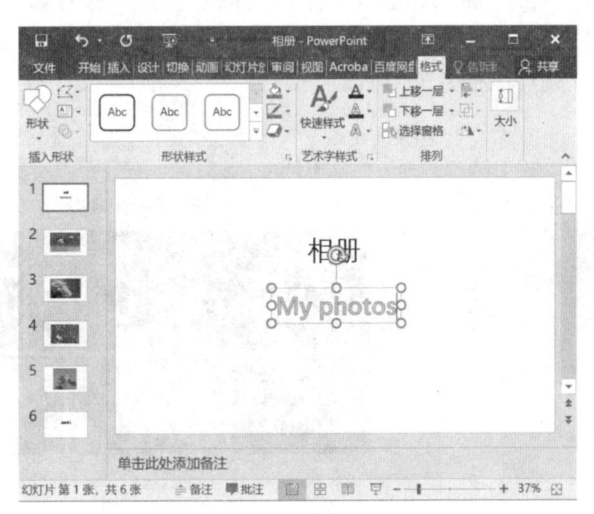


图 7.11 功能区中的按钮

## 7.3.2 插入与编辑图形对象

在 PowerPoint 2016 中适当插入图形对象，可使得演示文稿更加丰富、生动。在 PowerPoint 2016 中允许插入的图形对象包括图片、形状、SmartArt 图形等。

### 1. 图像的插入与编辑

幻灯片中的图像可以来自文件的图片、联机图片、屏幕截图、相册。

1) 插入图片文件

单击“插入”选项卡中的“图片”按钮，弹出“插入图片”对话框，如图 7.12 所示，选择所需要的图片，单击“插入”按钮，即可将图片插入幻灯片。

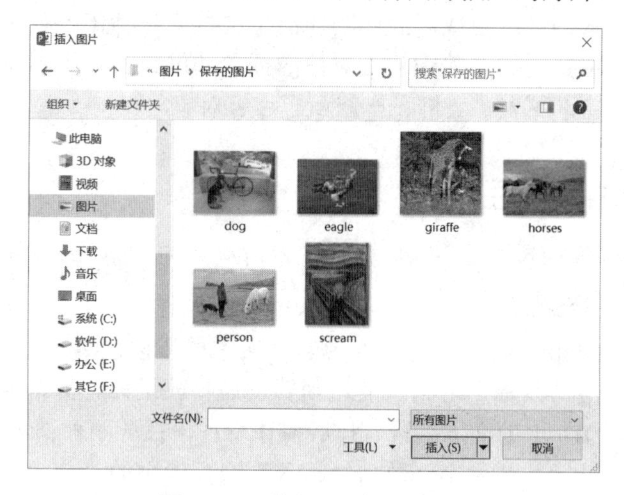


图 7.12 “插入图片”对话框

2) 插入联机图片

单击“插入”选项卡中的“联机图片”按钮，打开“联机图片”窗格，在“必应图片搜索”栏中输入关键词，单击“搜索”按钮显示联机图片，如图 7.13 所示，单击选中的图片就可以插入幻灯片。

图 7.13 “联机图片”窗格

3) 屏幕截图

单击“插入”选项卡中的“屏幕截图”按钮，出现“可用的视窗”列表，里面包含了当前所有窗口截图的缩略图，如图 7.14 所示。在此只需要单击具体的某一张截图就可以很方便地截取该窗口图片，并插入正在编辑的幻灯片。

4) 插入相册

单击“插入”选项卡中的“相册”按钮，弹出“相册”对话框，如图 7.15 所示。利用该对话框可以根据一组图片创建或编辑一个演示文稿，每个图片占用一张幻灯片。

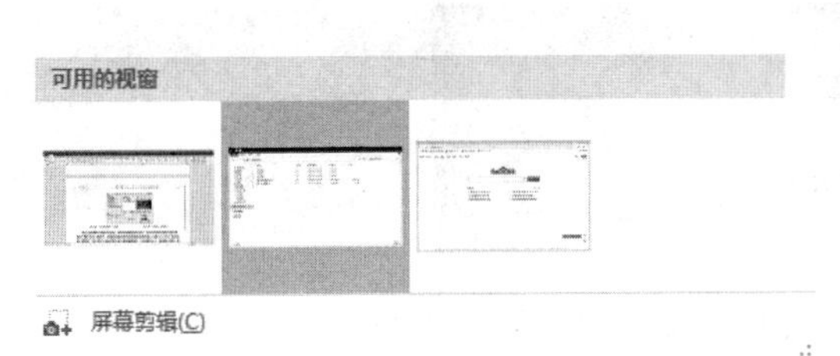

图 7.14 “可用的视窗”列表

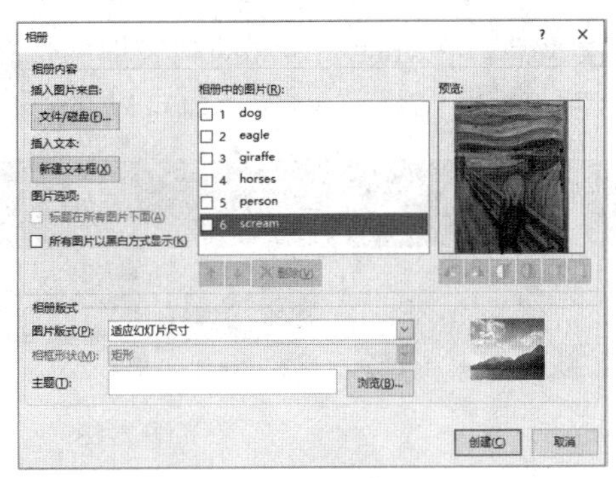

图 7.15 “相册”对话框

通过上述四种方法插入图片后，均可以调整图片的大小，也可以拖动改变图片的位置，选择“图片工具”选项卡，功能区会显示用于图片编辑的各种按钮，如图 7.16 所示。通过这些工具按钮，用户可以方便地对图片进行各种编辑操作，比如裁剪大小，设置图片效果、颜色效果、艺术效果等。

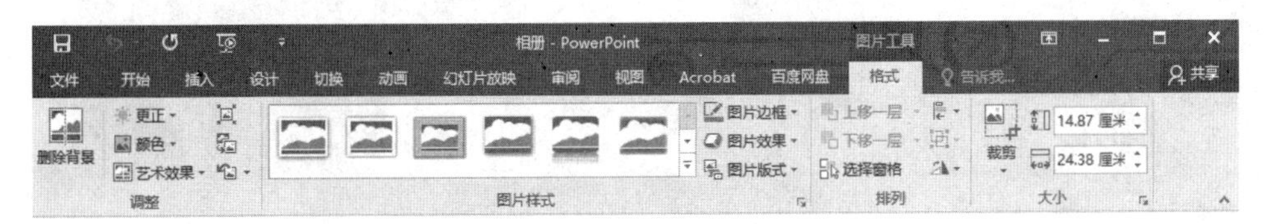

图 7.16 “图片工具”选项卡

## 2. 形状的插入与编辑

形状是一组预定义的图形，如矩形、直线等。用户可以将这些形状插入幻灯片使用，并对它进行编辑。单击“插入”选项卡中的“形状”按钮，在下拉列表中选择所需要的形状，如图 7.17 所示，在幻灯片中拖动鼠标就可以绘制出相应的形状。插入形状后，可以对形状进行调整，选择“绘制工具”选项卡，功能区会显示用于形状编辑的各种按钮，如图 7.18 所示，通过这些工具按钮，用户可以方便地对形状进行填充、轮廓、效果等各种编辑。

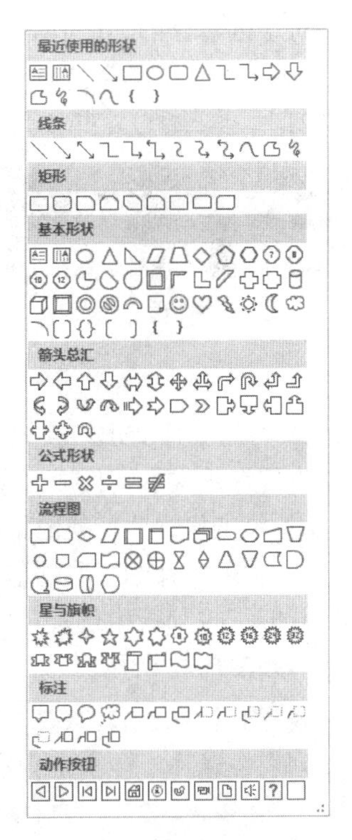

图 7.17 “形状”下拉列表

## 3. SmartArt 图形的插入与编辑

PowerPoint 2016 内置了丰富的 SmartArt 图形库，用户可以使用 SmartArt 图形将一些抽象的概念进行形象化表达，这是一个非常实用的功能。用户可以直接插入 SmartArt 图形，也可以将幻灯片文本转换为 SmartArt 图形。

1) 插入 SmartArt 图形

单击“插入”选项卡中的 SmartArt 按钮，弹出“选择 SmartArt 图形”对话框，如图 7.19 所示。SmartArt 图形包括列表、流程、循环、层次结构等九大类型，选择

具体类型后，在对话框中部的列表框中选择所需的图形样式，右侧会出现选中的图形名称及介绍。单击“确定”按钮，就可以在幻灯片中插入 SmartArt 图形。

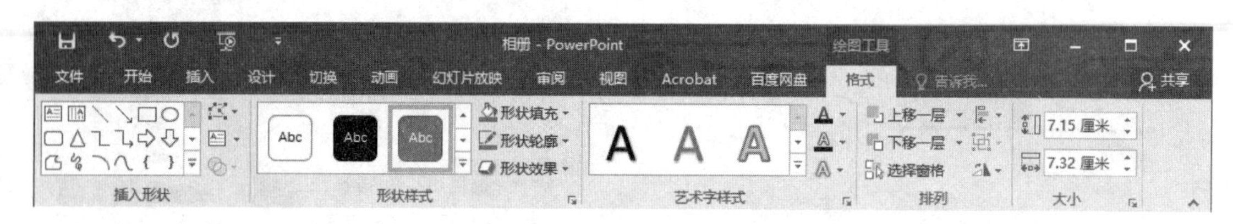


图 7.18　“绘图工具”选项卡

对插入的 SmartArt 图形还要进行文字或图片等编辑，如图 7.20 所示，根据提示在 SmartArt 图形中输入文字或插入图片，最终 SmartArt 图形创建完成。

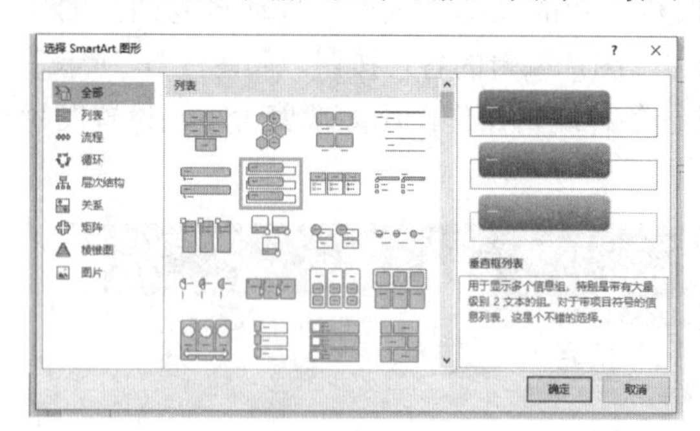


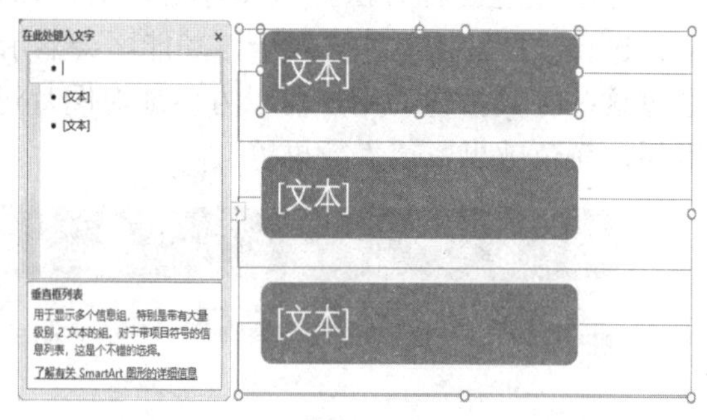


图 7.19　“选择 SmartArt 图形”对话框　　　　图 7.20　编辑 SmartArt 图形

对于创建好的 SmartArt 图形，用户可以进行编辑。单击 SmartArt 图形即在功能区出现“SmartArt 工具”选项卡，里面包含了用于 SmartArt 图形编辑的各种工具按钮，如图 7.21 所示，通过这些工具按钮，用户可以方便地对 SmartArt 图形进行编辑操作。

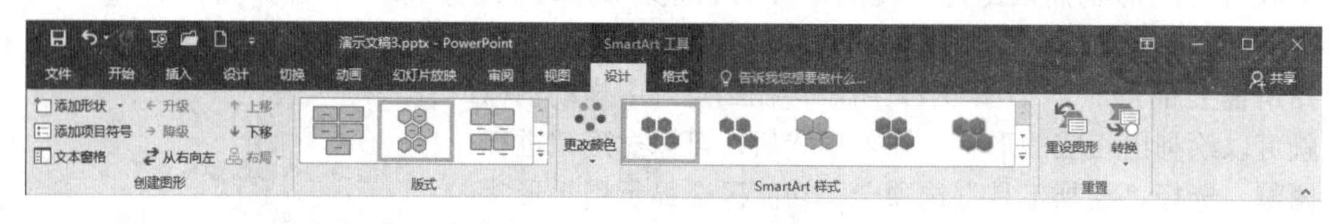


图 7.21　“SmartArt 工具”选项卡

2) 将幻灯片文本转换为 SmartArt 图形

将幻灯片文本转换成 SmartArt 图形的具体操作步骤如下。

① 单击包含要转换的幻灯片文件占位符。

② 单击“开始”选项卡“段落”组中的“转换为 SmartArt 图形”按钮 转换为 SmartArt，在打开的下拉列表中选择需要的 SmartArt 图形，即可实现将幻灯片文本转换为 SmartArt 图形，如图 7.22 所示。

③ 如果要取消转换，单击“SmartArt 工具”选项卡中的“转换”按钮，在打开的下拉列表中选择“转换为文本”，即可将 SmartArt 图形恢复成文本。

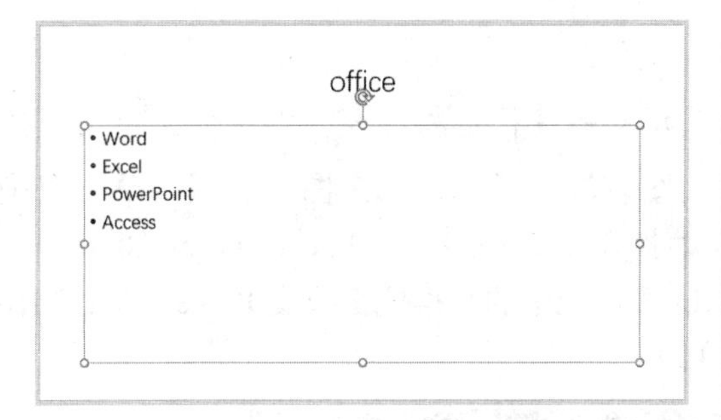


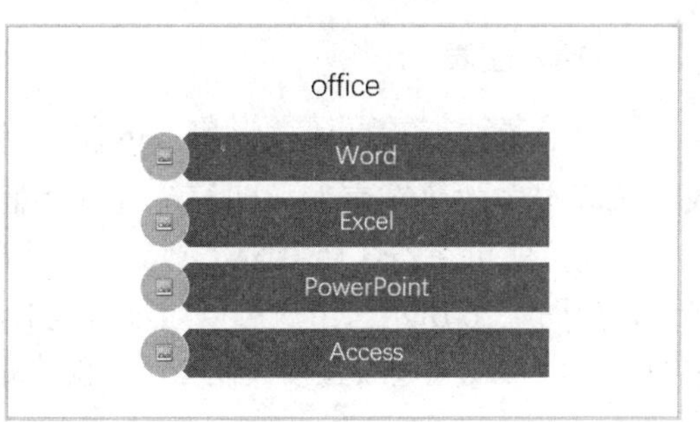


图 7.22　将文本转换为 SmartArt 图形

## 7.3.3　插入表格和图表

### 1. 插入表格

在演示文稿中，有时需要插入数据表格。这与 Word 2016 中制作表格的操作一样，单击“插入”选项卡中的“表格”按钮，在下拉列表中拖动鼠标产生表格，如图 7.23 所示。也可选择“插入表格”选项，打开如图 7.24 所示的对话框，填入要创建表格的行、列数，单击“确定”按钮。此时，在幻灯片上生成一个指定了“行数”和“列数”的空表格。

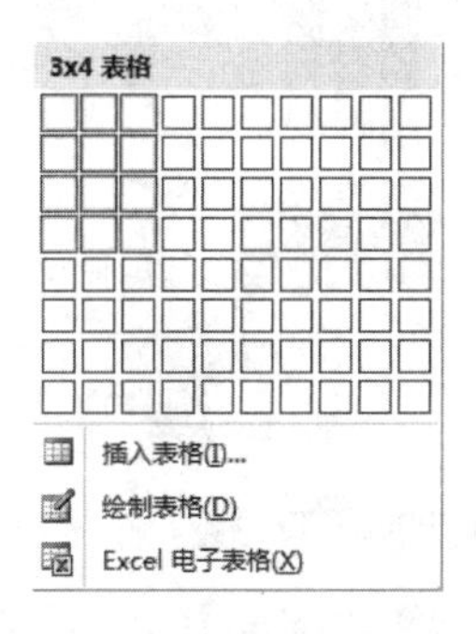


图 7.23　“表格”下拉列表

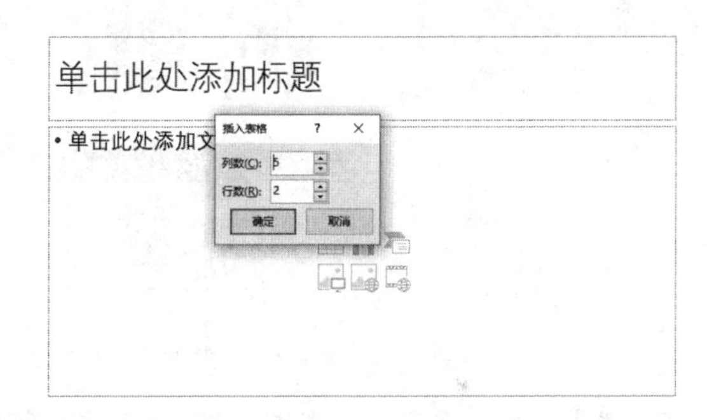


图 7.24　“插入表格”对话框

此外，PowerPoint 2016 还可以直接插入 Excel 数据表。选择图 7.23 中的“Excel 电子表格”选项，即插入一个 Excel 数据表，如图 7.25 所示。可以拖动调整表格的行、列数，也可在 Excel 单元格中输入数据。单击数据表窗口外的任何位置，可退出数据表，返回到普通视图。如要修改所建的数据表，只需双击数据表的任意位置即可进入修改状态。

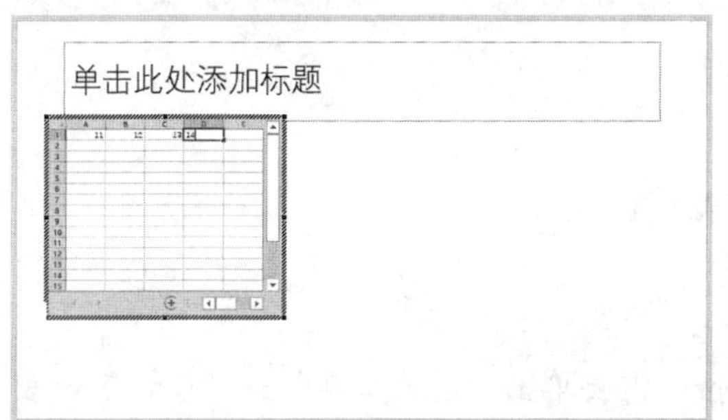


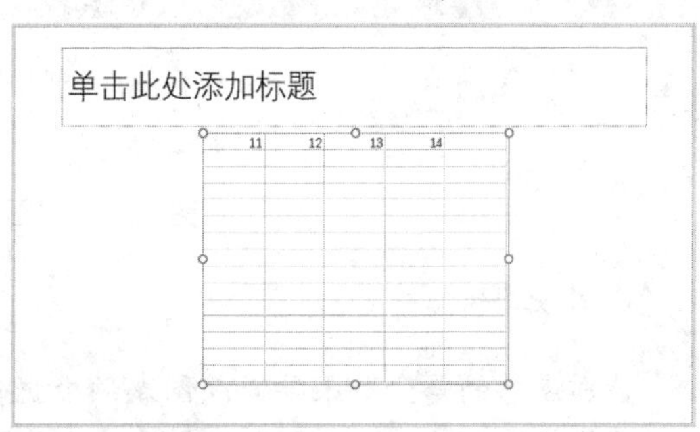


图 7.25　将 Excel 数据表插入幻灯片

## 2. 插入图表

图表的表达方式直观、形象，因此有些演示文稿往往也将图表作为主体。单击“插入”选项卡中的“图表”按钮，打开“插入图表”对话框，选定图表类型后单击“确定”按钮，即可在幻灯片中插入图表，并且自动打开 Excel 数据表和 PowerPoint 2016 分屏显示，如图 7.26 所示。用户可以通过修改 Excel 数据表中的数据值来改变 PowerPoint 2016 中的图表，修改完成后直接关闭 Excel 软件即可。

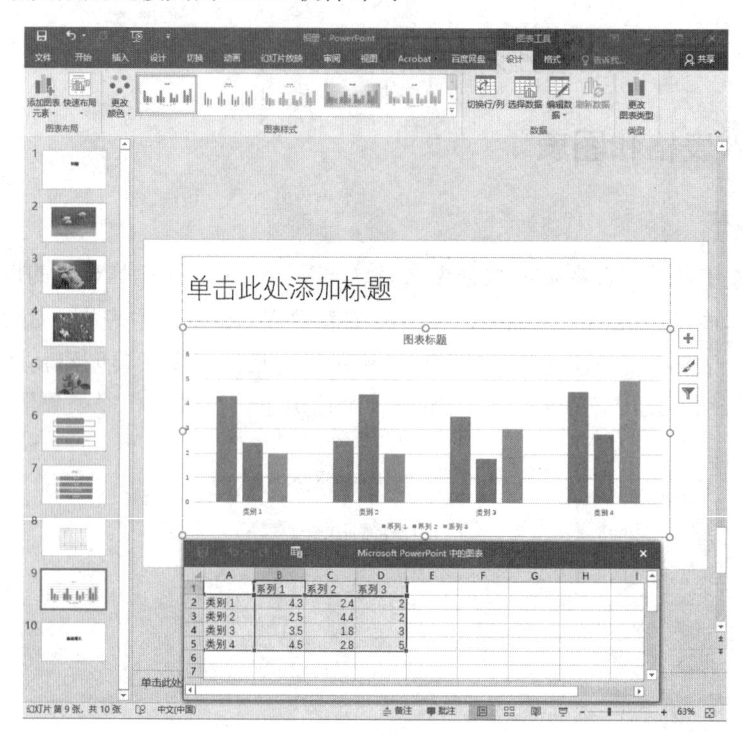


图 7.26　插入图表编辑操作

对于创建好的图表，用户可以进行编辑。在功能区出现的“图表工具”选项卡，里面包含了设计、格式等方面的各种工具按钮，如图 7.27 所示。通过这些工具按钮，用户可以方便地完成图表的编辑。

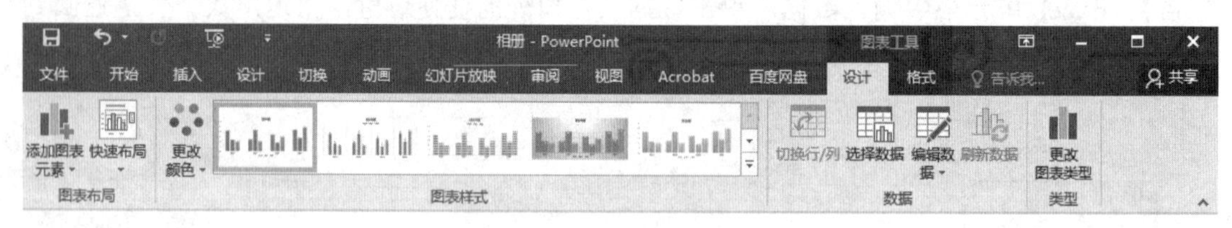


图 7.27　“图表工具”选项卡

### 小知识

特别注意的是：如果要修改图表的数据值，需要单击“图表工具”→“设计”选项卡→“编辑数据”按钮，这样即可打开对应的 Excel 数据表进行数据修改。

## 7.3.4 插入声音和影片

在 PowerPoint 2016 中除了包含文本和各种图形对象外，还可以插入声音和影片，声音包括 MP3、WAV、MIDI 等，影片可以是 AVI、MPEG、WMV 等。添加了声音和影片后，所播放的演示文稿具有更强的吸引力。

### 1．插入声音

下面以在幻灯片中插入一个 mp3 文件为例，说明其操作步骤。

① 单击“插入”选项卡中的“音频”按钮，在下拉列表中选择“PC 上的音频”。

② 在打开的对话框中指定声音文件的路径和名称，单击“插入”按钮。

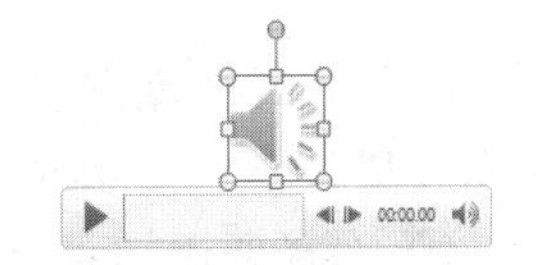

图 7.28　幻灯片中声音图标

插入声音后，在幻灯片中会多一个声音图标，如图 7.28 所示。功能区中也会出现“音频工具”选项卡，其中包括了格式和播放两大类工具按钮，用户可以方便地对声音进行设置，如图 7.29 所示。

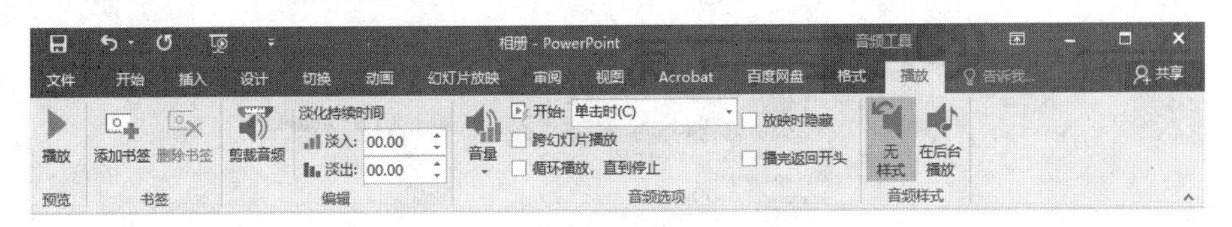


图 7.29　“音频工具”选项卡

幻灯片放映时默认声音文件是在单击时播放，且只能在当前幻灯片中播放，如果需要修改，则要在图 7.29 所示的“音频工具”选项卡的“音频选项”组中进一步设置。如设置声音文件自动播放，则单击“开始”，在下拉列表中选择“自动”；如果要使得声音文件在之后的幻灯片中继续播放，则应该选中“跨幻灯片播放”复选框，如图 7.30 所示。幻灯片播放时往往还希望隐藏声音图标，选中“放映时隐藏”复选框，这样在演示文稿播放时就只听见声音而看不到声音图标，如图 7.31 所示。

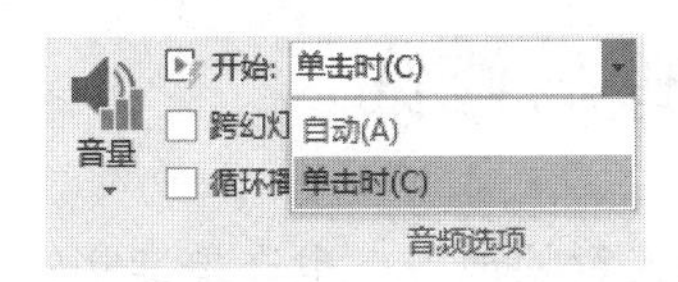


图 7.30　“开始”下拉列表

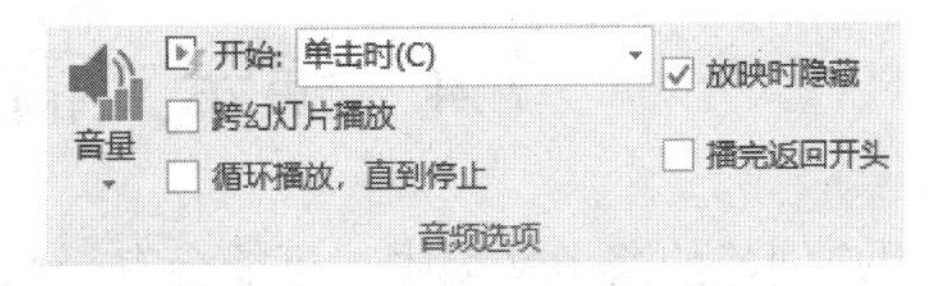


图 7.31　设置“放映时隐藏”

### 2．插入影片

幻灯片中可以插入影片，影片有两种：联机视频、PC 上的视频。影片的插入方式和声音类似，在此不再叙述。

## 7.3.5 其他对象的插入

为了让演示文稿更具说服力，常需要加入一些公式、Word 文档等其他对象。

PowerPoint 2016 的“插入”选项卡提供了“公式”按钮，可以直接在下拉列表中选择一种公式类型插入幻灯片，同时功能区出现“公式工具”选项卡，可利用该选项卡中的各种按钮对公式进行编辑，如图 7.32 所示。

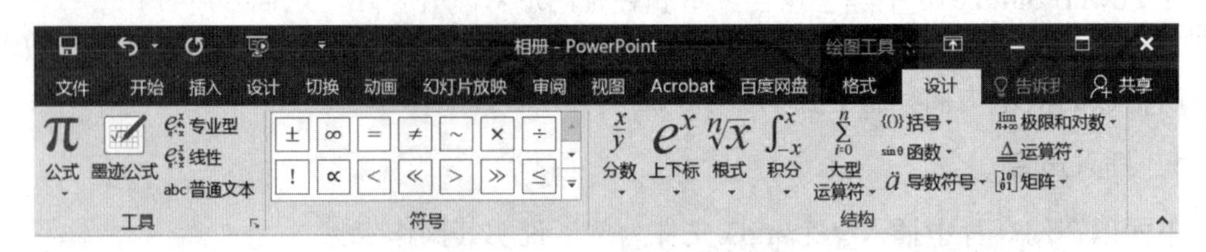


图 7.32 “公式工具”选项卡

插入公式的操作也可以在插入对象中进行，下面统一介绍在幻灯片中添加其他对象的操作步骤。

① 选择要添加对象的幻灯片。

② 单击“插入”选项卡中的“对象”按钮，显示如图 7.33 所示的“插入对象”对话框。拖动滚动条在“对象类型”列表框中查看，双击要插入的对象类型，即可调出相应的应用程序。

图 7.33 “插入对象”对话框

③ 在应用程序中编辑对象完成后，单击对象外任意位置，可返回到普通视图。

# 7.4 演示文稿的处理与修饰

在用户创建的演示文稿中，可能会有一些不尽如人意的地方，也许是某些幻灯片用不上，也许想对个别幻灯片的版面进行一些调整，也许需要改变幻灯片的演示顺序，等等，这些都是对演示文稿的处理或修饰。

## 7.4.1 幻灯片的插入、删除、复制和移动

### 1. 幻灯片的选定

在对幻灯片进行插入、删除、复制和移动前应先选定。选定幻灯片的操作一般在大纲窗格中进行，或是在幻灯片浏览视图中操作。

- 选定一张幻灯片：单击指定的幻灯片，其外围就被一实线框包围，这表示该幻灯片被选定。
- 选定多张连续幻灯片：单击第一张幻灯片，按住 Shift 键并单击最后一张幻灯片。
- 选定多张不连续幻灯片：单击第一张幻灯片，按住 Ctrl 键并单击要选定的其他幻灯片。
- 全选：按 Ctrl+A 快捷键，或选择“开始”选项卡“选择”下拉列表中的“全选”选项。

### 2. 幻灯片的插入

可以用下面的方法向演示文稿中插入新幻灯片。

方法 1：单击“开始”选项卡中的“新建幻灯片”按钮，打开如图 7.34 所示的“Office 主题”下拉列表，选择一种版式后，插入一张该版式的幻灯片。

方法 2：在大纲窗格中右击，在弹出的快捷菜单中选择“新建幻灯片”。

方法 3：按 Ctrl+M 快捷键。

图 7.34 “Office 主题”下拉列表

### 3. 幻灯片的删除

选定要删除的一张或多张幻灯片后，按 Delete 键即可，也可以选择快捷菜单中的“删除幻灯片”命令来实现。

### 4. 幻灯片的复制

复制幻灯片的步骤如下。

① 选择需要复制的一张或多张幻灯片。

② 单击“开始”选项卡中的“复制”按钮或执行快捷菜单中的“复制”命令。

③ 单击拟复制该幻灯片位置前的一张幻灯片，确定复制的位置。

④ 单击“开始”选项卡中的“粘贴”按钮或执行快捷菜单中的“粘贴”命令，选择一种粘贴方式进行粘贴。

小知识

可以在不同演示文稿间复制幻灯片，方法和上述一样，只不过要同时打开两个演示文稿。

### 5. 幻灯片的移动

通过幻灯片的移动操作可以改变幻灯片的播放顺序。类似于幻灯片的复制操作，可以通过剪贴板来完成幻灯片的移动，只需将“复制幻灯片”步骤②中的“复制”按钮改为“剪切”按钮即可。

此外，可以直接拖动幻灯片到指定的位置来完成幻灯片的移动操作。其操作方法：选定要移动的幻灯片，然后按住鼠标左键不放，在此幻灯片后出现代表该幻灯片的一根细

线，拖动幻灯片，使细线到达所需的位置再松开鼠标左键。

## 7.4.2 设置幻灯片母版

母版是指一张具有特殊用途的幻灯片，它记录了演示文稿中所有幻灯片的布局信息。其中包含已设定格式的占位符。这些占位符为标题、主要文本和所有幻灯片中出现的对象而设置，如果更改了某一演示文稿的幻灯片母版，将会影响所有基于该母版的幻灯片样式。在 PowerPoint 2016 中，共有三种母版：幻灯片母版、讲义母版和备注母版。其中，幻灯片母版较为常用。

幻灯片母版用于控制该文稿中所有幻灯片的格式，包括幻灯片标题的格式。如果要在每张幻灯片的同一位置插入同一幅图形，不必在每张幻灯片上一一插入，只需在幻灯片母版上插入即可。

对讲义和备注母版的设置则分别影响讲义和备注的外观形式。讲义指在打印时，一页纸上安排多张幻灯片。讲义母版和备注母版可以设置页眉、页脚等内容，可以在幻灯片之外的空白区域添加文字或图形。讲义母版和备注母版所设置的内容，只能通过讲义或备注显示出来，不影响幻灯片中的内容，所以也不会在放映幻灯片时显示出来。

下面介绍使用幻灯片母版的步骤。

① 打开演示文稿文件。

② 单击“视图”选项卡中的“幻灯片母版”按钮 幻灯片母版，屏幕显示如图 7.35 所示。

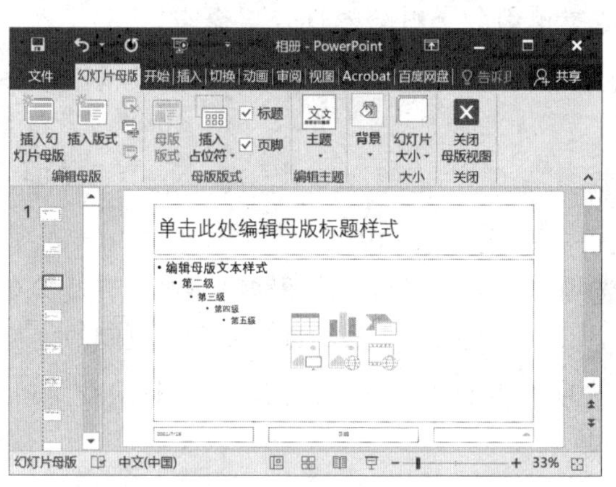


图 7.35 使用幻灯片母版

③ 单击“母版版式”组中的“插入占位符”按钮，设置合适的格式。

④ 如果要让某些特殊对象出现在每张幻灯片上，请将其添加在幻灯片母版上。

在“幻灯片母版”视图的左窗格中有幻灯片母版缩略图，此外，系统还提供了多种幻灯片母版版式。幻灯片母版能影响所有与之相关联的版式，如在幻灯片母版中设置统一的内容、图片、背景和格式，其他版式会自动与之一致，而各种版式可单独设置配色、文字和格式。

“幻灯片母版”选项卡提供了多种工具按钮，如图 7.36 所示，可以进行相关设置。母版设置好后，单击“幻灯片母版”选项卡中的“关闭母版视图”按钮，返回到普通视图。

图 7.36 “幻灯片母版”选项卡

**小知识**

一般情况下，用户应在创建演示文稿之前先创建幻灯片母版，这样添加到演示文稿的所有幻灯片的版式都是基于幻灯片母版的版式。

## 7.4.3 应用主题

从 PowerPoint 2007 起，主题就替换了早期版本中使用的设计模板。主题是一组格式选项，它包含颜色、字体、效果，应用主题可以达到美化幻灯片的目的。PowerPoint 2016 提供了几种预定义的主题，用户也可以在现有主题的基础上自定义创建新的主题。

### 1. 创建新幻灯片时应用主题

新建幻灯片时应用主题的具体步骤为：单击“文件→新建”，在“搜索联机模板和主题”中搜索“主题”，如图 7.37 所示，选择其中一种主题，单击鼠标右键，选择“创建”命令即可根据所选主题创建一个新的演示文稿。

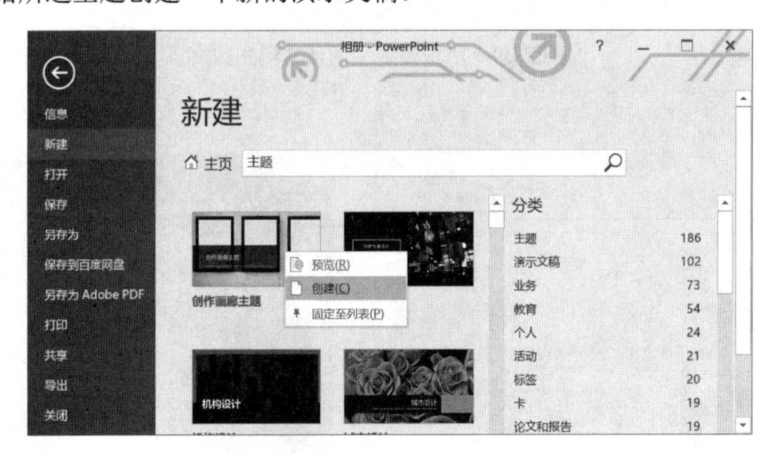


图 7.37 “新建”面板

### 2. 更改当前幻灯片的主题

切换到“设计”选项卡，在功能区“主题”组中显示预订主题，如图 7.38 所示。单击按钮，可切换到其他行的主题。将鼠标指针停留在某一个主题上，可预览到主题应用效果，单击该主题将被应用于演示文稿。指向某一主题并右击，从打开的快捷菜单中可选择将主题“应用于所有幻灯片”或是“应用于选定幻灯片”。默认情况是“应用于所有幻灯片”的效果。

图 7.38　“设计”选项卡

### 3. 用户自定义演示文稿主题

用户可以自定义幻灯片背景图案、配色方案、字体样式等，如图 7.39 所示。设置完毕后进行保存，在“另存为”对话框中，选择“保存类型”为“PowerPoint 模板”，如图 7.40 所示。保存后，当用户需要使用该模板时，在“新建”面板的“个人”模板选项卡中就可以看到用户自定义的模板，如图 7.41 所示。

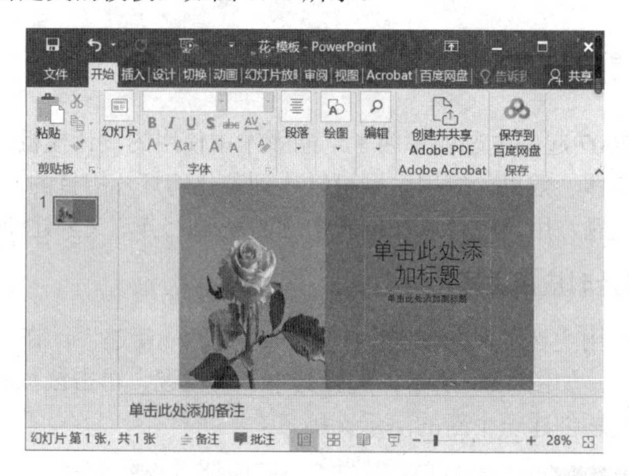


图 7.39　用户自定义演示文稿主题

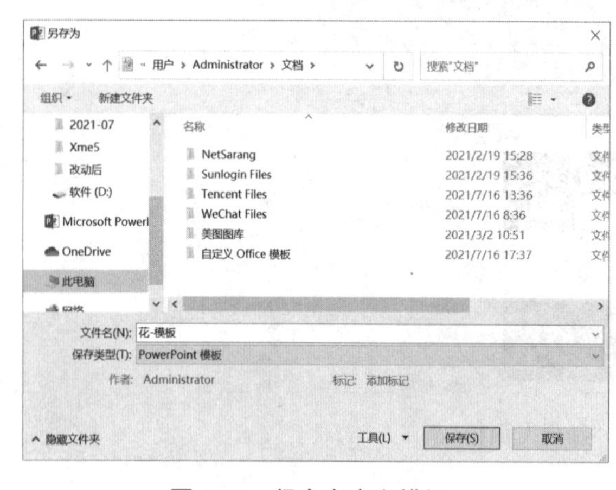


图 7.40　保存自定义模板

图 7.41　“个人”模板选项卡

## 7.4.4　设置幻灯片颜色和背景

### 1. 设置幻灯片色彩方案

用户选择了幻灯片主题后，还可以对该主题的色彩方案进行调整。单击“设计”选项卡“变体”组中的“颜色”按钮颜色(C)，在“颜色”下拉列表中选择某一种颜色单击即可，如图 7.42 所示。

### 2. 调整幻灯片背景

用户更改主题时，演示文稿的背景样式会随主题变化而变化。如果要保留原主题样式的颜色、字体、线条效果，只修改背景的颜色、纹理、填充效果等，可以对幻灯片的背景进行调整，并可选择调整后的效果是应用于当前幻灯片还是所有幻灯片。

单击“设计”选项卡“变体”组中的“背景样式”按钮背景样式，可以在下拉列表中选择某一种颜色作为背景，如图 7.43 所示；在“背景样式”下拉列表中也可以选择“设置背景格式”命令，在弹出的对话框中对填充效果、图片更正、图片颜色、艺术效果等进行设置，如图 7.44 所示。设置完毕后单击“关闭”按钮，该背景应用到当前幻灯片；单击“全部应用”按钮，该背景应用到所有幻灯片；单击“重置背景”按钮可恢复设置之前背景的样式。

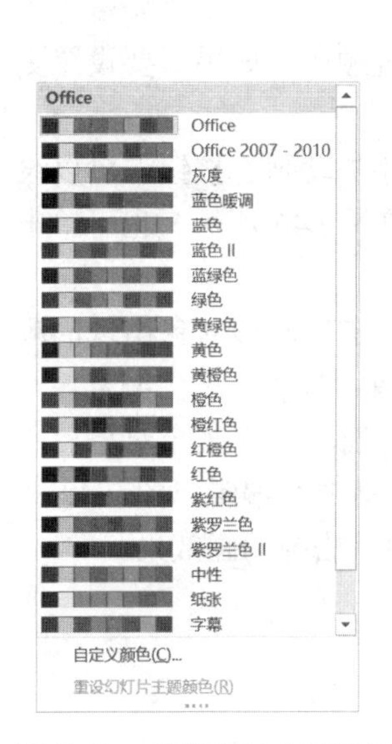


图 7.42 “颜色”下拉列表

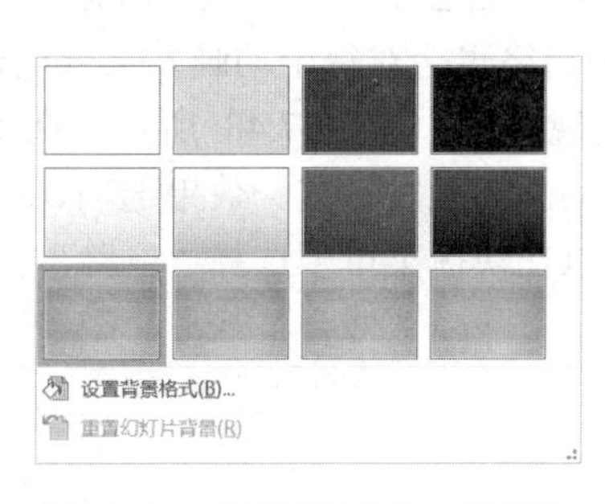


图 7.43 “背景样式”下拉列表

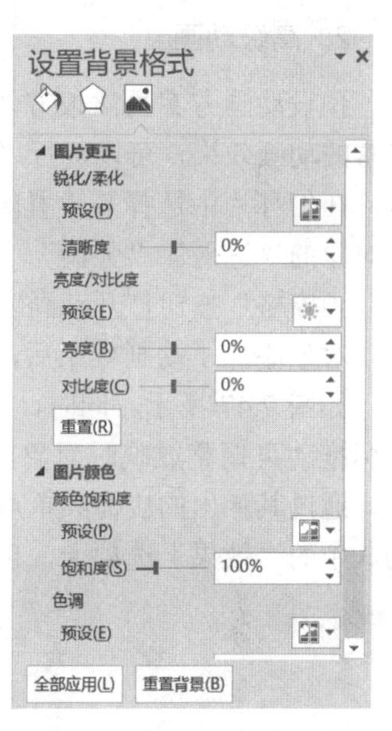


图 7.44 “设置背景格式”对话框

## 7.5 设置动画效果和切换效果

在 PowerPoint 2016 中，可以为幻灯片中的所有对象(比如文本、图片、标题)添加动画效果，使制作出来的演示文稿更加生动、引人注目。

### 7.5.1 设置动画效果

#### 1. 预设动画方案

PowerPoint 2016 提供了预设动画方案，利用这些预设的动画方案，可以方便、快捷

地将动画效果应用于演示文稿中。预设动画包含了对占位符、图片、形状等对象的动画设置。

选中要设置动画的对象，切换到“动画”选项卡，在功能区“动画”组中显示预订动画，如图 7.45 所示。将鼠标指针停留在某一个动画上，可预览动画应用效果，单击该动画可将其应用于幻灯片中选定的对象。不同的动画还可以进行不同的效果选项设置，单击“动画”组中的“效果选项”按钮，在下拉列表中进行选择。设置好动画方案后，可预览动画的效果，单击“动画”选项卡中的“预览”按钮，就可进行预览。

图 7.45 “动画”选项卡

## 2. 高级动画

预设动画方案虽然很方便，但不能调整幻灯片内各对象的出现顺序。如果需要设置更丰富的动画效果，可以进行“高级动画”设置。

在幻灯片中选择需设置的对象，单击“高级动画”组中的“添加动画”按钮，可以设置对象的“进入”“强调”“退出”“动作路径”等动画效果，如图 7.46 所示。也可单击“动画窗格”按钮打开动画窗格。

对象添加了动画效果后，在其前面会出现一个数字标志，代表放映时该对象出现的顺序，如图 7.47 所示。同时，动画窗格也会对每个动画效果分别标有“1、2、…”编号，用鼠标拖动可调整放映时对象的出现顺序，如图 7.48 所示。在动画窗格选中某个对象后右击，通过其弹出的快捷菜单可对动画的触发方式、效果选项、计时等进行编辑，图 7.49 即为其中的“效果”选项卡，也可以在快捷菜单中选择“删除”命令，去掉动画效果。

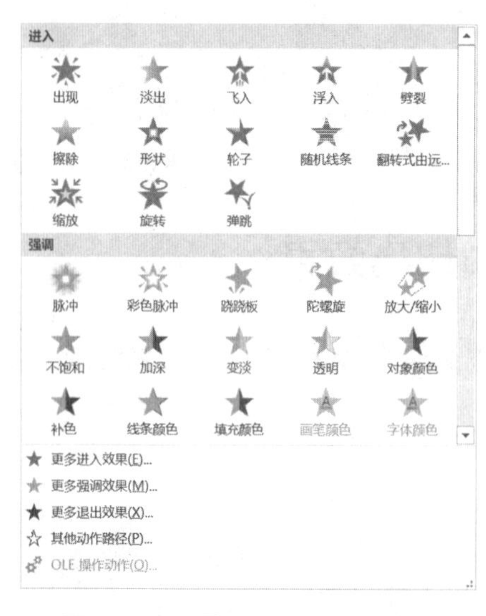


图 7.46 “添加动画”下拉列表

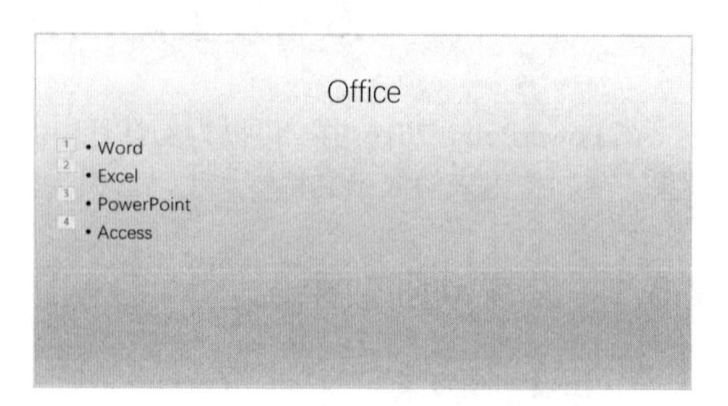


图 7.47 添加了动画效果的幻灯片

图7.48 动画窗格

图7.49 “效果”选项卡

## 7.5.2 设置切换效果

幻灯片的切换是指在放映幻灯片时从一张幻灯片更换到下一张幻灯片的方式，也就是幻灯片进入和离开屏幕时产生的视觉效果。

下面介绍设置幻灯片切换效果的步骤。

① 打开演示文稿，选定要设置切换效果的一张或多张幻灯片。

② 打开“切换”选项卡，如图 7.50 所示。在“切换到此幻灯片”组中单击需要的切换效果，即可将其应用到所选幻灯片。

图7.50 “切换”选项卡

③ 单击“计时”组中的“声音”按钮，打开如图 7.51 所示的下拉列表，可选择一种音效为幻灯片添加切换时的伴随声音。

④ 单击“计时”组中的“持续时间”按钮进行微调，可调整切换速度。

⑤ 选中“计时”组中的“换片方式”复选框，可选择幻灯片的切换方式。选中“单击鼠标时”复选框表示单击一下鼠标左键切换到下一页幻灯片；选中“设置自动换片时间”复选框，可以设置间隔时间，表示隔一段时间后幻灯片自动切换到下一页。

⑥ 单击“计时”组中的“全部应用”按钮，表示当前设置的切换效果应用于整个演示文稿中的所有幻灯片。

⑦ 单击“切换”选项卡中的“预览”按钮，可预览设置的切换效果。

图7.51 “声音”下拉列表

### 7.5.3 设置超链接

演示文稿播放时，默认按照幻灯片的顺序放映。用户可以通过创建超链接，在放映时自由跳转到文稿中任意一张幻灯片，或另一份演示文稿、Internet 上的某个地址、其他文件(如 Word 文档、Excel 文件)，甚至运行某个程序等。超链接的起点可以是任何文本或对象，包括形状、表格、图片或动作按钮。设置了超链接的文本会自动加下划线，并显示成配色方案指定的颜色。

#### 1. 创建超链接

用户可以利用幻灯片中的任何文本或对象创建超链接，也可以为对象设置动作来创建超链接。如果要插入超链接，其操作步骤如下。

① 选中对象，单击“插入”选项卡中的“超链接”按钮。

② 在弹出的“插入超链接”对话框中选择链接对象，如图 7.52 所示。若要链接的对象是指向本演示文稿内的某一张幻灯片，可单击左侧“本文档中的位置”按钮，选择所需链接的幻灯片；若要链接的对象是指向其他文档，则单击左侧“现有文件或网页”按钮，在查找范围中选择所需文档。

③ 单击“确定”按钮设置完成。在幻灯片放映时，单击此超链接即可跳转到相应的地方。

为对象设置动作时与上述的步骤类似。选中对象，单击“插入”选项卡中的“动作”按钮，弹出“操作设置”对话框，如图 7.53 所示。选中“超链接到”单选按钮，在列表框中可选择需要链接的幻灯片，单击“确定”按钮即可完成。



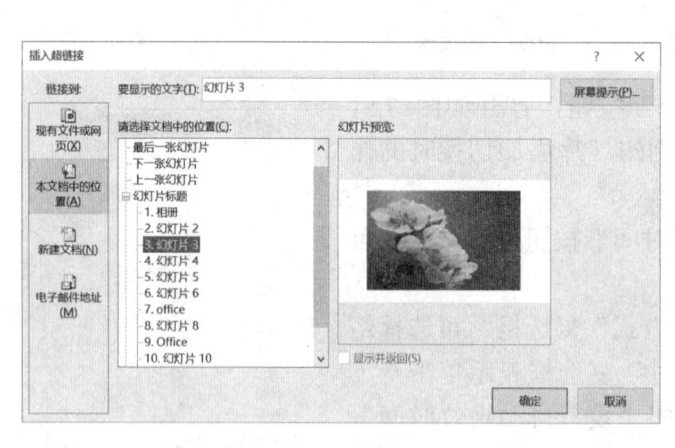


图 7.52 “插入超链接”对话框

图 7.53 “操作设置”对话框

#### 2. 编辑和删除超链接

对于设置好的超链接可以对它进行编辑或删除。选中已设置了超链接的对象，单击“插入”选项卡中的“超链接”按钮，或选择快捷菜单中的“编辑超链接”命令，弹出“编辑超链接”对话框，如图 7.54 所示，用户可在对话框中编辑、修改超链接。

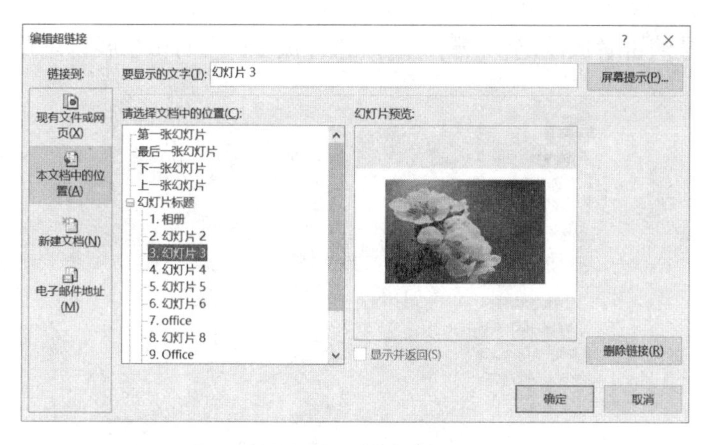


图 7.54 “编辑超链接”对话框

用户若需删除超链接，可在“编辑超链接”对话框中单击“删除链接”按钮；也可选中对象后，在快捷菜单中选择“取消超链接”命令。

# 7.6 放映和打印演示文稿

## 7.6.1 放映演示文稿

演示文稿设置完成就可将演示文稿中的幻灯片放映出来。放映幻灯片时可以确定两种起始位置。

- 从第一张幻灯片开始放映：单击“幻灯片放映”选项卡中的“从头开始”按钮 从头开始，或者按 F5 键。
- 从当前幻灯片开始放映：单击“幻灯片放映”选项卡中的“从当前幻灯片开始”按钮 从当前幻灯片开始，或者单击“幻灯片放映视图”按钮，或者按 Shift+F5 快捷键。

### 1. 设置幻灯片的放映方式

在幻灯片放映前，可以设置幻灯片的放映方式。打开“幻灯片放映”选项卡，功能区“设置”组中会出现幻灯片放映的各种设置按钮，如图 7.55 所示。

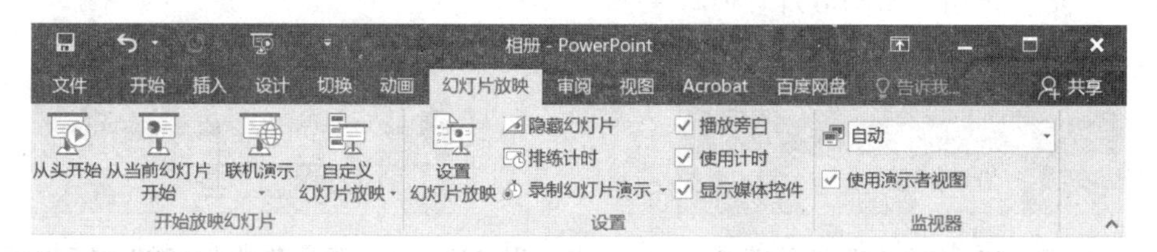


图 7.55 “幻灯片放映”选项卡

1) 设置放映方式

单击“幻灯片放映”选项卡中的“设置幻灯片放映”按钮 设置幻灯片放映，可在弹出的对话框中设置放映类型、放映选项、换片方式等，如图 7.56 所示。用户可以按照三种不同的方式放

映幻灯片，它们是演讲者放映(全屏幕)、观众自行浏览(窗口)和在展台浏览(全屏幕)。

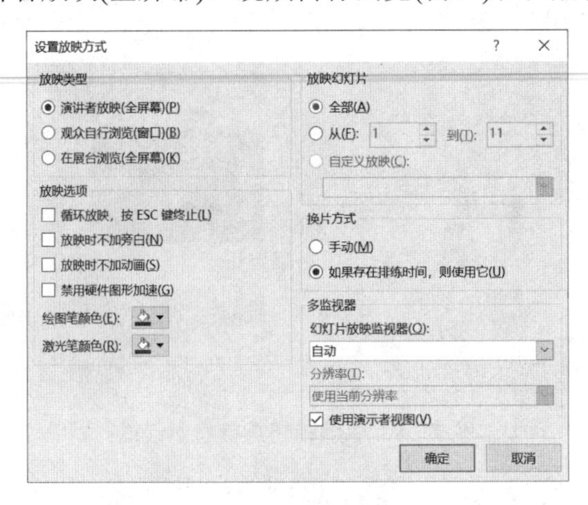


图 7.56 “设置放映方式”对话框

- 演讲者放映(全屏幕)：其是系统默认的方式，以全屏幕的形式显示幻灯片内容。
- 观众自行浏览(窗口)：其适合于一些公众场合，如演播大厅、展示台等。以窗口的形式显示幻灯片的内容。
- 在展台浏览(全屏幕)：其适合于广告和对某个问题进行反复讲解时使用。这种方式必须事先对幻灯片进行排练计时，在演播时，由系统自动播放，不需要人工干预，一般设置成自动循环播放。

2) 放映计时

如果设置放映方式为“在展台浏览(全屏幕)”，可对其进行放映计时设置，精确计算放映的时间，以控制幻灯片切换。具体操作步骤如下。

① 单击“幻灯片放映”选项卡中的“排练计时”按钮，打开幻灯片放映视图，在放映窗口的左上角显示“录制”工具栏，如图 7.57 所示。

② 从放映第一张幻灯片开始计时，单击“录制”工具栏中的“下一项”按钮，切换到第二张幻灯片，选择“录制→幻灯片放映时间”命令重新计时，“演示文稿播放时间”继续计时。

③ 整套演示文稿播放完毕，弹出“是否保存排练计时”提示对话框，如图 7.58 所示，单击“是”按钮保留幻灯片计时。

图 7.57 “录制”工具栏

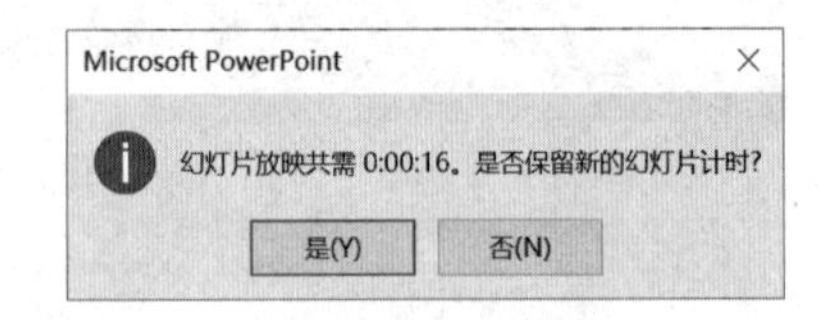


图 7.58 “是否保存排练计时”提示对话框

④ 设置图 7.56 中的幻灯片放映类型，在“换片方式”选项组中，选中“如果存在排练时间，则使用它”单选按钮，确定后再次播放幻灯片时，PowerPoint 2016 将按照录制的排练时间自动放映演示文稿；选中“手动”单选按钮，当再次放映时，不会自动放映演示文稿。

### 2. 幻灯片放映过程中操作

在放映过程中，可以通过单击、Space 键、Enter 键放映下一张幻灯片，也可以通过→(或↓)键放映下一张幻灯片，用←(或↑)键返回上一张幻灯片。当然用户还可以利用快捷菜单对幻灯片进行操作，快捷菜单有如下功能。

- 下一张、上一张：用于切换幻灯片到“下一张”或“上一张”。
- 定位至幻灯片：用于从当前幻灯片跳转到演示文稿中的其他幻灯片。
- 指针选项：用于设置鼠标指针的状态。当选择“笔”“荧光笔”时，鼠标指针会变为“笔”的形状，在幻灯片上拖动鼠标，可以留下墨迹，此时鼠标指针相当于一支笔，可以任意写画。
- 结束放映：用于退出幻灯片的放映状态。此外，结束幻灯片的放映还可以按 Esc 键。

## 7.6.2 打印演示文稿

演示文稿除了可以在屏幕上放映，还可以打印输出。打印的操作步骤如下。

① 打开需要打印的演示文稿。

② 进行页面设置。单击“设计”选项卡中的“幻灯片大小”按钮，打开“幻灯片大小”对话框，如图 7.59 所示。

- 幻灯片大小：用于设置幻灯片的尺寸。
- 幻灯片编号起始值：用于设置打印演示文稿的编号起始值。
- 方向：用于设置打印方向。

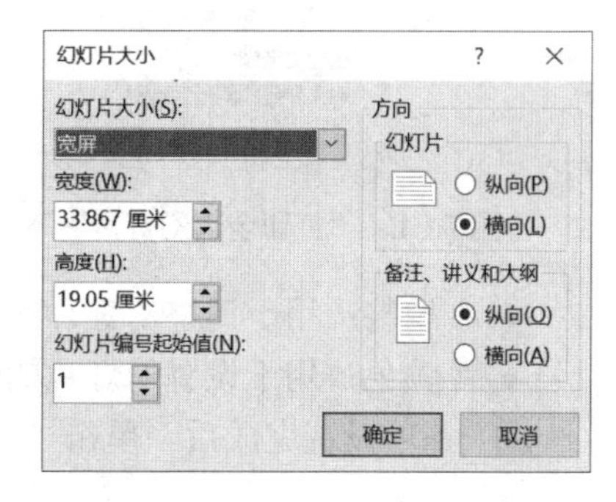


图 7.59 “幻灯片大小”对话框

③ 打印预览和设置：选择“文件→打印”命令，如图 7.60 所示，在右边的面板中展示出即将打印的演示文稿预览效果，可以拖动滚动条进行预览。在面板的中间有设置按钮，可以单击各按钮在下拉列表中进行设置。

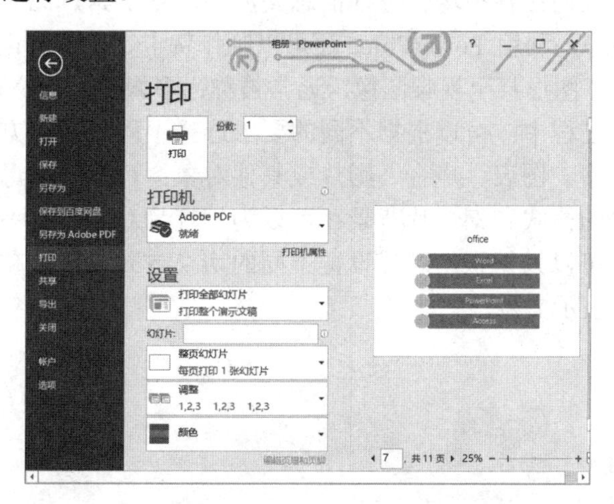


图 7.60 “打印”面板

- 份数：输入需要打印的演示文稿的份数。
- 打印全部幻灯片：用于设置要打印演示文稿的范围。在下拉列表中可选择打印全部幻灯片、当前幻灯片或自定义范围，如图 7.61 所示。
- 幻灯片：输入打印的页码范围。如要打印第 1 页到第 3 页，以及第 5 页，应输入 1-3，5。
- 整页幻灯片：在下拉列表中可选择打印整页幻灯片、讲义或大纲。若一页需要打印多张幻灯片，可在“讲义”组中选择某一种打印方式，如图 7.62 所示。

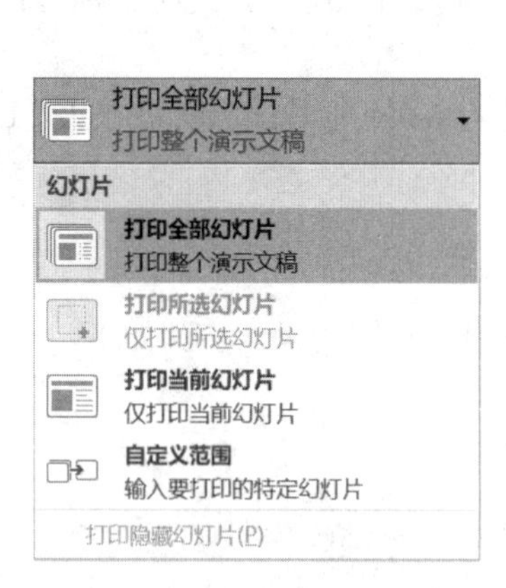


图 7.61 “打印全部幻灯片”下拉列表

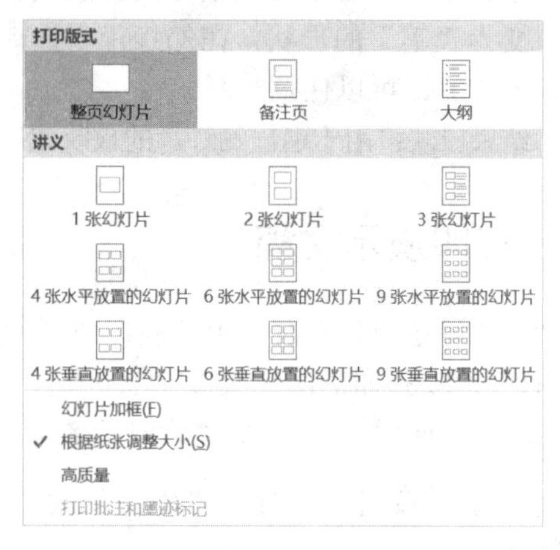


图 7.62 “整页幻灯片”下拉列表

- 调整：用于调整幻灯片的打印顺序。
- 颜色：用于设置幻灯片的颜色。

④ 各项设置完成后，单击“打印”按钮，进行文稿打印。

# 本 章 小 结

演示文稿已成为人们在各种场合进行信息交流的重要工具，比如教师上课、学生论文答辩、公司推荐产品等，利用 PowerPoint 还可以制作贺卡、奖状、电子相册等。这些文稿能够包含文字、声音、图形甚至视频图像，通常被称为多媒体演示文稿。

在演示文稿制作过程中：可以根据不同的要求选择不同的视图方式；可以在幻灯片中插入文字、图片、表格、图表、声音、影片或其他对象；可以利用母版和模板功能快速设计幻灯片中部分对象的格式和幻灯片背景；可以为幻灯片对象设置不同的动画效果；为增强生动的放映效果，可以为每张幻灯片设置不同的切换方式；借助超链接功能还可以创建高度交互式的多媒体演示文稿。

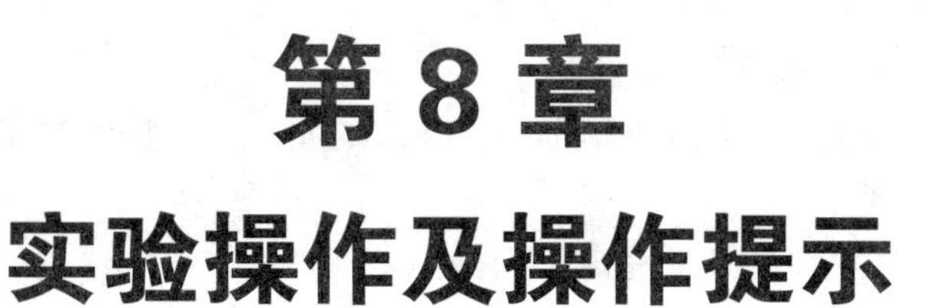

# 第 8 章 实验操作及操作提示

## 8.1 Windows 7 的使用

### 8.1.1 Windows 7 的基本操作

**一、实验目的**

1．认识 Windows 7 桌面系统。

2．掌握任务栏的设置和使用。

3．熟练使用“开始”菜单。

4．学会窗口、对话框和鼠标的使用。

5．了解快捷菜单的使用。

6．学会使用帮助系统。

7．掌握 Windows 7 的安全退出方法。

**二、实验内容**

1．启动 Windows 7，查看桌面的组成，对照教材了解每一个图标的作用。

2．将鼠标指针放在任务栏的每一个项目上，了解任务栏的组成，完成下列操作。

(1) 将当前日期/时间设置为 2021 年 12 月 15 日 18 时 30 分，设置完成后再将其恢复成当前日期/时间。

(2) 使用输入法状态栏和快捷键两种方式，依次将输入法转换为五笔字型、智能 ABC、全拼和英文输入状态；并在半角与全角、中/英文标点符号之间进行切换。然后使用软键盘输入下列符号：【】，《》，…，㈠，㈡，⑴，⑵，①，②，1.，2.，Ⅰ，Ⅱ，×，÷，∫，√，￥，‰，＄，壹，贰，§，☆，№(其中逗号表示分隔)。

(3) 将任务栏拖到屏幕的上边、左边和右边，再拖回屏幕底部并锁定任务栏。

(4) 将任务栏自动隐藏。

3．进入“开始”菜单，了解“开始”菜单的组成，完成下列操作。

(1) 打开“所有程序”菜单项，详细查看“所有程序”菜单项所包含的程序及子菜单中的所有程序；分别打开和关闭“资源管理器”和“记事本”。

(2) 打开“文档”菜单项，查看“文档”菜单项下所包含的文件。

(3) 在搜索文本框中查找以下文件。

① 所有以 .bmp 为扩展名的图形文件。

② 记事本(Notepad.exe)程序文件。

(4) 打开“帮助和支持”菜单项，详细查看 Windows 7 提供的帮助项目，并查看“默认打印机”的帮助内容。

4．将“计算机”窗口打开，完成下列操作。

(1) 将窗口进行最大化、最小化、还原及关闭。

(2) 再次打开其窗口，进行窗口移动、改变窗口大小的操作。

(3) 查看窗口标题栏、地址栏、菜单栏、工具栏、搜索栏及窗口包含内容，并完成下列操作。

① 分别选取菜单“查看”中的“大图标”“列表”“详细资料”和“排列方式”菜单项，观察窗口中的图标显示和排列的变化。

② 用菜单的键盘操作方式再次进行第 3 题的操作。

③ 分别单击工具栏中的各个按钮，观察窗口内容的变化。

④ 在“地址”栏中分别选取不同的地址，观察窗口内容的变化。

⑤ 选取“本地磁盘(C:)”中的 Windows 文件夹，并选取“详细资料”查看方式，拖动“水平”和“垂直”滚动条，观察窗口内容。

⑥ 在窗口的搜索栏中搜索文件 Notepad.exe。

(4) 在不关闭“计算机”窗口的情况下，打开“回收站”窗口，并将“计算机”窗口切换为当前活动窗口。将两个窗口分别最小化后，观察任务栏中间按钮的变化；并通过单击任务栏的窗口按钮，恢复窗口内容。

(5) 用上题的方法同时打开“计算机”和“回收站”两个窗口，操作任务栏显示桌面按钮，观察桌面的变化。

5．用 3 种方法启动“记事本”应用程序(C:\Windows\Notepad.exe)，并用 4 种不同的方法关闭它。

6．注意观察鼠标指针在 Windows 7 中不同工作环境下的形状，了解其所代表的意义。用鼠标对桌面上的“计算机”图标分别做指向、单击、双击、拖动和右击操作，比较操作结果。

7．分别用鼠标右击桌面上的“计算机”图标、桌面空白处及“计算机”中的一个任选文件，查看其快捷菜单的组成有何不同。

8．使用两种方法在桌面上建立“记事本”的快捷方式(即桌面图标)。

9．将桌面“计算机”图标的图形放入写字板(先将“桌面”复制，存入剪贴板，经“画图”裁剪后，再剪切，最后在“写字板”中粘贴)。

10．在 Windows 7 系统中进入 DOS 界面，在 DOS 提示符下输入命令 dir，然后退回到 Windows 界面。

11．再次打开“记事本”应用程序，在其中任意输入一段文字，使用 Ctrl+Alt+Del 组合键，在弹出的对话框中进行操作，终止“记事本”应用程序的执行(此方法可以用于解决一些程序运行过程中出现的死机问题)。

12．练习切换到另一个用户、重新启动及正常退出 Windows 7 系统的方式。

## 三、操作步骤

1．第 1 小题的操作步骤如下。

启动 Windows 7 后，桌面上会出现一些图标，其中一些是对象图标，另外一些是快捷方式图标。对照教材了解常用的几个桌面图标的作用，如“计算机”、“我的文档”、“网上邻居”、Internet Explorer 和“回收站”。

2．第 2 小题的操作步骤如下。

(1) 用鼠标双击任务栏右边的时间显示，在弹出的“日期和时间属性”对话框中分别按要求进行设置。

(2) 用鼠标单击任务栏右边的“输入法”图标，在其中分别选择要求转换的输入法。单击“输入法”状态栏中的 中、 和 可以在中英文之间、半角与全角之间、中英文标点符号之间进行切换。使用 Ctrl+空格键(中英文切换)、Ctrl+Shift(输入方式切换)、Shift+空格键(全角半角切换)、Ctrl+.(句点键)(中英文标点切换)，也可完成指定的操作。另外，右击“输入法”状态栏中的 ，分别选取其中的“标点符号”“数字序号”“数学符号”“单位符号”和“特殊特号”就可以输入题目要求的符号。

(3) 将鼠标指针指向任务栏的空白区，按下鼠标左键，然后向上、向左、向右和向下拖动。右击任务栏，选择“锁定任务栏”命令，可以锁定任务栏。

(4) 右击任务栏的空白区，选择“属性”，在“任务栏”选项卡中选中“自动隐藏任务栏”复选框，可以将任务栏自动隐藏。

3．第 3 小题的操作步骤如下。

(1) 选择“开始→所有程序”，查看其中的所有程序。再选择“开始→所有程序→附件”，分别选取“资源管理器”和“记事本”，进行打开和关闭操作。

(2) 选择“开始→文档”，查看“文档”菜单项下所包含的文件。

(3) 单击“开始”按钮，在“搜索程序和文件”文本框中输入*.bmp，在文本框上部将显示所有的以.bmp 为扩展名的图形文件。Notepad.exe 程序文件的搜索与此类似。

(4) 选择“开始→帮助和支持”，在“搜索”文本框中输入“默认打印机”，单击“搜索”按钮，在帮助窗口将出现相关的帮助信息。

4．第 4 小题的操作步骤如下。

(1) 分别单击“计算机”窗口中的 、 、 、 按钮，将对窗口进行最大化、最小化、还原及关闭操作。

(2) 将鼠标指针指向窗口标题栏，然后按住鼠标左键将窗口拖动到适当的位置后释放鼠标，可以移动窗口。另外，将鼠标指针指向窗口边框或 4 个角上时，指针将变成双向箭头，这时按下鼠标左键并拖动，可以改变窗口的大小。

(3) 在打开的窗口中查看窗口标题栏、地址栏、菜单栏、工具栏、搜索栏及窗口中包含的内容，并完成下列操作。

① 分别选择“查看”菜单中的“大图标”“列表”“详细资料”和“排列方式”菜单项，窗口中图标的显示和排列将发生变化。

② 在“计算机”窗口中，用菜单的键盘操作方式输入 Alt+V，打开“查看”下拉菜单，再直接输入字母“M”，将以中等图标的方式显示文件和文件夹，其他内容的操作方

法类似。

③ 工具栏中的各按钮是菜单命令的一种快捷操作方式，单击这些按钮可以对文件和文件夹进行一些主要的操作。

④ 选取“本地磁盘(C:)”中的 Windows 文件夹，并选取“详细资料”查看方式，拖动“水平”和“垂直”滚动条可以观察到 Windows 文件夹所有的文件。

⑤ 在“计算机”窗口的搜索栏中输入 Notepad.exe，再次搜索文件 Notepad.exe。

(4) 在桌面双击“计算机”图标，打开“计算机”窗口；单击按钮，再双击“回收站”图标，打开“回收站”窗口，再单击按钮，单击“计算机”窗口标题栏，使它成为当前活动窗口；分别单击按钮，将两个窗口最小化后，变成任务栏中的两个按钮；单击任务栏中的窗口按钮，将恢复窗口显示。

(5) 用(4)中的方法同时打开“计算机”和“回收站”两个窗口，两次单击任务栏最右端的“显示桌面”长条形按钮，桌面将出现变化。

5．第 5 小题的操作步骤如下。

方法一，选择“开始→所有程序→附件→记事本”；方法二，选取“本地磁盘(C:)”中的 Windows 文件夹，在其中查找 Notepad.exe 文件，并双击；方法三，单击“开始”按钮，在“搜索程序和文件”文本框中输入 Notepad.exe，再双击搜索出来的文件名。在打开的“记事本”窗口中，可以使用下列 4 种方式之一关闭窗口：单击标题栏中的“关闭”按钮；双击标题栏的控制菜单图标；单击“文件”菜单中的“关闭”命令；按 Alt+F4 快捷键。

6．第 6 小题的操作步骤如下。

当用鼠标对桌面上的“计算机”图标进行指向操作时，没有任何反应；当用鼠标对桌面上的“计算机”图标进行单击操作时，图标变蓝，并且在上面会出现“显示您计算机上的文件和文件夹”提示；当用鼠标对桌面上的“计算机”图标进行双击操作时，将打开“计算机”窗口；当用鼠标对桌面上的“计算机”图标进行右击操作时，将打开一个快捷菜单。

7．第 7 小题的操作步骤如下。

分别用鼠标右击桌面上的“计算机”图标、桌面空白处及“资源管理器”中任选的一个文件，由于针对的对象不同，所列出的快捷菜单项目有所不同。“计算机”是一个文件管理工具，针对它的快捷菜单主要是对系统进行管理；针对“桌面”的快捷菜单主要是对桌面项目进行一些管理；而针对一个具体的文件，快捷菜单主要是对文件进行操作管理。

8．第 8 小题的操作步骤如下。

方法一，选择“开始→程序→所有附件→记事本”，右击“记事本”，在弹出的快捷菜单中选取“发送到桌面”；方法二，用鼠标右击桌面空白处，选取“新建→快捷方式”，在随后出现的文本框中直接输入或采用“浏览”的方式输入 C:\Windows\Notepad.exe，单击“下一步”按钮确认文件名后，完成。

9．第 9 小题的操作步骤如下。

使用键盘上的 Print Screen 键，将整个屏幕图像复制到剪贴板，选择“开始→所有程序→附件→画图”，打开“画图”窗口，使用“矩形区域选择”图标，对“计算机”图标的图形进行选取，在选取的范围内单击右键，选取“复制”或“剪切”，再选择

“开始→程序→所有附件→写字板”，打开“写字板”窗口，在其中进行粘贴，最后保存文件并退出。

10．第 10 小题的操作步骤如下。

在 Windows 7 系统中，选择“开始→所有程序→附件→命令提示符”，进入 DOS 系统，在“C:>”提示符后输入 dir，然后按 Enter 键，DOS 界面将显示 C 盘中所有文件目录。退回 Windows 界面时，如果是窗口方式，先关闭应用程序，再单击窗口右上角的关闭按钮或输入 exit 命令；如果是全屏幕方式，输入 exit 命令再按 Enter 键。

11．第 11 小题的操作步骤如下。

打开“记事本”应用程序，在其中任意输入一段文字，按 Ctrl+Alt+Del 组合键，启动任务管理器。在随后出现的“Windows 任务管理器”对话框中选取“应用程序”选项卡，在“任务”栏中选中正在运行的“记事本”程序，再单击“结束任务”按钮。

12．第 12 小题的操作步骤如下。

在系统运行过程中如果要切换到另一个用户或重新启动系统，步骤如下。

(1) 单击“开始”按钮，保存需要的结果，关闭所有运行程序。

(2) 单击“关机”按钮右侧的箭头按钮。

(3) 在出现的菜单中选取相应的功能。

正常退出 Windows 7 系统的步骤如下。

(1) 保存需要的结果，关闭所有运行程序。

(2) 单击“开始→关机”按钮。

(3) 系统会自动关闭电源，最后只需切断外部电源即可。

## 8.1.2　Windows 7 文件操作

### 一、实验目的

1．理解 Windows 7 文件的概念。

2．熟悉“计算机”和“资源管理器”窗口的组成。

3．掌握文件和磁盘的各种操作方法。

### 二、实验内容

1．打开“计算机”窗口，熟悉窗口的组成，完成以下操作。

(1) 分别展开“计算机”左窗格中每一个文件夹，观察右窗格中内容的变化。

(2) 适当调整左右窗格的大小。打开预览窗格，选取一个文本文件(如 DOC 文件或 XLS 文件)，观察预览窗格的内容。

(3) 改变文件和文件夹的显示方式和排列方式，观察相应的变化。

(4) 分别选定一个文件、连续的多个文件(使用“全部选定”和“反向选定”的方法)、不连续的多个文件。

(5) 任选一个文件，将其隐藏，然后再显示出来。

2．在“计算机”窗口中完成以下操作。

(1) 在 U 盘(其他移动盘)上建立文件夹 TEST1，并在其下建立子文件夹 TEST2。

(2) 在 C: \Windows 文件夹中任选 2 个文本文件(查看属性，确认是比较小的文件)，将它们复制到 U 盘的文件夹 TEST1(使用两种不同的方法)。

(3) 将文件夹 TEST1 中的两个文件移动到文件夹 TEST2(使用两种方法)。

(4) 查看文件夹 TEST1 的属性，了解该文件夹的位置、大小，该文件夹包含的子文件夹和文件数，以及创建的时间等信息。

(5) 将 TEST2 中的一个文件改名为 AAA.TXT，另一个文件改名为 BBB.TXT(用两种方法)。

(6) 在 E 盘的根目录下建立一个名为 ROOT 的文件夹，将 U 盘文件夹 TEST1 中的两个文件复制到 ROOT 文件夹。

(7) 分别采用直接删除和放入回收站的两种方式删除 ROOT 文件夹中的两个文件。

(8) 删除 ROOT 文件夹(用 5 种方法，完成一次用一次撤销键)，并还原它。最后清空回收站。

(9) 将 U 盘中的文件夹 TEST2 删除(查看删除的内容是否放入回收站)。

(10) 在“记事本”中输入一段自己的基本情况简介，并以文件名“×××简介”存在 U 盘文件夹 TEST1 中(其中×××是学生本人姓名)。

(11) 将另一同学 U 盘中的文件“×××简介”复制到自己的 U 盘。

### 三、操作步骤

1．第 1 小题的操作步骤如下。

用鼠标双击“计算机”图标，打开“计算机”窗口，查看窗口的内容，完成以下操作。

(1) “计算机”窗口由两个窗格组成，左边是“文件夹”窗格，以层次结构显示所有的文件夹，在层次结构中，单击图标左侧的三角形标识可展开或折叠其中包括的内容。如果要查看某一磁盘或文件夹中的内容，单击左窗格中相应的图标，右边窗口会显示其中的文件和文件夹。

(2) 将鼠标放在两个窗格的分界线上，鼠标指针变成↔，左右拖动可改变左右窗格的大小。单击工具栏右侧的“显示预览窗格”按钮，打开预览窗格，在中间窗格中选取一个文本文件(如 DOC 文件或 XLS 文件)，在预览窗格中将显示文本内容。

(3) 单击主菜单“查看”，在其中分别单击“大图标”“小图标”“列表”“详细资料”选项，可以观察到右窗格中文件图标的变化。当选取“排列图标”中的按名称、按类型、按大小和按日期排列方式后，可以观察到，右窗格中的文件和文件夹的排列顺序发生了变化。

(4) 选定单个的文件或文件夹：用鼠标单击一个文件或文件夹。选定连续的多个文件有几种方法：①先单击要选定的第一个文件，再按住 Shift 键并单击要选定的最后一个文件，这样包括在两个文件之间的所有文件都被选中；②在要选定文件的左上角空白区按下鼠标左键不放，向右下角拖动，将要选定的文件或文件夹包含在其中；③使用“编辑”菜单中的“全部选定”命令，或按 Ctrl+A 快捷键可以选定全部文件；④使用“编辑”菜单中的“反向选择”命令，可以选择除选定文件之外的全部文件。选定不连续的多个文件：先按住 Ctrl 键，然后逐个单击各个要选定的文件。

(5) 用鼠标右键单击一个文件，在弹出的快捷菜单中选取“属性”，在打开的“属

性”对话框中选中“隐藏”复选框。

2．第 2 小题的操作步骤如下。

(1) 双击 U 盘图标，进入 U 盘，选择“文件”菜单中的“新建”命令，在级联菜单中单击“文件夹”命令。这时，默认名为“新建文件夹”的新文件夹出现在当前盘中，修改新建文件夹名为 TEST1，然后单击框外任意位置，文件夹建立完成。双击文件夹 TEST1，进入 TEST1 文件夹，在空白区域单击鼠标右键，打开快捷菜单，指向“新建”命令，然后单击“文件夹”命令，将新建名字为 TEST2 的文件夹。

(2) 在 C:\Windows 文件夹中任选 2 个文本文件，如 NSW.LOG 和 TSOC.LOG(这些文件的特点是文件小，复制操作时间短)。复制第一个文件，可采取鼠标拖动的方法：在“资源管理器”的右窗格的 C:\Windows 文件夹中选定文件，直接用鼠标拖向左窗格 U 盘下的文件夹 TEST1(如果是同一个盘复制，需按住 Ctrl 键)；复制第二个文件，可选择快捷菜单中的“复制”或使用“编辑→复制”命令：选定文件后，选取快捷菜单中的“复制”命令，进入 U 盘下的文件夹 TEST1，通过快捷菜单中的“粘贴”或“编辑→粘贴”命令完成文件的复制。

(3) 将文件夹 TEST1 中的一个文件移动到文件夹 TEST2，也可使用两种方法：用鼠标拖动和快捷菜单中的“移动”及使用“编辑→移动”命令，方法同上。

(4) 用鼠标右键单击文件夹 TEST1，选择“属性”选项，打开“属性”窗口，在其中可以看到该文件夹的位置、大小，文件夹包含的子文件夹和文件数，以及创建的时间等信息。

(5) 连续两次单击(不是双击)文件夹 TEST1 中的第一个文件，可使文件进入“重命名”状态，这时输入文件名 AAA.TXT；用鼠标右键单击另一个文件，在打开的快捷菜单中选择“重命名”选项，输入文件名 BBB.TXT。

(6) 进入所使用的计算机的 E 盘，采用前面的方式建立一个名为 ROOT 的文件夹，将软盘文件夹 TEST1 中的两个文件复制到 ROOT 的文件夹。

(7) 用鼠标右键单击 ROOT 的文件夹中的文件 AAA.TXT，在快捷菜单中选择“删除”命令，将出现“确认将文件放入回收站”的提示对话框，在确认后，文件将放入“回收站”；对文件 BBB.TXT，可按 Shift+Del 快捷键，则弹出确认删除的提示，在确认后，文件被直接删除，而不放入“回收站”，这样，删除的文件也不能恢复。

(8) 要删除 ROOT 的文件夹，首先要选定文件夹。可以用以下 5 种方式之一进行删除：①按键盘上的 Del 键；②使用快捷菜单中的“删除”命令；③单击工具栏上的“删除”按钮；④选择“文件”菜单中的“删除”命令；⑤把选中的文件拖到回收站图标上。如果要恢复已删除的 ROOT 文件夹，可双击桌面“回收站”图标，在其中选取 ROOT 文件夹，再右击，在弹出的下拉列表中选择“还原”命令，这样删除的文件夹将回到原来的位置。可以单击“清空回收站”按钮，即可清空回收站。

(9) 将 U 盘中的文件夹 TEST2 删除后，删除的文件夹 TEST2 不会放入回收站，因为移动 U 盘中的文件删除后不能放入回收站，也不能恢复。

(10) 选择“开始→程序→附件→记事本”，打开“记事本”，在其中输入一段自己的基本情况简介，并以文件名“×××简介”存在 U 盘文件夹 TEST1 中。

(11) 将另一个同学的U盘插入自己正在操作的计算机中，将其中的“×××简介”复制到自己的U盘。

## 8.1.3　Windows 7 系统设置和常用附件的使用

### 一、实验目的

1．了解“控制面板”中提供的系统设置工具。

2．了解计算机系统的设备情况。

3．了解用户桌面的设置。

4．了解应用程序和硬件的安装及删除方法。

5．了解输入法及字体设置的方法。

6．了解打印机的设置。

7．了解常用附件的作用。

### 二、实验内容

1．用两种方式进入“控制面板”窗口，采用“类别”和“大图标”的查看方式了解各应用程序的功能。

2．进入“控制面板”的“系统”设置，了解所使用的计算机系统的设备信息。

3．进入“控制面板”的“个性化”和“显示”设置，改变当前的显示背景图案和屏幕保护程序，并改变显示器的分辨率。

4．了解应用程序的安装及删除，选择一个未安装的Windows组件进行安装。

5．在“控制面板”中打开“区域和语言”设置窗口，或右击任务栏中输入法状态栏的设置，删除“中文(简体)-全拼”输入法，添加“中文(简体)-郑码”输入法。完成上述操作后，再删除“中文(简体)-郑码”输入法，添加“中文(简体)-全拼”输入法。

6．在“控制面板”中打开“字体”文件夹，以“详细资料”方式查看本机已安装的字体。

7．在“控制面板”中双击“设备和打印机”图标，练习“添加打印机”和将打印机设为“默认打印机”的操作。

8．在“控制面板”中双击“桌面小工具”图标，或右击桌面，在弹出的快捷菜单中选择“小工具”，练习添加桌面小工具操作。

9．使用附件“画图”绘制简单图形，并将其命名为“我的图画”，保存在“文档”文件夹中。

10．使用附件“写字板”，在“写字板”中输入一段学生本人的基本情况简介，将其命名为“简介”，保存在“文档”文件夹中。

11．打开“简介”文件，将“计算机”窗口图片放入其中。

12．练习使用“计算器”。

### 三、操作步骤

1．第1小题的操作步骤如下。

进入“控制面板”窗口，可采取两种方式：双击“计算机”图标，再单击“控制面

板”选项；选择“开始→控制面板”命令，在“控制面板”窗口中，通过选择查看方式中的“类别”和“大图标”方式，切换到不同视图。

2．第 2 小题的操作步骤如下。

在“控制面板”的“大图标”方式的窗口中，双击“系统”图标(或在桌面右击“计算机”图标，在打开的快捷菜单中选择“属性”)，在窗口中可查看计算机的基本信息，如计算机操作系统的名称、计算机 CPU 的型号、内存容量，以及在计算机中安装的设备等信息。

3．第 3 小题的操作步骤如下。

在“控制面板”的“大图标”方式的窗口中，双击“个性化”图标，在其中单击某个主题可改变当前桌面的显示背景图案、窗口颜色、声音和屏幕保护程序等。双击“显示”图标，在窗口中可进行显示器外观设置，如调整分辨率、调整亮度等操作。

4．第 4 小题的操作步骤如下。

在“控制面板”的“大图标”方式的窗口中，双击“程序和功能”图标，在随后出现的窗口中可进行已安装程序的卸载或更改程序，还可实现 Windows 7 功能的打开或关闭。在 Windows 列出的组件中，选取一个未安装的组件(组件名前的复选框没有☑)，单击“确定”按钮，将开始安装(在安装的过程中，有可能需要提供相关的软件)。

5．第 5 小题的操作步骤如下。

在“控制面板”的“大图标”方式的窗口中，双击“区域和语言”图标，再选择“键盘和语言”选项卡，单击“更改键盘”按钮，进入“输入法增加和删除”对话框(在任务栏中右击输入法图标，选择“属性”也可)。单击“添加”按钮可增加输入法，而选择一种输入法后，单击“删除”按钮可删除已选的输入法。如：在输入语言栏中选取“中文(简体)-全拼”后，再单击“删除”按钮，将删除“全拼输入法”；当单击“添加”按钮后，在输入法列表中选取“中文(简体)-郑码”，确认后将添加“中文(简体)-郑码”输入法。

6．第 6 小题的操作步骤如下。

在“控制面板”的“大图标”方式的窗口中，双击“字体”图标，在“字体”窗口中选择“查看→详细信息”方式可查看本机已安装的各种字体。

7．第 7 小题的操作步骤如下。

在“控制面板”的“大图标”方式的窗口中，双击“设备和打印机”图标，单击“添加打印机”图标，出现“添加打印机向导”对话框。单击“下一步”按钮，在第二个对话框中选择安装本地打印机或网络打印机。再多次单击“下一步”按钮，按向导的提示完成安装。打印机安装完成后，用户从“打印机”窗口中可看到新安装的打印机图标。如果打印机是默认打印机，那么该打印机对应的图标前会出现一个复选标记(图标上有一个✔)。除非特别说明，Windows 7 应用程序都在默认打印机上进行打印。将某一个打印机设置为默认的打印机的方法是：右击要设为默认打印机的打印机图标，然后选择快捷菜单中的“设置为默认打印机”命令。

8．第 8 小题的操作步骤如下。

在“控制面板”的“大图标”方式的窗口中，双击“桌面小工具”图标(或右击桌面，选择“小工具”)，出现“桌面小工具”窗口；右击需要的小工具，选择“添加”命令；不需要时，右击小工具，选择“关闭小工具”命令。在此可练习在桌面上添加一个时钟。

9．第 9 小题的操作步骤如下。

选择“开始→所有程序→附件→画图”命令，打开“画图”窗口。在“画图”窗口中，可使用系统提供的各种绘图工具绘制简单图形。然后单击“文件”菜单中的“保存”命令，在打开的“另存为”对话框中，先在“保存在”下拉列表中选取“文档”文件夹，然后在“文件名”下拉列表框中输入文件名“我的图画”，保存文件。

10．第 10 小题的操作步骤如下。

选择“开始→所有程序→附件→写字板”命令，打开“写字板”窗口。在“写字板”窗口中输入一段学生本人的基本情况简介，并将其命名为“简介”，保存在“文档”文件夹中(操作方法同第 9 题)。

11．第 11 小题的操作步骤如下。

选择“开始→所有程序→附件→写字板”命令，打开“写字板”窗口，选取“文件”菜单中的“打开”命令，在“打开”对话框中，先在“查找范围”下拉列表中选取“文档”文件夹，然后在主窗口中选取文件名为“简介”的文件，单击“打开”按钮，文件的内容将显示在“写字板”窗口中。接下来，双击桌面“计算机”图标，打开“计算机”窗口，调整窗口的大小，按组合键 Alt+Print Screen 将“计算机”窗口复制到剪贴板，用鼠标在“写字板”窗口中选取适当的位置，然后在“编辑”菜单中选取“粘贴”命令或按 Ctrl+V 快捷键，将“计算机”窗口放入其中。最后保存文件。

12．第 12 小题的操作步骤如下。

选择“开始→所有程序→附件→计算器”命令，可打开标准型“计算器”窗口。在窗口中选择“查看→科学型”，可以将标准型计算器窗口转换为科学型计算器窗口。“标准型”计算器可帮助用户完成一般的计算，“科学型”计算器可以解决较为复杂的数学问题，“程序员”计算器还可以进行不同进制数的转换。



# 8.2　Word 2016 的使用

## 8.2.1　Word 2016 操作综合训练一

### 一、实验目的

1．掌握文本查找和替换的方法。
2．掌握字符格式化和段落格式化的方法。
3．掌握分栏操作。
4．掌握表格的建立、修改及格式的设置。
5．掌握表格内数据的计算。
6．掌握根据表格数据生成图表的方法。

### 二、实验内容

按以下要求对文档进行编辑、排版和保存(文件名为 Word4.docx)。

1．输入以下内容。

负电数是指小数点在数据中的位置可以左右移动的数据，它通常被表示成：

$N=M \cdot RE$，这里，$M$ 称为负电数的尾数，$R$ 称为阶的基数，$E$ 称为阶的阶码。

计算机中一般规定 $R$ 为 2、8 或 16，是一个常数，不需要在负电数中明确表示。要表示负电数，一是要给出尾数，通常用定点小数的形式表示，它决定了负电数的表示精度；二是要给出阶码，通常用整数形式表示，它指出小数点在数据中的位置，也决定了负电数的表示范围。负电数一般也有符号位。

2．将文中的错词“负电”更正为“浮点”。将文字设置为宋体、小四号，各段落首行缩进 2 个字符，行距为 1.5 倍。将第一段的公式“$N=M \cdot RE$”中的“$E$”变为“$R$”的上标。

3．将第二段中的文字按等宽分两栏显示，栏间有分隔线。

4．空两行后，建立表 8.1。

表 8.1　建立的表格

| 学　年 | 理论教学学时(小时) | 实践教学学时(小时) |
| --- | --- | --- |
| 第一学年 | 100 | 60 |
| 第二学年 | 95 | 70 |
| 第三学年 | 80 | 85 |
| 第四学年 | 60 | 120 |

5．在表格上面增加一行标题“学时、学分情况一览表”(不包含在表格中)，居中对齐。在表格的右边增加一列，列标题为“总学分”，计算各学年的总学分[总学分=(理论教学学时+实践教学学时)/2]，结果保留两位小数，将计算结果插入相应的单元格。

6．根据表格数据，在表格下方生成簇状柱形图。

## 三、操作步骤

1．第 1 小题的操作提示如下。

文本输入时，段前一般不加空格，用缩进的方式完成各种对齐操作。

2．第 2 小题的操作步骤如下。

(1) 将光标定位至文章的起始位置，在“开始”选项卡的“编辑”组中单击“替换”按钮，弹出“查找和替换”对话框。设置查找内容为“负电”，替换为“浮点”，单击“全部替换”按钮，稍后弹出消息框，单击“确定”按钮。

(2) 选中全文，在“开始”选项卡的“字体”组中设置字体为宋体，字号为小四号。打开“段落”对话框，选择“缩进和间距”选项卡，在“特殊格式”选项组中选择“首行缩进”，设置磅值为 2 字符，在“间距”选项组中设置行距为 1.5 倍行距，单击“确定”按钮。

(3) 选择公式“$N=M \cdot RE$”的“$E$”，打开“字体”对话框，在“效果”中选中“上标”复选框，单击“确定”按钮。

3．第 3 小题的操作提示如下。

选中第二段文本，在“页面布局”选项卡的“页面设置”组中单击“分栏”按钮，在下拉列表中选择“更多分栏”选项，打开“分栏”对话框。在“预设”栏中选择“两栏”，选中“分隔线”复选框，单击“确定”按钮。

4．第 4 小题的操作提示如下。

建立表格，注意表格中的数字一定是半角形式。

5．第 5 小题的操作步骤如下。

(1) 在表格上方的空行中输入表格标题“学时、学分情况一览表”。

(2) 选中表格的标题行，在“开始”选项卡的“段落”组中单击“居中”按钮。

(3) 选中表格最后一列，在“布局”选项卡的“行和列”组中单击“在右侧插入”按钮，在表格右边插入一列，输入列标题“总学分”。

(4) 将光标置于“第一学年”所在的“总学分”单元格中，在“布局”选项卡的“数据”组中单击“公式”按钮，打开“公式”对话框。在“公式”栏输入“=(b2+c2)/2”，在“编号格式”栏中输入 0.00，单击“确定”按钮。

(5) 依照此方法，求出“第二学年”“第三学年”和“第四学年”的总学分。

6．第 6 小题的操作步骤如下。

(1) 单击表格下方空白区域，在“插入”选项卡的“插图”组中单击“图表”按钮，打开“插入图表”对话框，选择“柱形图→簇状柱形图”图标，单击“确定”按钮。

(2) 在右边出现 Excel 窗口，将表格中的数据复制到 Excel 数据表，则在左边的 Word 窗口中会自动生成以该表格数据为依据的簇状柱形图。操作完毕后，关闭右边的 Excel 窗口。

(3) 保存文件。

## 四、应用技巧

对文章设置分栏时，如果包含最后一段文本内容，很容易造成所分的栏栏高不一致，甚至看不出分栏效果。原因在于选定文本时，将最后一段文本的段落标记也选上了。

## 五、操作结果(见图 8.1)

浮点数是指小数点在数据中的位置可以左右移动的数据，它通常被表示成：$N=M\cdot R^E$，这里，$M$称为浮点数的尾数，$R$称为阶的基数，$E$称为阶的阶码。

计算机中一般规定 $R$ 为 2、8 或 16，是一个常数，不需要在浮点数中明确表示。 要表示浮点数，一是要给出尾数，通常用定点小数的形式表示，它决定了浮点数的表示精度；二是要给出阶码，通常用整数形式表示，它指出小数点在数据中的位置，也决定了浮点数的表示范围。浮点数一般也有符号位。

表1-1 学时、学分情况一览表

| 学年 | 理论教学学时 | 实践教学学时 | 总学分 |
|---|---|---|---|
| 第一学年 | 100 | 60 | 80.00 |
| 第二学年 | 95 | 70 | 82.50 |
| 第三学年 | 80 | 85 | 82.50 |
| 第四学年 | 60 | 120 | 90.00 |

图 8.1 操作结果 1

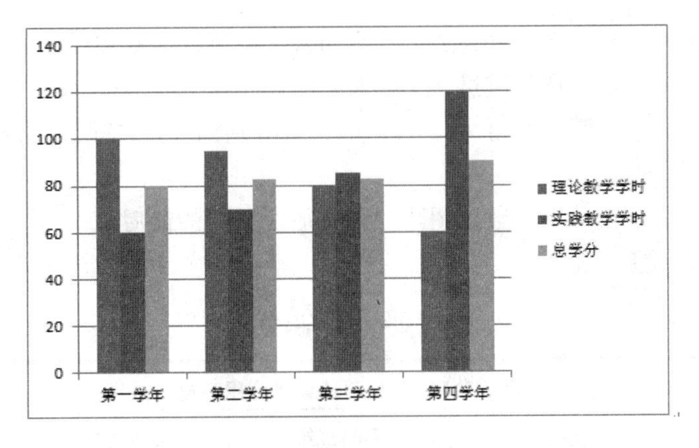


图 8.1　操作结果 1(续)

## 8.2.2　Word 操作综合训练二

### 一、实验目的

1．掌握字符格式化和段落格式化的方法。

2．掌握艺术字、文本框的使用。

3．掌握分栏操作。

4．掌握统计字数的方法。

5．掌握表格的建立、修改及格式的设置方法。

6．掌握表格内数据的计算。

7．掌握为文档设置密码的方法。

### 二、实验内容

按以下要求对文档进行编辑、排版和保存(文件名为 Word5.docx)。

1．在文档中录入以下文字。将标题设置为艺术字，字体为华文中宋、小初号、红色，艺术字样式如图 8.2 所示。

什么是 Internet

Internet——Interconnect Network，即通常所说的“因特网”，也称“国际互联网”。它是目前世界上最大的计算机网络，其前身是 ARPANET 网。

Internet 具有以下特点：采用分组交换技术；使用 TCP/IP 协议；通过路由器将各个网络互联起来；网上的每台计算机都必须给定唯一的 IP 地址。

其他的一些主要网络，如 BITNET，不是采用 TCP/IP 协议，因此不是因特网的一部分，但是仍可通过电子邮件将它们与因特网相连。

图 8.2　艺术字样式

2．将“因特网”3 个字设置为黑体、小四号、蓝色，加双实线的下划线。将正文行距设置为固定值 20 磅，各段首行缩进 2 个字符。

3．给第二段分栏，要求分 3 栏，各栏的栏宽分别为 13 字符、12 字符、11 字符，且要有分隔线。

4．统计全文的字数，将字数以图片的形式放在文档的最后。

5．另起一页，建立表 8.2。

表 8.2　建立的表格

| 生物工程学院 2008 级“计算机应用基础”成绩单 | | | | |
|---|---|---|---|---|
| 学号 | 姓名 | 平时成绩 | 期末成绩 | 总评成绩 |
| 20081001 | 周小天 | 75 | 80 | |
| 20081007 | 李平 | 80 | 72 | |
| 20081020 | 张华 | 87 | 67 | |
| 20081025 | 刘一丽 | 78 | 84 | |

6．计算总评成绩(总评成绩=平时成绩×30%+期末成绩×70%)(保留一位小数)。设置表格标题文字为黑体、小三号、居中对齐，表格其他文字设置为幼圆、四号、居中对齐。设置表格的外框线为 3 磅虚线，内框线为 1.5 磅单实线。

7．为文档设置打开权限密码，密码为“12345”。

## 三、操作步骤

1．第 1 小题的操作步骤如下。

(1) 选中标题文字“什么是 Internet”，在“插入”选项卡的“文本”组中单击“艺术字”按钮 A 艺术字 ，在下拉列表中单击第 1 行第 2 列艺术字样式。

(2) 选中插入的艺术字，在弹出的“格式”工具栏中设置：华文中宋、小初号。单击“颜色”下拉按钮，选择“红色”。

2．第 2 小题的操作步骤如下。

(1) 选中“因特网”3 个字，在“开始”选项卡的“字体”组中设置字体为黑体，字号为小四号。单击“颜色”下拉按钮，选择“蓝色”；单击“下划线”下拉按钮，选择“双实线”。

(2) 选中正文，打开“段落”对话框，选择“缩进和间距”选项卡，在“特殊格式”选项组中选择“首行缩进”，设置磅值为 2 字符；在“间距”选项组中设置行距为“固定值”，设置值为 20 磅，单击“确定”按钮。

3．第 3 小题的操作步骤如下。

选中第二段文本，在“页面布局”选项卡的“页面设置”组中单击“分栏”按钮，在下拉列表中选择“更多分栏”选项，打开“分栏”对话框。在栏数中输入“3”，取消选择“栏宽相等”复选框，取消默认的栏宽相等设置，设置第 1、2、3 栏的宽度分别为 13 字符、12 字符、11 字符。选中“分隔线”复选框，单击“确定”按钮。

4．第 4 小题的操作步骤如下。

(1) 在“审阅”选项卡的“校对”组中单击“字数统计”按钮 字数统计，打开“字数统计”对话框。

(2) 按 Alt+ Print Screen 快捷键，将光标定位到文本最后，按 Ctrl+V 快捷键，将对话框作为图形插入文本中。

5．第 5 小题的操作步骤如下。

(1) 在文档的最后按 Ctrl+Enter 快捷键，插入分页符。在新的一页上建立表格，注意表格中的数字一定是半角形式。

(2) 利用“合并及居中”功能将第一行合并为一个单元格。

6．第 6 小题的操作步骤如下。

(1) 将光标置于 E3 单元格中，在“布局”选项卡的“数据”组中单击“公式”按钮，打开“公式”对话框。在“公式”栏输入“=C3*0.3+D3*0.7”，在“编号格式”栏中输入 0.0，单击“确定”按钮。

(2) 依照此方法求出各位学生的总评成绩。

(3) 选中表格标题行，在“开始”选项卡的“字体”组中设置标题格式为黑体、小三号，在“布局”选项卡的“对齐方式”组中设置标题居中对齐。

(4) 选定表格其余数据，在“开始”选项卡的“字体”组中设置其格式为幼圆、四号，在“布局”选项卡的“对齐方式”组中设置文字居中对齐。

(5) 选中整个表格，在“设计”选项卡的“绘图边框”组中设置笔样式为“虚线”，笔画粗细为 3 磅。单击“边框”下拉按钮，选择“外侧框线”选项，绘制外边框。设置笔样式为“实线”，笔画粗细为 1.5 磅，单击“边框”下拉按钮，选择“内部框线”选项，绘制内边框。

7．第 7 小题的操作步骤如下。

(1) 选择“文件→另存为”，在“另存为”对话框中单击“工具”按钮，在下拉列表中选择“常规选项”，打开“常规选项”对话框。在“打开文件时的密码”框中输入“12345”，单击“确定”按钮，打开“确认密码”对话框，在文本框中再次输入“12345”，单击“确定”按钮。

(2) 保存文件。

**四、应用技巧**

可以为文档设置“打开权限密码”和“修改权限密码”，密码可以是字母、数字和符号，输入的密码区分大小写。

五、操作结果(见图 8.3)

**什么是 Internet**

Internet——Interconnect Network，即通常所说的“因特网”，也称“国际互联网”。它是目前世界上最大的计算机网络，其前身是 ARPANET 网。

Internet 具有以下特点：采用分组交换技术；使用 TCP/IP 协议；通过路由器将各个网络互联起来；网上的每台计算机都必须给唯一的 IP 地址。

其他的一些主要网络，如 BITNET，不是采用 TCP/IP 协议，因此不是因特网的的一部分，但是仍可通过电子邮件将它们与因特网相连。

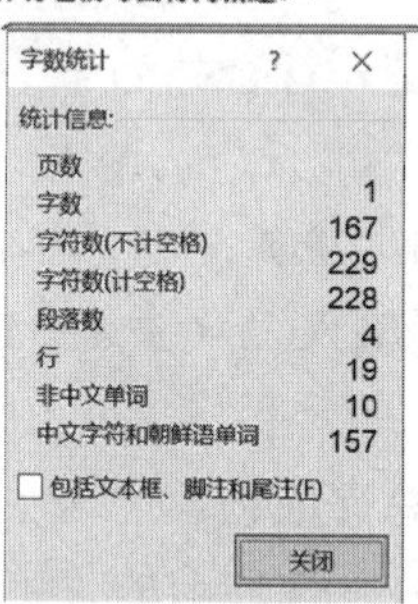


| 生物工程学院 2008 级 “计算机应用基础”成绩单 | | | | |
|---|---|---|---|---|
| 学号 | 姓名 | 平时成绩 | 期末成绩 | 总评成绩 |
| 20081001 | 周小天 | 75 | 80 | 78.5 |
| 20081007 | 李平 | 80 | 72 | 74.4 |
| 20081020 | 张华 | 87 | 67 | 73.0 |
| 20081025 | 刘一丽 | 78 | 84 | 82.2 |

图 8.3 操作结果 2

# 8.3 Excel 2016 的使用

## 8.3.1 Excel 2016 操作综合训练一

### 一、实验目的

1. 掌握数据的输入及表格行、列的插入方法。
2. 掌握公式的输入与复制。
3. 掌握常用函数(IF、LEFT、MAX、MIN)的使用方法。
4. 掌握数据排序操作。
5. 为指定表格内容设置行高和列宽。

### 二、实验内容

在 Excel 中输入下列数据，按要求对工作簿进行编辑和保存(文件名为 Excel2.xlsx)，如图 8.4 所示。

| | A | B | C | D | E |
|---|---|---|---|---|---|
| 1 | 编号 | 姓名 | 基本工资 | 水电费 | 实发工资 |
| 2 | A01 | 周小四 | 1200.76 | 120 | |
| 3 | B11 | 李明 | 1000.45 | 153.35 | |
| 4 | C12 | 夏艳艳 | 906.78 | 100.38 | |
| 5 | A04 | 刘一朋 | 1300.89 | 150.43 | |
| 6 | B04 | 丁月月 | 2000 | 130 | |
| 7 | C05 | 黄芳 | 1600 | 245.67 | |

图 8.4　工资表

1．在“姓名”列右边增加一列，列标题为“部门”。用函数从编号中获得每个职工的部门，计算方法为编号中的第一个字母表示部门，A：外语系，B：中文系，C：计算机系。

2．计算出每个职工的实发工资，计算公式是：实发工资=基本工资-水电费。在 D8 单元格中利用 MAX 函数求出“基本工资”中的最高值，在 F8 单元格中利用 MIN 函数求出“实发工资”中的最低值。

3．以“实发工资”为关键字进行升序排序，将“实发工资”最高的职工所在的行高调整为 26 磅，垂直方向居中对齐，并为其设置蓝色的填充色。

## 三、操作步骤

1．第 1 小题的操作步骤如下。

(1) 右键单击列号 C，从快捷菜单中选择“插入”命令。

(2) 在 C1 单元格中输入“部门”列标题。

(3) 将光标定位到 C2 单元格，在编辑栏中输入公式“=IF(LEFT(A2,1)="A", "外语系", IF(LEFT(A2,1)="B", "中文系", "计算机系"))”，按 Enter 键。

(4) 选中 C2 单元格，鼠标指针指向其右下角的填充句柄，此时鼠标指针变成十字形状。按住鼠标左键向下拖动到 C7 单元格，释放鼠标左键。

(5) 单击“保存”按钮。

2．第 2 小题的操作步骤如下。

(1) 将光标定位到 F2 单元格，在编辑栏输入公式“=D2-E2”，按 Enter 键。

(2) 选中 F2 单元格，鼠标指针指向其右下角的填充句柄，此时鼠标指针变成十字形状。按住鼠标左键向下拖动到 F7 单元格，释放鼠标左键。

(3) 将光标定位到 D8 单元格，在编辑栏输入公式“=MAX(D2:D7)”，按 Enter 键。

(4) 将光标定位到 F8 单元格，在编辑栏输入公式“=MIN(F2:F7)”，按 Enter 键。

(5) 单击“保存”按钮。

3．第 3 小题的操作步骤如下。

(1) 选中表格区域 A1:F7，单击“开始”选项卡“编辑”组中的“排序和筛选”按钮，选择“自定义排序”选项，打开“排序”对话框，在“主要关键字”栏中选择“实发工资”“升序”，单击“确定”按钮。

(2) 选中表格区域 A7:F7，单击“开始”选项卡“单元格”组中的“格式”按钮，从下拉列表中选择“行高”命令，在数字框中输入 26。

(3) 单击“开始”选项卡“对齐方式”组右下角的按钮，打开“设置单元格格式”对话框的“对齐”选项卡。在“垂直对齐”下拉列表中选择“居中”，单击“确定”

按钮。

(4) 单击“开始”选项卡“字体”组“填充颜色”按钮的下拉按钮，从中选择蓝色的填充色。

(5) 单击“保存”按钮。

四、操作结果(见图 8.5)

| | A | B | C | D | E | F |
|---|---|---|---|---|---|---|
| 1 | 编号 | 姓名 | 部门 | 基本工资 | 水电费 | 实发工资 |
| 2 | C12 | 夏艳艳 | 计算机系 | 906.78 | 100.38 | 806.4 |
| 3 | B11 | 李明 | 中文系 | 1000.45 | 153.35 | 847.1 |
| 4 | A01 | 周小四 | 外语系 | 1200.76 | 120 | 1080.76 |
| 5 | A04 | 刘一朋 | 外语系 | 1300.89 | 150.43 | 1150.46 |
| 6 | C05 | 黄芳 | 计算机系 | 1600 | 245.67 | 1354.33 |
| 7 | B04 | 丁月月 | 中文系 | 2000 | 130 | 1870 |
| 8 | | | | 2000 | | 806.4 |

图 8.5　操作结果 3

## 8.3.2　Excel 2016 操作综合训练二

### 一、实验目的

1. 掌握数据的输入、公式的输入与复制、单元格的相对引用和绝对引用。
2. 掌握 RANK 函数的使用方法。
3. 掌握图表的建立和编辑，以及图表对象的格式化方法。

### 二、实验内容

在 Excel 中输入下列数据，按要求对工作簿进行编辑和保存(文件名为 Excel3.xlsx)，如图 8.6 所示。

| | A | B | C | D | E | F |
|---|---|---|---|---|---|---|
| 1 | 某厂2014年上半年产量统计表(单位：万吨) | | | | | |
| 2 | 月份 | 一车间 | 二车间 | 三车间 | 合计 | 名次 |
| 3 | 1月 | 16 | 15 | 15 | | |
| 4 | 2月 | 14 | 14 | 16 | | |
| 5 | 3月 | 18 | 18 | 18 | | |
| 6 | 4月 | 14 | 19 | 17 | | |
| 7 | 5月 | 20 | 21 | 16 | | |
| 8 | 6月 | 25 | 22 | 20 | | |

图 8.6　产量统计表

1. 计算各月产量的合计值并填入 E 列相应的单元格。用 RANK 函数计算各月产量的名次并填入 F 列相应的单元格。

2. 在当前工作表中建立产量统计折线图，横坐标为“月份”，纵坐标为“产量”。将图表置于表格区域 A10:G26 之中，横坐标、纵坐标及图表标题内容分别为“月份”“产量”及“产量统计图”。

### 三、操作步骤

1. 第 1 小题的操作步骤如下。

(1) 将光标定位到 E3 单元格，单击“开始”选项卡“编辑”组中的“自动求和”按钮 Σ，E3 单元格的内容变成“=SUM(B3:D3)”，按 Enter 键。

(2) 选中 E3 单元格，鼠标指针指向其右下角的填充句柄，此时鼠标指针变成十字形状，按住鼠标左键向下拖动到 E8 单元格，释放鼠标左键。

(3) 将光标定位到 F3 单元格，单击编辑栏中的“插入函数”按钮 fx ，在“插入函数”对话框的“选择函数”列表框中选择 RANK，单击“确定”按钮，弹出“函数参数”对话框，在 Number 编辑栏中输入 E3，在 Ref 编辑栏中输入$E$3:$E$8，在 Order 编辑栏中输入 0 或不输入，单击“确定”按钮。

(4) 选中 F3 单元格，鼠标指针指向其右下角的填充句柄，此时鼠标指针变成十字形状，按住鼠标左键向下拖动到 F8 单元格，释放鼠标左键。

(5) 单击“保存”按钮。

2．第 2 小题的操作步骤如下。

(1) 选中表格区域 A2:D8，单击“插入”选项卡“图表”组中的“折线图”按钮，从中选择“折线图”。

(2) 从“图表布局”组中单击选择 样式(包含图表标题及横纵坐标标题的样式)，单击各标题框，修改图表标题、横纵坐标轴标题内容。

(3) 右键单击纵坐标标题，选择“设置坐标轴标题格式”，单击“对齐方式”，在“文字方向”中选择“竖排”，单击“关闭”按钮，使纵坐标标题格式改为竖排样式。

(4) 单击“保存”按钮。

### 四、操作结果(见图 8.7)

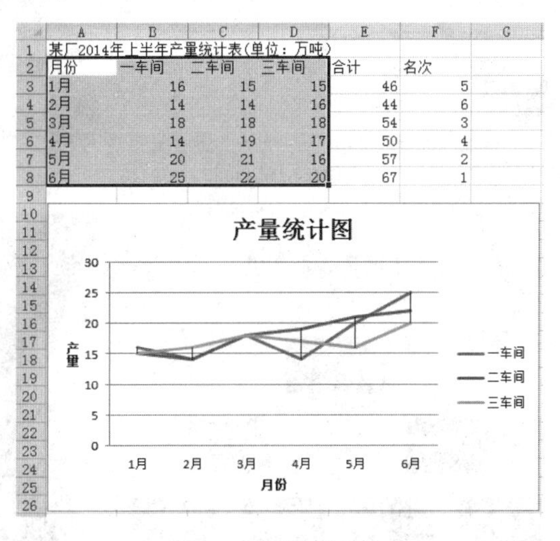

某厂2014年上半年产量统计表(单位：万吨)

| 月份 | 一车间 | 二车间 | 三车间 | 合计 | 名次 |
|---|---|---|---|---|---|
| 1月 | 16 | 15 | 15 | 46 | 5 |
| 2月 | 14 | 14 | 16 | 44 | 6 |
| 3月 | 18 | 18 | 18 | 54 | 3 |
| 4月 | 14 | 19 | 17 | 50 | 4 |
| 5月 | 20 | 21 | 16 | 57 | 2 |
| 6月 | 25 | 22 | 20 | 67 | 1 |



图 8.7　操作结果 4

## 8.4　PowerPoint 2016 的使用

### 8.4.1　PowerPoint 2016 操作综合训练一

#### 一、实验目的

1．掌握创建演示文稿的方法。

2．掌握输入文本以及插入图片、SmartArt 形状、表格、艺术字的方法。

3．掌握主题的应用。

4．掌握动画效果的设置。

## 二、实验内容

1．新建一个演示文稿，建立如图 8.8 所示的两张幻灯片，按下面的要求对演示文稿进行编辑和保存(文件名为 Power1.pptx)。

2．第一张幻灯片主标题文本为“计算机基础知识”，副标题文本为“大学计算机教材”；插入一张联机图片，设置动画为“轮子”，效果选项为“轮辐图案(3)”；设置主标题的动画为“平面”，并在上一动画后自动播放，如图 8.8(a)所示。

3．第二张幻灯片的主标题文本为“计算机系统的组成”。插入如图 8.8(b)所示的 SmartArt 形状，并录入文字。

(a) 幻灯片 1

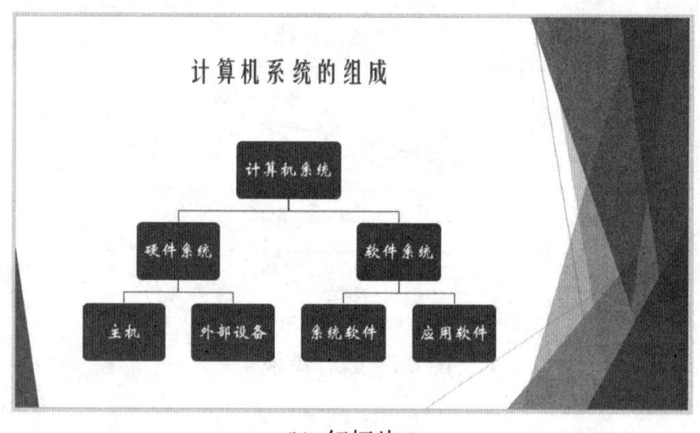


(b) 幻灯片 2

图 8.8　新建幻灯片(1)

4．为两张幻灯片设置如图 8.8 所示的主题。

5．在前两张幻灯片之间新建一张“两栏内容”版式的幻灯片，主标题文本为“计算机中进位计数制”，左边输入如图 8.9(a)所示的文字，右边插入一个 5 行 4 列的表格，并输入文字内容；将表格中的字体设为宋体、18 磅、加粗。

6．再新建一张幻灯片，放在最后，插入任意效果艺术字“谢谢观看！”，如图 8.9(b)所示。

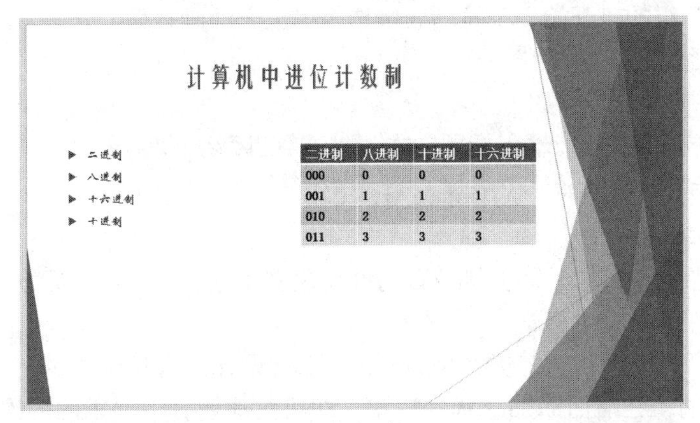


(a) 幻灯片 3

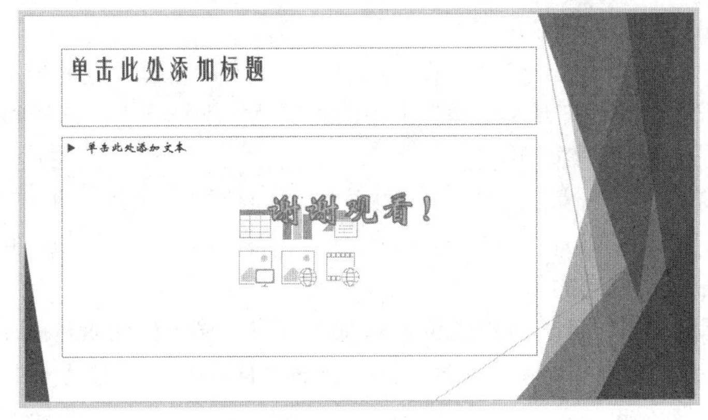


(b) 幻灯片 4

**图 8.9　新建幻灯片(2)**

## 三、操作步骤

1．第 1 小题的操作提示如下。

(1) 打开 PowerPoint 2016，在大纲窗口中右击鼠标，在快捷菜单中选择“新建幻灯片”命令。

(2) 单击快速访问工具栏中的“保存”按钮，弹出“另存为”对话框，选好保存位置后输入文件名字 Power1，单击“确定”按钮保存。

2. 第 2 小题的操作提示如下。

(1) 选中第 1 张幻灯片，输入主标题文本为“计算机基础知识”，副标题文本为“大学计算机教材”。

(2) 单击“插入”选项卡中的“联机图片”按钮，打开“插入图片”窗格，在“搜索必应”框中输入“计算机”，在下拉列表中找到“计算机”图片，单击“搜索”出现计算机图片，找到需要的“计算机”图片，单击插入幻灯片中，并移动到合适位置。

(3) 选中联机图片，选择“动画”选项卡，在“动画”组中选择动画为“轮子”。选

择“效果选项”下拉列表中的“轮辐图案(3)”。

(4) 选中主标题占位符，选择“动画”选项卡，在“动画”组中选择动画为“形状”。在“计时”组的“开始”下拉列表中选择“上一动画之后”。

(5) 预览动画效果。

3．第 3 小题的操作步骤如下。

(1) 选中第 2 张幻灯片，输入标题文本为“计算机系统的组成”。

(2) 单击“插入”选项卡中的 SmartArt 按钮，在弹出的对话框中选择“层次结构→标记的层次结构”。

(3) 在层次结构图中有 3 块并排放置的淡蓝色文本框，单击鼠标后按 Delete 键删除，即去掉层次结构左边的文本标记。

(4) 选中右下角的形状，打开“SmartArt 工具/设计”选项卡中的“添加形状”下拉列表，单击其中的“在后面添加形状”按钮，即可生成题目上要求的层次结构图。

(5) 按照题目上的内容输入层次结构图中的文字。

4．第 4 小题的操作步骤如下。

在大纲窗格中单击某一张幻灯片，在“设计”选项卡中单击主题“平面”，即所有幻灯片应用了题目要求的主题。打开“主题”组中的“颜色”下拉列表，选择 Office 配色效果。

5．第 5 小题的操作步骤如下。

(1) 在大纲窗格中单击第一、二张幻灯片的中间位置，出现一根细横线。打开“开始”选项卡中的“新建幻灯片”下拉列表，选择“两栏内容”版式，即在第一、二张幻灯片之间创建了一张两栏样式的新幻灯片。

(2) 输入主标题文本“计算机中进位计数制”，左边输入如图 8.8(a)所示的文字内容，右边单击占位符中的“插入表格”按钮，在弹出的“插入表格”对话框中输入行数 5，列数 4，单击“确定”按钮。

(3) 在表格中输入图 8.8(a)所示的内容，输入完毕后右击表格，在弹出的“格式”工具栏中设置表格中的字体格式为宋体、18 磅、加粗。

6．第 6 小题的操作步骤如下。

(1) 在大纲窗格中，在最后一张幻灯片的后面右击，选择“新建幻灯片”命令。

(2) 打开“插入”选项卡的“艺术字”下拉列表，单击其中的一种艺术字样式。

(3) 在“艺术字文本框”中删除以前的内容，输入文字“谢谢观看！”。

(4) 操作完毕后按 Ctrl+S 快捷键进行保存。

## 四、应用技巧

1．新建幻灯片时，右击新建幻灯片的方式，相当于在功能区中选择“新建幻灯片”下拉列表中的“标题和内容”版式。如果要创建不同的版式，应单击“开始”选项卡中的“新建幻灯片”下拉按钮。

2．插入 SmartArt 图形后往往还需要进行调整，可以单击鼠标右键快捷菜单，或功能区中的“添加形状”下拉列表进行增加，也可以选中某个形状后按 Delete 键进行删除。

### 五、操作结果(见图 8.10)

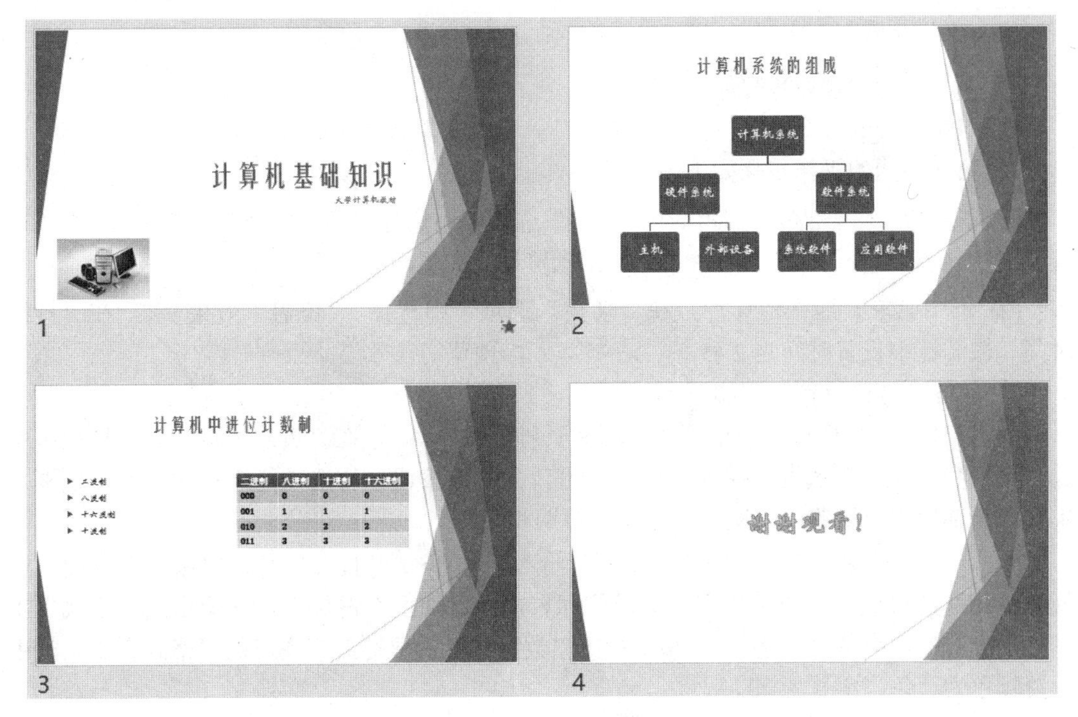


图 8.10　操作结果 5

## 8.4.2　PowerPoint 2016 操作综合训练二

### 一、实验目的

1．掌握幻灯片页眉、页脚和母版的设置。

2．掌握幻灯片切换效果的设置。

3．掌握插入背景音乐的方法。

4．掌握超链接的使用。

5．掌握幻灯片的放映。

### 二、实验内容

1．打开 Power1.pptx，另存为 Power2.pptx，按下面的要求对 Power2.pptx 进行编辑和保存。

2．设置第一、二张幻灯片切换方式为“随机线条”，并伴有“风铃”声；设置第三、四张幻灯片切换方式为“覆盖”，持续时间为 2 秒。

3．在每张幻灯片中插入可变日期，样式为黄色、20 磅；插入幻灯片编号，样式为蓝色、20 磅。

4．从第一张幻灯片开始，为幻灯片添加连续播放的背景音乐，音乐自选。

5．在第四张幻灯片右下角添加形状⇧，并添加超链接，使得在放映时单击⇧回到第一张幻灯片。

6．放映编辑好的幻灯片。

## 三、操作步骤

1．第 1 小题的操作步骤如下。

打开 Power1.pptx，选择“文件→另存为”，输入文件名 Power2 并单击“保存”按钮。

2．第 2 小题的操作步骤如下。

(1) 选中第一、二张幻灯片，在“切换”选项卡中选择“随机线条”效果，在“声音”下拉列表中选择“风铃”，预览切换效果。

(2) 选中第三、四张幻灯片，在“切换”选项卡中选择 “覆盖”效果，在“持续时间”微调框中设置时间为 2 秒，预览切换效果。

3．第 3 小题的操作步骤如下。

(1) 在“插入”选项卡中单击“页眉和页脚”按钮，在“页眉和页脚”对话框中勾选“日期和时间”复选框，并选中“自动更新”单选按钮。勾选“幻灯片编号”复选框，单击“全部应用”按钮，为演示文稿加入日期和编号。

(2) 单击“视图”选项卡中的“幻灯片母版”按钮，打开幻灯片母版设置界面。选择首页幻灯片母版，在幻灯片窗格中，鼠标右击“日期区”占位符，在弹出的“格式”工具栏中设置颜色为黄色，字号为 20。右击“数字区”占位符，在弹出的“格式”工具栏中设置颜色为蓝色，字号为 20。

(3) 单击“关闭母版视图”按钮，退出母版编辑视图。每张幻灯片都添加了指定样式的日期和幻灯片编号。

4．第 4 小题的操作步骤如下。

(1) 选择第 1 张幻灯片，打开“插入”选项卡中的“媒体”下拉列表，单击“PC 上的音频”。

(2) 在“插入音频”对话框中指定音乐文件的路径和名称，单击“插入”按钮，则幻灯片中插入声音图标。

(3) 选中幻灯片中的声音图标，在“播放”选项卡中勾选“跨幻灯片播放”复选框，使得音乐在整个演示文稿放映过程中持续播放，实现背景音乐的效果。

(4) 勾选“播放”选项卡中的“放映时隐藏”复选框，使得幻灯片放映过程中不显示声音图标。

5．第 5 小题的操作步骤如下。

(1) 选择第四张幻灯片，打开“插入”选项卡中的“形状”下拉列表，单击“向上箭头”图标，此时鼠标指针变成十字形状，在幻灯片的右下角进行拖动，绘制出箭头图形。

(2) 选中箭头形状，单击“插入”选项卡中的“超链接”按钮，打开“插入超链接”对话框，单击“本文档中的位置”按钮，选中第一张幻灯片，单击“确定”按钮。

6．第 6 小题的操作步骤如下。

(1) 放映有多种方式：按 F5 键，直接从第一张幻灯片开始放映；单击“幻灯片放映”视图按钮，或按 Shift+F5 快捷键，从当前幻灯片开始放映。

(2) 在放映幻灯片的过程中，背景音乐持续播放。在默认情况下，按↓键、→键、Enter

键或单击鼠标左键都可以转到下一张，按↑键、←键可以转到上一张。在最后一张幻灯片中单击箭头图形可以跳转到第一张幻灯片。

(3) 操作完毕后按 Ctrl+S 快捷键进行保存。

### 四、应用技巧

1．若要使插入的内容显示在每一张幻灯片中，可以在“幻灯片母版”中插入内容。

2．可以为幻灯片添加日期、编号等页眉和页脚内容，若要设置日期、编号的字体格式，需要在“幻灯片母版”中进行。

### 五、操作结果(见图 8.11)

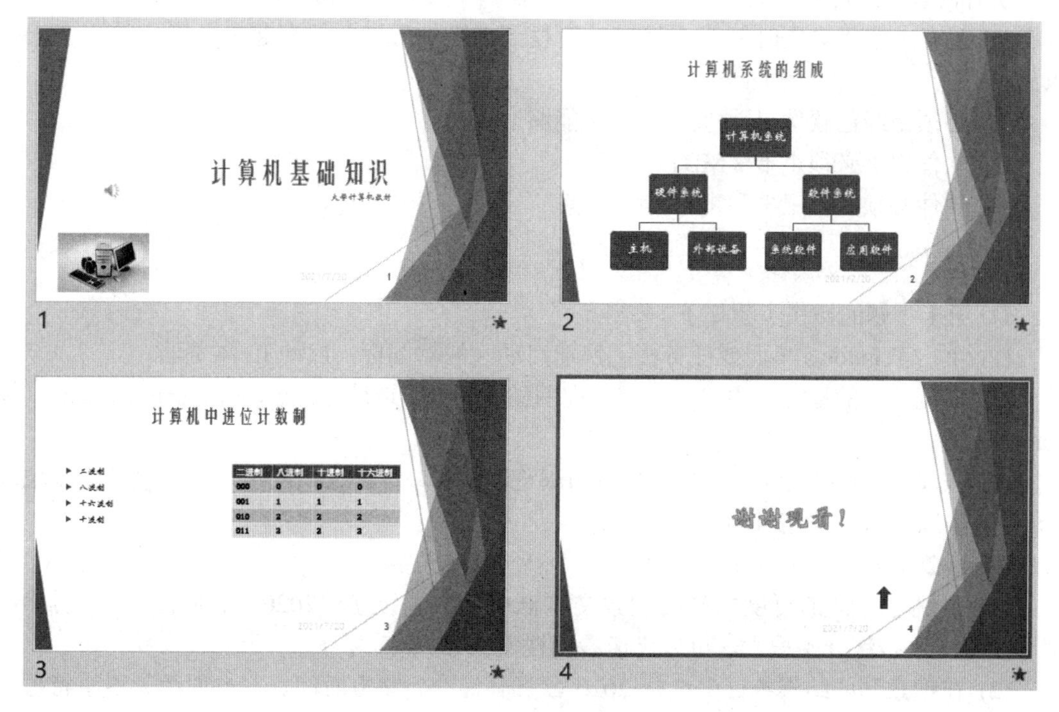


图 8.11　操作结果 6

# 8.5　Internet 初步知识

## 8.5.1　Internet 操作综合训练一

### 一、实验目的

1．使用 IE 浏览器打开网页。

2．同时打开多个 IE 窗口。

3．使用搜索引擎在 Internet 上进行搜索。

4．保存网页内容。

5．网上文件的下载。

## 二、实验内容

1. 启动 IE 浏览器，访问中文雅虎网站 http://www.yahoo.com.cn。同时打开一个百度搜索引擎窗口 http://www.baidu.com。

2. 搜索关于介绍“2020 欧洲杯”的内容，将搜索到的内容保存到 Word 文档，以文档名“学号_姓名_2020 欧洲杯.docx”保存(其中，“学号”是练习者完整学号的最后两位，“姓名”是练习者自己的真实姓名)。具体搜索以下内容。

(1) 欧洲杯的简介。

(2) 欧洲杯的举办时间、赛事特色、吉祥物。

所有内容必须注明出处。(将 URL 地址注在摘录文字的下面。)

3. 搜索一个“桌面时钟”小程序，下载到自己的磁盘并保存起来，运行该程序。要求如下。

(1) 必须是绿色软件(无须安装，直接能够运行)。

(2) 软件大小必须小于 2 MB。

(3) 软件必须具有记事和事件提醒功能。

## 三、操作步骤

1. 第 1 小题的操作步骤如下。

(1) 单击 Windows 桌面或任务栏上快速启动区的图标，启动 IE 浏览器。

(2) 在浏览器的地址栏中输入中文雅虎网站的 URL 地址 http://www.yahoo.com.cn，按 Enter 键。

(3) 按 Ctrl+N 快捷键，打开一个新的浏览器窗口，在新窗口的地址栏中输入百度地址 http://www.baidu.com，按 Enter 键。

2. 第 2 小题的操作步骤如下。

(1) 在刚才打开的百度网站的搜索文本框中输入关键字“2020 欧洲杯”，然后单击“百度一下”按钮开始搜索，可以迅速看到搜索结果。

(2) 在搜索到的结果条目中选择 2020 欧洲杯简介、举办时间、举办原因、赛事特色、吉祥物等内容的链接，单击打开链接。

(3) 查看新窗口的页面内容，如果内容合适，则复制到新建的 Word 文档。

(4) 继续(2)(3)步操作，直接将所需内容复制到 Word 文档。

(5) 整理该 Word 文档，对文档进行合理的排版和格式设置。将文档以文件名“学号_姓名_2020 欧洲杯.docx”保存到磁盘。

3. 第 3 小题的操作步骤如下。

(1) 在百度网站的搜索文本框中重新输入关键字“桌面时钟 绿色版”，然后单击“搜索”按钮开始搜索，可以迅速看到搜索结果。

(2) 在搜索到的结果条目中选择一个能够提供下载的目标链接，并确保该文件小于 2 MB。如果不符合条件，可单击 IE 工具栏上的(后退)按钮，返回上一个搜索页面，选择其他链接进行尝试。

(3) 找到可以下载的小于 2 MB 的绿色版桌面时钟程序后，单击其页面上的下载提示(通常是名为“下载”“立即下载”“单击下载”或类似的链接或按钮)，如果正常则出现

“文件下载”对话框。

(4) 在“文件下载”对话框中选择“保存”选项，然后单击“确定”按钮，出现“另存为”对话框，在该对话框中选择保存的目标地址，单击“保存”按钮，开始下载软件，等待直到完成。

### 四、应用技巧

1．打开 IE 浏览器有以下几种常用方法：单击 Windows 桌面上的图标；单击任务栏上快速启动区的图标；单击菜单操作“开始→程序→Internet Explorer”；打开“运行”对话框(“开始→运行”)，在对话框的“打开”文本框处直接输入网页的 URL 地址。

2．打开一个网页(站)最直接的方法就是在浏览器的地址栏中输入 URL 地址，然后按 Enter 键确定。

3．在一个浏览器窗口中可以用快捷键 Ctrl+N 打开新的窗口。

4．使用搜索引擎是互联网中重要的技术。互联网上有取之不尽的资源，要记住很多的网页地址难度很大。记住几个搜索引擎的地址，然后通过搜索的方法来获取资源，是最为简单快捷的方法。

5．对网页的保存有多种格式，全部保存(或 HTML 格式)将会尽可能完整地保存网页原样(包括文字、图形、动画、页面风格等)，而保存为文本文件只保存网页中的文字内容。

6．下载是获取网上资源非常重要的操作，通常有以下两种方式：一是 Web 方式下载，其优点是直观，操作简便，缺点是速度慢，并且不支持断点续传(一旦连接下载中断，必须完全重新下载)；二是使用下载工具，如网际快车、网络蚂蚁等，其优点是速度快，支持断点续传(下载中断后，下一次可以从中断处继续下载)，但需要安装该程序。如果经常进行下载操作，不妨使用下载工具，可以大大提高效率。

## 8.5.2　Internet 操作综合训练二

### 一、实验目的

1．掌握 IE 浏览器的启动和网页的浏览方法。

2．使用搜索引擎在 Internet 上进行搜索。

3．申请免费邮箱。

4．掌握电子邮件(含附件)发送及回复的方法。

### 二、实验内容

1．启动 IE 浏览器，搜索能够提供免费邮箱的网站，登录其中一个，注册一个免费邮箱。要求用户名为学生的实际姓名(如果该用户已经被申请，请在姓名后加适当数字，如 2020)。如果已有免费邮箱，此操作可省略。

2．向指定邮箱发送一封电子邮件。

收件人：任课教师邮箱(或由任课教师指定)。

附件如下。

(1) 实验 8.5.1 完成后，存放在磁盘中的文档：学号_姓名_2020 欧洲杯.docx。

(2) 实验 8.5.1 完成后，存放在磁盘中的文件：“桌面时钟”小程序。

邮件主题：Internet 操作综合训练

邮件内容如下。

(1) 简述对欧洲杯的看法。

(2) 简述附件中“桌面时钟”小程序的使用方法。

(3) 你所使用的计算机的 IP 地址、子网掩码、DNS 服务器地址。

### 三、操作步骤

1．第 1 小题的操作步骤如下。

(1) 启动 IE，在浏览器的地址栏中输入任一搜索引擎的 URL 地址(如 http://www.baidu.com)，登录搜索引擎，在搜索的文本框中输入关键字“免费邮箱申请”，然后单击“搜索”按钮开始搜索，可以迅速看到搜索结果。

(2) 在搜索到的结果条目中选择一个能够申请免费邮箱的站点链接，单击打开此链接(如 http://www.yahoo.com.cn)。

(3) 单击关于“注册”提示的按钮(或链接)开始进行注册。

(4) 注册用户通常有“服务条款”的确认(应选择“同意”)，注册用户名、密码设定，以及生日、姓名、性别等注册信息，用户尽可能认真填写。最后，如无错误即注册成功。

2．第 2 小题的操作步骤如下。

(1) 在浏览器的地址栏中输入自己的免费邮箱所在的 URL 地址(如果在 http://www.yahoo.com.cn 申请的邮箱，登录页面的 URL 地址为 http://mail.cn.yahoo.com)。

(2) 在邮箱登录处输入用户的用户名和密码，然后确定登录。

(3) 进入邮箱后，可以看到有“收信”“写信”“垃圾箱”“地址簿”等链接，单击“写信”键接可打开写邮件的界面。

(4) 分别填写以下项目。

收件人：(任课教师指定的邮箱)

主　题：Internet 操作综合训练

内　容：

① 简述对 2020 欧洲杯的看法。

② 简述附件中“桌面时钟”小程序的使用方法。

③ 你所使用的计算机的 IP 地址、子网掩码、DNS 服务器地址。

(5) 添加附件。操作如下：单击“附件”按钮，出现选择附件的界面；单击“浏览”按钮，可打开“选择文件”对话框；选择要作为附件传送的文件，确定后返回选择附件界面；用此方法将另一个附件也传送上去；附件粘贴完成后，单击“完成”按钮。

(6) 所有操作完成，单击“发送”按钮，如果无误可看到“邮件发送成功”的提示。

### 四、应用技巧

网上注册是互联网上常用操作，如 BBS 论坛、邮箱用户、社区登录等都可能用到，其中最主要的是用户名(或称“ID 号”“账号”)和登录密码。如果选择的用户名已经被别人申请，则需更改，其余注册信息可以根据用户的实际情况填写。

# 附　　录

## 附录 1　计算机中的常用操作

### 1. 计算机的开关机顺序

正确的开机要求如下。

- 正确的开机顺序：外设→主机。
- 正确的关机顺序：主机→外设。正好与开机顺序相反。
- 关机后不要立即开机，关机后到下一次开机，时间至少要间隔 1 min。
- 为了避免计算机受潮，要经常给系统加电。
- 在主机开启的情况下，禁止插拔显示器、打印机、调制解调器等设备的电源电缆接口(支持热插拔的接口例外，如 USB 接口、1397 火线接口等)。

小知识

开机先给外设加电，再给主机加电的原因：计算机采用电源脉冲、电平信号来表示传输数据，如果主机开启后再开启外设，那么外设被加电的瞬间将对电源造成较大的冲击和震荡，可能使主机的数据产生错乱，从而影响系统的运行，所以开机时应先给外设加电。关机顺序相反的道理相同。

### 2. 打开资源管理器的方法

(1) 按 Win + E 快捷键(推荐使用此法)。

(2) 执行“开始→程序→附件→资源管理器”命令。

(3) 右击桌面上的“计算机”图标，在打开的快捷菜单中选择“资源管理器”命令。

(4) 右击“开始”按钮，在打开的快捷菜单中选择“资源管理器”命令。

(5) 右击任何一个文件夹，在打开的快捷菜单中选择“资源管理器”命令。

### 3. 打开文件的方法

打开文件的方法通常有如下几种。

(1) 双击文件。这种方法最基本、最常用。前提是该文件与系统中某类文件有关联(如在安装了 Word 字处理软件的机器上双击.docx 类型文档)。

(2) 右击文件，在快捷菜单中选择“打开”命令。

(3) 将鼠标指针移至文件上(可通过单击该文件完成)，按键盘上的 Enter 键。

(4) 通过程序来打开文件。具体操作是先打开某个程序，然后通过该程序的“打开”命令(或按钮)打开“打开”对话框，最后在对话框中选择要打开的文件。

小知识

一个文件与某个程序产生关联的标志是该程序文件的图标与该程序的图标相同或相似。如果文件不与任何程序关联，则其图标为形，此时要打开此类文件需选择打开方式。

4．关闭文件或窗口的方法

关闭文件或窗口的方法通常有如下几种。

(1) 单击窗口右上角的“关闭”按钮。

(2) 双击窗口左上角的控制菜单图标。

(3) 单击窗口左上角的控制菜单图标，在打开的控制菜单中选择“关闭”命令。

(4) 菜单操作：选择“文件→退出”命令。

(5) 右击任务栏上的窗口按钮，在弹出的快捷菜单中选择“关闭”命令。

(6) 快捷键：按 Alt+ F4 键(推荐使用此法)。

(7) 强制关闭：按 Ctrl+Alt+Del 快捷键，在弹出的“Windows 安全”对话框中选择“任务管理器”选项，打开“Windows 任务管理器”对话框，在“应用程序”选项卡中选择要关闭的程序，然后单击“结束任务”按钮即可。采用此方法时，没有保存的内容将丢失。

小知识

建议使用 Alt+F4 快捷键来关闭窗口。因为采用这种方法最为快捷，且与鼠标操作无关，而且可以关闭若干窗口，包括关闭 Windows 系统。操作是：反复按 Alt+F4 快捷键，直到出现“关闭 Windows”对话框，然后选择“关机”命令，最后按 Enter 键完成关机，整个过程都由键盘操作完成。

5．上网操作的技巧

(1) 登录万维网在地址栏中输入 URL 地址时，“http://”可以省略。

(2) 在浏览网页时，有时一页还未看完，但又想打开一个新的链接，可以单击右键，在弹出的快捷菜单中选择“在新窗口中打开链接”命令，或按住 Shift 键后单击，这样可以在新窗口中打开网页。

(3) 大部分的网页是“www.***.com”的形式，当打开这样的网页时可以先在地址栏中输入“***”，然后按 Ctrl +Enter 快捷键，浏览器会自动补充完整该网址并登录。

(4) 单击菜单栏中的“工具→Internet 选项”命令，在“常规”选项卡的“主页”文本框处输入当前网址(或直接单击“使用当前页”按钮)，再单击“确定”按钮，这样每当打开 IE 时，预设的网页就会自动打开。

(5) 通过“开始”按钮打开网页。操作为：选择“开始→运行”命令(或直接用 Win+R 快捷键)，在输入框中输入想打开的网站，这样计算机会自动启动浏览器打开该网页。

(6) 英文网站即时翻译。上网时若网页全是英文，则可以进“www. readworld. com”或“www.netat.net”，输入英文网址，即可在线翻译。

(7) 使用鼠标右击。当在一些网页中右击鼠标时，会出现“对不起，不能使用此功能”的提示，这可以用“先按住左键再右击，后松开左键，最后再松开右键”的方法来破解。

### 6．浏览器中的常用快捷键(附表 1.1)

附表 1.1　浏览器中的常用快捷键

| 快 捷 键 | 功能描述 |
| --- | --- |
| Ctrl+O<br>Ctrl+N | 打开“打开”对话框，输入网址，可打开网页(O—Open，N—New) |
| Ctrl+W | 快速关闭当前窗口(W—Window) |
| Ctrl+R<br>F5 | 刷新当前窗口(R—Refresh) |
| Ctrl+E | 打开/关闭搜索栏(E—Explorer) |
| Ctrl+D | 将当前页添加到“收藏夹”(该过程无提示) |
| Ctrl+H | 打开/关闭“历史”栏(H—History) |
| F11 | 全屏/常规窗口浏览模式切换 |
| Ctrl+S | 保存当前页(S—Save) |
| Ctrl+F | 在当前页中查找内容(F—Find) |
| Alt+← | 后退一页(等效于工具栏上的“后退”按钮) |
| Alt+→ | 前进一页(等效于工具栏上的“前进”按钮) |
| Alt+Home | 打开缺省主页(等效于工具栏上的“主页”按钮) |
| Esc | 取消页面下载(等效于工具栏上的“停止”按钮) |

### 7．Windows 中的常用快捷操作(附表 1.2)

附表 1.2　Windows 中的常用快捷操作

| 快 捷 键 | 功能描述 |
| --- | --- |
| Ctrl + Esc | 打开“开始”菜单 |
| Ctrl + Shift | 在所安装的输入法之间进行循环切换 |
| Ctrl + 空格 | 打开/关闭中文输入法 |
| Ctrl + . (句点键) | 中文输入状态下进行中/英文标点符号切换 |
| Shift + 空格 | 中文输入状态下进行全/半角切换 |
| Alt | 激活菜单栏 |
| Alt + F4 | 关闭程序(或窗口) |
| Alt + Tab | 在打开的程序之间切换 |
| Alt + 空格 | 打开当前活动窗口的控制菜单 |

续表

| 快 捷 键 | 功能描述 |
| --- | --- |
| Alt + Enter | 在 Windows 中运行 DOS 程序时完成窗口方式和全屏方式的切换 |
| Alt + Enter 或 Alt + 双击 | 查看对象的属性 |
| Print Screen | 复制整个屏幕到剪贴板 |
| Alt+Print Screen | 复制当前活动窗口(或对话框)到剪贴板 |
| Shift + Del | 彻底删除对象(不放入回收站) |
| Win | 打开 Windows“开始”菜单 |
| Win + E | 打开 Windows“资源管理器”窗口(E—Explorer) |
| Win + F | 打开 Windows“查找”对话框(F—Find) |
| Win + R | 打开 Windows“运行程序”对话框(R—Run) |
| Win + M | 最小化所有窗口(M—Minimize) |
| Shift+Win+M | 恢复所有最小化了的窗口 |
| Win + L | 锁定操作系统屏幕(L—Lock) |
| Ctrl + Alt + Del | 热启动计算机(在 Windows 中可打开“关闭程序”对话框) |
| F1 | 获得当前程序(窗口)的帮助信息 |
| F2 | 重命名 |
| F5 | 刷新当前程序(窗口)的信息 |
| Backspace | 退格键，在资源管理器中返回上一级文件夹 |
| Del | 删除 |

### 8．文档编辑中的常用快捷操作(附表 1.3)

附表 1.3　文档编辑中的常用快捷操作

| 快 捷 键 | 功能描述 |
| --- | --- |
| Ctrl + S | 保存当前文件(S—Save) |
| Ctrl + P | 将当前内容从打印机中打印出来(P—Print) |
| Ctrl + F | 打开“查找”对话框(F—Find) |
| Ctrl + H | 打开“替换”对话框 |
| Ctrl + O | 打开一个文件(O—Open) |
| Ctrl + N | 新建一个文件(N—New) |
| Ctrl + Z | 撤销刚才最后一次操作 |
| Ctrl + Y | 恢复刚才撤销的操作 |
| Ctrl + B | 将选定的文档字符加粗(B—Bold) |
| Ctrl + U | 给选定的文档加下划线(U—Underline) |
| Ctrl + I | 使选定的文档字符倾斜(I—Italic) |
| Home | 光标移到本行首部 |
| End | 光标移到本行尾部 |

续表

| 快 捷 键 | 功能描述 |
| --- | --- |
| Backspace | 删除光标左边一个字符，同时光标左移一位 |
| Delete | 删除光标右边一个字符(光标不移动) |
| Ctrl + Home | 光标移到文档首部 |
| Ctrl + End | 光标移到文档尾部 |
| Ctrl + F4 | 关闭多文档窗口的当前窗口 |
| Ctrl + F5 | 恢复多文档窗口中的所有文档窗口 |
| Ctrl + F6 | 在多个文档窗口之间进行切换 |
| Ctrl + F10 | 最大化多文档窗口中的所有文档窗口 |

注：以上快捷方式在 Word 中全部适用，但在其他地方不一定，请注意使用。

### 9．选定文档(或对象)的常用快捷操作(附表 1.4)

附表 1.4　选定文档(或对象)的常用快捷操作

| 快 捷 键 | 功能描述 |
| --- | --- |
| Ctrl + A | 全部选定当前内容(A—All) |
| Ctrl+Shift+Home | 从当前光标处选定到文档首部 |
| Ctrl+Shift+End | 从当前光标处选定到文档尾部 |
| Shift + ← | 从当前光标处向左选定文档 |
| Shift + → | 从当前光标处向右选定文档 |
| Shift + ↑ | 从当前光标处向上选定文档 |
| Shift + ↓ | 从当前光标处向下选定文档 |
| Ctrl +单击对象 | 选定(或取消选定)不连续的对象 |
| Shift +单击对象 | 选定(或取消选定)连续的对象 |
| 在文本选定区单击鼠标 | 选定一行 |
| 在文本选定区双击鼠标 | 选定一个段落 |
| 在文本选定区三击鼠标 | 选定整篇文档(等效于 Ctrl + A) |

注：以上快捷方式在 Word 中全部适用，但在其他地方不一定，请注意使用。

### 10．移动、复制操作小结

1) 用键盘操作(附表 1.5)

附表 1.5　用键盘操作

| 快 捷 键 | 操　作 | 功能描述 |
| --- | --- | --- |
| Ctrl + C | 复制(Copy) | 将对象复制一份到剪贴板，原对象仍在 |
| Ctrl + X | 剪切(Cut) | 将对象复制一份到剪贴板，原对象将被删除 |
| Ctrl + V | 粘贴(Paste) | 将剪贴板中的内容复制到当前位置 |

此时完整的复制由“复制+粘贴”两步完成。

2) 用鼠标拖动对象完成复制或移动(附表 1.6)

附表 1.6　用鼠标拖动对象完成复制或移动

| 拖动范围 | 操　作 | 完成结果 | 鼠标指针形状 |
|---|---|---|---|
| 在同一个驱动器内 | 拖动对象 | 移动 | |
| | 拖动+Ctrl 键 | 复制 | |
| 在不同的驱动器之间 | 拖动+Shift 键 | 移动 | |
| | 拖动对象 | 复制 | |
| 任何位置之间拖动右键 | 根据快捷菜单选择 | | |

3) 复制(移动)操作中的说明

- 一定要遵循“先选定，后操作”的原则。
- 在复制文件时，源文件必须存在；而复制一个文件中的具体内容时，源文件可以不存在。
- 在拖动时：鼠标指针形如 表明是移动对象；鼠标指针形如 ，表明是复制对象；鼠标指针形如 ，表明是创建快捷方式。
- 执行“剪切”操作时：当对象为文件时，文件要待执行“粘贴”命令后才会被删除；当对象为文件中的内容时，该对象将直接被删除并放到剪贴板上。
- 按 Ctrl 键 + 拖动：强制复制对象。
- 按 Shift 键 + 拖动：强制移动对象。
- 用鼠标右键的快捷菜单完成复制、剪切、粘贴等操作也是非常实用的，推荐多使用。

# 附录 2　Excel 常用函数

Excel 函数分为 11 类：常用函数、全部、财务、日期与时间、数学与三角函数、统计、查找与引用、数据库、文本、逻辑、信息等。以下是常用函数的简单说明。

## 1．数学与三角函数(附表 2.1)

附表 2.1　数学与三角函数

| 函数格式 | 函数功能 |
| --- | --- |
| ABS(X) | 返回参数 X(实数)的绝对值 |
| INT(X) | 返回不大于参数 X(实数)的最大整数值 |
| PI() | 返回值为 3.14159265358979，是圆周率 π 的值，精度为 15 位 |
| RAND() | 返回一个在区间[0,1]的随机数。每次计算时都返回一个新随机数 |
| ROUND(X, 位数) | 按指定位数，将参数 X 进行四舍五入 |
| SUM(X1, X2, …) | 返回参数表中所有数值的和 |
| SUMIF(X1, Y1, Z1) | 根据指定条件对若干单元格求和 |

## 2．文本(字符串)函数(附表 2.2)

附表 2.2　文本(字符串)函数

| 函数格式 | 函数功能 |
| --- | --- |
| LEFT(文字串，长度) | 从一个文字串的最左端开始，返回指定字符长度的文字串 |
| LEFTB(文字串，长度) | 从一个文字串的最左端开始，返回指定长度的文字串；将单字节字符视为 1，双字节字符(如汉字)视为 2；若将一个双字节字符分为两半时，以 ASCII 码空格字符取代原字符 |
| LEN(文字串) | 返回一个文字串的字符长度(包括空格) |
| LENB(文字串) | 返回一个文字串的字节数，单字节字符视为 1，双字节字符视为 2 |
| MID(文字串, 开始位置, 长度) | 从文字串中指定起点位置开始，返回指定长度的文字串 |
| MIDB(文字串，开始位置，长度) | 从文字串中指定起点位置开始，返回指定长度的文字串；将单字节字符视为 1，双字节字符视为 2；若将一个双字节字符分为两半时，以 ASCII 码空格字符取代原字符 |
| RIGHT(文字串，长度) | 从一个文字串的最右端开始，返回指定字符长度的文字串 |
| RIGHTB(文字串，长度) | 从一个文字串的最右端开始，返回指定长度的文字串；将单字节字符视为 1，双字节字符视为 2；若将一个双字节字符分为两半时，以 ASCII 码空格字符取代原字符 |
| LOWER(文字串) | 将一个文字串中所有的大写字母转换为小写字母 |
| UPPER(文字串) | 将一个文字串中所有的小写字母转换为大写字母 |
| TRIM(文字串) | 删除文字串中的多余空格，使词与词之间只保留一个空格 |
| VALUE(文本格式数字) | 将文本格式数字转换为数值 |

3．统计函数(附表 2.3)

附表 2.3　统计函数

| 函数格式 | 函 数 功 能 |
| --- | --- |
| AVERAGE(X1, X2, …) | 返回参数(一系列数)的算术平均值 |
| COUNT(X1，X2, …) | 返回参数组中数字的个数 |
| COUNTIF(X1, Y1) | 返回给定区域内满足特定条件的单元格的个数 |
| MAX(X1, X2, …) | 返回参数清单中的最大值 |
| MIN(X1, X2, …) | 返回参数清单中的最小值 |

4．逻辑函数(附表 2.4)

附表 2.4　逻辑函数

| 函数格式 | 函数功能 |
| --- | --- |
| IF(逻辑值或表达式)，条件为 TRUE 时返回值，条件为 FALSE 时返回值 | 按条件测试的真(TRUE)/假(FALSE)，返回不同的值 |

5．日期和时间函数(附表 2.5)

附表 2.5　日期和时间函数

| 函数格式 | 函数功能 |
| --- | --- |
| DATE(年,月,日) | 返回一个特定日期的序列数 |
| DATEVALUE (日期文字串) | 返回“日期文字串”所表示的日期的序列数 |
| DAY(日期序列数) | 返回对应于“日期序列数”的日期，用 1～31 的整数表示 |
| MONTH(日期序列数) | 返回对应于“日期序列数”的月份值，是介于 1(一月)～12(十二月)的整数 |
| YEAR(日期序列数) | 返回对应于“日期序列数”的年份值，是介于 1900—2078 年的整数 |
| NOW() | 返回当前日期和时间的序列数(1～65380)，对应于 1900 年 1 月 1 日到 2078 年 12 月 31 日 |
| TIME(时,分,秒) | 返回一个代表时间的序列数(0～0.99999999)，对应于 0:00:00 (12:00:00AM)到 23:59:59(11:59:59PM)的时间 |

# 附录 3　相关术语

相关术语见附表 3.1。

附表 3.1　相关术语

| 术　语 | 含　义 |
|---|---|
| ADSL | Asymmetric Digital Subscriber Loop，非对称数字用户环路，是利用电话线传输宽带数据的一种方式 |
| AGP | Accelerated Graphics Port，加速图形端口，是显示适配器的一种接口规格 |
| ASCII | American Standard Code for Information Interchange，美国标准信息交换代码 |
| B2B | Business To Business，企业对企业模式，是电子商务(EC)的三种主要运作模式之一 |
| B2C | Business To Customer，企业对客户模式，是电子商务的三种主要运作模式之一 |
| BBS | Bulletin Board System，电子公告板系统 |
| BIOS | Basic Input Output System，基本输入输出系统 |
| C2C | Customer To Customer，客户对客户模式，是电子商务的三种主要运作模式之一 |
| CAD | Computer Aided Design，计算机辅助设计 |
| CAI | Computer Aided Instruction，计算机辅助教学 |
| CAM | Computer Aided Manufacturing，计算机辅助制造 |
| CAT | Computer Aided Testing，计算机辅助测试 |
| CD-ROM | Computer Disk Read Only Memory，(只读)光盘 |
| CPU | Central Processing Unit，中央处理器，计算机的“心脏” |
| CV | Computer Viruses，计算机病毒，是一种特殊的具有破坏性的计算机程序 |
| DIY | Do It Yourself，自己动手操作 |
| DMA | Direct Memory Access，直接数据访问(传输) |
| DNS | ① Domain Name Service，域名服务；② Domain Name System，域名系统 |
| DOS | Disk Operation System，磁盘操作系统 |
| EB | Electronic Business，电子商业，主要强调 B2C 模式 |
| EC | Electronic Commerce，电子商务，也称为“电子贸易”，主要强调 B2B 模式 |
| EDI | Electronic Data Interchange，电子数据交换，也称为“无纸交易” |
| E-mail | Electronic Mail，电子邮件(俗称“伊妹儿”) |
| FAT | File Allocation Table，文件分配表 |
| FAQ | Frequently Asked Questions，常见问题和解答 |
| FTP | File Transfer Protocol，文件传输协议 |
| GUI | Graphics Users Interface，图形化的用户界面 |
| HTML | Hypertext Markup Language，超文本标注语言 |
| OICQ | Open I Seek You，即通常所说的网络寻呼，简称 QQ |

续表

| 术　语 | 含　义 |
| --- | --- |
| IE | Internet Explorer，美国微软公司的网络浏览器 |
| Internet | Interconnect Network，因特网，即通常所说的国际互联网 |
| IP | ① Internet Protocol，互联网协议；② Internet Phone，网络电话 |
| IPX/SPX | 网际包交换协议/顺序交换协议 |
| IRQ | Interrupt ReQuest，中断请求 |
| ISDN | Integrated Services Digital Network，综合业务数字网 |
| ISP | Internet Service Provider，网络服务提供商 |
| LAN | Local Area Network，局域网 |
| MAN | Metropolitan Area Network，城域网 |
| MIPS | Million Instructions Per Second，百万次每秒，微机的运算速度单位 |
| Modem | 调制解调器，俗称“猫”，是拨号上网的重要设备之一 |
| OLE | Object Link and Embed，对象链接和嵌入 |
| OS | Operation System，操作系统 |
| PC | Personal Computer，个人计算机(通常所说的微机) |
| [illegible] | Plug and Play，即插即用 |
| [illegible] | Point to Point Protocol，点对点通信协议 |
| RAM | Random Access Memory，随机访问存储器 |
| ROM | Read Only Memory，只读存储器 |
| SCSI | Small Computer System Interface，微型计算机接口 |
| SLIP | Serial Line Protocol，串行线路网际协议，是 UNIX 主机使用的有关协议 |
| TCP/IP | Transmission Control Protocol / Internet Protocol，传输控制协议/互联网协议，这是互联网中最基本、最常用，也是最重要的协议 |
| TelNet | Telecommunication Network，远程终端访问 |
| URL | Uniform Resource Locator，统一资源定位器，它是每一信息资源在 WWW 网上的唯一地址 |
| USB | Universal Serial Bus，通用串行总线架构 |
| WAN | Wide Area Network，广域网 |
| WWW | World Wide Web，万维网 |
| WINS | Windows Internet Name Service，Windows 网际命名服务 |
| WYSIWYG | What You See Is What You Get，所见即所得 |

# 附录 4

# 全国计算机等级考试一级计算机基础及 MS Office 应用考试大纲(2021 年版)

## 基本要求

1. 掌握算法的基本概念。
2. 具有微型计算机的基础知识(包括计算机病毒的防治常识)。
3. 了解微型计算机系统的组成和各部分的功能。
4. 了解操作系统的基本功能和作用，掌握 Windows 7 的基本操作应用。
5. 了解计算机网络的基本概念和因特网(Internet)的初步知识，掌握 IE 浏览器软件和 Outlook 软件的基本操作和使用。
6. 了解文字处理的基本知识，熟练掌握文字处理软件 Word 2016 的基本操作和应用，熟练掌握一种汉字(键盘)输入方法。
7. 了解电子表格软件的基本知识，掌握电子表格软件 Excel 2016 的基本操作和应用。
8. 了解多媒体演示软件的基本知识，掌握演示文稿制作软件 PowerPoint 2016 的基本操作和应用。

## 考试内容

### 一、计算机基础知识

1. 计算机的发展、类型及其应用领域。
2. 计算机中数据的表示与存储。
3. 多媒体技术的概念与应用。
4. 计算机病毒的概念、特征、分类与防治。
5. 计算机网络的概念、组成和分类；计算机与网络信息安全的概念和防控。

### 二、操作系统的功能和使用

1. 计算机软、硬件系统的组成及主要技术指标。
2. 操作系统的基本概念、功能、组成及分类。
3. Windows 7 操作系统的基本概念和常用术语，如文件、文件夹、库等。
4. Windows 7 操作系统的基本操作和应用。

(1) 桌面外观的设置，基本的网络配置。
(2) 熟练掌握资源管理器的操作与应用。
(3) 掌握文件、磁盘、显示属性的查看、设置等操作。

(4) 中文输入法的安装、删除和选用。

(5) 掌握对文件、文件夹和关键字的搜索。

(6) 了解软、硬件的基本系统工具。

5. 了解计算机网络的基本概念和因特网的基础知识、主要包括网络硬件和软件、TCP/IP 协议的工作原理，以及网络应用中常见的概念，如域名、IP 地址、DNS 服务等。

6. 能够熟练掌握浏览器、电子邮件的使用和操作。

### 三、文字处理软件的功能和使用

1. Word 2016 的基本概念，Word 2016 的基本功能、运行环境、启动和退出。

2. 文档的创建、打开、输入、保存、关闭等基本操作。

3. 文本的选定、插入与删除、复制与移动、查找与替换等基本编辑技术，多窗口和多文档的编辑。

4. 字体格式设置、文本效果修饰、段落格式设置、文档页面设置、文档背景设置和文档分栏等基本排版技术。

5. 表格的创建、修改，表格的修饰，表格中数据的输入与编辑，数据的排序和计算。

6. 图形和图片的插入，图形的建立和编辑，文本框、艺术字的使用和编辑。

7. 文档的保护和打印。

### 四、电子表格软件的功能和使用

1. 电子表格的基本概念和基本功能，Excel 2016 的基本功能、运行环境、启动和退出。

2. 工作簿和工作表的基本概念和基本操作，工作簿和工作表的建立、保存和退出；数据输入和编辑；工作表和单元格的选定、插入、删除、复制、移动；工作表的重命名和工作表窗口的拆分和冻结。

3. 工作表的格式化，包括设置单元格格式、设置列宽和行高、设置条件格式、使用样式、自动套用模式和使用模板等。

4. 单元格绝对地址和相对地址的概念，工作表中公式的输入和复制，常用函数的使用。

5. 图表的建立、编辑和修改，以及修饰。

6. 数据清单的概念，数据清单的建立，数据清单内容的排序、筛选、分类汇总，数据合并，数据透视表的建立。

7. 工作表的页面设置、打印预览和打印，以及工作表中链接的建立。

8. 保护和隐藏工作簿和工作表。

### 五、PowerPoint 2016 的功能和使用

1. PowerPoint 2016 的基本功能、运行环境、启动和退出。

2. 演示文稿的创建、打开、关闭和保存。

3. 演示文稿视图的使用，幻灯片基本操作(编辑版式、插入、移动、复制和删除)。

4. 幻灯片的基本制作方法(文本、图片、艺术字、形状、表格等插入及格式化)。

5. 演示文稿主题选用与幻灯片背景设置。

6. 演示文稿放映设计(动画设计、放映方式设计、切换效果设计)。

7. 演示文稿的打包和打印。

## 考试方式

上机考试，考试时长 90 分钟，满分 100 分。

### 一、题型及分值

单项选择题(计算机基础知识和网络的基本知识)　20 分
Windows 7 操作系统的使用　10 分
Word 2016 操作　25 分
Excel 2016 操作　20 分
PowerPoint 2016 操作　15 分
浏览器(IE)的简单使用和电子邮件收发　10 分

### 二、考试环境

操作系统：Windows 7
考试环境：Microsoft Office 2016

# 参 考 文 献

[1] 卢天喆，赵峙韬，龙厚斌. 从零开始 Windows 7 基础培训教程[M]. 北京：人民邮电出版社，2011.
[2] 鄢涛，杜小丹. 大学计算机基础[M]. 3 版. 北京：科学出版社，2010.
[3] 杜小丹，鄢涛. 大学计算机基础实践教程[M]. 3 版. 北京：科学出版社，2017.
[4] 朱正国，何春燕. 大学计算机基础[M]. 北京：科学出版社，2019.
[5] 前沿文化. Windows 7 操作系统应用：从入门到精通[M]. 北京：科学出版社，2010.
[6] 谢希仁. 计算机网络[M]. 4 版. 北京：电子工业出版社，2003.
[7] 徐详征，曹忠良. 计算机网络与 Internet 实用教程：技术基础与实践[M]. 北京：清华大学出版社，2005.
[8] 贾宗福，高巍巍，关绍云，等. 新编大学计算机基础实践教程[M]. 3 版. 北京：中国铁道出版社，2006.
[9] 柴欣，史巧硕. 大学计算机基础教程[M]. 6 版. 北京：中国铁道出版社，2014.
[10] 李丽萍，潘战生，杨智业，等. 计算机应用基础[M]. 2 版. 北京：科学出版社，2014.
[11] 徐久成，王岁花. 大学计算机基础[M]. 北京：科学出版社，2016.
[12] 杨雅嫄. 视频及图像处理实用教程[M]. 北京：清华大学出版社，2015.
[13] 华天印象. 中文版 Flash CC 实战大全[M]. 北京：人民邮电出版社，2015.
[14] 王洪江，张文强，任娜，等. 中文版 Flash CC 技术大全[M]. 北京：人民邮电出版社，2015.
[15] 李敏，胡苏望. Photoshop 色彩构成与应用. 修订版[M]. 北京：人民邮电出版社，2012.
[16] 百度知道. http://zhidao.baidu.com
[17] 中国互联网络信息中心. http://www.cnnic.net.cn
[18] 中国教育和科研计算机网. http://www.cernet.edu.cn